T0255686

Analysis Band 1

Ehrhard Behrends

Analysis Band 1

Ein Lernbuch für den sanften Wechsel
von der Schule zur Uni. Von Studenten
mitentwickelt

6., erweiterte Auflage

 Springer Spektrum

Ehrhard Behrends
Fachbereich Mathematik und Informatik
Freie Universität Berlin
Berlin, Deutschland

ISBN 978-3-658-07122-6   ISBN 978-3-658-07123-3 (eBook)
DOI 10.1007/978-3-658-07123-3

Die Deutsche Nationalbibliothek verzeichnet diese Publikation in der Deutschen Nationalbibliografie;
detaillierte bibliografische Daten sind im Internet über http://dnb.d-nb.de abrufbar.

Springer Spektrum
© Springer Fachmedien Wiesbaden 2003, 2004, 2007, 2009, 2011, 2015

Springer Spektrum ist eine Marke von Springer DE. Springer DE ist Teil der Fachverlagsgruppe Springer
Science+Business Media.
www.springer-spektrum.de

Vorwort

Zunächst: Herzlichen Glückwunsch zu Ihrem Entschluss, Mathematik zu studieren. Sie haben sich ein Fach ausgesucht, das Sie ein ganzes Leben lang faszinieren kann und das gleichzeitig interessante und gut bezahlte Berufsperspektiven eröffnet.

Zu Beginn des Studiums stehen *zwei Bereiche* im Vordergrund, einmal die *Analysis*, in der es um Fragen im Zusammenhang mit Grenzwerten, Differential- und Integralrechnung geht, und dann die *Lineare Algebra*, in der Sie Grundlegendes über Vektorräume und die Verbindungen zur analytischen Geometrie und dem Lösen von Gleichungssystemen lernen.

Beides zusammen ist so etwas wie das *Alphabet*, das alle kennen müssen, die sich ernsthaft mit Mathematik auseinander setzen wollen.

Im vorliegenden Buch geht es um die Analysis, es ist aus einem Skript entstanden, das schon mehrfach die Grundlage für Vorlesungen an der Freien Universität Berlin gewesen ist. Bei der Ausarbeitung spielte die engagierte Mitwirkung einer Gruppe von Studierenden eine ganz wesentliche Rolle. Durch sie wurden zahlreiche Anregungen zusätzlich aufgenommen, damit das im Untertitel anvisierte Ziel, der „sanfte Übergang", auch wirklich erreicht wird. Auf diese Weise hat das Buch so etwas wie ein Studentenzertifikat.

Die ausführlichen Erläuterungen betreffen nicht nur die Analysis, es werden auch Probleme behandelt, die sich ganz allgemein rund um das Mathematikstudium ergeben: Wie schreibt man einen Beweis auf? Was bedeuten die logischen Zeichen? Wie wird Mathematik angewendet?

Viel Erfolg bei Ihrem Studium!

Ehrhard Behrends, Berlin (Frühjahr 2003)

Vorwort zur sechsten Auflage

Mittlerweile sind die ersten fünf Auflagen ausverkauft. Es freut mich wirklich sehr, dass das Buch so gut angenommen wird. Wie sehr es den Lesern gefällt, merke ich auch an den sehr positiven bis euphorischen E-Mail-Zuschriften, die mich hin und wieder erreichen.

Die vorliegende sechste Auflage ist noch einmal systematisch durchgesehen worden. Auch bin ich dem Wunsch mehrerer Leser nachgekommen, alle Übungsaufgaben durch Tipps zu ergänzen. Bitte nutzen Sie die recht sparsam: Erfahrungsgemäß wird nämlich ein Konzept umso besser verstanden, je mehr eigene Gedanken man sich dazu gemacht hat.

Ehrhard Behrends, Berlin (August 2014)

Einleitung

Es geht nicht anders, lieber Törleß, die Mathematik ist eine ganze Welt für sich, und man muß reichlich lange in ihr gelebt haben, um alles zu fühlen, was in ihr notwendig ist.

(aus: „Die Verwirrungen des Zöglings Törleß" von Robert Musil.)

Wenn jemand wissen will, wie ein Radio funktioniert, so kann er sich in einem kleinen Vortrag darüber informieren lassen, wie man Transistoren, Kondensatoren usw. zusammenlöten muss, um die Radiosignale des Senders in hörbare Musik zu verwandeln. Auf die Anschlussfrage „Wie funktioniert ein Transistor?" müsste ein Kurzreferat zur Festkörperphysik folgen, schnell ist man bei der Quantenmechanik und den Grenzen des gegenwärtigen Wissens im subatomaren Bereich. Stets lässt sich eine weitere „Warum?"-Frage stellen, ein Ende des Weiterfragens gibt es nicht.

In der Mathematik ist es ähnlich; um trotzdem mit der Arbeit anfangen zu können, geht man von *Axiomen* aus. Ein Axiom ist ein Ausgangspunkt, der nicht mehr hinterfragt wird; die Idee, auf diese Weise ein belastbares Fundament der Mathematik zu schaffen, wurde erstmals vor über 2000 Jahren von EUKLID verwirklicht. Bei ihm ging es um Geometrie, in diesem Buch werden Zahlen die Hauptrolle spielen.

Ausgangspunkt der Analysis wird eine *axiomatische Festlegung* der Eigenschaften der reellen Zahlen sein, das wollen wir in *Kapitel 1* in Angriff nehmen. Am Ende dieses Kapitels wird klar sein, was wir unter der „Menge der reellen Zahlen" verstehen wollen. Dazu muss man einige „Vokabeln" lernen, die ausführlich motiviert und erläutert werden: Menge, Addition, . . . Außerdem werden schon die ersten Folgerungen aus den Axiomen gezogen, Sie lernen die ersten *Sätze* und *Beweise* kennen. Dazu ist ein *Exkurs in Logik* notwendig; von dem Wort sollte sich aber niemand erschrecken lassen, denn es ist nichts weiter erforderlich als die Übertragung des gesunden Menschenverstands in den Bereich der Mathematik.

In *Kapitel 2* beschäftigen wir uns dann ausführlich mit dem *Grenzwertbegriff*. Der ist fundamental für die gesamte Analysis, wirklich alles, was folgt, baut darauf auf. Sie als Anfänger[1] haben das große Glück, ihn in einer vergleichsweise gut verständlichen Form kennen lernen zu können. Das war nicht immer so, bis zum 19. Jahrhundert war man auf eine mehr oder weniger gut funktionierende Intuition angewiesen, um mit den „unendlich kleinen Größen" sinnvoll arbeiten zu können. Rund um den Grenzwertbegriff wird von einigen damit zusammenhängenden Begriffen die Rede sein, wie Folgen, Reihen, Cauchy-Folgen usw.

Kapitel 3 ist den Themen „Abstand" und „Stetigkeit" gewidmet. Oft ist es nämlich so, dass man mit Zahlen oder Funktionen arbeiten muss, die man nur ungefähr kennt. Statt mit der „richtigen" Zahl/Funktion muss man mit einer

---

[1] Natürlich sind Anfängerinnen ebenfalls gemeint. Diese Bemerkung gilt sinngemäß auch für die vielen anderen Stellen dieses Buches, an denen Sie persönlich angesprochen werden.

arbeiten, die in der Nähe liegt, z.B. statt mit $\sqrt{2}$ mit der Approximation 1.414. Hat das zu große Fehler für das Endresultat zur Folge?

Der geeignete Rahmen für die Behandlung dieser Fragen ist der *Begriff des metrischen Raumes*, damit wird in Kapitel 3 begonnen. Wir beschäftigen uns zunächst mit der Übertragung des Konvergenzbegriffs und mit offenen und abgeschlossenen Mengen. Dann studieren wir *Kompaktheit*. Das ist ein für Anfänger etwas schwieriger zugänglicher Begriff, Motivation und Aufbau werden dementsprechend besonders ausführlich sein.

Und am Ende des Kapitels behandeln wir „*stetige Funktionen*", das sind Abbildungen, die nahe beieinander liegende Objekte auf ebenfalls nahe beieinander liegende abbilden. Bei dieser Gelegenheit wird auch etwas über *mathematische Modelle* gesagt werden: *Wie wird Mathematik in der „richtigen" Welt angewendet?*

Kapitel 4 knüpft wieder an ein Thema an, das Ihnen aus der Schule vertraut ist, es geht um die *Differentiation*. Das Kapitel beginnt mit der Formalisierung der Idee, dass „differenzierbar bei x_0" für eine Funktion f bedeutet, dass sie „in der Nähe von x_0" durch ihre Tangente ersetzt werden darf. Es handelt sich um eine Eigenschaft mit weit reichenden Konsequenzen, insbesondere werden wir die *Mittelwertsätze* kennen lernen.

Dann ist es Zeit, sich um ein fast unerschöpfliches Reservoir konkreter Funktionen zu kümmern, um *Potenzreihen*. Das sind Funktionen, die sich aus den einfachsten Bausteinen für das Arbeiten mit Zahlen, also aus „+", „·" und Grenzwerten aufbauen lassen. Potenzreihen werden gleich angewendet, um einige spezielle, für konkrete Rechnungen wichtige Funktionen – *Exponentialfunktion*, *Logarithmus* und *trigonometrische Funktionen* – kennen zu lernen. Damit ist dann der Weg frei, um einige einfache Typen von *Differentialgleichungen* zu lösen. Differentialgleichungen sind deswegen wichtig, weil sie am Ende vieler mathematischer Modellierungen stehen, der Grund ist die Tatsache, dass viele Phänomene allein durch Nahwirkungs-Einflüsse beschrieben werden können. Außerdem wird gezeigt, wie sich aus der Existenz beliebiger Wurzeln im Bereich der komplexen Zahlen der *Fundamentalsatz der Algebra* mit analytischen Mitteln herleiten lässt.

Ich möchte Sie noch auf einige *Besonderheiten* aufmerksam machen, die Ihnen das Durcharbeiten des Buches erleichtern sollen:

- Am Ende jedes Kapitels finden Sie *Übungsaufgaben*. In der Mathematik ist es nämlich wie beim Geige spielen, Ski fahren, Schnürsenkel binden: Aus Büchern allein kann man es nicht lernen, man muss es selber gemacht haben. Mit hoher Wahrscheinlichkeit klappt es nicht gleich beim ersten Mal perfekt. Deswegen haben wir für Sie einige *Musterlösungen* auf der Internetseite `http://www.math.fu-berlin.de/~behrends/analysis` ins Netz gestellt.

- Jedes Kapitel schließt mit einer Reihe von *Verständnisfragen*. Was sollten Sie nach dem Durcharbeiten *kennen*, was sollten Sie *können*? Antworten sind natürlich auch vorbereitet, die stehen ebenfalls im Internet.

- Es gibt am Anfang eines Mathematik-Studiums ziemlich viele neue Begriffe, die man verinnerlichen muss. Deswegen ist versucht worden, das schnelle Finden von Informationen durch Ausnutzen der Randspalten zu erleichtern. Sie finden Stichpunkte zum behandelten Stoff sowie ? (das wird gleich nachstehend erläutert).

- Um Ihnen gleich beim Lesen aktives Mitdenken zu ermöglichen, gibt es im Text zahlreiche *Fragen an die Leser*. Die sollten Sie ohne große Schwierigkeiten beantworten können, der Schwierigkeitsgrad liegt deutlich unter dem von Übungsaufgaben. Sie sind am Rand durch ein ? gekennzeichnet, die Lösungen sind im Anhang zusammengestellt.

  ?

- Ist immer noch nicht alles klar? Auf der Internetseite gibt es auch die Möglichkeit, mit uns in Kontakt zu kommen: für Fragen, für Kritik (Lob ist auch nicht verboten), für Vorschläge usw.

- Es wird auch berücksichtigt werden, dass *Computer* heute eine wesentliche Rolle spielen. Dazu gibt es *zwei Anhänge*. Im ersten finden Sie einige kurze Informationen über *Computeralgebra-Systeme*, das sind – teilweise sehr komplexe – Programme, durch die man sich analytische Sachverhalte veranschaulichen lassen kann und die einem z.B. das Differenzieren komplizierter Funktionen oder die Berechnung von Integralen abnehmen können. In einem zweiten Anhang wird dargestellt, warum das *Internet* für Mathematiker ein unverzichtbares Arbeitshilfsmittel ist, Sie sollten es so bald wie möglich nutzen.

Wie schon erwähnt, sind in dieses Buch die Erfahrungen einiger Studierender beim Lernen der Analysis eingegangen. Martin Götze, Sonja Lange, Timm Rometzki und Tina Scherer haben sie bei mir von Anfang an gehört, Jörg Beyer und Vivian Rometzki haben ihre ersten Erfahrungen mit der Analysis bei anderen Dozenten gemacht. Mit allen gab es eine intensive und sehr produktive Zusammenarbeit, für die ich mich an dieser Stelle sehr herzlich bedanken möchte.

Ehrhard Behrends, Berlin (Frühjahr 2003)

P.S.: Das gleiche Konzept wie im vorliegenden Buch soll in Band 2 der Analysis verwirklicht werden. Inhaltlich wird es dann um *Funktionenräume*, das *Integral* und um die *Differentiation von Funktionen in mehreren Variablen* gehen.

Inhaltsverzeichnis

Inhalt von Band 2

Kapitel 1

Die Menge $\mathbb{R}$ der reellen Zahlen

Nach Vorwort und Einleitung geht es nun richtig los. Vielleicht haben Sie aufgrund Ihrer Schulerfahrung schon konkrete Erwartungen und sind ganz gespannt darauf, nun endlich ganz komplizierte Funktionen zu differenzieren und zu integrieren. Das werden wir natürlich auch tun, aber vorläufig geht es erst einmal darum, Sie mit den reellen Zahlen vertraut zu machen. Das hört sich ganz harmlos an, aber da bei dieser Gelegenheit auch viele grundlegende Begriffe und Techniken erklärt werden sollen und Ihr Einstieg in die Welt der Mathematik besonders „sanft" sein soll, wird dies ein recht umfangreiches Kapitel.
Die Struktur ist wie folgt:

- In Abschnitt 1.1 wird die *Strategie* erklärt, nach der wir die Axiome für die reellen Zahlen nach und nach entwickeln werden. Die Zahlen aus der Schulerfahrung, die wir die „naiven" Zahlen nennen werden, bilden unser Anschauungsmaterial.

- Als Erstes geht es dann in Abschnitt 1.2 um *Mengenlehre*. Eigentlich ist es nur erforderlich, sich über einige Schreibweisen und einfache Konstruktionen zu verständigen: Wie redet man über Mengen, was ist der Durchschnitt von zwei Mengen, ...? Zusätzlich wird aber auch die viel grundsätzlichere Frage diskutiert, warum die Begründung einer mathematischen Theorie in der Mengenlehre sinnvoll ist.

- In Abschnitt 1.3 sollen Sie verstehen, was es eigentlich genau mit der *Addition und der Multiplikation* auf sich hat. Da Sie in diesem Abschnitt auch Ihren ersten richtigen Beweis kennen lernen werden, ist ein ausführlicher *Exkurs über Logik und Beweise* eingeplant.

- Je zwei Zahlen kann man auch miteinander vergleichen, welche ist größer? Die zugehörige „Theorie der Ordnung" wird in Abschnitt 1.4 besprochen.

- Dann sollen in Abschnitt 1.5 die *natürlichen Zahlen* innerhalb der reellen Zahlen eingeführt werden, also die Zahlen $1, 1+1, 1+1+1, \ldots$ Da man auf den Pünktchen aber keine Theorie aufbauen kann, wird die Definition etwas komplizierter aussehen.

  Außerdem wird die *vollständige Induktion* behandelt. Das ist eine der wichtigsten Techniken der Mathematik überhaupt, deshalb wird sehr viel dazu gesagt werden.

- Von den natürlichen zu den *ganzen Zahlen* und den *rationalen Zahlen* ist es nur ein kleiner Schritt, den machen wir in Abschnitt 1.6.

  Dort wird auch nachgewiesen, dass wir – leider – mit den rationalen Zahlen nicht auskommen werden. Es gibt zum Beispiel keine rationale Zahl, deren Quadrat exakt 2 ist.

- Es wird immer wieder eine wichtige Rolle spielen, dass es „beliebig große" natürliche Zahlen gibt. Was das genau heißt, steht in *Abschnitt 1.7*.

- Nun fehlt nur noch wenig, um das Axiomensystem für die reellen Zahlen formulieren zu können. Wir müssen uns noch um die Tatsache kümmern, dass es „keine Löcher" geben soll. Das wird dann *Vollständigkeit* genannt, alles dazu für uns Wissenswerte steht in *Abschnitt 1.8*.

- Über *reelle* Zahlen ist damit eigentlich alles gesagt. Wir benötigen aber später auch *komplexe Zahlen*, und die kann man sich ziemlich leicht aus den reellen konstruieren. Spätestens nach dem Lesen von *Abschnitt 1.9* werden Sie wissen, was $(1+2i)(3-9i)$ bedeutet und wie man es ausrechnen kann.

- Dann beschäftigen wir uns in *Abschnitt 1.10* mit der „*Größe von Zahlenmengen*", unter anderem können wir präzise formulieren und beweisen, dass es genau so viele rationale Zahlen wie natürliche Zahlen gibt und dass die Menge der reellen Zahlen „*viel größer*" als die Menge der rationalen Zahlen ist (da lernen wir die berühmten *Cantorschen Diagonalverfahren* kennen).

  Das wird es übrigens erforderlich machen, noch ein bisschen mehr über Mengenlehre zu wissen, als in Abschnitt 1.2 behandelt wurde, es wird also einige *Ergänzungen zur Mengenlehre* geben.

- Es folgt dann noch ein Abschnitt, den Sie beim ersten Lesen ruhig überspringen können: In *Abschnitt 1.11* skizzieren wir eine alternative Möglichkeit, die reellen Zahlen einzuführen (den so genannten *konstruktiven Weg*), wir zeigen, dass ℝ durch das Axiomensystem *eindeutig festgelegt* ist, und schließlich wird noch kurz über die Frage philosophiert, *wie sicher das so gelegte Fundament* denn nun ist.

1.1 Vorbemerkungen

Wovon wir ausgehen

Wir werden nichts voraussetzen, um die Analysis streng zu entwickeln: Im Prinzip müssten Sie den nachstehenden Ausführungen auch dann folgen können, wenn Sie keine mathematischen Vorkenntnisse haben. Das ist aber nur die halbe Wahrheit, denn in diesem Fall würden Sie bald Motivationsprobleme haben; viele der neuen Begriffe müssten recht gekünstelt wirken. Daher wird gelegentlich an einige Ihrer bisherigen mathematischen Erfahrungen zu erinnern sein.

Planung

Denken Sie zum Beispiel an Ihre Kenntnisse über Zahlen. Schon Vorschulkinder „wissen", dass $3 + 4 = 7$ ist, auch wenn sie nicht präzisieren könnten, was die einzelnen Symbole „3", „+" usw. denn eigentlich „sind". Die auf diesem mathematischen Niveau auftretenden Zahlen $1, 2, 3$, usw. werden die *natürlichen Zahlen* genannt, ihre Gesamtheit werden wir mit $\mathbb{N}_{\text{naiv}}$ bezeichnen. (Später werden wir dafür das Symbol $\mathbb{N}$ verwenden[1].) Hier und in den folgenden Fällen soll der Zusatz „naiv" daran erinnern, dass wir uns erst im Vorfeld präziser Begriffsbildungen bewegen.) Nimmt man zu $\mathbb{N}_{\text{naiv}}$ die Null und $-1, -2, -3$, usw. hinzu, so nennt man diesen erweiterten Bereich die *ganzen Zahlen* (hier: $\mathbb{Z}_{\text{naiv}}$). Quotienten ganzer Zahlen (mit von Null verschiedenem Nenner) werden *rationale Zahlen* genannt, die Gesamtheit derartiger Zahlen wird vorläufig mit $\mathbb{Q}_{\text{naiv}}$ bezeichnet. $\mathbb{Q}_{\text{naiv}}$ ist genügend umfangreich, um alle in praktischen Problemen auftretenden Rechnungen darin abwickeln zu können. Trotzdem wurde schon früh in der Entwicklung der Mathematik (nämlich bei der Behandlung geometrischer Probleme durch griechische Mathematiker) festgestellt, dass es Zahlen „gibt", die nicht rational sind. Bekanntestes Beispiel: die Länge der Diagonalen des Einheitsquadrates.

In der Schule hilft man sich häufig dadurch, dass man zu den rationalen Zahlen – die man sich als abbrechende oder periodische Dezimalbrüche vorstellen kann – alle möglichen (also auch die nicht abbrechenden) Dezimalzahlen hinzunimmt. Der so erweiterte Bereich, die *reellen Zahlen*, wird bis auf weiteres $\mathbb{R}_{\text{naiv}}$ genannt werden; mitunter werden wir uns $\mathbb{R}_{\text{naiv}}$ als Zahlengerade vorstellen:

Bild 1.1: $\mathbb{R}_{\text{naiv}}$ als Zahlengerade

Noch einmal zur Übersicht:

---

[1] In diesem Buch folgen wir der Konvention, dass die erste natürliche Zahl die Zahl 1 ist. Für andere Autoren – nach meiner Einschätzung eine Minderheit – ist die 0 die erste natürliche Zahl.

$\mathbb{N}_{\text{naiv}}$ (natürliche Zahlen) : $1, 2, 3, 4, \ldots$

$\mathbb{Z}_{\text{naiv}}$ (ganze Zahlen)   : $0, 1, -1, 2, -2, \ldots$

$\mathbb{Q}_{\text{naiv}}$ (rationale Zahlen) : alle Brüche ganzer Zahlen mit von Null
                                                verschiedenem Nenner.

$\mathbb{R}_{\text{naiv}}$ (reelle Zahlen)   : alle Dezimalzahlen.

Soviel zu Zahlen. (Falls Sie in der Schule schon *komplexe Zahlen* kennen gelernt haben: Die sparen wir uns für später auf.) Sie werden außerdem an einer Reihe von Beispielen – etwa aus Geometrie, Technik, Natur- und Wirtschaftswissenschaften – gesehen haben, dass mit Hilfe mathematischer Methoden nichtmathematische Probleme behandelt werden können und dass dabei nicht nur Zahlen auftreten, sondern kompliziertere, mit Zahlen zusammenhängende Begriffsbildungen: Funktionen, Ableitungen von Funktionen, Integrale, ...

All das werden wir im Laufe der Zeit kennen lernen, auf Einzelheiten braucht hier noch nicht eingegangen zu werden. Im Laufe des Aufbaus der Analysis wird es später reichlich Gelegenheit dazu geben.

Was wir wollen

Hauptziel der Analysis wird es sein, die im vorherigen Abschnitt genannten „Zahlen", „Funktionen" usw. in einem mathematisch präzisen Rahmen zu behandeln. Die Kenntnis der zu besprechenden Ergebnisse bildet eine notwendige Voraussetzung für praktisch alle Anwendungen von Mathematik sowie für weiterführende Vorlesungen.

Es ist plausibel, dass eine systematische Untersuchung mit den Zahlen selbst beginnen muss. *Nahziel* wird also sein, das „*naiv*" in $\mathbb{N}_{\text{naiv}}$, $\mathbb{Z}_{\text{naiv}}$, $\mathbb{Q}_{\text{naiv}}$ und $\mathbb{R}_{\text{naiv}}$ loszuwerden. Dabei wird sich zeigen, dass es reicht, den Schritt von $\mathbb{R}_{\text{naiv}}$ nach $\mathbb{R}$ zu bewältigen; alles andere ist dann einfach. Unser Programm für den Rest von Kapitel 1 heißt folglich:

$$\text{„Von } \mathbb{R}_{\text{naiv}} \text{ zu } \mathbb{R}."$$

Was wir erwarten können: die axiomatische Methode

Axiome   Wirklich alles, was man heute über Zahlen weiß, ist aus den dann formulierten Axiomen ableitbar. Ich möchte jetzt schon betonen, dass es dabei – genau genommen – immer nur um *Folgerungen* geht. Wenn Sie z.B. die Aussage

„Für jede reelle Zahl x ist $1 + x^2$ größer als Null."

lesen, so heißt das eigentlich:

„Unter der Annahme der Axiome für reelle Zahlen gilt:
Für jede reelle Zahl x ist $1 + x^2$ größer als Null."

So kompliziert drückt man es meist nicht aus, aber es ist für Sie *wichtig zu wissen, dass Mathematik nicht untersucht, was ist, sondern was sich folgern lässt.*

Hier gibt es noch weitere Verständnishilfen zum Thema „Axiome", das vielen Anfängern Probleme bereitet. Sie können sie beim ersten Lesen überspringen.

Zunächst ist klar, dass das Voranstellen eines Axiomensystems nicht bedeuten kann, dass das fragliche Objekt in irgendeinem materiellen Sinn existiert, so wie etwa das Urmeter bei Paris aufbewahrt wird. Durch die axiomatische Methode wird aber sichergestellt, dass jedesmal dann, wenn in einer konkreten Situation alle Axiome erfüllt sind, sämtliche Resultate der Theorie sofort zur Verfügung stehen. (Eine vergleichbare Erfahrung haben Sie schon zu Beginn Ihrer Schulzeit gemacht: Wenn Sie einmal „verstanden" hatten, dass $3 + 4 = 7$ ist, dann war auch klar, was 3 Tische und 4 Tische, 3 Äpfel und 4 Äpfel usw. sind.)

Das alles sollten Sie wissen, wenn Sie hier in der Analysis oder in anderen Vorlesungen Axiomensysteme kennen lernen. Dass die Objekte der Mathematik in Wirklichkeit nicht existieren, ist allerdings nur so etwas wie die offizielle Wahrheit. Tatsächlich ist es üblich und legitim, sich die Objekte konkret vorzustellen und *quasi so zu tun, als ob es sie wirklich geben würde.* Mathematiker reden über 3, π und die Sinusfunktion genau so wie über einen guten Bekannten, der nur zufällig gerade nicht anwesend ist.

Als weitere Verdeutlichung möchte ich an das *Schachspiel* erinnern, Sie können aber auch jedes andere Spiel dafür einsetzen. Die Spielregeln entsprechen den Axiomen, und aus diesen „Axiomen des Schachspiels" lassen sich Folgerungen ziehen. Schachspieler wissen:

> „Weiß kann gewinnen, wenn Schwarz nur noch den König, Weiß aber noch den König, die Dame und beide Türme hat" ist eine richtige Aussage. Hier ist nicht so wichtig, dass eine Gewinnstrategie dann nicht schwer zu finden ist, sondern dass es eigentlich heißen müsste: „Unter der Voraussetzung der Schachregeln ist richtig, dass . . . ". Das Ergebnis ist unabhängig von konkret existierenden Schachbrettern, für das Finden eines Lösungswegs kann es aber hilfreich sein, sich eins vorzustellen.

Am Schachspiel lassen sich auch andere Aspekte von Axiomensystemen verdeutlichen. Zum Beispiel: Eine kleine Änderung der Spielregeln (Axiome) kann zu völlig anderen Spielverläufen (Theorien) führen. Oder: Es gibt unter den richtigen Aussagen manche, die einfach, und andere, die wesentlich schwieriger zu beweisen sind. Für manche werden wir vielleicht nie erfahren, ob sie wahr sind, zum Beispiel „Wer das Spiel eröffnet, kann gewinnen".

Was zu tun ist

In der Einleitung wurde schon betont, dass jede mathematische Theorie auf eine axiomatische Grundlage gestellt werden muss. Aber was sind denn nun die „richtigen" Axiome für ℝ? Das Problem soll durch die folgende Strategie gelöst werden:

> Wir werden uns von unserer Erfahrung mit reellen Zahlen – also von $ℝ_{\text{naiv}}$ – leiten lassen und so lange von uns als wichtig eingeschätzte Eigenschaften zu Axiomen befördern, bis durch das dann gefundene Axiomensystem die reellen Zahlen mit der von uns gewünschten Struktur festgelegt sind.

Dieses Verfahren hat klassische Vorbilder, Euklid hat es genauso gemacht, als er vor über 2000 Jahren die Axiome für die Geometrie zusammengestellt hat. Bei ihm ging es um die Begriffe „Punkt" und „Gerade", bei uns um „Zahl", „Summe zweier Zahlen" usw.

Wie bei jeder axiomatisch zu begründenden Theorie ist die Frage zu entscheiden, *welche* der gewünschten Eigenschaften denn nun Axiome werden sollen. Da ist man in der Geschichte der Mathematik pragmatisch vorgegangen: Vieles wird ausprobiert (besonders, wenn eine Theorie noch jung ist), nach einiger Zeit kristallisiert sich ein besonders günstiger Zugang heraus, der von der Mehrheit der Mathematikergemeinde als optimal angesehen wird[2]. Man kann es in fast allen Fällen auch ganz anders machen, letztlich entscheiden recht schwer messbare Kriterien wie Ökonomie des Aufbaus oder Eleganz der Darstellung.

1.2 Mengen

Sie wollen Auto fahren? Dann eignen Sie sich in der Fahrschule die für das Autofahren wichtigsten Kenntnisse an (Verkehrsregeln? Wie wechsle ich einen Reifen?), und danach kann es los gehen. Keiner kommt auf die Idee, erst einmal einige Semester Kraftfahrzeugbau, Verkehrsrecht usw. zu studieren.

So ähnlich verhält es sich mit dem Stellenwert der Mengenlehre innerhalb der Analysis. Es kann hier nicht die Absicht sein, Sie in die Feinheiten des Gebiets einzuführen, dafür ist in späteren Semestern immer noch Zeit. Hier geht es nur um ein *erstes Kennenlernen*, insbesondere brauchen wir einige *Vokabeln*.

Wir beginnen mit der klassischen Definition des Mengenbegriffs, sie geht auf GEORG CANTOR[3] (1845 – 1918) zurück:

> „Eine *Menge* ist jede Zusammenfassung von bestimmten wohlunterschiedenen Objekten unserer Anschauung oder unseres Denkens."

GEORG CANTOR
1845 – 1918

Menge

---

[2] Obwohl der Vergleich ein bisschen gewagt ist, könnte man das als *Darwinismus in der Mathematik* bezeichnen.

[3] Seine berühmten Werke zur Mengenlehre entstanden zwischen 1879 und 1884. Auf seine Anregung hin wurde die *Deutsche Mathematiker-Vereinigung* 1890 gegründet.

Im täglichen Leben trifft man diese „Zusammenfassung zu einem Ganzen" häufig an. Jeder weiß, was „das Kollegium der Schule X", „die Einwohner Berlins" usw. sind. Kommunikation zwischen Menschen ist eigentlich nur dadurch möglich, dass man die Gesprächsgegenstände auf diese Weise ein bisschen vorsortiert.

Mengen in der Mathematik

Wenn ein *Mathematiker* einen Satz mit „Sei M eine Menge ..." anfängt, so soll das eigentlich nur bedeuten, dass über die Frage, ob etwas zu M gehört oder nicht, Einigkeit besteht. Mengenlehre schafft damit ein Fundament, von dem aus die Arbeit losgehen kann, auf diese Weise vermeidet man ein Weiterfragen ad infinitum. Seit Cantor hat es sich immer mehr durchgesetzt, Theorien auf der Basis der Mengenlehre zu entwickeln. (Es soll nicht verschwiegen werden, dass dadurch die Gefahr besteht, vor lauter Mengenlehre die wichtigen Ideen zu vernebeln; mehr dazu auf Seite 12 bei der Definition der Abbildungen.) So wollen wir es hier auch halten:

1.2.1. Der erste Schritt zum Axiomensystem für $\mathbb{R}$: $\mathbb{R}$ *ist eine Menge.*

Wie redet man über Mengen?

Beim Reden über Mengen sind zwei Fälle zu unterscheiden. Wenn in irgendeinem Zusammenhang bekannt ist, dass eine Menge vorliegt, so kann man – entsprechend der Definition – für jedes Objekt eindeutig entscheiden, ob es zu der Menge gehört oder nicht. Wenn umgekehrt eine Menge definiert werden soll, so muss eindeutig klar sein, welche Objekte enthalten sein sollen und welche nicht. So wäre es legitim zu sagen

„M soll die Menge sein, die aus den Zahlen 0, -13 und 3333 besteht."

Unzulässig wäre dagegen ein Versuch der Form „M ist die Menge der *ABC*-Zahlen", wenn vorher nicht erklärt wurde, was *ABC*-Zahlen sind.

Hier nun einige Begriffe, sie gehören zur Minimalausstattung, um über Mengen reden zu können.

Definition von Mengen durch Aufzählung

Um Mengen durch Aufzählung der Elemente festzulegen, schreibt man einfach die Objekte, die zu der Menge gehören sollen, zwischen geschweifte Klammern { }, so genannte „Mengenklammern". Dabei werden die einzelnen Elemente durch Kommata getrennt.

{...}

Die vor wenigen Zeilen betrachtete Menge schreibt man also als $\{0, -13, 3333\}$. Wollen wir einen Namen dafür einführen, z.B. M, so lautet die Schreibweise

$$M := \{0, -13, 3333\}.$$

Gesprochen wird das als „M, definiert als die Menge der Zahlen 0, -13 und 3333". Hier einige weitere Beispiele unter Verwendung von $\mathbb{N}_{\text{naiv}}$ und $\mathbb{R}_{\text{naiv}}$:

$$\{1, 2, 15, 3\}, \ \{1\}, \ \{3.2, 12, \pi\}.$$

Dabei steht 3.2 für diejenige Dezimalzahl, die Sie in der Schule vielleicht als 3,2 – also mit einem Komma – geschrieben haben. Ein Komma würde hier aber sehr verwirren, denn die Menge $\{3, 2, 12, \pi\}$ ist etwas ganz anderes. Also: Verabschieden Sie sich vom Dezimalkomma, ab jetzt gibt es den Dezimalpunkt.

Es ist übrigens nicht verboten, einige Elemente mehrfach aufzuführen oder die Reihenfolge zu ändern. $\{1, 2, 4\}$ ist die gleiche Menge wie $\{1, 1, 2, 4\}$ oder wie $\{4, 1, 2\}$. Der Sinn dieser Vereinbarung wird deutlich, wenn man Mengen der Form $\{a, b, c\}$ untersucht, wobei a, b, c erst später festgesetzt werden. Dann ist es ganz praktisch, auch dann $\{a, b, c\}$ schreiben zu können, wenn etwa $a = b$ gilt.

Definition von Mengen durch Angabe einer Eigenschaft

Das geht so: Man sagt, um welche Objekte es gehen soll und welche Eigenschaft sie haben sollen. „Die Menge aller (naiven) natürlichen Zahlen, die eine Primzahl sind" würde dann so geschrieben werden:

$$\{n \mid n \text{ ist Primzahl}\}.$$

Es geht also los mit einer öffnenden Mengenklammer „$\{$", dann kommt ein allgemeines Symbol (im Beispiel wurde ein n verwendet), es geht weiter mit einem senkrechten Strich[4]. Dann erst geht es um die eigentliche Definition, und das Ganze schließt mit „$\}$". Irgendwo in der Mengenklammer muss also die definierende Eigenschaft untergebracht sein, wenn es mehrere gleichzeitig sind, kann man die durch Komma trennen:

$$\{n \mid n \text{ ist Primzahl}, n > 1000\}$$

steht für die Menge aller Primzahlen, die größer als 1000 sind.

Diese Art, Mengen zu deklarieren, ist deswegen so wichtig, weil es für unendliche Mengen keine andere Möglichkeit gibt. (Eine Ausnahme wird gleich anschließend besprochen werden.) Das heißt aber nicht, dass so immer unendliche Mengen entstehen müssten. Beispielsweise ist

$$\{n \mid n \text{ ist Primzahl}, n < 12\}$$

mit der Menge $\{2, 3, 5, 7, 11\}$ identisch. Das zeigt auch, dass es mehrere Möglichkeiten geben kann, die gleiche Menge zu beschreiben.

Definition von Mengen durch Pünktchen

Betrachten Sie die Mengendefinition $M := \{2, 4, 6, 8, \ldots\}$. Den Typ kennen wir noch nicht, und eigentlich haben ja Pünktchen bei einem strengen Aufbau nichts zu suchen. Aber: Jeder weiß doch, dass von der Menge

$$\{n \mid n \text{ ist eine (naive) natürliche Zahl}, n \text{ ist gerade}\}$$

$\{.. \mid ...\}$

---

[4]Manche Autoren verwenden statt des „$\mid$" einen Doppelpunkt, sie würden also $\{n : n \text{ ist Primzahl}\}$ schreiben.

die Rede ist, aber hier wie in vielen anderen Situationen ist es viel suggestiver, mit den Pünktchen zu arbeiten.

Unter Mathematikern gibt es eine Übereinkunft, Pünktchen in solchen Zusammenhängen ausnahmsweise zuzulassen. Jeder kann sie ja „in nahe liegender Weise" in eine strenge Definition übersetzen, wenn es denn notwendig werden sollte. Intellektuelle Anstrengen sind da nicht zu befürchten, schwieriger als im vorstehenden Fall wird es nie.

Grundlegende Begriffe

Es folgen, in Kurzfassung, die für uns wichtigsten Begriffe zur Mengenlehre. Inhaltlich ist alles hochgradig einfach, in den sechziger Jahren des vorigen Jahrhunderts wurde dieser Teil der Mengenlehre an den Grundschulen vermittelt, mitunter sogar im Kindergarten.

Das Zeichen „$\emptyset$": die leere Menge $\emptyset$

Die leere Menge ist die eindeutig bestimmte Menge, die keine Elemente enthält. Das klingt harmlos, macht aber vielen Anfängern Schwierigkeiten. Mehr dazu später im Kasten auf Seite 129.

Das Zeichen „$\in$": Element von $\in$

Ist M eine Menge und x irgendein mathematisches Objekt, so steht „$x \in M$" – gesprochen „x Element von M" – für die Aussage „x gehört zu M". Wie bei jeder sinnvollen Aussage kann das richtig oder falsch sein.
Beispiele : $3 \in \{4, 7, 9\}$ ist eine falsche, $4 \in \{4\}$ dagegen eine wahre Aussage.

Das Zeichen „$\notin$": nicht Element von $\notin$

„$\notin$" steht für „gehört nicht zu", ist also das Gegenteil der Aussage „$\in$".
Beispiele : $3 \notin \{4, 7, 9\}$ ist eine wahre, $4 \notin \{4\}$ eine falsche Aussage.

Das Zeichen „$\cup$": Vereinigung zweier Mengen $\cup$

Sind M und N Mengen, so bezeichnet $M \cup N$ – gesprochen „M vereinigt N" oder „die Vereinigung von M und N" – diejenige Menge, die aus allen Elementen besteht, die zu M, zu N oder zu beiden Mengen gehören. Man stellt sich die Vereinigung am besten so vor:

$$M \cup N$$

Bild 1.2: Vereinigung

Beispiel: Die Vereinigung von $\{1, 2, 3\}$ und $\{3, 4, 5\}$ ist die Menge $\{1, 2, 3, 4, 5\}$; in Kurzfassung
$$\{1, 2, 3\} \cup \{3, 4, 5\} = \{1, 2, 3, 4, 5\}.$$

$\cap$

Das Zeichen „∩“: Durchschnitt zweier Mengen
Diesmal geht es um diejenigen Elemente, die gleichzeitig zu M und zu N gehören, ihre Gesamtheit wird mit $M \cap N$ bezeichnet („der Durchschnitt von M und N" oder auch „M geschnitten mit N"). Das Bild zur Definition sieht diesmal so aus:

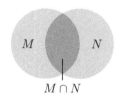

$$M \cap N$$

Bild 1.3: Durchschnitt

Beispiel: Der Durchschnitt von $\{1, 2, 3\}$ und $\{3, 4, 5\}$ ist die Menge $\{3\}$, d.h.

$$\{1, 2, 3\} \cap \{3, 4, 5\} = \{3\}.$$

disjunkt

Zusatz 1: Ist $M \cap N = \emptyset$, so sagt man, dass M und N *disjunkt* sind. So sind etwa $\{2, 3\}$ und $\{4, 5\}$ disjunkt, $\{2, 3\}$ und $\{3, 4, 5\}$ aber nicht.

disjunkte Vereinigung

Zusatz 2: Eine Vereinigung, die aus disjunkten Mengen gebildet wird, heißt eine *disjunkte Vereinigung*. Zum Beispiel ist $\{1, 2, 3\}$ disjunkte Vereinigung der Mengen $\{1, 2\}$ und $\{3\}$.

Das Zeichen „⊂“: Teilmenge von
Mal angenommen, M und N sind Mengen. Falls dann jedes Element von M auch Element von N ist, so schreibt man dafür $M \subset N$ und sagt „M Teilmenge von N". Das Zeichen „⊂" wird das *Inklusionszeichen* genannt.

$\subset$

Beispiele: $\{1, 2, 3\} \subset \{1, 2, 3, 4, 5\}$ ist eine richtige Aussage, $\{1, 2, 3\} \subset \{-1, 2, 3, 4, 5\}$ dagegen nicht. (Warum eigentlich?)[5]

?

Das Zeichen „=“: ist gleich
Zwei Mengen M und N sollen dann gleich genannt werden, wenn sowohl $M \subset N$ als auch $N \subset M$ gilt. *Achtung also*: Wenn jemand behauptet, dass $M = N$ richtig ist, so sind für den Nachweis *zwei Beweise* erforderlich, nämlich einer für $M \subset N$ und einer für $N \subset M$.

$=$

Beispiel: $\{1\} = \{0, 1\} \cap \{1, 14\}$.

$\setminus$

Das Zeichen „\“: relatives Komplement, Komplementärmenge
Für Mengen M und N kann man eine neue Menge $M \setminus N$ („M ohne N" oder „M Komplement N" oder „das relative Komplement von N in M") dadurch bilden, dass man alle diejenigen Elemente von M betrachtet, die nicht Element von N sind. *Beispiel*: $\{1, 2, 3\} \setminus \{3, 4, 9\} = \{1, 2\}$.
Falls schon klar ist, dass es nur um Teilmengen einer festen Menge M geht und N so eine Teilmenge ist, wird $M \setminus N$ auch einfach die *Komplementärmenge von N* genannt.

---

[5] Dieses und die späteren „?" sollen Sie zum Mitdenken anregen. Die Antworten finden Sie ab Seite 359.

Mengeninklusion: „⊂" oder „⊆"?

Es ist schon ein bisschen verwirrend. (Achtung: Nach dem Lesen dieses Abschnitts sind Sie vielleicht noch verwirrter als vorher.) Für jede Menge M gilt natürlich $M \subset M$, und deswegen ist „⊂" so etwas wie das Zeichen „≤" bei den Zahlen. Warum heißt es dann aber nicht $M \subseteq N$, dann hätte man das Zeichen „⊂" doch für Situationen frei, wo die links stehende Menge sogar echt enthalten ist (bei denen also beide Mengen verschieden sind)?

Die Frage ist berechtigt, und wirklich findet man manchmal „⊆" statt „⊂". Für *echte* Inklusionen – also für Situationen, in denen gleichzeitig „ist enthalten" und „nicht gleich" gilt – schreiben diese Autoren dann konsequenterweise „⊂", wobei sie Gefahr laufen, dass sie dann von der Mehrheit der Mathematikergemeinde missverstanden werden. *Wir* werden bei „⊂" bleiben, und wenn wir wirklich einmal ausdrücken wollen, dass M eine *echte* Teilmenge von N ist, müssen wir die übliche, aber doch recht schwerfällige Schreibweise $M \subsetneqq N$ verwenden.

$\underset{\neq}{\subseteq}$

„$\mathcal{P}(M)$": die Potenzmenge von M

$\mathcal{P}(M)$

Ist M eine Menge, so versteht man unter der Potenzmenge von M diejenige Menge, die alle Teilmengen von M enthält, sie wird mit $\mathcal{P}(M)$ bezeichnet. Potenzmengen werden hier in der Analysis keine große Rolle spielen, deswegen haben Sie noch eine Weile Zeit, sich an diesen Begriff zu gewöhnen.

Die Potenzmenge einer Menge hat viel mehr Elemente als die Menge selber, das sieht man schon an dem einfachen Beispiel $M = \{1,2,3\}$, da gehören

$$\emptyset, \{1\}, \{2\}, \{3\}, \{1,2\}, \{1,3\}, \{2,3\}, \{1,2,3\}$$

zur Potenzmenge.

„$M \times N$": das (kartesische) Produkt von M und N

$M \times N$

M und N sollen Mengen sein. Für ein x aus M und ein y aus N kann man zwar die zweielementige Menge $\{x,y\}$ bilden, doch ist die – wie schon gesagt – mit $\{y,x\}$ identisch. Manchmal ist es aber wünschenswert, auf die Reihenfolge Wert zu legen, und dafür führt man den Begriff *geordnetes Paar* ein. Man schreibt (x,y), nennt es „das aus x und y gebildete geordnete Paar"und vereinbart, dass zwei Paare (x,y) und (x',y') nur dann als gleich angesehen werden, wenn sowohl $x = x'$ als auch $y = y'$ gilt. *So* wird sichergestellt, dass die Reihenfolge eine wichtige Rolle spielt[6].

Geordnete Paare sind auch Nichtmathematikern geläufig. Wenn man zum Beispiel Informationen über Kandidaten für mögliche neue Wohnungen

---

[6] Falls Sie die Konstruktion übrigens zu vage finden sollten: Man kann „geordnetes Paar" auch ganz allein mit Hilfe von Mengensymbolen ausdrücken. Wenn man (x,y) als $\{x, \{x,y\}\}$ erklärt, so ist wirklich $(x,y) = (x',y')$ genau dann, wenn $x = x'$ und $y = y'$. Kein Mathematiker denkt an diese schwerfällige Definition, wenn er über geordnete Paare spricht. Wenn aber jemand auf einem Zugang besteht, in dem nur Ausdrücke aus der Mengenlehre vorkommen, lässt sich dieser Aufwand kaum vermeiden.

sammelt und jeweils „Quadratmeteranzahl" und „Miete (in Euro)" notieren möchte, so hängt die Attraktivität eines Angebots sehr wohl von der Reihenfolge ab.

Nach dieser Vorbereitung können wir die Menge $M \times N$ definieren, es soll einfach die Menge aller möglichen geordneten Paare (x, y) (mit $x \in M$ und $y \in N$) sein. Man sagt dazu „M kreuz N" oder spricht vom „kartesischen Produkt von M und N".
Beispiele: $\{1, 12\} \times \{0, 1, 2\} = \{(1, 0), (1, 1), (1, 2), (12, 0), (12, 1), (12, 2)\}$, und $\mathbb{R} \times \mathbb{R}$ ist gerade die kartesische Zahlenebene.

Fast möchte ich mich dafür entschuldigen, dass dieser Teil so schwerfällig formal geworden ist. Inhaltlich handelt es sich wirklich um Sachverhalte, die allen aus der Umgangssprache bestens vertraut sind. Die folgenden „Mengen" sind sicher jedem verständlich, erkennen Sie, welche der eben eingeführten Mengenkonstruktionen sich dahinter verbergen?

?

- „Alle Bundesligaspieler, die deutsche Staatsbürger sind."

- „Alle Studenten, die an der Humboldt-Universität oder der Freien Universität eingeschrieben sind."

- „Die Menge der Personen, die ‚Müller' heißen, deren Vorname aber nicht ‚Klaus' ist."

Wir nähern uns nun einer der für die Analysis (und die gesamte Mathematik) wichtigsten Definitionen, der *Abbildungsdefinition*. Es handelt sich um *eine Verallgemeinerung des aus der Schule bekannten Funktionsbegriffs*, man denke etwa an Funktionen wie x^2 oder $\sin x$.

Für alle, die den Begriff „Abbildung" erklären sollen, gibt es ein *didaktisches Problem*. Einerseits geht es dabei um etwas Dynamisches, das Abbilden ist eine Handlung. *So* sollte man es sich vorstellen. Andererseits gibt es in der Mathematik das ungeschriebene, aber dennoch streng einzuhaltende Gesetz, dass alles (ja: alles!) auf Begriffe der Mengenlehre zurückgeführt werden muss. Und dann sieht der Abbildungsbegriff wirklich äußerst schwerfällig aus, von der Idee, die man eigentlich damit verbindet, ist absolut nichts mehr zu sehen. Deswegen gibt es hier *zwei Definitionen*. Die erste ist viel wichtiger, *das* ist die Definition, mit der man am besten arbeiten kann, und mit ihr wird auch deutlich, warum Abbildungen eine so wichtige Rolle spielen, wenn es um mathematische Modelle der wirklichen Welt geht. Die zweite steht eigentlich nur aus quasi sportlichen Gründen hier: Ja, es ist möglich, „Abbildung" nur unter Verwendung der Worte „Menge", „Teilmenge", „Element" usw. zu formulieren. Sie können sie beim ersten Lesen überfliegen, für ein genaueres Verstehen ist später – etwa zur Prüfungsvorbereitung – immer noch Zeit.

Hier die erste, die „dynamische" Möglichkeit, Abbildungen zu definieren.

Definition 1.2.2. *Angenommen, M und N sind Mengen. Wenn dann eine Zuordnungsvorschrift erklärt ist, die jedem Element aus M genau ein Element aus N zuordnet, so nennt man das eine* Abbildung *von M nach N.*

    Ist f der Name für diese Abbildung, so schreibt man kurz $f : M \to N$ und bezeichnet, für $x \in M$, mit $f(x)$ dasjenige Element aus N, das x zugeordnet wird.

Abbildung

Bemerkungen und Beispiele:

1. Die Begriffe „Abbildung" und „Funktion" werden synonym verwendet: Überall, wo man „Abbildung" sagt, darf man auch „Funktion" sagen und umgekehrt. Eine leichte Vorliebe für die Bezeichnung „Funktion" gibt es, wenn es um Abbildungen zwischen Mengen von Zahlen geht.

2. Eine Abbildung kann man sich als eine Art *Automat* vorstellen: Für jedes $x \in M$ wird ein eindeutig bestimmtes $f(x) \in N$ produziert. Beachten Sie, dass hier jedes Wort wichtig ist! (Im nachstehenden Kästchen ist das noch etwas ausführlicher dargestellt.)

3. Wenn eine Abbildung *gegeben* ist, so kann man sich darauf verlassen: Für alle $x \in M$ ist bekannt, was $f(x)$ ist, und dieses Element liegt in N. Wenn man *selber eine definieren* soll, so muss man dafür sorgen, dass wirklich alle Forderungen erfüllt sind.

4. Es gibt mehrere Möglichkeiten, Abbildungen zu definieren, die wichtigsten sind:

a) *Definition durch konkrete Zuordnung*; da setzt man einfach für jedes Element x aus M einzeln fest, was $f(x)$ sein soll. Zum Beispiel könnte man eine Abbildung f von $\{4, 3, 0\}$ nach $\mathbb{R}_{\text{naiv}}$ dadurch definieren, dass man sagt:

$$f(4) := 1.1, \ f(3) := -22222, \ f(0) := 0.$$

Offensichtlich ist dieses Verfahren nur für „nicht zu große" M praktikabel.

b) *Definition durch eine Formel*; etwa bei der durch $f(n) := n^{23}$ definierten Abbildung von $\mathbb{N}_{\text{naiv}}$ nach $\mathbb{N}_{\text{naiv}}$.

c) *Definition durch Fallunterscheidung*; soll die zu definierende Abbildung (von $\mathbb{R}_{\text{naiv}}$ nach $\mathbb{R}_{\text{naiv}}$) den positiven Zahlen die Zahl 2 und den negativen (einschließlich der Null) die Zahl 3.3 zuordnen, so schreibt man das in Kurzfassung als

$$x \mapsto f(x) := \left\{ \begin{array}{ccc} 2 & : & x > 0 \\ 3.3 & : & x \leq 0. \end{array} \right.$$

Dabei wird „$x \mapsto f(x)$" als „x wird abgebildet auf $f(x)$" ausgesprochen.

d) Das Zeichen „$\mapsto$" eignet sich oft gut dazu, Abbildungen schnell zu definieren. Ist zum Beispiel klar, dass von Abbildungen von $\mathbb{R}$ nach $\mathbb{R}$ die Rede ist, so kann man durch $f : x \mapsto x^2$ eine Abbildung f einführen, deren Graph die Standardparabel ist.

5. Im Prinzip kann jeder Buchstabe oder jedes sonstige Symbol zur Bezeichnung einer Abbildung verwendet werden, besonders gebräuchlich sind $f, g, h, f_1, f_2, \ldots$

Vier Fallen bei der Abbildungsdefinition

Die Abbildungsdefinition „f ist eine Abbildung von M nach N, falls
...“ sieht harmlos aus, es gibt aber *vier Fallen, in die man stolpern
kann:*

Achtung 1: Die Abbildung muss für *jedes* $m \in M$ definiert sein. Z.B.
ist die Definition

$$f : \{1,2,3\} \to \{0,1\}, \ f(1) := 0, f(3) := 1$$

nicht vollständig, da $f(2)$ nicht definiert ist.

Achtung 2: Ebenfalls unzulässig ist der Definitionsversuch

$$f : \{1,2,3\} \to \{0,1\}, f(x) := 0 \text{ für } x \leq 2,$$
$$f(x) := 1 \text{ für } x \geq 2,$$

denn $f(2)$ ist *nicht eindeutig* erklärt.

Achtung 3: Die $f(m)$ müssen wirklich in N liegen. Durch

$$f : \{1,2,3\} \to \{0,1\}, \ f(1) := 0, \ f(2) := 13, \ f(3) := 1$$

wird *keine* Abbildung definiert.

Achtung 4: Wir kommen nun zur tückischsten Falle, hin und wieder
wird sie auch für Profis gefährlich. Zur Erläuterung betrachten wir
die „Definition“, die einer positiven rationalen Zahl r, geschrieben
als $r = m/n$ mit natürlichen Zahlen m und n, die ganze Zahl $m - n$
zuordnet.

Das geht nicht: Hier wird nicht der Zahl selbst etwas zugeordnet,
sondern einer der vielen möglichen Darstellungen dieser Zahl. Die
Abbildung „weiß nicht“, was sie zum Beispiel $3/2$ zuordnen soll:
Den Wert 1, da $3 - 2 = 1$? Oder doch lieber 5000, denn man kann
ja $3/2$ auch als $15000/10000$ schreiben? Man sagt in so einem Fall,

wohldefiniert   dass f *nicht wohldefiniert* ist.

Positiv ausgedrückt: Möchte man bei der Abbildungsdefinition eine
konkrete, nicht eindeutig festgelegte Beschreibung des Objekts verwenden, so ist nachzuprüfen, ob das Endergebnis von der zufällig
gewählten Darstellung unabhängig ist. (So wäre zum Beispiel die
Abbildung $f : \mathbb{Q}_{\text{naiv}} \to \mathbb{Q}_{\text{naiv}}, \ f(r) := m^2/n^2$ für $r = m/n$, wohldefiniert: Es ist nur die Zuordnungsvorschrift $r \mapsto r^2$ in Verkleidung.)

Es folgt nun die *zweite Abbildungsdefinition*, diesmal ganz im Rahmen der
Mengenlehre. Den Begriff „Abbildung“ sollte man sich zwar wie in Definition
1.2.2 (am besten auswendig) merken, Puristen könnten jedoch das Wort „Zuordnungsvorschrift“ als zu vage bemängeln. Durch einen Kunstgriff lässt sich
das leicht vermeiden. Er besteht darin, für eine Abbildung den Graphen als das
primär Gegebene aufzufassen, für $x \mapsto x^2$ also das Gebilde $\{(x, x^2) \mid x \in \mathbb{R}_{naiv}\}$:

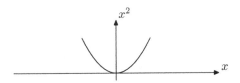

Bild 1.4: Der Graph der Abbildung $x \mapsto x^2$

Wir möchten geeignete Teilmengen von $M \times N$ als Abbildungsgraphen auftreten lassen, es beginnt mit der folgenden

Definition 1.2.3. *M und N seien Mengen. Unter einer* Relation *zwischen Elementen aus M und N verstehen wir eine Teilmenge R von $M \times N$. Ist $R \subset M \times N$ eine Relation, so schreibt man statt $(x, y) \in R$ auch $x \, R \, y$.*

Relation

Relationen gibt es wie Sand am Meer, nur wenige sind aber wirklich wichtig. Wir haben es übrigens wieder mit einem Begriff zu tun, den auch Nichtmathematiker verinnerlicht haben. „x ist befreundet mit y" ist eine Relation zwischen Menschen, „x hat y gelesen" eine zwischen Menschen und Büchern usw.

Der Rest ist eine einfache Denksportaufgabe: Welche Eigenschaften muss eine Relation R haben, damit sie als Graph einer Abbildung aufgefasst werden kann? Die Lösung sieht so aus:

Definition 1.2.4. *M und N seien Mengen und $R \subset M \times N$ eine Relation. R heißt* Abbildungsrelation *, wenn für jedes $x \in M$ genau ein $y \in N$ mit $(x, y) \in R$ existiert.*

**Abbildungs-
relation**

Stellen Sie zur Übung fest, welche der folgenden Relationen Abbildungsrelationen sind:

?

Bild 1.5: Welche Teilmengen von $M \times N$ sind Abbildungsrelationen?

Versuchen Sie, für Relationen $R \subset \mathbb{R} \times \mathbb{R}$ ein anschauliches Verfahren zu finden, um zu entscheiden, ob R Abbildungsrelation ist. Kleiner Tipp: Betrachten Sie geeignete Geraden und untersuchen Sie, wie oft diese Geraden R schneiden.

?

Falls nun jemand bei Definition 1.2.2 Bedenken hatte, möge er statt mit Abbildungen mit Abbildungsrelationen arbeiten. Das verankert zwar Abbildungen in das Begriffsgerüst der Mengenlehre, doch wird dieser Purismus mit einer großen Schwerfälligkeit erkauft.

Abbildungen und Abbildungsrelationen entsprechen sich: Ist $f : M \to N$ Abbildung, so ist $\{(x, f(x)) \mid x \in M\}$ Abbildungsrelation. Ist $R \subset M \times N$

Abbildungsrelation, so ist $f : M \to N$, definiert durch $f(x) :=$ „das eindeutig bestimmte $y \in N$ mit $(x, y) \in R$" eine Abbildung. Deswegen dürfen wir uns von nun an die jeweils bequemere Definition aussuchen, das wird Definition 1.2.2 sein.

Das Paradies der Mengenlehre

Heute ist die Mengenlehre die unbestrittene Basis aller Mathematik. Sie hatte jedoch große Widerstände zu überwinden, da viele einflussreiche Mathematiker die entsprechenden Beweismethoden ablehnten. Zur Illustration der Problematik betrachten wir die folgende Definition: A soll die Menge aller reellen x sein, für die in der $10^{10^{1000}}$-ten Stelle der Dezimalbruchentwicklung eine 7 steht.

So etwas schreibt man heute ohne Skrupel hin, es ist auch möglich, einiges über A zu beweisen. Allerdings kann man für so gut wie keine konkret gegebene Zahl feststellen, ob sie zu A gehört oder nicht. Liegt $\sqrt{2}$ drin, wie ist es mit e und π?

Es ist verständlich, dass man Bedenken haben kann, sich mit solchen wenig fassbaren Objekten auseinanderzusetzen.

Stellvertretend für die möglichen Einschätzungen der Mengenlehre folgen zwei Zitate:

HILBERT: „Niemand wird uns wieder aus dem Paradies vertreiben, das Georg Cantor für uns geöffnet hat."

POINCARÉ: „Mengenlehre ist ein widernatürliches Übel, von dem die Mathematik eines Tages geheilt sein wird."

1.3   Algebraische Strukturen

Wir arbeiten weiter am Grundgerüst der Analysis. In diesem Abschnitt wird über Begriffe zu sprechen sein, die mit „+" und „·" zusammenhängen.

Betrachten wir zunächst „+", etwa für ganze Zahlen. Bevor wir uns um kompliziertere Eigenschaften kümmern, formulieren wir die Aussage „mit a und b ist auch $a + b$ eine ganze Zahl" in der Sprache der Mengenlehre:

innere
Komposition

Definition 1.3.1. *Sei M eine Menge. Unter einer* inneren Komposition auf *M verstehen wir eine Abbildung von $M \times M$ nach M, d.h. eine Zuordnungsvorschrift, die je zwei Elementen aus M ein weiteres Element aus M zuordnet. Ist z.B. „$\circ$" die Bezeichnung dieser inneren Komposition, so schreiben wir für $\circ\big((x, y)\big)$ – wie es ja eigentlich heißen müsste – kürzer $x \circ y$.*

Bemerkungen:

1. Man sagt zwar bei Abbildungen „f von x" und schreibt $f(x)$, bei inneren Kompositionen würde das aber zu schwerfällig sein. Es heißt einfach „x Kringel y", wenn man die innere Komposition „$\circ$" vorher als „Kringel" getauft hat. (Es sagt ja auch niemand „+ von (x, y)" für „$x + y$" ...)

2. Durch die Bezeichnung „*innere* Komposition" soll betont werden, dass das Ergebnis der Verknüpfung von je zwei Elementen aus M wieder in M liegt. Es gibt auch äußere Kompositionen, da wird je zwei Elementen aus M ein Element einer weiteren Menge N zugeordnet. (In anderen Fällen wird auch eine Abbildung von $M \times N$ nach M studiert.)

Beispiele:

1. „+" und „·" sind innere Kompositionen auf $\mathbb{N}_{\text{naiv}}$, denn Summen und Produkte natürlicher Zahlen sind wieder natürliche Zahlen. Entsprechend sind „+" und „·" auch innere Kompositionen auf $\mathbb{Z}_{\text{naiv}}$, $\mathbb{Q}_{\text{naiv}}$ und $\mathbb{R}_{\text{naiv}}$.

2. $x \circ y := x - y$ ist innere Komposition auf $\mathbb{Z}_{\text{naiv}}$, denn beim Subtrahieren ganzer Zahlen voneinander bleibt man im Bereich der ganzen Zahlen. Das geht genauso in $\mathbb{Q}_{\text{naiv}}$ und $\mathbb{R}_{\text{naiv}}$, *nicht* jedoch auf $\mathbb{N}_{\text{naiv}}$. Warum?

?

3. Sei M eine Menge und $\mathcal{P}(M)$ die auf Seite 11 definierte *Potenzmenge* von M. Dann können „∩" und „∪" als innere Kompositionen auf $\mathcal{P}(M)$ aufgefasst werden.

Mengen mit einer vorgegebenen inneren Komposition (oder mehreren), die gewisse „schöne" Eigenschaften haben, bilden den Ausgangspunkt der Untersuchungen in der Algebra (daher „algebraische Struktur"). In einer langen historischen Entwicklung hat sich herauskristallisiert, welches die wichtigsten Eigenschaften für innere Kompositionen sind. Wir werden die folgenden benötigen:

Definition 1.3.2. *„∘" sei eine innere Komposition auf der Menge M.*

(i) „∘" heißt assoziativ, *wenn für $x, y, z \in M$ stets gilt:*

assoziativ

$$(x \circ y) \circ z = x \circ (y \circ z).$$

(ii) „∘" heißt kommutativ, *wenn*

kommutativ

$$x \circ y = y \circ x$$

für alle $x, y \in M$ ist.

(iii) Ein Element $e \in M$ heißt neutral *bezüglich „∘", wenn $e \circ x = x \circ e = x$ für jedes $x \in M$ gilt (e heißt dann auch eine* Einheit *bezüglich „∘").*

neutral

Einheit

(iv) Sei e eine Einheit für „∘" und $x \in M$. Ein Element $y \in M$ heißt invers *zu x, wenn $x \circ y = y \circ x = e$.*

invers

Nimmt man wie bisher die bekannten Zahlenmengen $\mathbb{N}_{\text{naiv}}$, $\mathbb{Z}_{\text{naiv}}$, $\mathbb{Q}_{\text{naiv}}$ und $\mathbb{R}_{\text{naiv}}$ als gegeben an, so lassen sich leicht zahlreiche Beispiele zur Erläuterung der Definitionen finden. Betrachten wir etwa die innere Komposition „+" auf $\mathbb{Z}_{\text{naiv}}$. Die Zahl 0 ist sicher ein neutrales Element, denn die Addition von 0 verändert den Wert einer Zahl nicht. In der Schule lernt man, dass „+" kommutativ und assoziativ ist, und jedes $x \in \mathbb{Z}_{\text{naiv}}$ besitzt ein inverses Element: -3 ist invers zu 3, die Zahl 5 ist invers zu -5, allgemein ist $-x$ invers zu x.

?

Diskutieren Sie analog die inneren Kompositionen

- $\circ : (x, y) \mapsto 0$ auf $\mathbb{Z}_{\text{naiv}}$ (d.h., die innere Komposition „$\circ$" ist durch die Vorschrift $x \circ y := 0$, für alle $x, y \in \mathbb{Z}_{\text{naiv}}$, definiert).

- $(x, y) \mapsto x - y$ auf $\mathbb{Z}_{\text{naiv}}$.

- $(m, n) \mapsto m^n$ auf $\mathbb{N}_{\text{naiv}}$.

Beweise

Da Sie noch keine Übung im Beweisen haben, hier einige *erste Hinweise*. Die übliche Situation ist wie in den vorstehenden Beispielen, dass nämlich M und „$\circ$" vorgegeben sind. Betrachten wir etwa die Frage nach der Kommutativität. Falls „$\circ$" wirklich kommutativ ist und Sie das nachweisen sollen, so müssen Sie die Gleichheit von $x \circ y$ und $y \circ x$ für alle Möglichkeiten von x und y nachprüfen. Hat z.B. M 12 Elemente, so bedeutet das, dass 12^2 Gleichungen zu untersuchen sind. Für unendliche Mengen müssen Sie die Gleichheit von $x \circ y$ und $y \circ x$ allein aus den Eigenschaften erschließen, die die Elemente von M definieren bzw. aus der Definition von „$\circ$" herleiten.

Sind Sie dagegen der Überzeugung, dass „$\circ$" *nicht* kommutativ ist – etwa, nachdem Sie sich lange mit Beweisversuchen gequält haben –, so ist zu beachten, dass das Gegenteil von „für alle gilt" „mindestens einmal gilt nicht" ist. Sie sind also dann mit dem Beweis von „‚$\circ$' ist nicht kommutativ" fertig, wenn es Ihnen gelingt, zwei Elemente $x, y \in M$ mit $x \circ y \neq y \circ x$ anzugeben. Z.B. ist die durch $x \circ y := x^y$ auf $\mathbb{N}_{\text{naiv}}$ definierte innere Komposition „$\circ$" nicht kommutativ, weil man leicht Beispiele für Zahlen x, y mit $x^y \neq y^x$ findet (so ist etwa $2^3 \neq 3^2$).

Ein typischer Anfängerirrtum wäre die Annahme, dass im Falle der Nicht-Kommutativität *stets* $x \circ y \neq y \circ x$ gelten müsste. Das ist natürlich nicht zu erwarten, denn mindestens im Fall $x = y$ gilt natürlich bestimmt $x^y = y^x$.

> Das weiß jeder auch aus dem täglichen Leben: Das Gegenteil der Aussage „alle sind nett zu mir" ist doch nicht „alle sind unfreundlich zu mir", sondern „es gibt jemanden, der nicht nett zu mir ist".

Analog verhält es sich mit Beweisen zu Aussagen wie „‚$\circ$' ist assoziativ" oder „7 ist neutral für $(x, y) \mapsto x^y$ auf $\mathbb{N}_{\text{naiv}}$". Etwas mehr müssen Sie überlegen, wenn Sie etwa zeigen wollen, dass für $(x, y) \mapsto x - y$ keine Einheiten existieren: Sie müssen für jedes e einen „Versager" x angeben, für den $e - x \neq x$ oder $x - e \neq x$ gilt; natürlich müssen das für verschiedene e nicht unbedingt verschiedene x sein.

Hier noch einige von Zahlen unabhängige innere Kompositionen:

Beispiele:

1. Sei M eine Menge, wir betrachten die innere Komposition „$\cup$" (Vereinigung) auf $\mathcal{P}(M)$. Das ist eine kommutative innere Komposition, denn „x gehört zu A oder x gehört zu B" ist für zwei Teilmengen A und B von M offensichtlich gleichwertig zu „x gehört zu B oder x gehört zu A"(mehr dazu auf Seite 23).

?

Versuchen Sie, auch die Gültigkeit der folgenden Aussagen zu beweisen:

- $\cup$ ist eine assoziative innere Komposition.

- $\emptyset$ (die leere Menge) ist neutrales Element bzgl. $\cup$.

- $\emptyset$ ist das einzige Element in $\mathcal{P}(M)$, das bzgl. $\cup$ ein Inverses besitzt.

2. Sei M eine Menge. Dann gilt für die innere Komposition „$\cap$" (Durchschnitt) auf $\mathcal{P}(M)$:

- $\cap$ ist kommutativ und assoziativ.

- M ist neutrales Element.

- M ist das einzige Element in $\mathcal{P}(M)$, das ein Inverses besitzt.

Können Sie auch hier begründen, woran das liegt?   ?

Die Abschlussklassenarbeit

Auch in der Umgangssprache gibt es so etwas wie innere Verknüpfungen, man kann zum Beispiel aus „Zaun" und „König" das Wort „Zaunkönig" bilden, auch dürfen Sätze durch Hintereinanderschreiben zu neuen Sätzen zusammengestellt werden. Man kann sich dann fragen, ob es so etwas wie ein *Assoziativgesetz oder ein Kommutativgesetz für Sprache* gibt. Die Antwort lautet in beiden Fällen „nein". Für das Kommutativgesetz ist das klar, auch für das Assoziativgesetz sind Gegenbeispiele leicht zu finden: Eine „Abschlussklassen-Arbeit" ist etwas anderes als eine „Abschluss-Klassenarbeit".

Da das Assoziativgesetz nicht gilt, muss man in Zweifelsfällen klar machen, welche der beiden Möglichkeiten gemeint ist. Die Sprache kann das nicht immer gut ausdrücken, manchmal ist das Gemeinte nur aus dem Zusammenhang zu erschließen.

Betrachten Sie etwa die Zeitungsmeldung „Mädchen und Jungen aus Elternhäusern mit höherer Schulbildung werden besonders intensiv von ihren Lehrern gefördert". Von den zwei sinnvollen Interpretationen, nämlich „(Mädchen und Jungen aus Elternhäusern mit höherer Schulbildung) werden besonders intensiv von ihren Lehrern gefördert" und „Mädchen und (Jungen aus Elternhäusern mit höherer Schulbildung) werden besonders intensiv von ihren Lehrern gefördert" war die zweite gemeint, wie allerdings erst aus dem nachfolgenden Text klar wurde.

Ähnlich mehrdeutig ist die Überschrift „Justiz ermittelt nach Todesschüssen gegen Polizisten". Bei aufmerksamem Lesen kann man in der Zeitung ziemlich oft fündig werden.

(Mehr dazu finden Sie in `www.mathematik.de` unter Informationen/Landkarte.)

---

3. Sei M eine Menge und $\mathrm{Abb}(M, M)$ die Menge aller Abbildungen von M nach M (denken Sie etwa an endliche Mengen oder an $M = \mathbb{R}_{naiv}$).

Als innere Komposition auf $\mathrm{Abb}(M, M)$ betrachten wir die *Abbildungsverknüpfung*: Für Abbildungen $f, g : M \to M$ soll eine neue Funktion $f \circ g$ durch die Vorschrift $(f \circ g)(x) := f\big(g(x)\big)$ erklärt sein. Man sagt für „$f \circ g$" dann „f Kringel g" oder etwas seriöser „f verknüpft mit g".

Zur Illustration betrachten wir auf $\mathbb{R}_{\text{naiv}}$ die Abbildungen $f(x) = x^3$ und $g(x) = x - 12$. Es ist dann $f \circ g$ die Abbildung $(x - 12)^3$, $g \circ f$ dagegen ist durch $x^3 - 12$ gegeben. Machen Sie sich an vielen weiteren Beispielen mit der Abbildungsverknüpfung vertraut, diese Konstruktion muss Ihnen möglichst schnell in Fleisch und Blut übergehen.

?

Es gilt dann (warum?):

- $\circ$ ist assoziativ und besitzt eine Einheit (nämlich die Abbildung, die jedes Element auf sich abbildet: $x \mapsto x$).

- Besitzt M mehr als ein Element, so ist $\circ$ nicht kommutativ und es gibt Elemente in $\text{Abb}(M, M)$, die kein Inverses haben.

Nun ist es an der Zeit, die *ersten Beweise* kennen zu lernen. Es soll gezeigt werden, dass eine innere Komposition, die gewisse Bedingungen erfüllt, dann ganz bestimmt auch noch weitere Eigenschaften hat. (Erinnern Sie sich: Es wurde schon weiter oben betont, dass Mathematik nicht untersucht, was ist, sondern was folgt.) Das ist auch eine günstige Gelegenheit, Sie mit einigen Fakten zum Thema „Logik" vertraut zu machen. Deswegen gibt es jetzt einen kleinen Exkurs, mit den inneren Kompositionen geht es auf Seite 24 weiter.

Logischer Exkurs

Zunächst eine Entwarnung: Die Logik, die hier in der Analysis gebraucht wird, ist allen aus dem täglichen Leben wohlbekannt. Hier wollen wir einige Vokabeln herausarbeiten und einige Beweisprinzipien kennen lernen. Zur Illustration werden wir wieder die „naiven" Zahlen, also $\mathbb{N}_{\text{naiv}}$ usw. verwenden.

In der Mathematik geht es um *Aussagen*, die *richtig* oder *falsch* sein können. Damit man das aber entscheiden kann, muss die betrachtete Aussage *sinnvoll* sein.

Das kennen Sie schon:

Karl der Große wurde im Jahr 800 zum Kaiser gekrönt.

ist eine sinnvolle Aussage. Sie ist sogar richtig, wie Sie jedem Lexikon entnehmen können. Dagegen ist die Aussage

Karl der Große xx/+ Donnerstag

nicht sinnvoll – was soll der Unsinn denn heißen?? –, eine weitere Diskussion erübrigt sich damit.

Nun kann man aus sinnvollen Aussagen neue sinnvolle Aussagen bilden, benötigt werden die Operationen „und", „oder", „nicht" und „folgt".

 und Sind p und q sinnvolle Aussagen, so soll auch „p und q" betrachtet werden dürfen, man schreibt dafür „$p \wedge q$". Diese Aussage soll genau dann wahr sein[7], wenn p und q beide wahr sind.

> Das ist nicht überraschend: „Ich bin hungrig und durstig" ist nur dann wahr, wenn ich gleichzeitig einen leeren Magen und eine trockene Kehle habe.

Man kann die Vereinbarung über „und" übrigens übersichtlich in dem folgenden Schema zusammenfassen, das ist die *Wahrheitstafel für* „$\wedge$":

$\wedge$

p \ q	W	F
W	W	F
F	F	F

(Wenn Sie zum Beispiel wissen wollen, was im Fall „p ist wahr und q ist falsch" herauskommt, so gehen Sie in die Zeile mit dem „W" und die Spalte mit dem „F". Da steht ein „F", also ist $p \wedge q$ in diesem Fall falsch.)
Beispiele: $(3 > 0) \wedge (4 + 6 = 10)$ ist eine wahre Aussage, $(3 > 0) \wedge (4 = 132)$ ist dagegen falsch.

 oder Hier muss man ein bisschen vorsichtig sein, da „oder" im täglichen Leben *in zwei verschiedenen Bedeutungen* verwendet wird:

$\vee$

- „Wenn ich im Lotto sechs Richtige habe oder meine Eltern mir 20 000 Euro schenken, kann ich mir ein Auto kaufen." Daraus kann man doch völlig zu Recht schließen, dass dem Autokauf nichts im Wege steht, wenn sogar *beide* dieser erfreulichen Ereignisse eingetreten sein sollten.

- „Du isst jetzt Deinen Nachtisch oder es gibt kein Taschengeld!"

Das zweite Beispiel ist ein Entweder-Oder, es kommt in der Mathematik so gut wie nie vor. Wenn also ein Mathematiker „oder" sagt, so ist *immer* das „oder" in der ersten der beiden Bedeutungen gemeint: „p oder q" soll in allen Fällen (und nur in diesen) wahr sein, in denen eine der beiden Aussagen – vielleicht sogar beide – wahr sind.

Man schreibt für diese Aussage $p \vee q$ und sagt „p oder q". Wahr sind damit die Aussagen $(3 = 5) \vee (7 < 10000000)$ sowie $(1 < 3) \vee (3 \neq 5)$, falsch dagegen ist $(1 = 2) \vee (7 \neq 7)$.
Als Wahrheitstafel schreibt man es so:

p \ q	W	F
W	W	W
F	W	F

---

[7] „Genau dann" ist die Abkürzung für die zwei Aussagen „dann und nur dann". Ausführlicher: Erstens soll $p \wedge q$ wahr sein, wenn p und q wahr sind, und zweitens soll aus „$p \wedge q$ ist wahr" folgen, dass p und q wahr sind.

¬   **nicht** Da geht es einfach um das Gegenteil einer Aussage p, sie wird mit $\neg p$ („nicht p") bezeichnet. Die Wahrheitstafel lautet:

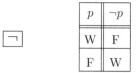

p	$\neg p$
W	F
F	W

Auch das kennen Sie schon, in der Sprache verwendet man das „nicht" in der gleichen Bedeutung. Beispiele dürften sich erübrigen.

⇒   **folgt** Diese Verknüpfung logischer Aussagen tritt sehr häufig auf. Man schreibt $p \Rightarrow q$ und sagt „p folgt q" oder auch „p impliziert q", wenn jedesmal, wenn p wahr ist, auch q wahr ist.

Auf den ersten Blick erklärt diese Definition nur die erste Zeile der zu „$\Rightarrow$" gehörigen Wahrheitstafel:

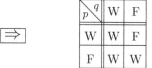

p \ q	W	F
W	W	F
F	W	W

Wie kommt die zweite Zeile zustande? Einfach dadurch, dass eine Aussage $p \Rightarrow q$ auch dann als wahr anzusehen ist, wenn p falsch und q beliebig ist.

> Hier haben die meisten Anfänger Probleme. Vielleicht ist es deswegen hilfreich, daran zu erinnern, dass man es umgangssprachlich genauso hält:
>
> „Jedesmal, wenn es regnet, brauche ich einen Schirm" ist auch in der Sahara eine wahre Aussage.
>
> Man sollte sich merken: *Aus einer falschen Aussage kann alles Mögliche gefolgert werden.*

Wie schon gesagt, sind Aussagen der Form $p \Rightarrow q$ häufig zu untersuchen. Es lohnt folglich, sich klarzumachen, dass diese Aussage gleichwertig zu anderen ist, die im Einzelfall vielleicht einfacher zu beweisen sind. Statt $p \Rightarrow q$ kann man genau so gut die Aussage $\neg q \Rightarrow \neg p$ oder $\neg(p \wedge \neg q)$ untersuchen, man spricht im ersten Fall vom *Nachweis der logischen Kontraposition*, im zweiten von einem *indirekten Beweis*.

> Kommt Ihnen das sehr abstrakt vor? Dann sollten Sie sich klarmachen, dass es sich nur um eine Umformulierung von Schlussweisen handelt, die man im täglichen Leben problemlos akzeptiert.
>
> Nehmen wir zum Beispiel an, Sie sollten einen Reisebericht über London schreiben, und Sie wollen darin aufnehmen, dass Londoner stets mit einem Schirm anzutreffen sind. Dazu gleichwertig ist es doch zu sagen:

- „Wenn man jemanden ohne Schirm trifft, so war es bestimmt kein Londoner".

- Oder: „Es ist unmöglich, einen Londoner ohne Schirm anzutreffen".

Die erste Umformulierung entspricht einem Beweis durch logische Kontraposition, die zweite einem indirekten Beweis.

Zur Begründung für die Gleichwertigkeit braucht man nur nachzuprüfen, dass für alle möglichen Wahrheitswerte von p und q das gleiche Ergebnis herauskommt. Ist zum Beispiel p wahr und q falsch, so haben sowohl $p \Rightarrow q$ als auch $\neg q \Rightarrow \neg p$ und $\neg(p \wedge \neg q)$ den Wahrheitswert „F", und das gleiche gilt in den anderen drei Fällen (beide wahr; beide falsch; p falsch und q wahr).

Bei dieser Gelegenheit können auch endlich Eigenschaften von „$\wedge$" und „$\vee$" nachgetragen werden, die schon weiter oben verwendet wurden. So ist es zum Beispiel für den Nachweis von $A \cap B = B \cap A$ – also für die Kommutativität der inneren Komposition „$\cap$" auf der Potenzmenge einer Menge – wichtig zu wissen, dass $p \wedge q$ gleichwertig zu $q \wedge p$ ist. Und das ist klar, wenn man sich von der Gleichheit beider Aussagen beim Einsetzen beliebiger Wahrheitswerte für p und q überzeugt hat.

Notwendig und hinreichend
Gilt eine Aussage der Form $p \Rightarrow q$, so sagt man: „p ist hinreichend für q" und „q ist notwendig für p".
Ein Beispiel: Da ein *Trapez* ein Viereck ist, in dem es zwei parallele Seiten gibt, ist jedes Rechteck ein Trapez[8]. Das heißt, dass aus „R ist Rechteck" stets die Aussage „R ist Trapez" gefolgert werden kann, und deswegen ist „Rechteck" eine hinreichende Bedingung für „Trapez".

In der Umgangssprache verwendet man „notwendig" und „hinreichend" recht ungenau, und deswegen werden beide Worte im Folgenden auch so weit wie möglich vermieden, um niemanden zu verwirren. (Apropos Verwirrung: Es ist ziemlich erschreckend, wie schwer vielen Mitbürgern die Unterscheidung von p und q bei Aussagen der Form $p \Rightarrow q$ fällt.)

$\boxed{\text{Äquivalenz}}$ Gilt für zwei Aussagen p und q, dass man dafür $p \Rightarrow q$ und gleichzeitig $q \Rightarrow p$ beweisen kann, so schreibt man $p \Leftrightarrow q$ und sagt, dass p und q *äquivalent* sind. (Oder dass p *genau dann* gilt, wenn q gilt.) So wäre etwa die Aussage „Eine reelle Zahl x ist genau dann nicht negativ, wenn es ein y mit $y^2 = x$ gibt." sinnvoll und sogar richtig, später werden Äquivalenzbeweise eine große Rolle spielen.

$\Leftrightarrow$

Ansonsten ist nicht viel zu diesem neuen Symbol zu sagen, da es ja mit Hilfe des eben ausführlich kommentierten Zeichens „$\Rightarrow$" erklärt ist. Hier ist die zugehörige Wahrheitstafel:

---

[8] Diese Frage wurde Anfang 2003 in der Presse diskutiert, da in einer populären Fernsehsendung das Gegenteil behauptet worden war.

Sie sollten sich aber merken: Wann immer eine Äquivalenzaussage zu zeigen ist, so sind dafür *zwei Beweise* zu führen.

(Ende des Exkurses zur Logik)

Ausgehend von inneren Kompositionen mit vorgegebenen Eigenschaften lassen sich weitere Eigenschaften ermitteln. Alles, was wir ein für allemal nachgewiesen haben, dürfen wir immer dann verwenden, wenn die entsprechenden Voraussetzungen erfüllt sind.

Als Erstes kümmern wir uns um eine Eigenschaft von neutralen und inversen Elementen. Es geht um die allgemeine Fassung der Beobachtung, dass es nur eine Null und zu x nur ein $-x$ gibt:

Satz 1.3.3. *Es sei „$\circ$" eine assoziative innere Komposition auf einer Menge* M.

(i) Sind e_1 und e_2 neutrale Elemente, so gilt $e_1 = e_2$.

> *Anders ausgedrückt: Wenn es überhaupt ein neutrales Element gibt, dann ist es eindeutig bestimmt. In so einem Fall ist man daher berechtigt, von dem neutralen Element zu sprechen.*

(ii) Wir nehmen an, dass es ein neutrales Element e zu der Verknüpfung „$\circ$" gibt. Ist dann x ein beliebiges Element von M und sind y_1 und y_2 zu x invers, so ist $y_1 = y_2$. Das heißt: Wenn es ein inverses Element zu x gibt, so ist es eindeutig bestimmt. Man bezeichnet es üblicherweise mit x^{-1} (gesprochen „x hoch -1").

Achtung: Die Bezeichnung x^{-1} ist dann üblich, wenn es um allgemeine innere Kompositionen geht. Im Fall von Zahlen und der inneren Komposition „$+$" schreibt man $-x$ an Stelle von x^{-1}. Das Zeichen x^{-1} reserviert man für das Inverse bezüglich „$\cdot$". Auf diese Weise ist man in Übereinstimmung mit der aus der Schule gewohnten Schreibweise.

Beweis: (i) Der Beweis ist bemerkenswert einfach, man muss nur das Element $e_1 \circ e_2$ richtig interpretieren. *Einerseits* ist es gleich e_1, denn wegen der Neutralität von e_2 darf e_2 einfach weggelassen werden. Andererseits ist es gleich e_2, da wird die Neutralität von e_1 ausgenutzt. Folglich ist, wie behauptet, $e_1 = e_2$.

(ii) Nach Voraussetzung wissen wir, dass $e = x \circ y_1$. Dann ist aber auch (nach

„Multiplikation" von links mit y_2)

$$
\begin{aligned}
y_2 &= y_2 \circ e \\
&= y_2 \circ (x \circ y_1) \\
&= (y_2 \circ x) \circ y_1 \\
&= e \circ y_1 \\
&= y_1.
\end{aligned}
$$

Bei dieser Umformung haben wir neben der Voraussetzung wirklich nur die Neutralität von e und die Gültigkeit des Assoziativgesetzes verwendet. $\quad\square^{9)}$

Wir wollen hier die Untersuchung innerer Kompositionen nicht systematisch weiter verfolgen. Wir arbeiten weiter an der Verwirklichung unseres Programms, die „richtigen" Eigenschaften von „+" und „·" der (naiven) reellen Zahlen zu Axiomen zu befördern. Was dabei „richtig" heißt, hat sich im Lauf der Mathematik-Geschichte herausgestellt, $\mathbb{R}$ soll später *so* aussehen:

Definition 1.3.4. *Sei K eine Menge, auf der zwei innere Kompositionen „+"
und „·" vorgegeben sind.*
K (genauer: das Tripel $(K, +, \cdot)$) heißt Körper, *wenn gilt:*

Körper

A1: „+" ist assoziativ und kommutativ.

*A2: Es existiert in K ein bzgl. „+" neutrales Element, das wir „0" nennen
wollen.*

0

*A3: Für jedes $x \in K$ gibt es bezüglich „+" ein inverses Element, das mit $-x$
bezeichnet wird.*

$-x$

M1: „·" ist assoziativ und kommutativ.

M2: Es existiert in K ein zu „·" neutrales Element, genannt „1".

1

*M3: Für jedes $x \neq 0$ in K gibt es bezüglich „·" ein inverses Element, genannt
x^{-1}.*

x^{-1}

D: Es gilt das Distributivgesetz, d.h. für $x, y, z \in K$ ist

$$
x \cdot (y + z) = x \cdot y + x \cdot z.
$$

**Distributiv-
gesetz**

*(Ausführlich müsste es $(x \cdot y) + (x \cdot z)$ heißen. Im Interesse einer besseren Übersichtlichkeit behalten wir die in der Schule übliche Regelung
bei, dass „Punktrechnung vor Strichrechnung" geht. Außerdem vereinbaren wir, dass der Mal-Punkt weggelassen werden darf: xy ist als $x \cdot y$ zu
lesen.)*

Schließlich verlangen wir, dass die Elemente 1 und 0 verschieden sind.

$^{9)}$ Hier wurde zum ersten Mal das Zeichen „$\square$" verwendet: Es bedeutet, dass der Beweis an dieser Stelle beendet ist.

Sprache und Distributivgesetz

Auf Seite 19 wurde bemerkt, dass für Sprache weder ein Assoziativ-noch ein Kommutativgesetz existiert. Es gibt aber etwas, was man als *Distributivgesetz der Sprache* bezeichnen könnte, wir haben im vorigen Satz davon Gebrauch gemacht: „... Assoziativ- noch ein Kommutativgesetz ..." ist doch nur die Abkürzung für „... Assoziativgesetz noch ein Kommutativgesetz ...".

Ähnlich ist es mit Ausdrücken wie „Weihnachtskarten und -päck-chen", da wurde von links „multipliziert". Auch kann es um ganze Satzteile gehen: „Ich habe einen Brief und ein Päckchen an sie geschickt."

Bemerkungen/Beispiele:

In unseren ersten Beispielen für Körper werden wir wieder die üblichen „naiven" Zahlenmengen als Anschauungsmaterial verwenden:

1. $\mathbb{Z}_{\mathrm{naiv}}$, zusammen mit der üblichen Addition und Multiplikation, ist kein Körper: M3 gilt nicht, da sich Elemente in $\mathbb{Z}_{\mathrm{naiv}}$ angeben lassen (z.B. 4711), die kein multiplikativ inverses Element haben, obwohl sie von Null verschieden sind.

Beachten Sie übrigens die ausführliche Formulierung der vorstehenden Aussage: Die Aussage „$\mathbb{Z}_{\mathrm{naiv}}$ ist kein Körper" *ohne* den Zusatz „mit der üblichen Addition und Multiplikation" ist sinnlos, da eine Menge nur zusammen mit zwei fest vorgegebenen inneren Kompositionen auf Körpereigenschaften hin untersucht werden kann.

So übervorsichtig ist man üblicherweise aber nicht: Im Zweifelsfall ist von den nahe liegenden, bekannten inneren Kompositionen auszugehen.

2. $\mathbb{Q}_{\mathrm{naiv}}$ und $\mathbb{R}_{\mathrm{naiv}}$ (versehen mit den üblichen Kompositionen) sind Körper. Zur Begründung muss man nur das Schulwissen reaktivieren: Summen und Vielfache rationaler Zahlen sind wieder rational, ebenso der Kehrwert einer von Null verschiedenen rationalen Zahl, usw.

3. Hätten wir den letzten Satz in der Definition weggelassen, so hätte man $K = \{0\}$ mit $0 + 0 := 0$ und $0 \cdot 0 := 0$ als Körper erhalten (hier wäre wirklich 0 neutral bezüglich „$\cdot$", also $0 = 1$). Nur um dieses Trivialbeispiel auszuschließen – das in der Formulierung vieler Sätze eine Fallunterscheidung notwendig machen würde – wird $0 \neq 1$ verlangt.

$\{0, 1\}$

4. Man betrachte $K := \{0, 1\}$ und definiere zwei innere Kompositionen auf K durch die folgende Vorschrift:

Definition von „+": $0 + 0 := 1 + 1 := 0$; $0 + 1 := 1 + 0 := 1$.

Dabei haben wir die abkürzende Schreibweise $a := b := c$ anstelle von $a := c$ und $b := c$ verwendet.

Definition von „$\cdot$": $0 \cdot 0 := 1 \cdot 0 := 0 \cdot 1 = 0$; $1 \cdot 1 := 1$.

Dann ist $(K, +, \cdot)$ wirklich ein Körper, wobei die jeweils neutralen Elemente schon vorausschauend richtig bezeichnet sind. Der Nachweis der Körpereigenschaften ist einfach aber langwierig und wird hier nicht geführt. Z.B. sind für den Nachweis von „,+' ist assoziativ" 2^3 Gleichungen nachzuprüfen. Dieses K ist *der kleinstmögliche Körper*.

---

1 + 1 = 0?

Dass $1 + 1$ gleich 2 ist, darauf war doch die ganze Schulzeit über Verlass. Kein Wunder, dass die meisten Anfänger Probleme haben, wenn sie die Gleichung $1 + 1 = 0$ sehen.

Um das Rätsel zu lösen, sind einfach zwei Dinge zu beachten. *Erstens* kann man, wenn innere Kompositionen untersucht werden, Elemente mit bestimmten Eigenschaften mit einem speziellen Namen versehen, wenn das eindeutig möglich ist. *So* kommen in Körpern die Null und die Eins ins Spiel. Und *zweitens* können wir die gewohnten Namen aus Bequemlichkeit übernehmen: 2 ist definiert als $1 + 1$, 3 als $2 + 1$ usw.

Das einzig Gewöhnungsbedürftige ist dann, dass die Zahl 2 sehr wohl mit dem neutralen Element der Addition übereinstimmen kann, dass also $2 = 0$ möglich ist. (Ein Beispiel wurde gerade angegeben.) Die Tatsache, dass das bei den Zahlen, wie wir sie kennen, nicht stimmt, ist ein Indiz dafür, dass die Körperaxiome zu ihrer Charakterisierung nicht ausreichen. Das „$1+1 = 0$"-Problem wird nach dem Abschnitt „Ordnung" verschwunden sein.

Übrigens: Im Körper $\{0, 1\}$ ist auch $-1 = 1$ und $5 = 3$. Ist Ihnen klar, warum?

?

---

5. Falls Sie an einem anspruchsvolleren Beispiel interessiert sind:

Für irgendeine natürliche Zahl $p \geq 2$ sei $K := \{0, 1, \ldots, p-1\}$. Wir definieren zwei innere Kompositionen $+$ und $\bullet$ durch

$$x + y \ (\text{bzw.}\ x \bullet y) := \begin{cases} \text{Der Rest, der sich beim Teilen} \\ \text{von } x + y \ (\text{bzw. } x \cdot y) \text{ durch } p \\ \text{ergibt.} \end{cases}$$

Man sagt auch, dass $x + y$ gleich „$x+y$ *modulo* p" ist. In Spezialfällen kennen übrigens auch Nichtmathematiker das Rechnen modulo einer Zahl. Dass in 49 Tagen der gleiche Wochentag ist wie heute, liegt einfach daran, dass 49 modulo 7 gleich Null ist. Entsprechend ist klar, dass in 52 Stunden der Stundenzeiger vier Stunden mehr anzeigen wird als in diesem Augenblick, denn 52 modulo 12 ist gleich 4.

Es folgen zur Illustration einige weitere Beispiele. Wir wählen $p = 11$, dann ist $K = \{0, 1, \ldots, 10\}$. Es ist $3 + 10 = 2$, denn 13 lässt beim Teilen durch 11 den Rest 2. Entsprechend folgt, dass $6 \bullet 6 = 3$, $2 \bullet 2 = 4$, usw.

Aus elementaren Rechenregeln für $\mathbb{N}_{\text{naiv}}$ folgt dann, dass für $(K, +, \bullet)$ alle Körperaxiome bis auf eventuell M3 erfüllt sind. Ist p Primzahl, so ist auch M3 richtig, d.h. K ist ein Körper (der Körper der *Restklassen modulo* p). Der Fall $p = 2$ liefert übrigens den Körper aus Beispiel 4.

Wegen Beispiel 2 ist klar, wie der nächste Schritt zur Axiomatisierung von $\mathbb{R}$ aussehen wird:

1.3.5. Der zweite Schritt zum Axiomensystem für $\mathbb{R}$: $\mathbb{R}$ *ist ein Körper.* $\mathbb{R}$ *ist also eine Menge, auf der zwei innere Kompositionen „+" und „·" vorgegeben sind, derart, dass für* $(\mathbb{R}, +, \cdot)$ *alle Körperaxiome erfüllt sind.*

Hier nun ein Satz über Tatsachen, die in allen Körpern gelten, insbesondere werden wir sie später in $\mathbb{R}$ verwenden können. Sie werden sicher viele gute alte Bekannte wiedererkennen.

Satz 1.3.6. $(K, +, \cdot)$ *sei ein Körper.*

(i) *Sind* $x, y \in K$ *mit* $x + y = x$, *so ist* $y = 0$ *(„einmal neutral, immer neutral"). Entsprechend gilt für die Multiplikation: Sind* $x, y \in K$ *und ist* $x \cdot y = x$, *so folgt im Falle* $x \neq 0$, *dass* $y = 1$ *ist.*

(ii) *Für jedes* $x \in K$ *ist* $0 \cdot x = 0$.

(iii) $-x$ *(für alle* x*) und* x^{-1} *(für alle* $x \neq 0$*) sind eindeutig bestimmt, ebenfalls* 0 *und* 1.

(iv) $(-1)x = -x$ *für alle* x.

(v) *Für* $x \neq 0$ *ist auch* $x^{-1} \neq 0$.

(vi) $-(-x) = x$ *(für alle* x*)*, $\left(x^{-1}\right)^{-1} = x$ *(für alle* $x \neq 0$*)*.

(vii) *Für* $x \neq 0, y \neq 0$ *ist* $x \cdot y \neq 0$.
Anders formuliert: Ist $x \cdot y = 0$, *so muss* $x = 0$ *oder* $y = 0$ *gelten („Körper sind nullteilerfrei").*

nullteilerfrei

(viii) *Für* $x, y \in K$ *definieren wir* $x - y := x + (-y)$. *Dann gilt* $x - y = -(y - x)$.
Auch vereinbaren wir, dass x/y *die Abkürzung für* $x \cdot y^{-1}$ *sein soll, wenn* $y \neq 0$ *gilt. Es ist dann* $(x/y)^{-1} = y/x$, *falls* x *und* y *von Null verschieden sind.*

(ix) $-(x+y) = (-x)+(-y)$ *(für alle* x, y*)*; $(xy)^{-1} = x^{-1}y^{-1}$ *(für alle* $x, y \neq 0$*)*.

(x) $(-x)(-y) = xy$, $(-x)y = x(-y) = -(xy)$ *(für alle* x, y*)*.

Beweis: (i) Unter Ausnutzung von $x + y = x$ müssen wir zeigen, dass $y = 0$ ist. Sei also $x + y = x$. Wir addieren auf beiden Seiten der Gleichung $-x$ (das existiert wegen A3) und erhalten $-x + (x + y) = -x + x$. Ausrechnen beider Seiten (unter Verwendung des Assoziativgesetzes, der Definition von $-x$ und der Tatsache, dass 0 neutral ist) ergibt wirklich $y = 0$.
Der gleiche Beweis lautet in mathematischer Kurzfassung:

$$x + y = x \overset{A3}{\Rightarrow} \quad -x + (x + y) = -x + x = 0$$
$$\overset{A1}{\Rightarrow} \quad (-x + x) + y = 0$$
$$\overset{A3}{\Rightarrow} \quad 0 + y = 0$$
$$\overset{A2}{\Rightarrow} \quad y = 0.$$

(Die Kurznotatation „$\overset{\text{A1}}{\Rightarrow}$" für „ ... folgt, weil wir A1 vorausgesetzt haben" wird später auch in einer Variante verwendet: „$\overset{\text{D}}{=}$" steht zum Beispiel zur Abkürzung für „ist gleich wegen des Distributivgesetzes".)

Der zweite Teil des Beweises verläuft völlig analog: Man multipliziert mit x^{-1} und nutzt M1, M2 und M3 aus.

(ii) Da wir (i) schon bewiesen haben, brauchen wir nur $x + 0 \cdot x = x$ zu zeigen. Das ergibt sich so:

$$
\begin{aligned}
x + 0 \cdot x \;&\overset{\text{M2}}{=}\; 1 \cdot x + 0 \cdot x \\
&\overset{\text{D}}{=}\; (1 + 0) \cdot x \\
&\overset{\text{A2}}{=}\; 1 \cdot x \\
&\overset{\text{M2}}{=}\; x.
\end{aligned}
$$

(iii) Das ist ein Spezialfall von Satz 1.3.3.

(iv) Der Beweis wird unter Verwendung von (iii) durch den Nachweis der Gleichung $x + (-1)x = 0$ geführt:

$$
\begin{aligned}
x + (-1)x \;&\overset{\text{M2}}{=}\; 1 \cdot x + (-1)x \\
&\overset{\text{D}}{=}\; \big(1 + (-1)\big)x \\
&\overset{\text{A3}}{=}\; 0 \cdot x \\
&\overset{\text{(ii)}}{=}\; 0.
\end{aligned}
$$

$(-1)x$ hat damit die gleichen Eigenschaften wie $-x$, also müssen – wegen (iii) – die Elemente $-x$ und $(-1)x$ übereinstimmen.

(v) Dieser Beweis ist etwas komplizierter. Das zugrunde liegende Schlussprinzip ist „$[(p \text{ oder } q) \text{ und } (\text{nicht } q)] \Rightarrow p$". $\qquad [(p \vee q) \wedge \neg q] \Rightarrow p$

> In Worten: Wir wollen zeigen, dass eine Aussage p wahr ist, und wir zeigen dazu, dass $p \vee q$ eine wahre und q eine falsche Aussage ist. Dass das eine legitime Schlussweise ist, kann formal leicht eingesehen werden: Beim Einsetzen beliebiger Wahrheitswerte „W" und „F" für p und q ist die Aussage $(p \vee q) \wedge \neg q \Rightarrow p$ wahr, und damit gilt $(p \vee q) \wedge \neg q \Rightarrow p$ allgemein.

> Das ist für manche wohl eine Überdosis an logischen Symbolen, deswegen ist es vielleicht nützlich, darauf hinzuweisen, dass die entsprechende Schlussweise Allgemeingut ist: Wenn ich sicher bin, meinen Schlüssel eingesteckt zu haben – er also in einer meiner beiden Manteltaschen sein muss – und ich ihn in der rechten nicht finde, dann muss er garantiert in der linken sein. Oder wenn die Freundin ganz bestimmt am Wochenende kommen wollte, sich aber am Sonnabend nicht blicken ließ: Am Sonntag ist bestimmt mit ihr zu rechnen.

Sei also x irgendein Körperelement mit $x \neq 0$. Für x^{-1} (das wegen M3 existiert), gibt es zwei Möglichkeiten, es kann gleich Null oder von Null verschieden sein. Wenn wir also unter p bzw. q die Aussage „$x^{-1} \neq 0$" bzw. „$x^{-1} = 0$" verstehen, so ist $p \vee q$ ganz bestimmt eine wahre Aussage. Und q kann beim besten Willen nicht wahr sein, denn in diesem Fall wäre

$$
\begin{aligned}
1 &= x^{-1} \cdot x \\
&= 0 \cdot x \\
&\overset{\text{(ii)}}{=} 0
\end{aligned}
$$

im Widerspruch zu unserer Forderung $1 \neq 0$.

(vi) Der Beweis ist sehr elegant, wenn man (iii) verwendet. Man schaue sich die Gleichung $x + (-x) = 0$ an, die ja nur die Definition von $-x$ wiedergibt. Anders gelesen besagt sie doch aber auch, dass x ein Kandidat für ein additiv inverses Element von $-x$ ist, die Eindeutigkeit von Inversen führt dann zu $-(-x) = x$. Analog folgt $\left(x^{-1}\right)^{-1} = x$ aus $x \cdot x^{-1} = 1$. Beachten Sie, dass wir nur wegen (v) berechtigt sind, $\left(x^{-1}\right)^{-1}$ zu betrachten.

(vii) Es sei $x \cdot y = 0$, wobei $x \neq 0$. Nach Multiplikation (von links) mit x^{-1} erhalten wir daraus die Gleichung $y \cdot 1 = 0$, d.h. $y = 0$.

(viii) Diese Aussage lässt sich auf das Rechnen mit -1 zurückführen:

$$
\begin{aligned}
-(y - x) \quad &\overset{\text{Def. von } y - x, \text{ (iv)}}{=} \quad (-1)\bigl(y + (-1)x\bigr) \\
&\overset{\text{D, M1}}{=} \quad (-1)y + \bigl((-1)(-1)\bigr)x \\
&\overset{\text{(iv)}}{=} \quad -y + \bigl(-(-1)\bigr)x \\
&\overset{\text{(vi) für } 1}{=} \quad -y + 1 \cdot x \\
&\overset{\text{M2}}{=} \quad -y + x \\
&\overset{\text{A1}}{=} \quad x + (-y) \\
&\overset{\text{Def.}}{=} \quad x - y.
\end{aligned}
$$

Es gibt auch eine Alternative: Man rechnet leicht unter Verwendung von Kommutativität und Assoziativität nach, dass $(x - y) + (y - x) = 0$. Die Behauptung folgt dann aus (iii).
Die entsprechende Aussage für die Multiplikation ergibt sich sofort aus

$$
\frac{x}{y} \cdot \frac{y}{x} = 1.
$$

(ix) Auch in diesem Beweis muss man nur von $-x$ auf $(-1)x$ „umsteigen":

$$
\begin{aligned}
-(x + y) \quad &\overset{\text{(iv)}}{=} \quad (-1)(x + y) \\
&\overset{\text{D}}{=} \quad (-1)x + (-1)y \\
&\overset{\text{(iv)}}{=} \quad (-x) + (-y).
\end{aligned}
$$

Zum zweiten Teil:

$(xy)^{-1}$ (das existiert wegen (vii)) ist eindeutig dadurch charakterisiert, dass $(xy)(xy)^{-1} = 1$. Es reicht also, $(xy)(x^{-1}y^{-1}) = 1$ zu zeigen, und das folgt unmittelbar aus M1 und M3:

$$(xy)(x^{-1}y^{-1}) \overset{\text{M1}}{=} (xx^{-1})(yy^{-1})$$
$$\overset{\text{M3}}{=} 1 \cdot 1$$
$$\overset{\text{M2}}{=} 1.$$

(Übrigens: Auf analoge Weise hätte man auch den Beweis für den ersten Teil führen können.)

(x) Wieder ist nur (iv) anzuwenden, für den Nachweis der ersten Gleichung ist auch

$$(-1)(-1) \overset{\text{(iv)}}{=} -(-1) \overset{\text{(vi)}}{=} 1$$

zu beachten. Können Sie die Einzelheiten, die zu einem vollständigen Beweis noch fehlen, selber ergänzen? □   ?

Bemerkungen:

1. Bitte merken Sie sich für die Beweise, die Sie in den Übungen selbst führen sollen: Bei jedem Beweisschritt ist klarzustellen, warum das Verfahren legitim ist. Sie dürfen sich dabei lediglich auf Axiome sowie bereits bewiesene Sätze beziehen (und letztere werden glücklicherweise immer mehr).

2. Um möglichen Frustrationen vorzubeugen – etwa: „Die Aussage $x \cdot y \neq 0$ für $x, y \neq 0$ hätte ich wohl noch finden können, aber auf den Beweis wäre ich beim besten Willen nicht gekommen" –, hier ein Trost: Es handelt sich wirklich um für Anfänger wenig plausible Beweise.

Schach und Mathematik

Schon in Abschnitt 1.1 auf Seite 5 wurde ein Vergleich Mathematik/Schach verwendet: Die Axiome entsprechen den Spielregeln. Der Vergleich lässt sich aber unter den Aspekten „Satz" und „Beweis" noch weiter führen. Jeder, der einmal vor einem schwierigen Schachproblem gesessen hat, weiß doch:

- Am schwierigsten ist es, wenn nicht klar ist, ob überhaupt eine vernünftige Lösung existiert. Das ist die übliche Situation des Spielers vor dem Schachbrett.

- Etwas besser sieht es aus, wenn das Problem als Schachaufgabe gestellt wird: „Weiß zieht und gewinnt", oder „Matt in drei Zügen". Besonders einfach ist es mit einer kleinen Anleitung: „Zeigen Sie, wie Weiß durch ein spektakuläres Damenopfer in drei Zügen Matt setzen kann."

Hier die Übertragung in die Mathematik: In der Regel weiß ein Mathematiker nicht, ob eine Aussage, die ihn gerade interessiert, wahr ist oder nicht. Fast nur auf Übungszetteln zu Universitätsvorlesungen ist das Problem schon mundgerecht vorformuliert: „Zeigen Sie, dass …“, „Definiere … Dann ist …“ Und manchmal ist auch eine Anleitung dabei, damit Anfänger überhaupt eine Chance haben: „Zeigen Sie unter Verwendung von Lemma xxx, dass …“

Nur wenig überspitzt kann man sagen, dass das Finden einer richtigen mathematischen Aussage in vielen Fällen genauso schwierig ist wie das Auffinden eines Beweises dazu.

3. Im Zusammenhang mit dem Nachweis von Existenz und Eindeutigkeit bei neutralen Elementen und Inversen folgt noch eine allgemeine Bemerkung zum Thema „taufen“:

Taufen in der Mathematik

In der Mathematik kommt es oft vor, dass ein Objekt einen eigenen Namen erhält: So redet es sich besser darüber.

Wann darf man taufen? Erst dann, wenn klar ist, dass es genau ein Objekt mit der fraglichen Eigenschaft gibt, wenn also vorbereitend schon zwei Nachweise geführt worden sind: Existenz und Eindeutigkeit.

Eben haben wir „$-x$“ und „x^{-1}“ getauft, später werden wir n-te Wurzeln, die Zahlen e und π, die Sinusfunktion und viele andere mathematische Objekte taufen.

Im täglichen Leben ist es übrigens ähnlich: Man darf den bestimmten Artikel nur dann verwenden, wenn Existenz und Eindeutigkeit gesichert sind. Der Satz „Ich habe gestern deinen Bruder getroffen“ ist sinnlos, wenn es gar keinen oder mehrere Brüder gibt.

4. Zum x-ten Male: Sätze sind von der Struktur her Folgerungen. Zum Nachweis von $p \Rightarrow q$ braucht Sie nicht zu interessieren, ob p nun wirklich erfüllt ist. Nur: Wenn es erfüllt ist, dann ist es Ihre Aufgabe nachzuweisen, dass auch q gilt. Anfänger haben oft Schwierigkeiten damit, typisch wäre etwa bei Beginn des Beweises zu 1.3.6(i) die Frage: „Woher weiß ich denn, dass $x + y = x$ ist?“ Das wissen Sie natürlich nicht, nur *wenn* Sie es wissen, dann …

Ein weiteres Beispiel:

„Wenn $1 + 1 \neq 0$ ist, so ist auch $(1 + 1)^{-1} \neq 0$“

ist eine richtige Aussage (Spezialfall von Satz 1.3.6(v)). Sie führt jedoch nicht in beliebigen Körpern zu einer neuen Information, da $1 + 1$ nicht notwendig von Null verschieden zu sein braucht.

1.4 Angeordnete Körper

Der vorige Abschnitt hat gezeigt, dass das bisherige Axiomensystem „$\mathbb{R}$ ist ein Körper" sicher noch viel zu ärmlich ist, um in $\mathbb{R}$ die vertrauten Eigenschaften von $\mathbb{R}_{\text{naiv}}$ wiederzufinden. Zum einen sind noch nicht alle uns wohlvertrauten Aussagen sinnvoll formulierbar (z.B.: „1 liegt rechts von der 0"), zum anderen kann es noch unangenehme Überraschungen geben, etwa dass $1 + 1 = 0$ gelten kann.

Daher: Zurück zu $\mathbb{R}_{\text{naiv}}$. Hier geht es jetzt darum, Begriffen wie „größer", „links" usw. eine mathematische Fundierung zu geben.

Wir erinnern uns daran, dass in $\mathbb{R}_{\text{naiv}}$ die Aussage „$x < y$" das gleiche bedeutet wie $y - x > 0$ (wofür man auch „$y - x$ ist *positiv*" sagt). Wegen dieser Beobachtung reicht es, sich auf Eigenschaften positiver Elemente zu beschränken und von den „richtigen" Eigenschaften auszugehen. Die folgende Definition hat sich als geeigneter Zugang erwiesen:

positiv

Definition 1.4.1. *$(K, +, \cdot)$ sei ein Körper und $P \subset K$ (P ist unser Kandidat für die positiven Elemente). P heißt* Positivbereich, *wenn*

Positivbereich

(i) *für jedes $x \neq 0$ in K ist $x \in P$ oder $-x \in P$, es gilt für diese x aber nie gleichzeitig $x \in P$ und $-x \in P$; die 0 liegt nicht in P;*

(ii) *für $x, y \in P$ ist $x + y \in P$ sowie $x \cdot y \in P$.*

Ein Körper zusammen mit einem Positivbereich heißt angeordneter Körper. *Für $x \in P$ schreibt man dann auch $x > 0$.*

Testen Sie in den folgenden Fällen, ob es sich um Positivbereiche handelt:

?

- $P = \emptyset$ im Körper $\{0, 1\}$ (s. Seite 26).

- $P = \{1\}$, ebenfalls in $\{0, 1\}$.

- $P = \{x \mid x \geq 1\}$ in $\mathbb{Q}_{\text{naiv}}$.

- $P = \{x \mid x < 1\}$ in $\mathbb{Q}_{\text{naiv}}$.

- $P = \mathbb{Q}_{\text{naiv}}$ in $\mathbb{Q}_{\text{naiv}}$.

Wir beeilen uns, das Axiomensystem für $\mathbb{R}$ der aktuellen Entwicklung anzupassen:

1.4.2. Der dritte Schritt zum Axiomensystem für $\mathbb{R}$:
    $\mathbb{R}$ ist ein angeordneter Körper. Genauer: In dem Körper $(\mathbb{R}, +, \cdot)$ ist eine (von nun an festgehaltene) Teilmenge P, die Menge der positiven Elemente, ausgezeichnet.

Durch Rückwärtslesen der Motivation vor Definition 1.4.1 bekommen wir nun leicht die gewünschte Anordnung der Elemente von $\mathbb{R}$: Wir vereinbaren, dass $x < y$ die abkürzende Schreibweise für „$y - x$ gehört zu P" sein soll

$x < y$

(womit gerade $P = \{x \mid x > 0\}$ wird[10]). Diese Vereinbarung soll allgemein in angeordneten Körpern gelten. Es ist auch nützlich, ein eigenes Zeichen für die Aussage „$x < y$ oder $x = y$" einzuführen, wir schreiben dafür $x \leq y$ und sagen „x ist kleiner oder gleich y".

$x \leq y$

    Manchmal ist es bequem, auch die Zeichen „$>$" und „$\geq$" zu verwenden. „$x > y$" ist natürlich die Abkürzung von „$y < x$", und „$x \geq y$" steht für „$y \leq x$".

Wieder können wir uns von $\mathbb{R}_{\text{naiv}}$ leiten lassen, um zu Eigenschaften angeordneter Körper zu kommen. Im nachstehenden Satz sind einige wichtige Folgerungen aus den Ordnungsaxiomen zusammengestellt:

Satz 1.4.3. *Sei $(K, +, \cdot, P)$ ein angeordneter Körper.*

(i) 0 gehört nicht zu P. Die Aussage $0 < 0$ ist also falsch, und damit lässt sich aus $x > 0$ immer $x \neq 0$ folgern.

(ii) $x_1 < x_2$ und $y_1 < y_2$ impliziert $x_1 + y_1 < x_2 + y_2$ („Ungleichungen dürfen addiert werden").

(iii) Aus $x < y$ und $z > 0$ folgt $xz < yz$ („Ungleichungen dürfen mit einer positiven Zahl multipliziert werden").

(iv) $x < y$ impliziert $x + z < y + z$ für jedes z („in Ungleichungen darf auf jeder Seite die gleiche Zahl addiert werden").

(v) $x < y$ impliziert $-y < -x$ („bei Multiplikation mit -1 kehrt sich die Ungleichung um").

(vi) Für $x < y$ und $z < 0$ ist $xz > yz$ („Multiplikation mit beliebigen negativen Zahlen kehrt die Ungleichung um").

(vii) Für jedes $x \neq 0$ ist $x^2 > 0$; insbesondere ist $1 > 0$ (na endlich! 1 liegt wirklich „rechts von der 0").

(viii) Ist $x > 0$, so gilt $x^{-1} > 0$, und aus $x < 0$ folgt $x^{-1} < 0$.

(ix) In den Aussagen (ii) bis (vi) darf „$<$" überall durch „$\leq$" ersetzt werden.

Beweis: (i) 0 stimmt doch mit -0 überein, und zu P gehören niemals gleichzeitig x und $-x$. Das zeigt $0 \notin P$.

(ii) x_1, x_2, y_1, y_2 seien beliebige Elemente von K.

$$
\begin{aligned}
x_1 < x_2 \text{ und } y_1 < y_2 \quad &\overset{\text{Def.}}{\Rightarrow} \quad x_2 - x_1 \in P \text{ und } y_2 - y_1 \in P \\
&\overset{1.4.1(ii)}{\Rightarrow} \quad (x_2 - x_1) + (y_2 - y_1) \in P \\
&\Rightarrow \quad (x_2 + y_2) - (x_1 + y_1) \in P \\
&\overset{\text{Def.}}{\Rightarrow} \quad x_1 + y_1 < x_2 + y_2.
\end{aligned}
$$

---

[10] Der Beweis ist leicht: $x \in P$ ist gleichwertig zu $x - 0 \in P$, und nach Definition kann man das als $x > 0$ umschreiben.

Dabei haben wir im vorletzten Beweisschritt ausgenutzt, dass

$$(x_2 - x_1) + (y_2 - y_1) = (x_2 + y_2) - (x_1 + y_1)$$

ist; dazu beachte man Satz 1.3.6(ix) und die Kommutativität der Addition. (Ab hier werden wir solche einfachen algebraischen Umformungen nur noch selten bis zu den Körperaxiomen zurückverfolgen.)

(iii) Gilt $x < y$ und $z > 0$, so folgt

$$y - x \in P \text{ und } z \in P \quad \overset{1.4.1(ii)}{\Rightarrow} \quad z(y - x) \in P$$
$$\overset{\text{Distributivgesetz}}{\Rightarrow} \quad zy - zx \in P$$
$$\overset{\text{Def.}}{\Rightarrow} \quad zx < zy.$$

(iv) Im Fall $x < y$ argumentieren wir wie folgt:

$$y - x \in P \quad \Rightarrow \quad (y - x) + (z - z) \in P$$
$$\Rightarrow \quad (y + z) - (x + z) \in P$$
$$\Rightarrow \quad x + z < y + z.$$

(v) Wir wenden (iv) mit $z = -x - y$ an:

$$x < y \quad \overset{(iv)}{\Rightarrow} \quad x + (-x - y) < y + (-x - y)$$
$$\Rightarrow \quad -y < -x.$$

(vi) $z < 0$ impliziert wegen (v) zunächst $-z > -0 = 0$. Wegen (iii) dürfen wir daraus $(-z)x < (-z)y$, d.h. $-zx < -zy$, schließen, und eine nochmalige Anwendung von (v) liefert wirklich $zy < zx$.

(vii) Für $x \neq 0$ gibt es aufgrund von Definition 1.4.1(i) nur zwei Möglichkeiten: Es ist $x > 0$ oder $-x > 0$.

Fall 1: $x > 0$. Dann ergibt eine Multiplikation dieser Ungleichung mit x sofort $x^2 > 0 \cdot x = 0$, wobei Satz 1.3.6(iii) ausgenutzt wurde.

Fall 2: $-x > 0$. Diesmal multiplizieren wir die Ungleichung mit $-x$ und erhalten $(-x)^2 = x^2 > (-x) \cdot 0 = 0$.

(viii) Wenn $x > 0$ ist, so dürfen wir wegen (i) das Element x^{-1} betrachten. Mal angenommen, es wäre $x^{-1} < 0$. Dann würde durch Multiplikation dieser Ungleichung mit $x > 0$ mit Hilfe von (iii) auch $1 < 0$ folgen, was wegen (vii) nicht möglich ist. Auch $x^{-1} = 0$ scheidet aus, denn das liefert nach Multiplikation mit x den Widerspruch $1 = 0$. Fazit: Es bleibt nur $x^{-1} > 0$ übrig. Der zweite Teil der Aussage wird genauso bewiesen.

(ix) Da muss man nur den Fall „=" jeweils noch extra diskutieren, als Beispiel betrachten wir die Aussage (iv). Gilt da $x = y$, so ist sicher auch $x + z = y + z$.

Kurz: Die Aussage bleibt richtig, wenn es $\leq$ statt $<$ heißt. Für die anderen Aussagen sind die Beweise ähnlich einfach.   □

Satz 1.4.3(vii) gestattet eine interessante und wichtige Folgerung[11]:

Korollar 1.4.4. *Sei* $(K, +, \cdot)$ *ein Körper. Falls* -1 *als Summe von Quadraten geschrieben werden kann, so existiert in* K *kein Positivbereich (d.h. es ist nicht möglich,* K *zu einem angeordneten Körper zu machen).*

Beweis: Es sei, zum Beispiel, $-1 = x^2 + y^2$ für geeignete x, y, beide sollen von Null verschieden sein. Gäbe es nun einen Positivbereich P, so könnten wir so argumentieren: Sowohl x^2 als auch y^2 ist nach Teil (vi) des vorigen Satzes größer als Null, aus Teil (i) folgt dann $-1 = x^2 + y^2 > 0$. Kombiniert man das mit „$1 > 0$", so folgt $0 = (-1) + 1 > 0$ im Widerspruch zu Teil (i) des vorigen Satzes.

Ganz ähnlich argumentiert man, wenn -1 selber Quadratzahl ist oder als Summe von 3 oder noch mehr Quadraten geschrieben werden kann. (Mehr dazu auf Seite 42.)   □

Folgerungen für konkrete Körper:

1. Im Körper $\{0, 1\}$ ist $-1 = 1^2 = 1$, d.h. -1 ist eine Quadratzahl. Folglich kann $\{0, 1\}$ nicht angeordnet werden[12].

2. Versuchen Sie, allgemeiner zu zeigen, dass die Restklassenkörper modulo p (p eine Primzahl) nicht angeordnet werden können.

3. Am Ende dieses Kapitels werden wir den Körper $\mathbb{C}$ der komplexen Zahlen kennen lernen, vielleicht kam er bei Ihnen schon in der Schule vor. Dort gibt es ein Element i mit $i^2 = -1$, d.h. $\mathbb{C}$ kann nicht angeordnet werden.

Diese Anwendungen zeigen, dass $\mathbb{R}$ durch 1.4.2 schon wesentlich besser beschrieben wird als durch die bloßen Körperaxiome. So eine böse Überraschung wie $1 + 1 = 0$ können wir nun nicht mehr erleben: Wegen $1 > 0$ ist nämlich $1 + 1$ größer als Null und folglich von Null verschieden. Der eigentliche Grund für $1 + 1 \neq 0$ ist damit ein ordnungstheoretischer.

---

[11] Bei der Gelegenheit kann darauf hingewiesen werden, dass es für mathematische Aussagen so etwas wie eine *Hierarchie* gibt. Vorbereitende Ergebnisse heißen „Lemma", so richtig schwierige Sachverhalte werden „Theorem" genannt, meistens formuliert man aber – wie wir bisher – einen „Satz". Und ist aus einem Satz ein weiteres Ergebnis schnell zu erhalten, spricht man von einem „Korollar".

[12] Das steht zur Abkürzung für: „Es ist nicht möglich, in diesem Körper K einen Positivbereich zu definieren."

1.5 Natürliche Zahlen, vollständige Induktion

Fassen wir kurz zusammen: $\mathbb{R}$ ist ein angeordneter Körper, wir dürfen wie gewohnt addieren, multiplizieren und mit Ungleichungen rechnen.

Wir erinnern uns, dass *natürliche Zahlen* bei vielen Rechnungen eine wichtige Rolle spielen, und mit denen wollen wir uns nun ausführlich beschäftigen. Nach der (überraschend aufwändigen) Definition dieser Zahlen werden wir mit einiger Mühe sehen, dass wirklich fast alle unsere Erfahrungen mit $\mathbb{N}_{\text{naiv}}$ beweisbare Resultate sind. Die einzige Ausnahme wird dann in Abschnitt 1.8 behandelt.

Alles, was wir beweisen werden, gilt in beliebigen angeordneten Körpern $(K, +, \cdot, P)$, wir fixieren irgendeinen.

Definition 1.5.1 (Die unkritische Definition von $\mathbb{N}$). *Unter den natürlichen Zahlen in K verstehen wir die Gesamtheit derjenigen Elemente, die sich als endliche Summe von Einsen schreiben lassen, also $1, 1+1, 1+1+1$, usw.; üblicherweise schreibt man $2 := 1+1$, $3 := 1+1+1$, ... Wir werden hier das Zeichen $\mathbb{N}$ für die Menge der natürlichen Zahlen in K verwenden*[13].

$\mathbb{N}$

Mit dieser Definition haben Sie sicher die „richtige" Vorstellung von $\mathbb{N}$, doch leider taugt sie nicht für das Weiterarbeiten. Hauptkritikpunkt: Was heißt hier „endliche Summe" oder „usw."?

Wir benötigen daher eine genauere Definition. Falls Ihnen die am Anfang zu komplizert ist, können Sie ohne größeren Schaden die nächsten Zeilen überspringen und mit Satz 1.5.5 weitermachen. (Wobei Sie den Satz dann glauben müssen, wichtig ist, dass Sie ihn anwenden können.)

Als Vorbereitung erinnern wir noch einmal an die Definition des Durchschnitts: $M \cap N$ ist die Menge aller x, die zu M und N gehören. Wir benötigen hier eine Verallgemeinerung:

Definition 1.5.2. *M sei eine Menge und $\mathcal{M}$ eine Teilmenge der Potenzmenge von M. Das bedeutet einfach, dass $\mathcal{M}$ aus gewissen Teilmengen von M besteht. Unter dem Durchschnitt über das Mengensystem $\mathcal{M}$ verstehen wir dann die Menge aller x, die zu jedem $N \in \mathcal{M}$ gehören:*

$\bigcap \mathcal{M}$

$$\bigcap \mathcal{M} := \{x \in M \mid x \in N \text{ für jedes } N \in \mathcal{M}\}.$$

Das ist für Anfänger, die sich gerade mit dem Durchschnitt von zwei Mengen angefreundet haben, ziemlich schwierig, deswegen behandeln wir zur Illustration die folgenden

Beispiele:

1. M soll die Menge $\mathbb{N}_{\text{naiv}}$ sein, und $\mathcal{M}$ soll aus denjenigen Teilmengen bestehen, die die Zahl 1234 enthalten. Behauptung: In diesem Fall besteht $\bigcap \mathcal{M}$ aus der einelementigen Menge $\{1234\}$.

---

[13] Meist macht man das für $K = \mathbb{R}$, die zu beweisenden Ergebnisse gelten aber in beliebigen angeordneten Körpern.

Begründung: 1234 gehört sicher zum Durchschnitt, denn diese Zahl ist nach Definition in allen $N \in \mathcal{M}$ enthalten. Weitere Zahlen gibt es aber nicht in $\bigcap \mathcal{M}$, das folgt aus $\{1234\} \in \mathcal{M}$.

2. Es sei $M = \mathbb{R}_{\text{naiv}}$ und

$$\mathcal{M} = \big\{ \{y \mid y \in \mathbb{R}_{\text{naiv}}, -x \leq y \leq x\} \;\big|\; x \in \mathbb{R}_{\text{naiv}}, x \geq 0 \big\}.$$

? Wie sieht dann $\bigcap \mathcal{M}$ aus?

3. Wieder sei $M = \mathbb{R}_{\text{naiv}}$, wir betrachten

$$\mathcal{M} = \big\{ \{y \mid y \in \mathbb{R}_{\text{naiv}}, y \geq x\} \;\big|\; x \in \mathbb{R}_{\text{naiv}} \big\}.$$

? Was ist in diesem Fall $\bigcap \mathcal{M}$?

Zurück zu unserem angeordneten Körper $(K, +, \cdot, P)$.

induktiv **Definition 1.5.3.** *Eine Teilmenge $M \subset K$ heiße* induktiv, *wenn sie die beiden folgenden Eigenschaften hat:*

(i) $1 \in M$,

(ii) $x \in M$ *impliziert* $x + 1 \in M$.

? Z.B. ist sicher $M = K$ induktiv, und in $\mathbb{R}_{\text{naiv}}$ sind $\{x \mid x \geq 1\}$ und $\mathbb{Z}_{\text{naiv}}$ induktiv, $\{1\}$ und $\{\frac{1}{2} + n \mid n \in \mathbb{N}_{\text{naiv}}\}$ aber nicht (warum?).

$\mathbb{N}$ **Definition 1.5.4** (Die kritische Definition von $\mathbb{N}$). *Sei $\mathcal{M}$ das System der induktiven Teilmengen von K. Wir definieren dann $\mathbb{N} := \bigcap \mathcal{M}$ und nennen $\mathbb{N}$ die Menge der natürlichen Zahlen.*

Es ist plausibel, dass dieses $\mathbb{N}$ gerade die Zahlen 1, $1 + 1$, usw. enthalten muss:

- 1 muss zu $\mathbb{N}$ gehören, da 1 in allen induktiven Mengen liegt, ebenso $1 + 1$, $1 + 1 + 1$, ...

- Andere Elemente als 1, $1 + 1$, $1 + 1 + 1$, ... können nicht in $\mathbb{N}$ liegen. Die 0 z.B. deswegen nicht, weil $\{x \mid x \in K, x > 0\}$ eine induktive Menge ist, die 0 nicht enthält.

Die Definition von $\mathbb{N}$ als Schnitt über die induktiven Teilmengen ermöglicht ein sehr wirkungsvolles Beweisverfahren, die *vollständige Induktion*. Das ist in seiner Wichtigkeit kaum zu überschätzen, quasi alles, was sich über natürliche Zahlen zeigen lässt, beruht darauf.

Satz 1.5.5 (Prinzip der vollständigen Induktion). *Sei A eine Teilmenge von* $\mathbb{N}$ **Induktion**
mit

(i) $1 \in A$,

(ii) $n \in A$ *impliziert* $n + 1 \in A$.

(A ist also eine induktive Teilmenge von $\mathbb{N}$.*) Dann ist* $A = \mathbb{N}$.

Beweis: Ist $n \in \mathbb{N}$ beliebig, so gehört n (nach Definition) zu *jeder* induktiven Teilmenge, insbesondere zu A. Das beweist $A \supset \mathbb{N}$. $A \subset \mathbb{N}$ gilt nach Voraussetzung, d.h. es ist $A = \mathbb{N}$. $\square$

Vollständige Induktion muss von allen Mathematikern verinnerlicht werden, dieses Beweisprinzip muss man im Schlaf können. Wir werden es daher sehr ausführlich behandeln. Hier zunächst *eine andere Formulierung* :

> Um für eine Eigenschaft E, die für natürliche Zahlen *sinnvoll* formuliert werden kann, den Nachweis zu führen, dass E für alle natürlichen Zahlen *richtig* ist, braucht man nur zu zeigen:
>
> - E ist für 1 richtig.
> - E richtig für $n \Rightarrow E$ richtig für $n + 1$.

Begründung: Dann ist nämlich $\{n \in \mathbb{N} \mid E$ ist richtig für $n\}$ eine induktive Teilmenge und damit gleich $\mathbb{N}$.

Ebenso gilt:

> Soll in irgendeinem Zusammenhang etwas für jedes $n \in \mathbb{N}$ definiert werden, so reicht es
>
> - zu sagen, wie die Definition für 1 aussieht;
> - die Definition für $n + 1$ unter Verwendung der Definition für n anzugeben.

Es folgen einige Beispiele für die *Definition durch vollständige Induktion*:

1. *Fakultät:* Wir vereinbaren $1! := 1$ und $(n+1)! := (n+1) \cdot n!$. Dadurch ist $n!$ **$n!$**
(gesprochen „n Fakultät") für jedes $n \in \mathbb{N}$ definiert.

2. *Potenz:* Sei $x \in K$ (oder x Element irgendeiner Menge, die eine innere   **x^n**
Komposition „$\circ$" trägt). $x^1 := x$, $x^{n+1} := x \cdot x^n$ (im allgemeinen Fall setzen wir: $x^{n+1} := x \circ x^n$) definiert dann x^n für jedes $n \in \mathbb{N}$.

3. *Summe:* Für jedes $n \in \mathbb{N}$ sei x_n ein Element von K. Durch $\sum_{k=1}^{1} x_k := x_1$, Σ
$\sum_{k=1}^{n+1} x_k := \sum_{k=1}^{n} x_k + x_{n+1}$ wird dann $\sum_{k=1}^{n} x_k$ für jedes $n \in \mathbb{N}$ definiert.

Vollständige Induktion oder „Pünktchen"?
Anschaulich ist natürlich $\sum_{k=1}^{n} x_k = x_1 + x_2 + \cdots + x_n$. Durch die saubere Definition konnten wir die Pünktchen „$\cdots$" vermeiden. Umgekehrt: Wenn Sie in einem mathematischen Zusammenhang Pünktchen „$\cdots$" antreffen, so wollte jemand sehr wahrscheinlich eine vollständige Induktion bei einem Beweis oder einer Definition einsparen. Das ist häufig von Vorteil, da Beweise und Definitionen in Pünktchen-Schreibweise oft plausibler werden, etwa:

$$n! \; := \; 1 \cdot 2 \cdots n$$
$$x^n \; := \; \underbrace{x \cdot x \cdots x}_{n\text{-mal}}.$$

Im Prinzip müsste aber jede Definition, jeder Beweis ohne Pünktchen auskommen können. Kleine Übung: Versuchen Sie sich an einer sauberen Definition für das Produktzeichen:

$$\prod_{k=1}^{n} x_k := x_1 \cdot x_2 \cdots x_n.$$

Was ist ein Produkt aus einem einzigen Faktor, wie behandelt man $n+1$ Faktoren, wenn für n Faktoren schon alles bekannt ist?

?

Nun zu den *Beweisen durch vollständige Induktion.* Wie schon gesagt, ist diese Technik von grundlegender Wichtigkeit, entsprechend nachdrücklich ist meine Empfehlung, hier besonders aufmerksam zu lesen.

Wir beginnen mit einem konkreten Beispiel:

Satz 1.5.6. *Für jedes $n \in \mathbb{N}$ ist*

$$\sum_{k=1}^{n} k = 1 + \cdots + n = \frac{n(n+1)}{2}.$$

Beweis 1 (zu ausführlich): Sei E für natürliche Zahlen n die Eigenschaft

$$\sum_{k=1}^{n} k = \frac{n(n+1)}{2}.$$

Anders ausgedrückt: Eine natürliche Zahl n soll die Eigenschaft genau dann haben, wenn die zu beweisende Formel für die entsprechende Summe aus n Summanden gilt.
Wir wollen zeigen, dass E für alle natürlichen Zahlen richtig ist, und müssen dazu beweisen, dass

1. E gilt für 1.

2. Gilt E für n, so auch für $n+1$.

Beweis von „1.": Das können wir sofort nachrechnen, denn es ist wirklich:

$$\sum_{k=1}^{1} k = 1 = \frac{1(1+1)}{2};$$

hier wurde nur ausgenutzt, wie das Summenzeichen bei einem einzigen Summanden definiert war.

Beweis von „2.": E gelte für n, d.h. n ist irgendeine natürliche Zahl mit der Eigenschaft $\sum_{k=1}^{n} k = n(n+1)/2$. Wir haben zu zeigen, dass E für $n+1$ gilt, d.h. dass

$$\sum_{k=1}^{n+1} k = \frac{(n+1)[(n+1)+1]}{2}.$$

Nun ist aber

$$\sum_{k=1}^{n+1} k \overset{\text{Def. } \Sigma}{=} \sum_{k=1}^{n} k + (n+1)$$

$$\overset{\text{Voraussetzung}}{=} \frac{n(n+1)}{2} + (n+1)$$

$$= \frac{(n+1)[(n+1)+1]}{2},$$

und damit ist der Beweis vollständig. $\qquad\qquad\square$

Beweis 2 (Standard): Der Beweis besteht wieder aus drei Teilen: einer kleinen Rechnung, der Formulierung der Aussage „die Behauptung gilt für n" und dem Nachweis, dass die Behauptung dann auch für $n+1$ gilt:

- **Induktionsanfang:** Der Satz ist richtig für $n = 1$ wegen

$$\sum_{k=1}^{1} k = 1 = \frac{1(1+1)}{2}.$$

- **Induktionsvoraussetzung:** Der Satz gelte für ein festes $n \in \mathbb{N}$, d.h. es sei

$$\sum_{k=1}^{n} k = \frac{n(n+1)}{2}.$$

- **Induktionsschluss:** Der Satz gilt dann auch für $n+1$:

$$\sum_{k=1}^{n+1} k = \cdots = \frac{(n+1)[(n+1)+1]}{2} \quad \text{(wie in Beweis 1)}.$$

Damit ist die Behauptung bewiesen.   □

Es gibt noch eine dritte Variante, die **für Fortgeschrittene:** Da schreibt man einfach „Der Beweis ist kanonisch durch vollständige Induktion zu führen". Das ist immer dann gerechtfertigt, wenn keine unerwarteten Schwierigkeiten beim Induktionsbeweis auftreten werden, die technischen Einzelheiten also jedem ausgebildeten Mathematiker überlassen bleiben können.

Kommentare:

1. Später werden auch wir viele elementare, eigentlich durch vollständige Induktion zu beweisende Aussagen nicht weiter begründen, höchstens wird ein Beweis mit Pünktchen gegeben. Das ist deswegen gerechtfertigt, weil vollständige Induktion zu den bei jedem Mathematiker vorausgesetzten Grundfertigkeiten gehört; für solche Standardbeweise ist die knappe Zeit in den Vorlesungen zu schade.

Stillschweigend ist das schon einmal geschehen, nämlich im Beweis von Korollar 1.4.4. Erst jetzt können wir Aussage und Beweis präzise formulieren: „-1 ist Summe von Quadraten" soll natürlich bedeuten, dass $n \in \mathbb{N}$ und $x_1, \ldots, x_n \in K$ mit $-1 = x_1^2 + \cdots + x_n^2$ existieren. Aus 1.4.3(iv) haben wir auch gefolgert, dass $x_1^2 + \cdots + x_n^2 > 0$ gilt. (Und *hier* wäre eigentlich ein sehr einfacher Beweis durch vollständige Induktion nachzutragen.)

2. Der eigentliche Beweis besteht also aus einer (in der Regel sehr leicht nachprüfbaren) *Aussage* und dem *Nachweis einer Folgerung*, d.h. einer Aussage der Form $p \Rightarrow q$. Das bedeutet insbesondere, dass sich die Frage nach der Gültigkeit von p erübrigt (Anfängerfrage: „Woher weiß ich denn, dass die Aussage für n richtig ist?"), nur der Nachweis der Implikation ist von Bedeutung.

Der Beweis ist erst dann gültig, wenn Sie *beides*, Induktionsanfang *und* Induktionsschluss, bewältigt haben; erst dann gilt die Aussage für alle $n \in \mathbb{N}$. Betrachten Sie etwa

- Satz (falsch!): Für alle $n \in \mathbb{N}$ ist $n = 1$. (Hier können Sie den Induktionsanfang noch zeigen, der Induktionsschluss gelingt jedoch nicht.) Oder:

- Satz (falsch!): Für alle $n \in \mathbb{N}$ ist $1^n = 0$. (Hier geht der Induktionsschluss glatt, der Induktionsanfang ist aber nicht beweisbar.)

3. Das Prinzip der vollständigen Induktion gibt uns leider kein Hilfsmittel, zu den gültigen Sätzen zu kommen.

Erst wenn der Satz formuliert ist, kann das Prinzip zum Beweis eingesetzt werden. Um den Satz zu finden, braucht es – wie fast immer in der Mathematik – Intuition, Erfahrung, Phantasie, ... Zum vorstehenden Satz: Das Ergebnis springt in die Augen, wenn Sie die nachstehende Figur „richtig" anschauen:

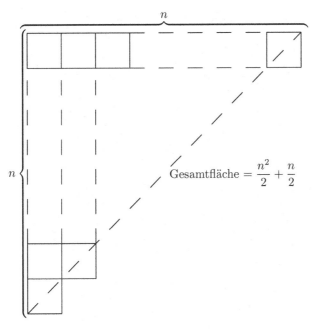

Bild 1.6: $\sum\limits_{k=1}^{n} k$ anschaulich

Als zweites Beispiel wollen wir uns einem Ergebnis zuwenden, in dem es nicht notwendig um Zahlen geht. Betrachten Sie irgendeine Menge M, auf der eine kommutative und assoziative innere Komposition „·" definiert ist; wir werden xy statt $x \cdot y$ schreiben:

1. **Die Erfahrung:** Falls Sie oft mit M zu tun haben, werden Sie sicher auf Ausdrücke der Form $(xy)(xy)$ stoßen und feststellen, dass man sie zu $xxyy$ vereinfachen kann (sozusagen die x und y sortieren kann). Ebenfalls bemerken Sie, dass $(xy)(xy)(xy) = (xxx)(yyy)$ ist. Dann geht Ihnen ein Licht auf und Sie formulieren:

2. **Satz:** Stets ist $(xy)^n = x^n y^n$.

   Dass will nun bewiesen werden, als Erstes werden Sie einen *Beweis mit „Pünktchen"* skizzieren:

$$(xy)^n \quad \overset{\text{Def.}}{=} \quad (xy)(xy)\cdots(xy)$$
$$\overset{\substack{\text{Kommutativität}\\\text{Assoziativität}}}{=} \quad (x\cdots x)(y\cdots y)$$
$$\overset{\text{Def.}}{=} \quad x^n y^n.$$

Da haben Sie im zweiten Beweisschritt unter Ausnutzung von Kommutativität und Assoziativität einfach die x und y sortiert. Wenn man es ganz präzise machen soll, braucht man aber einen *Beweis durch vollständige Induktion*:

- **Induktionsanfang:** Nach Definition ist $(xy)^1 = xy$.
- **Induktionsvoraussetzung:** Es gelte $(xy)^n = x^n y^n$.
- **Induktionsschluss:** Es gilt dann:

$$
\begin{aligned}
(xy)^{n+1} &\stackrel{\text{Def.}}{=} (xy)^n (xy) \\
&\stackrel{\text{Ind.Vor.}}{=} (x^n y^n)(xy) \\
&\stackrel{\substack{\text{Kommutativität}\\\text{Assoziativität}}}{=} (x^n x)(y^n y) \\
&\stackrel{\text{Def.}}{=} x^{n+1} y^{n+1}.
\end{aligned}
$$

Je öfter man solche Beweise geführt hat, umso mehr kommen sie einem entbehrlich vor, denn die Aussagen beweisen sich sozusagen „von alleine". Irgendwann werden Sie dann auch selber schreiben: „Mit vollständiger Induktion sieht man sofort ein, dass . . . ", doch vorläufig sollten Sie noch eher zu ausführlich als zu knapp argumentieren.

Es sei noch auf einige (selten benötigte) Varianten zur vollständigen Induktion hingewiesen:

1. Sei E eine Eigenschaft, die für natürliche Zahlen sinnvoll formuliert werden kann. E gelte für n_0 (eine feste natürliche Zahl), und „E gilt für n, wobei $n \geq n_0$" impliziere stets „E gilt für $n+1$". Dann gilt E für alle $n \in \mathbb{N}$ mit $n \geq n_0$.
   (Begründung: Man betrachte die Eigenschaft $\tilde{E}$, die für natürliche n durch „E gilt für $n + n_0 - 1$" definiert ist. Es kann dann leicht aufgrund der Voraussetzungen mit vollständiger Induktion bewiesen werden, dass $\tilde{E}$ für alle natürlichen Zahlen richtig ist, und das bedeutet gerade die Gültigkeit von E für die n mit $n \geq n_0$.)

   Ein Beispiel: Wir behaupten, dass $n! > 2^n$ für $n \geq 4$.

   Dann ist erstens klar, dass das für $n = 4$ gilt, denn $24 > 16$.
   Und zweitens kann man – für $n \geq 4$ – aus $n! > 2^n$ die Aussage $(n+1)! > 2^{n+1}$ folgern, man muss nur die Ungleichungen $n! > 2^n$ mit $n + 1 > 2$ multiplizieren.

   Das beweist $n! > 2^n$ für alle $n \geq 4$.

2. E sei sinnvoll für Tupel (n, m) natürlicher Zahlen. Um nachzuweisen, dass E für alle (n, m) gilt, kann man wie folgt verfahren (*geschachtelte Induktion*). Bezeichne für jedes n mit E_n die Eigenschaft:
   E gilt für (n, m), alle m.

   Zeige im ersten Schritt, dass E_1 gilt, d.h. dass E für $(1, 1)$, für $(1, 2)$, für $(1, 3)$ usw. richtig ist. Dazu ist durch Induktion nach m zu beweisen, dass $(1, m)$ für alle m gilt.

Zeige in einem zweiten Schritt, dass E_n stets E_{n+1} impliziert: Wenn man schon weiß, dass bei festem n die Eigenschaft E für (n, m) gilt (für alle m), so soll man daraus die Gültigkeit von E für $(n + 1, m)$ (ebenfalls für alle m) schließen.

Als Nächstes geht es nun darum zu zeigen, dass die hier eingeführten natürlichen Zahlen alle Eigenschaften haben, die wir nach jahrelanger Erfahrung mit $\mathbb{N}_{\text{naiv}}$ erwarten. Jeder „weiß" doch, dass Summen und Produkte natürlicher Zahlen wieder natürliche Zahlen sind. Gilt das in $\mathbb{N}$?

Erwartungsgemäß stimmt es, diese und verwandte Aussagen findet man in unserem nächsten Satz. Die Beweise werden mit vollständiger Induktion geführt – womit auch sonst –, einige sind ein bisschen anspruchsvoll.

Satz 1.5.7. *Wieder betrachten wir einen angeordneten Körper $(K, +, \cdot, P)$ und darin die in Definition 1.5.4 eingeführte Menge $\mathbb{N}$ der natürlichen Zahlen.*

$\mathbb{N}$:
Eigenschaften

(i) Für jedes $n \in \mathbb{N}$ ist auch $n + 1 \in \mathbb{N}$.

(ii) Summen und Produkte natürlicher Zahlen sind wieder natürliche Zahlen.

(iii) Aus $n \in \mathbb{N}$ folgt $n \geq 1$; insbesondere ist stets $n > 0$ und damit $n \neq 0$.

(iv) $n \in \mathbb{N}$ und $n \neq 1$ impliziert die Existenz eines $m \in \mathbb{N}$ mit $m + 1 = n$: Außer 1 haben alle natürlichen Zahlen einen „Vorgänger".

(v) Es seien $n \in \mathbb{N}$ und $k \in K$ mit $k > 0$ so vorgelegt, dass $n + k \in \mathbb{N}$. Dann ist auch $k \in \mathbb{N}$.

(vi) Sind $n, m \in \mathbb{N}$ mit $n > m$ gegeben, so folgt $n - m \in \mathbb{N}$. Damit gilt auch $n \geq m + 1$.

(vii) Ist $A \subset \mathbb{N}$ und A nicht leer, so gibt es ein $n_0 \in A$ mit: $n \geq n_0$ für alle $n \in A$. Die Zahl n_0 ist damit so etwas wie „das kleinstmögliche" Element in A.

(viii) Es sei A eine nicht leere und durch eine natürliche Zahl nach oben beschränkte Teilmenge von $\mathbb{N}$; es soll also ein $n_0 \in \mathbb{N}$ mit $n \leq n_0$ für jedes $n \in A$ geben. Dann existiert ein $n_1 \in A$ mit: $n \leq n_1$ für alle $n \in A$. (Anschaulich ist n_1 das größtmögliche Element in A.)

Beweis: (i) Sei $n \in \mathbb{N}$ und A eine induktive Teilmenge von K. Dann liegt die Zahl n nach Definition auch in A, und folglich ist $n + 1 \in A$. So waren induktive Teilmengen ja gerade definiert.

Zusammen: $n + 1$ liegt in allen induktiven Teilmengen, folglich auch in $\mathbb{N}$.

(ii) Sei n eine beliebige – für das Folgende fixierte – natürliche Zahl. Wir zeigen zunächst durch Induktion nach m, dass $n + m$ für alle m zu $\mathbb{N}$ gehört.

- Induktionsanfang: Die Aussage ist richtig für $m = 1$ wegen Teil (i) des Satzes.

- Induktionsvoraussetzung: Die Aussage sei richtig für ein festes $m \in \mathbb{N}$.

- Induktionsschluss: Wir wollen die Aussage für $m + 1$ beweisen: Gehört $n + (m + 1)$ zu $\mathbb{N}$?
  Dazu schreiben wir $n + (m + 1)$ als $(n + m) + 1$ (Assoziativgesetz!). Dann gehört $n + m$ nach Induktionsvoraussetzung zu $\mathbb{N}$, und wenn man noch einmal Teil (i) anwendet, so ergibt sich wirklich $n + (m + 1) \in \mathbb{N}$.

Damit ist gezeigt, dass Summen natürlicher Zahlen wieder natürlich sind. Wir kümmern uns nun um Produkte, wieder beweisen wir – bei festgehaltenem n – durch Induktion nach m. Der Induktionsanfang ist leicht, sicher gehört mit n auch $n \cdot 1$ zu $\mathbb{N}$. Der Induktionsschluss macht ebenfalls keine Schwierigkeiten: Weiß man, dass die Zahl $n \cdot m$ eine natürliche Zahl ist, so weiß man das auch für $n \cdot (m + 1)$, denn $n \cdot (m + 1)$ ist gleich $n \cdot m + n$, also die Summe zweier natürlicher Zahlen.

(iii) Die Menge $\{x \mid x \in K,\ x \geq 1\}$ ist sicher eine induktive Teilmenge, man muss nur die in Satz 1.4.3 bewiesene Aussage „$1 > 0$" mit der Voraussetzung kombinieren, dass Positivbereiche unter Addition abgeschlossen sind. Da $\mathbb{N}$ der Schnitt über alle induktiven Teilmengen ist, ist schon alles gezeigt.

(iv) Betrachte $A := \{n \in \mathbb{N} \mid n = 1$ oder (es gibt ein $m \in \mathbb{N}$ mit $m + 1 = n)\}$. A ist induktiv, denn

1. $1 \in A$; das ist nach Definition klar.

2. Sei $n \in A$, d.h. es ist $n = 1$ oder n lässt sich als $n = m + 1$ schreiben. Wir müssen zeigen, dass auch $n + 1$ von der Form $k + 1$ mit einer geeigneten natürlichen Zahl k ist.
   Das ist im Fall $n = 1$ klar, wir brauchen ja nur $k = 1$ zu wählen. Im Fall $n = m + 1$ ist $n + 1 = (m + 1) + 1$, und damit leistet $k := m + 1$ das Verlangte.

1.5.5 impliziert nun $A = \mathbb{N}$ und damit (iv).

(v) Der Beweis wird durch vollständige Induktion nach n geführt:

- Induktionsanfang: Es ist zu zeigen, dass $1 + k \in \mathbb{N}$ stets $k \in \mathbb{N}$ impliziert (alle $k > 0$). Sei also $1 + k$ eine natürliche Zahl, wegen $k > 0$ ist sie von 1 verschieden. (iv) garantiert die Existenz eines $m \in \mathbb{N}$ mit $1 + k = 1 + m$, und wenn wir auf beiden Seiten dieser Gleichung -1 addieren, erhalten wir $k = m \in \mathbb{N}$.

- Induktionsvoraussetzung: (v) gelte für n.

- Induktionsschluss: (v) ist für $n + 1$ zu zeigen. Sei also $k \in K$ mit $k > 0$ und $(n + 1) + k \in \mathbb{N}$ gegeben. Liest man das als $n + (1 + k) \in \mathbb{N}$ und beachtet $1 + k > 0$, so folgt aus der Induktionsvoraussetzung, dass $1 + k \in \mathbb{N}$. Wenden wir darauf den Induktionsanfang an, so ergibt sich $k \in \mathbb{N}$. Damit gilt (v) für $n + 1$.

(vi) Das ist nichts weiter als eine Umformulierung von (v), wenn man $k := n - m$ betrachtet. Der Zusatz folgt aus (iii):

$$n = m + (n - m) \geq m + 1.$$

(vii) Wir führen hier einen indirekten Beweis. Die Existenz eines n_0 mit den geforderten Eigenschaften soll dadurch gezeigt werden, dass die Nichtexistenz auf einen Widerspruch geführt wird.

Angenommen also, so ein n_0 gäbe es *nicht*. Wir betrachten dann

$$B := \{n_0 \in \mathbb{N} \mid \text{ für alle } n \in A \text{ ist } n > n_0\}.$$

B ist eine induktive Teilmenge von $\mathbb{N}$, denn

1. $1 \in B$; da A kein kleinstes Element enthalten soll, aber $1 \leq n$ für alle natürlichen Zahlen gilt, kann 1 nicht in A liegen. Folglich ist $1 < n$ für jedes $n \in A$.

2. Sei $n_0 \in B$, wir müssen zeigen, dass $n_0 + 1 \in B$, d.h. $n > n_0 + 1$ für jedes $n \in A$.
   Es gilt $n_0 < n$ und folglich (wegen (vi)) $n_0 + 1 \leq n$ für alle $n \in A$. Angenommen, es wäre $n_0 + 1 = n_1$ für irgendein $n_1 \in A$. Dann gäbe es in A doch ein kleinstes Element – nämlich n_1 – im Widerspruch zu unserer Annahme. Damit ist wirklich $n_0 + 1 < n$ für alle $n \in A$.

B ist also induktiv und Satz 1.5.5 impliziert $B = \mathbb{N}$. Das geht aber nicht: A soll ja mindestens ein Element enthalten. Nennt man das n_1, so kann n_1 beim besten Willen nicht zu B gehören. Dieser Widerspruch beweist die Behauptung.

(viii) Hier wird (vii) gleich angewendet: Wir betrachten

$$A_0 := \{m \mid m \in \mathbb{N}, \text{ für alle } n \in A \text{ ist } n \leq m\},$$

A_0 ist also die Menge der oberen Schranken von A. A_0 ist nicht leer nach Voraussetzung, (vii) liefert uns folglich ein kleinstes Element n_1 von A_0.

Wäre n_1 kein Element von A, d.h. würde $n < n_1$ für alle $n \in A$ gelten, so wäre auch $n \leq n_1 - 1$ für alle $n \in A$ (wegen (vi)). Da $A \neq \emptyset$ gilt, können wir $n_1 = 1$ ausschließen, $n_1 - 1$ ist also auch eine natürliche Zahl.

Das würde der Tatsache widersprechen, dass n_1 kleinstmögliche Schranke ist, denn $n_1 - 1$ wäre sicher eine bessere. Teil (viii) ist damit vollständig bewiesen. $\qquad\square$

Schlusskommentar: Wahrscheinlich hätte kaum jemand geahnt, was für komplizierte Beweise man führen muss, um „Erfahrungstatsachen" über die scheinbar so harmlosen Zahlen $1, 2, 3, \dots$ auch wirklich zu beweisen. Jetzt, wo wir es geschafft haben, stehen aber auch sehr wirksame Beweishilfsmittel zur Verfügung, die man in vielen Bereichen der Mathematik anwenden kann.

Nehmen wir zum Beispiel Teil (vii) des vorstehenden Satzes: Jede nicht leere Menge von natürlichen Zahlen hat ein kleinstes Element. Das kommt Ihnen sicher offensichtlich vor, man sollte sich aber klar machen, dass es eine Tatsache ist, die nicht automatisch für Mengen von Zahlen erfüllt ist. Zum Beispiel hat der Positivbereich P in einem geordneten Körper niemals ein kleinstes Element, denn für jedes „noch so kleine" $x \in P$ ist $x/2 \in P$ und $x/2 < x$.

wohlgeordnet

Die Eigenschaft „jede nicht leere Teilmenge hat ein kleinstes Element" spielt eine so wichtige Rolle, dass es dafür einen eigenen Namen gibt: Man sagt, dass $\mathbb{N}$ *wohlgeordnet* ist. Viele schwierige Beweise nutzen die Wohlordnung aus, ein erstes Beispiel werden Sie schon im nächsten Abschnitt auf Seite 51 kennen lernen.

1.6 Die ganzen und die rationalen Zahlen

Unser Axiomensystem ist inzwischen so weit entwickelt, dass wir die Menge der reellen Zahlen als angeordneten Körper postulieren, $\mathbb{R}$ soll die entsprechenden Axiome erfüllen.

In $\mathbb{R}$ – allgemeiner sogar in jedem angeordneten Körper – haben wir die Menge $\mathbb{N}$ der natürlichen Zahlen definiert und mit ziemlich schwierigen Beweisen eingesehen, dass dieses $\mathbb{N}$ Eigenschaften hat, die mit unseren Erfahrungen mit $\mathbb{N}_{\text{naiv}}$ bestens übereinstimmen. Es ist nun leicht, sich mit Hilfe von $\mathbb{N}$ die Menge der ganzen Zahlen zu verschaffen:

$\mathbb{Z}$

Definition 1.6.1. *In $\mathbb{R}$ definieren wir $\mathbb{Z}$, die Menge der ganzen Zahlen, durch*

$$\mathbb{Z} := \{\, n - m \mid n, m \in \mathbb{N} \,\}.$$

Alles, was wir über $\mathbb{Z}_{\text{naiv}}$ wissen, findet man in $\mathbb{Z}$ wieder:

Satz 1.6.2. *Die Menge $\mathbb{Z}$ hat die folgenden Eigenschaften:*

(i) $\mathbb{Z} = \mathbb{N} \cup \{\, -n \mid n \in \mathbb{N} \,\} \cup \{0\}$.

(ii) $(\mathbb{Z}, +, \cdot)$ erfüllt alle Körperaxiome (siehe 1.3.4) bis auf M3[14]*: Es gibt von Null verschiedene Zahlen, die kein multiplikativ inverses Element haben.*

Beweis: (i) Zur Abkürzung soll die rechts stehende Menge M heißen. Wir zeigen zunächst, dass $M \subset \mathbb{Z}$ gilt. Dazu muss man nur ein $n \in \mathbb{N}$ (bzw. die Zahl 0 bzw. eine Zahl der Form $-n$) als $(n+1) - 1$ (bzw. als $1 - 1$ bzw. als $1 - (n+1)$) schreiben.

Für den Beweis von $\mathbb{Z} \subset M$ geben wir eine beliebige ganze Zahl $n - m$ vor. Ist $n = m$, so ist $n - m$ gleich 0 und damit in M. Falls $n > m$ gilt, so gibt es wegen Satz 1.5.7 ein $k \in \mathbb{N}$ mit $n = m + k$, folglich ist $n - m = k \in M$. Ganz ähnlich führt der Fall $n < m$ auf eine natürliche Zahl k mit $n - m = -k \in M$.

Da aufgrund der Körperaxiome für je zwei Zahlen stets eine der Beziehungen „=", „<" oder „>" gilt, sind alle Fälle berücksichtigt.

---

[14] $(\mathbb{Z}, +, \cdot)$ ist damit ein *kommutativer Ring mit Einheit*. Diese Ringe studiert man in der *Algebra*.

(ii) Der Beweis ist Routine, alles, was man wissen muss, folgt aus Körperaxiomen für $\mathbb{R}$ und schon bewiesenen Eigenschaften von $\mathbb{N}$.

Als Erstes ist zu zeigen, dass „+" eine innere Komposition auf $\mathbb{Z}$ ist. Also: Sind $n_1 - m_1$ und $n_2 - m_2$ Elemente aus $\mathbb{Z}$, liegt dann auch $(n_1 - m_1) + (n_2 - m_2)$ in $\mathbb{Z}$? Anders formuliert: Ist $(n_1 - m_1) + (n_2 - m_2)$ Differenz natürlicher Zahlen?

Die Antwort ist leicht, denn alles Erforderliche ist schon bewiesen: $(n_1 - m_1) + (n_2 - m_2)$ ist wegen der Ergebnisse aus Satz 1.3.6 die gleiche Zahl wie $(n_1 + n_2) - (m_1 + m_2)$, und mit n_1, n_2, m_1, m_2 sind – wegen Satz 1.5.7 – auch $n_1 + n_2$ und $m_1 + m_2$ natürliche Zahlen.

Ähnlich zeigt man, dass Produkte ganzer Zahlen wieder ganzzahlig sind, hier ist

$$(n_1 - m_1)(n_2 - m_2) = (n_1 n_2 + m_1 m_2) - (n_1 m_2 + m_1 n_2)$$

zu beachten. Die 0 und die 1 gehören offensichtlich zu $\mathbb{Z}$, und die üblichen Rechengesetze (Assoziativgesetz usw.) gelten deswegen, weil sie in $\mathbb{R}$ gelten.

Es ist eigentlich nur noch zu begründen, dass inverse Elemente der Multiplikation im Allgemeinen nicht zu erwarten sind. Wir behaupten, dass zum Beispiel stets $2z \neq 1$ gilt, dass also 2 kein multiplikativ Inverses hat. Ist irgendein z gegeben, so wissen wir nach Teil (i), dass $z = 0$, $z \geq 1$ oder $z \leq -1$ gelten muss. Es folgt $2z = 0$, $2z \geq 2$ oder $2z \leq -2$, insbesondere ist ganz bestimmt nicht $2z = 1$. $\qquad\square$

Der nächste Schritt ist auch nicht schwierig, wir führen die rationalen Zahlen ein. (Die heißen deswegen so, weil „ratio" auf Latein so etwas wie „Verhältnis" bedeutet):

Definition 1.6.3. *Unter den* rationalen Zahlen *in $\mathbb{R}$ verstehen wir die Menge* $\qquad\qquad \mathbb{Q}$

$$\mathbb{Q} := \left\{ \frac{m}{n} \;\middle|\; m \in \mathbb{Z}, n \in \mathbb{N} \right\},$$

also die Menge der Quotienten aus ganzen und natürlichen Zahlen.
Reelle Zahlen, die nicht zu $\mathbb{Q}$ gehören, heißen irrational.

Algebraisch hat $\mathbb{Q}$ alles, was man sich nur wünschen kann:

Satz 1.6.4. *$\mathbb{Q}$, versehen mit der Addition und Multiplikation von $\mathbb{R}$, ist ein Körper. Definiert man einen Positivbereich durch*

$$P := \left\{ \frac{m}{n} \;\middle|\; m, n \in \mathbb{N} \right\},$$

so wird $\mathbb{Q}$ zu einem angeordneten Körper.

Beweis: Auch das ist ein Ergebnis, das sich „von alleine" beweist. Warum, zum Beispiel, sind Summen rationaler Zahlen wieder rational? Einfach deswegen, weil die Summe aus $\dfrac{m_1}{n_1}$ und $\dfrac{m_2}{n_2}$ gerade die Zahl $\dfrac{m_1 n_2 + m_2 n_1}{n_1 n_2}$ ist, wobei $m_1 n_2 + m_2 n_1$ eine ganze und $n_1 n_2$ eine natürliche Zahl ist. Alle anderen zu beweisenden Eigenschaften sind ebenfalls leicht einzusehen, ein kleines bisschen muss man nur bei den Inversen überlegen. Wie sieht das multiplikativ Inverse zu m/n aus, wenn m/n von 0 verschieden ist. Man muss eine Fallunterscheidung machen: $m = 0$ scheidet aus, denn m/n soll ja gerade *nicht* Null sein. Ist $m \in \mathbb{N}$, so ist n/m invers zu m/n, und im Fall $-m \in \mathbb{N}$ schließlich können wir $-n/-m$ als Inverses anbieten.   □

Warum sind wir mit $\mathbb{Q}$ nicht zufrieden? Das ist doch schon ein riesiges Reservoir an Zahlen, das sollte doch für alle Zwecke ausreichen. Leider stimmt das nicht, man kann in $\mathbb{Q}$ nicht einmal Wurzeln ziehen:

$\boxed{\text{Die Wurzel aus 2 ist irrational}}$

$\sqrt{2}$
irrational

Es wurde schon vor fast 2500 Jahren festgestellt, dass man unmöglich zwei natürliche Zahlen m und n so finden kann, dass $m^2/n^2 = 2$ ist. Anders ausgedrückt: Die Zahl $\sqrt{2}$, wenn sie denn existieren sollte, ist irrational.

Da $\sqrt{2}$ eine wichtige Rolle spielt – z.B. hat nach dem Satz von Pythagoras die Diagonale im Einheitsquadrat genau diese Länge –, wird man in der Mathematik nicht weit kommen, wenn man nur mit rationalen Zahlen arbeiten möchte. Das Ergebnis motiviert damit die Notwendigkeit, die „Lücken in $\mathbb{Q}$" irgendwie zu schließen.

Es folgen *zwei Beweise für die Irrationalität von* $\sqrt{2}$, beide sind von der Beweisstruktur her interessant. Dass der Nachweis nicht leicht sein kann, ist klar, denn man muss doch garantieren, dass niemand zwei Zahlen m, n mit $m^2/n^2 = 2$ findet; und wäre er noch so klug, und wären m und n beide unvorstellbar groß, und würde man noch so lange warten. (Viel einfacher wäre ein Nachweis des Gegenteils, wenn es denn stimmen würde. Da muss man nur zwei konkrete Zahlen m und n mit $m^2 = 2n^2$ finden.)

Erster Beweis: Dieser Beweis ist ein Klassiker, er nutzt die Eigenschaften des Begriffs „gerade Zahl" aus.
Definition: Eine natürliche Zahl k heißt *gerade*, wenn es ein $l \in \mathbb{N}$ so gibt, dass $k = 2l$. Wir benötigen die folgenden Ergebnisse:

> *Ergebnis 1:* Jede rationale Zahl $r > 0$ kann in der Form $r = m/n$ geschrieben werden, wobei mindestens eine der Zahlen m, n nicht gerade ist.

> *Ergebnis 2:* Ist, für eine natürliche Zahl k, die Zahl k^2 gerade, so ist auch k gerade.

Beide Ergebnisse sind klar, wenn man schon weiß, dass jede natürliche Zahl auf genau eine Weise als Produkt von Primzahlen dargestellt werden kann. Zum Beweis von Ergebnis 1 kürze man in Zähler und Nenner so viele Zweien wie möglich. Für Ergebnis 2 beachte man, dass die Primzahlpotenzen in der Darstellung von k^2 alle gerade sein müssen. Kommt also in k^2 der Faktor 2 überhaupt vor, dann gibt es ihn auch mindestens zweimal; folglich musste k gerade gewesen sein[15].

Der eigentliche Beweis ist dann indirekt: Angenommen, es wäre $\sqrt{2} = m/n$, wobei wir wegen Ergebnis 1 annehmen können, dass m oder n ungerade ist. Dann gilt $m^2 = 2n^2$, also ist m^2 gerade. Wir schreiben $m = 2k$ – die Zahl m ist ja wegen Ergebnis 2 gerade – und beachten, dass dann $2n^2 = 4k^2$, also $n^2 = 2k^2$ gilt. Folglich muss – wieder wegen Ergebnis 2 – die Zahl n ebenfalls gerade sein, und damit haben wir den gewünschten Widerspruch erhalten.

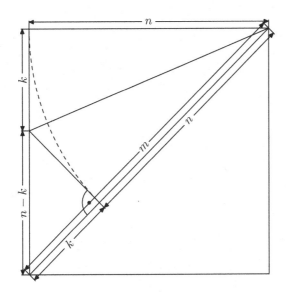

Bild 1.7: $\sqrt{2}$ ist irrational (Skizze zum zweiten Beweis)

Zweiter Beweis: Auch der ist indirekt, er hat den Vorteil, dass man ihn quasi sehen kann. Wieder gehen wir davon aus, dass $\sqrt{2} = m/n$ gilt. Unser Ziel ist es, einen Widerspruch herzuleiten.

Wir dürfen annehmen, dass die Zahl n dabei kleinstmöglich ist. (Man muss sich nur daran erinnern, dass $\mathbb{N}$ wohlgeordnet ist (Satz 1.5.7 (vii)) und ein kleinstes Element in der – nach Annahme nicht leeren – Menge

$$\{ n \mid n \in \mathbb{N}, \text{ es gibt } m \text{ mit } m/n = \sqrt{2} \}$$

wählen.)

Wir schreiben noch m als $m = n+k$ und beachten: Ist $\sqrt{2} = (n+k)/n$, so gilt auch $\sqrt{2} = (n-k)/k$, denn beide Formeln sind gleichwertig zu $n^2 = k^2 + 2nk$.

---

[15] Beide Ergebnisse sind auch ohne Primfaktorzerlegungen beweisbar. Für das erste schreibe man r als m/n mit kleinstmöglichem n; so eine Darstellung gibt es wegen Satz 1.5.7 (vii). Und für das zweite nutze man aus, dass ungerade Zahlen die Form $2k+1$ haben, das Quadrat – die Zahl $4k^2 + 2k + 1$ – also ebenfalls ungerade sein muss.

Nun ist aber n der kleinstmögliche Nenner, der bei Darstellungen von $\sqrt{2}$ auftritt, also muss $k \geq n$ gelten. Dann aber wäre $m = n + k \geq 2n$ und folglich $\sqrt{2} = m/n \geq 2$. Wir würden durch Quadrieren bei $2 \geq 4$ ankommen, und dieser Widerspruch zeigt, dass die Annahme der Rationalität nicht aufrecht erhalten werden kann.   □

Man kann die Äquivalenz von $\sqrt{2} = (n+k)/n$ und $\sqrt{2} = (n-k)/k$ mit etwas geometrischer Anschauung auch am vorstehenden Bild 1.7 sehen:

Für das Quadrat mit den Seitenlängen n hat die Hypotenuse nach dem Satz von Pythagoras die Länge m, falls $m^2 = 2n^2$ gilt. Die rechtwinkligen Dreiecke oben links haben die gleiche Hypotenuse, und eine der Seiten hat in beiden Dreiecken die Länge n. Damit muss die dritte Seite auch übereinstimmen, ihre Länge ist gleich k. Daraus folgt, dass die Hypotenuse des Dreiecks links unten gleich $n - k$ ist, und nach dem Satz von Pythagoras heißt das $2k^2 = (n-k)^2$.

1.7   Das Archimedesaxiom

Wir haben in ℕ alles wiedergefunden, was man aufgrund der Erfahrung mit $ℕ_{\text{naiv}}$ nur erwarten konnte. Wirklich alles? Es gibt eine Erfahrung bezüglich des Verhaltens von $ℕ_{\text{naiv}}$ in $ℝ_{\text{naiv}}$, die bisher noch nicht behandelt wurde: $ℕ_{\text{naiv}}$ enthält „beliebig große" Zahlen, genauer: „Für jedes $x \in ℝ_{\text{naiv}}$ gibt es eine natürliche Zahl n mit $n \geq x$."

Falls wir versuchen wollten, diese Aussage für ℕ zu beweisen, würden auch die intensivsten Bemühungen nicht zum Ziel führen. Das ist ein Indiz dafür, dass es sich gar nicht um eine in beliebigen angeordneten Körpern $(K, +, \cdot, P)$ gültige Aussage handelt. Und wirklich: Es gibt einen derartigen Körper, in dem diese Eigenschaft nicht erfüllt ist.

Ein Gegen-
beispiel

Für alle, die das nicht nur glauben wollen, folgt hier eine Beweisskizze: Wir wollen einen angeordneten Körper angeben, in dem die fragliche Eigenschaft *nicht* gilt. Und da wir aus dem Nichts nichts konstruieren können, berufen wir uns auf etwas schon Bekanntes, wir gehen von ℚ – dem Körper der rationalen Zahlen – aus.

Schritt 1: Als Erstes definieren wir eine Menge K, sie soll alle Ausdrücke der Form

$$\frac{a_0 + a_1 x + \cdots + a_n x^n}{b_0 + b_1 x + \cdots + b_m x^m}$$

enthalten. Dabei dürfen n und m beliebige natürliche und die a und b beliebige rationale Zahlen sein. Wir verlangen nur, dass nicht alle b gleich Null sind. Hier einige Beispiele:

$$\frac{3x-4}{1}, \ \frac{x^{12} - 3x + 5}{x^{20} + 5.1x}, \ \frac{22.222x^{10000000} - 1}{-2x^{10000000000000} + 3}, \ \cdots$$

Stellen Sie sich die Elemente aus K einfach als *rationale Funktionen* vor, also die, die Sie wahrscheinlich irgendwann einmal beim Thema „Kurvendiskussion" kennen gelernt haben.

Schritt 2: Auf K werden nun eine Addition und eine Multiplikation dadurch definiert, dass wir einfach die entsprechenden Operationen für rationale Funktionen kopieren. Zum Beispiel ist

$$\frac{x^2 - 1}{x + 1} \cdot \frac{x - 7}{3} = \frac{x^3 - 7x^2 - x + 7}{3x + 3}.$$

Dann kann man mit einer langwierigen Rechnung, die keinerlei Überraschungen bietet, für K und *diese* inneren Kompositionen die Körperaxiome nachweisen[16].

Schritt 3: Es fehlt noch ein Positivbereich P, der soll aus der Menge derjenigen rationalen Funktionen bestehen, für die die rationale Zahl $a_n b_m$ größer als Null ist. So gehört zum Beispiel $(3x + 1)/(7.2x - 200)$ zu P (da $3 \cdot 7.2 > 0$), die Funktion $(-x + 12)/(333.3x^2)$ aber nicht. Dann ist $(K, +, \cdot, P)$ wirklich ein angeordneter Körper, auch dieser Beweis wird hier nicht ausgeführt.

Und nun *die Pointe:* Die „natürlichen Zahlen" in diesem Körper entsprechen den konstanten Funktionen $n/1$, wobei n die gewöhnlichen natürlichen Zahlen durchläuft. Und für alle diese $n/1$ gilt $n/1 < x/1$, denn $x/1 - n/1 = (x - n)/1$ liegt in P. Es gibt also Körperelemente, die von keiner natürlichen Zahl übertroffen werden, die also in gewisser Weise „zu groß" sind.

Für $\mathbb{R}_{\text{naiv}}$ „wissen" wir, dass das nicht passieren kann. Zunächst formulieren wir die fragliche Eigenschaft als Definition, um besser darüber reden zu können:

Definition 1.7.1. *Sei* $(K, +, \cdot, P)$ *ein angeordneter Körper. Wir sagen, dass K archimedisch geordnet* ist *(oder dass das* Archimedesaxiom *in K gilt), falls für jedes $x \in K$ ein $n \in \mathbb{N}$ mit $n \geq x$ existiert.*

Archimedes-
axiom

Kommentar: Dieses Axiom wurde erstmals von dem griechischen Mathematiker EUDOXOS (um 400 v.Chr.) formuliert, und zwar bei der Behandlung geometrischer Fragestellungen. Eudoxos erkannte, dass die Aussage

„Für je zwei Strecken kann die zweite durch genügend häufiges Aneinanderlegen der ersten übertroffen werden."

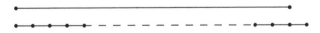

Bild 1.8: Bild zum Archimedesaxiom

ein Axiom ist und keine Folgerung aus den anderen Forderungen an die geometrischen Objekte.

---

[16] Es ist allerdings eine Feinheit zu beachten. Damit wirklich alles gut geht, müssen rationale Funktionen identifiziert werden, die als Funktionen nicht zu unterscheiden sind. So wie man zwei Brüche m_1/n_1 und m_2/n_2 als gleich ansehen muss, wenn $m_1 n_2 = n_1 m_2$ gilt, so muss man hier – zum Beispiel – auch $(x + 1)/(x + 7)$ mit $(5x + 5)/(5x + 35)$ identifizieren. Für eine ganz präzise Diskussion dieses Punktes bräuchte man die Begriffe „Äquivalenzrelation" und „Äquivalenzklasse"; dazu wird erst auf Seite 69 etwas gesagt werden.

Das Archimedesaxiom als Erfahrungstatsache
Es gibt viele Beispiele aus dem täglichen Leben, die man als Illustration zu „$a + a + \cdots + a$ wird beliebig groß, falls nur $a > 0$" anführen könnte.
Hier noch ein Zitat aus dem Märchen „Das Hirtenbüblein" der Gebrüder Grimm:

> „... In Hinterpommern liegt der Demantberg, der hat eine Stunde in die Höhe, eine Stunde in die Breite und eine Stunde in die Tiefe; dahin kommt alle hundert Jahre ein Vögelein und wetzt sein Schnäblein daran, und wenn der ganze Berg abgewetzt ist, dann ist eine Sekunde der Ewigkeit vergangen ... "

Kann man das Archimedesaxiom poetischer ausdrücken?

Da wir schon wissen, dass nicht alle angeordneten Körper archimedisch geordnet sind, wir aber auf diese Eigenschaft auch nicht verzichten können, muss der nächste (und vorletzte) Schritt zur Axiomatik von ℝ folgendermaßen lauten:

1.7.2. Der vierte Schritt zum Axiomensystem für ℝ:
ℝ *ist ein angeordneter Körper, in dem das Archimedesaxiom gilt.*

Das Archimedesaxiom wird in der Analysis von überragender Bedeutung sein. Grob vereinfacht ausgedrückt, ist der Grund darin zu suchen, dass es wegen dieses Axioms in gewisser Weise ausreicht, ℕ gut zu kennen.

Hier einige leichte Folgerungen aus dem Archimedesaxiom

Satz 1.7.3. *Gilt in $(K, +, \cdot, P)$ das Archimedesaxiom (insbesondere also in ℝ), so folgt:*

(i) *Für jedes $\varepsilon \in K$, $\varepsilon > 0$, gibt es ein $n \in \mathbb{N}$ mit $\dfrac{1}{n} \leq \varepsilon$.*

(ii) *Für jedes $\varepsilon \in K$, $\varepsilon > 0$, und jedes $M \in K$ gibt es ein $n \in \mathbb{N}$ mit $n\varepsilon \geq M$.*

Beweis: (i) Wir wählen ein $n \in \mathbb{N}$ mit $n \geq 1/\varepsilon$. Multiplikation dieser Ungleichung mit $\varepsilon \cdot 1/n$ ergibt $1/n \leq \varepsilon$. Dabei haben wir davon Gebrauch gemacht, dass mit $n > 0$ auch $1/n > 0$ gilt und folglich die Multiplikation mit $1/n$ die Ungleichung erhält (vgl. Satz 1.4.3).
(ii) Man wähle n mit $n \geq M\varepsilon^{-1}$ und multipliziere mit ε. $\qquad\qquad\square$

Epsilon
Im vorstehenden Satz tauchte erstmals der griechische Buchstabe ε (*Epsilon*) auf. Es handelt sich dabei um den unbestritten wichtigsten Buchstaben der Analysis, ab Kapitel 2 werden wir laufend damit zu tun haben.

Natürlich sind Buchstaben völlig unerheblich, jede andere Bezeichnungsweise ist logisch gleichwertig. Dennoch: Eine konsequent durchgehaltene Bezeichnungsdisziplin trägt wesentlich zum einfacheren Lernen und zum besseren Verständnis bei (mit $\mathbb{N}$ haben wir das schon versucht, die Elemente wurden und werden auch in Zukunft wann immer möglich mit n, m, n_1 usw. bezeichnet). ε wird immer dann verwendet, wenn – wenigstens anschaulich – die Aussage bzw. der Beweis für „sehr, sehr kleines" ε schwieriger oder interessanter ist als für „riesengroßes" ε (versuchen Sie, das durch Satz 1.7.3 zu illustrieren).

Aus dem Archimedesaxiom folgt, dass rationale Zahlen überall in $\mathbb{R}$ zu finden sind. Was das genau heißen soll, steht im folgenden Satz, dem so genannten *Dichtheitssatz*:

Satz 1.7.4. *Es seien x und y Elemente aus $\mathbb{R}$ mit $x < y$. Dann gibt es ein* $\dfrac{m}{n} \in \mathbb{Q}$ *mit* $x \leq \dfrac{m}{n} \leq y$.

Dichtheitssatz

Beweis: Der Beweis macht wesentlich vom Archimedesaxiom Gebrauch, wir beginnen mit zwei Vorbereitungsschritten:

Vorbereitung 1: Für jedes $x_0 \geq 1$ gibt es ein $m_0 \in \mathbb{N}$ mit $x_0 \leq m_0 \leq x_0 + 1$.
Beweis dazu: Sei $x_0 \geq 1$ und $A := \{n \in \mathbb{N} \mid n \geq x_0\}$. A ist nicht leer (Archimedes-Axiom!), besitzt also wegen der Wohlordnungseigenschaft 1.5.7(vii) der natürlichen Zahlen ein kleinstes Element m_0.

Wir behaupten, dass m_0 die geforderten Eigenschaften hat. Dass m_0 in $\mathbb{N}$ liegt und dass $m_0 \geq x_0$ gilt, ist klar, denn m_0 gehört ja zu A. Es bleibt zu zeigen, dass $m_0 \leq x_0 + 1$ ist. Angenommen, das wäre nicht der Fall. Dann wäre also $m_0 > x_0 + 1$. Insbesondere wäre $m_0 > 1$, und wegen Satz 1.5.7(iv) hätte m_0 einen Vorgänger: Wir könnten m_0 mit einem $m_0' \in \mathbb{N}$ als $m_0' + 1$ schreiben.

Das wäre aber ein Widerspruch, denn aus $m_0' + 1 = m_0 > x_0 + 1$ würde $m_0' > x_0$ folgen. Damit wäre m_0' ein Element in A, das echt kleiner als m_0 wäre, und dieser Widerspruch beweist die Behauptung.

Vorbereitung 2: Für beliebige x, y mit $0 < x < y$ existieren natürliche Zahlen n, m mit $x \leq m/n \leq y$.
Beweis dazu: Zunächst wählen wir $n_1, n_2 \in \mathbb{N}$ mit $n_1 x \geq 1$, $n_2(y - x) \geq 1$. Hier nutzen wir Satz 1.7.3 aus. Für $n := n_1 + n_2$ ist dann $nx \geq 1$ und $n(y - x) \geq 1$. Nun wählen wir ein $m \in \mathbb{N}$ mit $nx \leq m \leq nx + 1$ (vgl. Vorbereitung 1). Und nun sind wir aber auch schon fertig, denn wegen $n(y - x) \geq 1$ ist $nx + 1 \leq ny$, also $nx \leq m \leq nx + 1 \leq ny$, und wir brauchen nur noch durch n zu teilen.

Nach diesen Vorbereitungen ist der *eigentliche Beweis* leicht, wir führen ihn durch Fallunterscheidung nach der Lage der 0 relativ zu x und y. Es gibt die folgenden Möglichkeiten:

- $x \leq 0 \leq y$: In diesem Fall wähle man $m/n := 0/1 \in \mathbb{Q}$.

- $0 < x < y$: Dieser Fall wurde bereits durch Vorbereitung 2 erledigt.

- $x < y < 0$: Es ist dann $0 < -y < -x$, wir können also $n, m \in \mathbb{N}$ mit $-y \leq m/n \leq -x$ wählen (wieder wegen Vorbereitung 2). Es folgt $x \leq -m/n \leq y$, und $-m/n$ gehört zu $\mathbb{Q}$.   □

1.8 Vollständigkeit

Wir stehen nun kurz vor der endgültigen Formulierung des Axiomensystems für $\mathbb{R}$. Das bisherige Axiomensystem sichert zwar, dass wir in $\mathbb{R}$ die Erfahrungen mit $\mathbb{R}_{\text{naiv}}$ in Bezug auf die algebraischen Eigenschaften, die Ordnung und die natürlichen Zahlen wiederfinden, wir können aber nicht garantieren, dass es „genug" reelle Zahlen gibt. Durch die bisherigen Axiome ist nämlich $\mathbb{R}$ von $\mathbb{Q}$ nicht zu unterscheiden – auch $\mathbb{Q}$ ist ein archimedisch angeordneter Körper – und in $\mathbb{Q}$ gibt es, wie wir gesehen haben, nicht einmal die Wurzel aus 2. In $\mathbb{Q}$ existieren zwar Zahlen, deren Quadrat ziemlich genau gleich 2 ist, wie zum Beispiel 1.414, aber „es fehlt" ein x, für das das exakt geht. Für $\mathbb{R}$ brauchen wir aber auch diese Zahlen, es soll keine Lücken geben!

Es stellt sich natürlich die Frage, wie das präzise zu formulieren ist, es bieten sich dafür mehrere Lösungsmöglichkeiten an. Hier wird die für Anfänger am leichtesten zugängliche vorgestellt, mehr zu diesem Thema finden Sie in Kapitel 2.3. Die Idee stammt von dem Mathematiker RICHARD DEDEKIND[17] (1831-1916). Wir stellen sie gleich vor, zunächst benötigen wir die

Dedekindscher Schnitt

Definition 1.8.1. *Sei* $(K, +, \cdot, P)$ *ein angeordneter Körper. Ein Paar* (A, B) *zweier Teilmengen* A, B *von* K *heißt* Dedekindscher Schnitt, *falls gilt:*

(i) A, B *sind beide nicht leer.*

(ii) *Für* $x \in A$ *und* $y \in B$ *ist stets* $x < y$ *(insbesondere ist damit* $A \cap B = \emptyset$*).*

(iii) $A \cup B = K$.

Schnittzahl

Ist (A, B) *ein Dedekindscher Schnitt, so heißt* $x_0 \in K$ *eine* Schnittzahl *zu* (A, B)*, falls* $x \leq x_0 \leq y$ *für alle* $x \in A$ *und* $y \in B$.

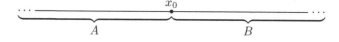

$$x_0$$
$$A \qquad\qquad B$$

Bild 1.9: Schnitt (A, B) mit Schnittzahl x_0

Ein Dedekindscher Schnitt ist also eine Aufteilung von K in einen „linken" Teil A und einen „rechten" B, und eine Schnittzahl ist eine Zahl, die genau dazwischen liegt.

Um uns mit dieser Definition vertraut zu machen, folgen einige

---

[17] Dedekind griff mit den heute so genannten Dedekindschen Schnitten eine Idee von Eudoxos auf, um Vollständigkeit exakt definieren zu können („Stetigkeit und irrationale Zahlen", 1872).

Beispiele:

1. Ist x_0 ein beliebiges Element aus K, so ist sicher

$$A := \{x \mid x < x_0\}, \ B := \{x \mid x_0 \leq x\}$$

ein Dedekindscher Schnitt mit Schnittzahl x_0.

2. Das klappt genauso, wenn man die Rollen von „< " und „≤" vertauscht. Auch

$$A := \{x \mid x \leq x_0\}, \ B := \{x \mid x_0 < x\}$$

ist ein Dedekindscher Schnitt mit Schnittzahl x_0.

3. Wie man sich auch in $\mathbb{R}_{\text{naiv}}$ anstrengt: Alle Dedekindschen Schnitte scheinen dort von der in Beispiel 1 und Beispiel 2 beschriebenen Form zu sein, insbesondere haben alle eine Schnittzahl.

4. In $\mathbb{Q}_{\text{naiv}}$ kann das Fehlen der Wurzel aus 2 in die Konstruktion eines Dedekindschen Schnittes ohne Schnittzahl umgeschrieben werden. Für jedes rationale x ist doch $x^2 < 2$ oder $x^2 > 2$. Daraus folgt, dass durch

$$\begin{aligned} A &:= \{x \in \mathbb{Q} \mid x \leq 0 \text{ oder } x^2 < 2\}, \\ B &:= \{x \in \mathbb{Q} \mid x > 0 \text{ und } x^2 > 2\} \end{aligned}$$

ein Dedekindscher Schnitt definiert wird. Der kann aber keine Schnittzahl haben, denn der einzige Kandidat dafür wäre eine rationale Zahl, deren Quadrat 2 ist, und so eine gibt es ja nicht.

> Wollte man das streng beweisen, so wäre doch noch etwas Arbeit zu investieren. Die Beweisstruktur wäre so: x_0 beliebig; es soll gezeigt werden, dass x_0 keine Schnittzahl ist. Das geht durch Fallunterscheidung:
>
> Fall 1: $x_0 \in A$. In diesem Fall wird gezeigt, dass – für ein „sehr kleines" $\varepsilon > 0$ auch $x_0 + \varepsilon$ in A liegt. Dann ist x_0 keine Schnittzahl, denn alle Elemente aus A sollen ja links von x_0 liegen.
>
> Fall 2: $x_0 \in B$. Diesmal wird ein $\varepsilon > 0$ konstruiert, für das $x_0 - \varepsilon \in B$. Schnittzahlen sollen kleiner (oder höchstens gleich) als alle Elemente von B sein, also kann x_0 keine sein.
>
> Das ist ziemlich aufwändig, aber es zeigt zweierlei: Erstens kann man die „Lücke" bei $\sqrt{2}$ in $\mathbb{Q}$ durch das Fehlen von Schnittzahlen für einen geeigneten Dedekindschen Schnitt ausdrücken, und zweitens haben wir schon eine Idee, wie wir umgekehrt $\sqrt{2}$ finden können, wenn stets Schnittzahlen zur Verfügung stehen. Genau so werden wir in Abschnitt 2.2 Wurzeln konstruieren (vgl. Seite 99).

Entsprechend unserer bisherigen Strategie, für $\mathbb{R}$ alles zum Axiom zu befördern, was wir von $\mathbb{R}_{\text{naiv}}$ her kennen, aus den bisherigen Axiomen aber nicht folgern können, lautet der nächste Schritt:

1.8.2. Der fünfte (und letzte!) Schritt zum Axiomensystem von $\mathbb{R}$:
$\mathbb{R}$ *ist ein angeordneter Körper, in dem das Archimedesaxiom gilt und in dem jeder Dedekindsche Schnitt eine Schnittzahl besitzt.*

vollständig

Die Eigenschaft „jeder Dedekindsche Schnitt besitzt eine Schnittzahl" eines angeordneten Körpers K wird auch mit „K ist *vollständig*" bezeichnet. Das soll zum Ausdruck bringen, dass die Existenz eines Dedekindschen Schnittes ohne Schnittzahl als „K hat Lücken" (es fehlt gerade die Schnittzahl) interpretiert werden kann.

Schlusskommentar: Es ist nun wirklich geschafft: Die Antwort auf die Frage „Wovon werden wir in der Analysis ausgehen?" aus Abschnitt 1.1 steht in 1.8.2. *Das* werden wir allen Sätzen der Analysis zu Grunde legen. Auch wenn diese Sätze mit „Es gilt ..." beginnen, so ist stillschweigend immer gemeint „Unter der Voraussetzung von 1.8.2 können wir folgern, dass ..."

Soweit der formale Aspekt. Ziel dieses Buches ist es aber, dass Sie eine wirkliche Vorstellung von $\mathbb{R}$ gewinnen. Diese Vorstellung wird sich stark an das anlehnen, was Sie als „$\mathbb{R}$ naiv" schon vorher kannten. Der Hauptunterschied gegenüber dem naiven Vorgehen – und *dafür* haben wir uns so viel Arbeit gemacht – besteht darin, dass wir jetzt wissen, welche Eigenschaften zu fordern sind und welche sich als Folgerung ergeben.

1.9 Von $\mathbb{R}$ zu $\mathbb{C}$

„Du, hast Du das vorhin verstanden?"
„Was?"
„Die Geschichte mit den imaginären Zahlen?"
„Ja, das ist doch gar nicht so schwer. Man muß nur feststellen, daß die Quadratwurzel aus negativ Eins die Rechnungseinheit ist."
„Das ist es ja gerade: Die gibt es doch gar nicht ..."
„Ganz recht; aber warum sollte man nicht trotzdem versuchen, auch bei einer negativen Zahl die Operation des Quadratwurzelziehens anzuwenden?"
„Wie kann man das aber, wenn man bestimmt, ganz mathematisch bestimmt weiß, daß es unmöglich ist?"
(aus: „Die Verwirrungen des Zöglings Törleß" von Robert Musil.)

Ausgehend von $\mathbb{R}$ haben wir uns schon $\mathbb{N}$, $\mathbb{Z}$ und $\mathbb{Q}$ (ohne „naiv"!) verschafft. Hier wollen wir einen weiteren wichtigen Zahlbereich einführen, den *Körper $\mathbb{C}$ der komplexen Zahlen.*

$\mathbb{C}$

Wir definieren zunächst $\mathbb{C}$ als die Menge $\mathbb{C} := \mathbb{R} \times \mathbb{R}$ und stellen uns $\mathbb{C}$ als die kartesische Ebene vor (s. Bild 1.10). Auf dieser Menge definieren wir zwei innere Kompositionen $+$ und $\bullet$ durch:

$$(x_1, y_1) + (x_2, y_2) := (x_1 + x_2, y_1 + y_2),$$
$$(x_1, y_1) \bullet (x_2, y_2) := (x_1 x_2 - y_1 y_2, x_1 y_2 + x_2 y_1);$$

dabei sind „+" und „·" – also die *nicht* fett gedruckten Zeichen – die gewöhnliche Addition bzw. Multiplikation in $\mathbb{R}$.

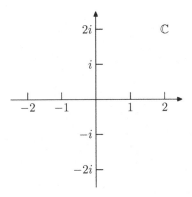

Bild 1.10: Die Menge $\mathbb{C} = \mathbb{R} \times \mathbb{R}$

Zum ersten Kennenlernen hier zwei konkrete *Beispiele*: Um etwa die Summe $(2, 1) \mathbin{+\!\!\!+} (-12.2, 3.1)$ zu bestimmen, muss man nur

$$(2, 1) \mathbin{+\!\!\!+} (-12.2, 3.1) = (2 - 12.2, 1 + 3.1) = (-10.2, 4.1)$$

rechnen, und entsprechend leicht ergibt sich

$$(1, 3) \bullet (4, -2) = (1 \cdot 4 - 3 \cdot (-2), 3 \cdot 4 + 1 \cdot (-2)) = (10, 10).$$

Das sieht sehr merkwürdig aus, insbesondere die Definition von „$\bullet$" ist überhaupt nicht plausibel. Trotzdem gilt überraschenderweise:

Satz 1.9.1. *($\mathbb{C}, \mathbin{+\!\!\!+}, \bullet$) ist ein Körper. Das neutrale Element bzgl. $\mathbin{+\!\!\!+}$ (bzw. $\bullet$) ist $(0, 0)$ (bzw. $(1, 0)$).*

Beweis: Wir werden den Beweis hier nicht vorführen. Wirklich *alle* benötigten Aussagen folgen aus schon behandelten Eigenschaften von $\mathbb{R}$. Die Rechnungen sind Routine, wenn auch teilweise etwas länglich (z.B. der Nachweis des Distributivgesetzes). Als neutrale Elemente ergeben sich $(0, 0)$ für „$\mathbin{+\!\!\!+}$" und $(1, 0)$ für „$\bullet$". Es gibt nur eine einzige Stelle, an der mehr Durchhaltevermögen gefordert ist, nämlich beim Beweis, dass jedes von Null verschiedene Element ein multiplikativ Inverses besitzt. Da hier $(0, 0)$ die Null ist, bedeutet das den Nachweis der folgenden Aussage: Zu jedem $(x_0, y_0) \neq (0, 0)$ existiert ein (x, y) mit $(x_0, y_0) \bullet (x, y) = (xx_0 - yy_0, xy_0 + yx_0) = (1, 0)$. Es ist also zu zeigen:

$$(x_0, y_0) \neq (0, 0) \Rightarrow \left\{ \begin{array}{l} \text{Das Gleichungssystem (für } x, y\text{):} \\ \qquad xx_0 - yy_0 = 1 \\ \qquad xy_0 + yx_0 = 0 \\ \text{ist lösbar.} \end{array} \right.$$

Man ist versucht, die Lösung – gefunden mit elementarer Schulmathematik –

$$x = \frac{x_0}{x_0^2 + y_0^2}, \; y = -\frac{y_0}{x_0^2 + y_0^2}$$

sofort hinzuschreiben, doch Achtung: Woher wissen wir denn, dass $x_0^2 + y_0^2 \neq 0$ ist? Im vorliegenden Fall geht wirklich alles gut, wenn auch nicht trivialerweise. Sie müssen schon Satz 1.4.3(iv) (also ein ordnungstheoretisches Argument) bemühen, um aus „$(x_0, y_0) \neq (0,0)$" die Aussage „$x_0^2 + y_0^2 \neq 0$" folgern zu können. □

In $\mathbb{C}$ gibt es Elemente mit bemerkenswerten Eigenschaften. Durch Nachrechnen folgt sofort, dass $(0,1) \bullet (0,1) = (-1,0) = -(1,0)$, man könnte das kurz als „-1 ist eine Quadratzahl" ausdrücken. Als wichtige Folgerung erhalten wir daraus unter Verwendung von Korollar 1.4.4:

In $\mathbb{C}$ gibt es keinen Positivbereich
(oder: $(\mathbb{C}, +, \bullet)$ kann nicht angeordnet werden).

Die bisherige Schreibweise ist leider viel zu schwerfällig. Um dem abzuhelfen, treffen wir folgende *Vereinbarung*:

i

1. Wir setzen zur Abkürzung $i := (0,1)$ und, für $x \in \mathbb{R}$, $\underline{x} := (x, 0)$.

   Mit dieser Vereinbarung ist $(x,y) = \underline{x} + i \bullet \underline{y}$ für alle $(x,y) \in \mathbb{C}$. Nachrechnen ergibt sofort, dass:

$$\begin{aligned} \underline{0} &= \text{Null in } \mathbb{C}, \\ \underline{1} &= \text{Eins in } \mathbb{C}, \\ \underline{xx'} &= \underline{x} \bullet \underline{x'}, \\ \underline{x + x'} &= \underline{x} + \underline{x'}. \end{aligned}$$

   Wegen dieser Beobachtung ist es völlig unnötig, immer „$\underline{x}$" anstatt „x" zu schreiben, die Unterstreichung darf also weggelassen werden. (Mathematisch bedeutet das, dass wir $\mathbb{R}$ als Teilmenge von $\mathbb{C}$ auffassen, genauso, wie wir geometrisch die x-Achse als Teilmenge der Ebene auffassen können. Legitim ist das deswegen, weil – wie vorstehend ausgeführt – auf $\mathbb{R}$ die algebraische Struktur von $\mathbb{C}$ mit der von $\mathbb{R}$ zusammenfällt.)

   Außerdem: Da im Falle reeller Zahlen alles zu den alten Ergebnissen führt, ist nicht einzusehen, warum immer „$+$" und „$\bullet$" geschrieben werden soll; „$+$" und „$\cdot$" zu schreiben, kann zu keinen Missverständnissen führen. Das führt zu

Realteil
Imaginärteil

2. Wir schreiben für $(x,y) \in \mathbb{C}$ ab jetzt $x + iy$, die reellen „Bausteine" einer komplexen Zahl heißen der *Realteil* (das ist das x) bzw. der *Imaginärteil* (das y) dieser Zahl. In Formeln: Der Realteil von z wird mit $\operatorname{Re} z$, der Imaginärteil mit $\operatorname{Im} z$ bezeichnet.

Zum Beispiel ist
$$\operatorname{Re}(3+4i)=3,\ \operatorname{Re} i=0,\ \operatorname{Re} 5=5,\ \operatorname{Im}(16-12i)=-12,\ \operatorname{Im} i=1.$$

Außerdem treffen wir die aus ℝ gewohnten Vereinbarungen: Punktrechnung geht vor Strichrechnung, Multiplikationspunkte dürfen weggelassen werden.

Kombiniert man noch „ℂ ist ein Körper" mit „$i^2=-1$" , so erhält man die

Faustregel: Elemente von ℂ sind Ausdrücke der Form $x+iy$ mit reellen x, y. Es darf gerechnet werden wie von ℝ her gewohnt, und i^2 darf stets durch -1 ersetzt werden. (Wegen dieser Faustregel brauchen Sie die Definition der Multiplikation in ℂ auch nicht auswendig zu lernen. Es reicht, wenn Sie sich $i^2=-1$ merken.)

Beispiele:

$$
\begin{aligned}
3+4i-9+0.6i &= -6+4.6i; \\
(3i)(19+4i) &= 57i+12i^2 \\
&= -12+57i; \\
(1+i)(6-2i) &= 6-2i+6i-2i^2 \\
&= 8+4i.
\end{aligned}
$$

Zur Vereinfachung von Divisionsaufgaben mit $a+ib$ im Nenner erweitere man mit $a-ib$, der Nenner wird dann reell[18]:

$$
\begin{aligned}
\frac{1+i}{3-i} &= \frac{(1+i)(3+i)}{(3-i)(3+i)} \\
&= \frac{2+4i}{10} \\
&= \frac{1}{5}+\frac{2}{5}i.
\end{aligned}
$$

Wie ℝ wird uns nun auch ℂ immer wieder in Sätzen und Anwendungen begegnen. Stark vereinfacht kann man den Zusammenhang zwischen ℝ und ℂ so beschreiben (zum Teil können Sie das jetzt schon einsehen):

- Aussagen für ℝ führen zu Aussagen für ℂ.

- ℝ ist ordnungstheoretisch reichhaltiger; Sätze, die ordnungstheoretische Schlussweisen enthalten, können nicht unmittelbar auf ℂ übertragen werden.

- ℂ ist algebraisch reichhaltiger. Das muss Ihnen noch sehr vage vorkommen, denn nach unserem bisherigen Kenntnisstand sind ℝ und ℂ beides

---

[18] Ist $z=a+bi$, so heißt $\bar{z}:=a-bi$ die zu z *konjugiert komplexe Zahl.*

Körper. Beachten Sie als Erstes Indiz für einen tiefgreifenden Unterschied, dass die Gleichung

$$x^2 + 1 = 0$$

in ℝ keine Lösung besitzen kann (Korollar 1.4.4), in ℂ aber Lösungen existieren.

(Eine erschöpfende Antwort zu diesem Problem gibt der *Fundamentalsatz der Algebra*, wir werden ihn in Kapitel 4.6 beweisen.)

Übrigens: Schon Mathematiker des 16. Jahrhunderts stießen bei der Behandlung algebraischer Probleme auf die Möglichkeit, durch Einführung „komplexer Größen" zu wesentlichen Vereinfachungen zu kommen (Beispiel: Die CARDANO-Formel, durch die Nullstellen von Gleichungen dritten Grades geschlossen angegeben werden können). Diese „komplexen Größen" blieben lange Zeit in einem mystischen Halbdunkel, durch die Darstellung als Paare reeller Zahlen (GAUSS[19], ARGAND) ist eine exakte Fundierung möglich geworden.

> **Der Zögling Törleß und die Mathematik**
> Die am Anfang dieses Abschnitts beschriebenen Irritationen des jungen Törleß sollten, wenn er sich bis hierhin durcharbeiten könnte, ausgeräumt sein. Seine Verwirrung rührte sicher daher, dass man für *reelle* Zahlen weiß, dass $x^2 = -1$ unlösbar ist. Erst durch eine Erweiterung des Zahlbereichs zu den *komplexen* Zahlen ist es möglich, sich auf mathematisch präzise Weise Lösungen dieser Gleichung zu verschaffen.
> Törleß ist übrigens in guter Gesellschaft. Auch heute findet man noch Bücher, in denen allerlei Mysteriöses über die Zahl i verbreitet wird.

---

[19] Gauß war nach allgemeiner Einschätzung der bedeutendste Mathematiker, der bisher gelebt hat. Von ihm gibt es wichtige Beiträge in quasi allen Teilgebieten der Mathematik. Er war der erste, der einen hieb- und stichfesten Beweis des Fundamentalsatzes der Algebra führte.

1.10   Wie groß ist ℝ?

> *Salvatore:* Frage ich nun, wieviele Quadratzahlen es gibt, so kann man
> in Wahrheit antworten, ebensoviel als es Wurzeln gibt, denn jedes Qua-
> drat hat eine Wurzel, jede Wurzel hat ihr Quadrat, kein Quadrat hat
> mehr als eine Wurzel, keine Wurzel mehr als ein Quadrat.
> . . . Und doch sagten wir, dass es mehr Zahlen als Quadrate gibt.
> *Sagredo:* Was ist denn zu tun, um das Problem zu lösen?
> *Salvatore:* Ich sehe keinen anderen Ausweg als zu sagen, dass die At-
> tribute des Gleichen, des Größeren und des Kleineren bei Unendlichem
> nicht gelten.
>
> (Aus den „Discorsi" von Galileo Galilei, 1638, Erster Tag)

Alle benötigten Axiome für ℝ sind bereitgestellt, wir gehen davon aus, dass
wir es mit einem archimedisch angeordneten, vollständigen Körper zu tun haben.
Es könnte ja nun sein, dass es viele verschiedene Möglichkeiten gibt, sich so ein
ℝ zu verschaffen: Das ist aber nicht der Fall, im nächsten Abschnitt werden wir
kurz skizzieren, in welchem Sinn ℝ eindeutig bestimmt ist. Alle Mathematiker
dieser Welt, auch die in Vergangenheit und Zukunft, haben es also mit dem
gleichen Objekt zu tun. Natürlich möchte man möglichst viel darüber erfahren,
in diesem Abschnitt kümmern wir uns um die „Größe" von ℝ.

Nun ist es in der Mathematik so, dass Fragen nach dem Vorliegen von irgend-
welchen Attributen eigentlich nie sinnvoll gestellt, geschweige denn beantwortet
werden können: Niemand wüsste zu sagen, was „ℝ ist groß" eigentlich bedeuten
soll. Anders sieht es mit Aussagen der Form „ℚ hat genauso viele Elemente
wie ℕ" und „ℝ ist größer als ℚ" aus. *Dazu* kann die Mathematik etwas beitra-
gen, in diesem Abschnitt wollen wir die Grundzüge der zugehörigen – auf Georg
CANTOR zurückgehenden – Theorie kennen lernen. Sie ist für sich interessant,
und wir werden einige Ergebnisse im Folgenden benötigen.

Um beginnen zu können, müssen wir etwas mehr von der Mengenlehre wissen, als wir in Abschnitt 1.2 behandelt haben. Deswegen gibt es zunächst einen

Exkurs: Ergänzungen zur Mengenlehre

Zur Erinnerung: Eine *Abbildung* ist doch eine Zuordnungsvorschrift, die jedem Element einer Menge M genau eine Element einer Menge N zuordnet.
Manchmal kommt es vor, dass niemals zwei Elemente aus M auf das gleiche
Element von N abgebildet werden oder dass alle Elemente aus N „getroffen"
werden. Abbildungen mit diesen Eigenschaften spielen eine wichtige Rolle. Hier
die dafür übliche Bezeichnungsweise:

Definition 1.10.1. *Seien M und N Mengen und $f : M \to N$ eine Abbildung.*

(i) *f heißt* injektiv*, wenn aus $m_1 \neq m_2$ stets $f(m_1) \neq f(m_2)$ folgt.*   **injektiv**

(ii) *f heißt* surjektiv*, wenn für alle $n \in N$ ein $m \in M$ mit $f(m) = n$ existiert.*   **surjektiv**

(iii) *f wird* bijektiv *genannt, wenn f sowohl injektiv als auch surjektiv ist.*   **bijektiv**

(iv) *Ist $f : M \to N$ bijektiv, so kann man die so genannte* inverse Abbildung f^{-1}

$f^{-1} : N \to M$ definieren. Sie ordnet jedem $n \in N$ das eindeutig bestimmte m zu, für das $f(m) = n$ gilt.

Das ist, zugegeben, ein bisschen viel auf einmal, wenn Sie diese Begriffe hier zum ersten Mal sehen. Vielleicht hilft es, mit diesen Definitionen ein anschauliches Bild zu verbinden:

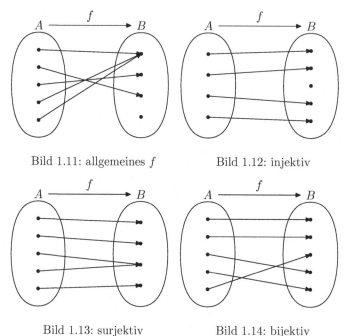

Bild 1.11: allgemeines f Bild 1.12: injektiv

Bild 1.13: surjektiv   Bild 1.14: bijektiv

Zur Illustration gibt es einige

Bemerkungen und Beispiele:

1. Da „$p \Rightarrow q$" gleichwertig zu „$\neg q \Rightarrow \neg p$" ist, kann Injektivität alternativ auch so definiert werden: f ist injektiv, wenn aus $f(m_1) = f(m_2)$ stets $m_1 = m_2$ geschlossen werden kann.

2. M und N seien die Menge $\mathbb{Z}$ der ganzen Zahlen, wir betrachten die durch $z \mapsto z + 12$ definierte Abbildung f. Die ist injektiv, denn aus $f(z_1) = f(z_2)$ (d.h. aus $z_1 + 12 = z_2 + 12$) folgt durch Addition von -12, dass $z_1 = z_2$ gelten muss. Sie ist auch surjektiv, denn für jedes ganzzahlige w findet man ein ganzzahliges z mit $w = z + 12$; man definiere einfach $z := w - 12$. Folglich liegt sogar eine bijektive Abbildung vor.

   Die inverse Abbildung entsteht, indem man $w = z + 12$ nach z auflöst: $z = w - 12$. Deswegen ist f^{-1} durch $w \mapsto w - 12$ definiert.

3. M und N seien wie vorstehend, diesmal interessieren wir uns für die Abbildung $z \mapsto z^2$. Ist die injektiv? Stimmt es, dass verschiedene Zahlen verschiedene

Quadrate haben? Nein, denn stets ist $z^2 = (-z)^2$. Die Abbildung ist also nicht injektiv.

Ist sie surjektiv, ist jede ganze Zahl das Quadrat einer ganzen Zahl? Wieder nein, denn negative Zahlen, aber auch $2, 3, 5, \ldots$ treten nicht als Quadrat auf.

4. Hat man sich eine Abbildung durch ihren Graphen veranschaulicht, so kann man die Injektivität und Surjektivität „sehen". Eine Abbildung ist genau dann injektiv (bzw. surjektiv bzw. bijektiv), wenn jede waagerechte Gerade den Graphen höchstens einmal schneidet (bzw. mindestens einmal bzw. genau einmal schneidet).

5. Hier soll eine spezielle Abbildung f von $\mathbb{N}$ nach $\mathbb{Z}$ diskutiert werden. f soll dadurch definiert sein, dass die Zahlen $1, 2, \ldots$ auf $0, 1, -1, 2, -2, 3, -3, \ldots$ abgebildet werden[20]. Da in $0, 1, -1, 2, -2, \ldots$ alle ganzen Zahlen auftreten und keine Zahl mehrfach vorkommt, ist f bijektiv.
Folgerung: Es gibt eine bijektive Abbildung von $\mathbb{N}$ nach $\mathbb{Z}$. (Warum das bemerkenswert ist, wird gleich erläutert.)

6. Inverse Abbildungen spielen an verschiedenen Stellen eine Rolle. Zum Beispiel ist die n-te Wurzel, die wir später kennen lernen werden, die inverse Abbildung zu $x \mapsto x^n$, der Logarithmus ist invers zur Exponentialfunktion usw.

(Ende des Exkurses zur Mengenlehre)

So, nun können wir sagen, wann wir zwei Mengen als gleich groß ansehen wollen. Das verallgemeinert den entsprechenden Sachverhalt für endliche Mengen, jeder weiß doch, dass zum Beispiel $\{1, 2, 3, 4\}$ und $\{7.2, -2, 55, 100000\}$ die gleiche Anzahl von Elementen haben.

Definition 1.10.2. *M und N seien Mengen.*

(i) *M und N sollen* isomorph *(oder auch* gleichmächtig*) heißen, wenn es eine bijektive Abbildung f von M nach N gibt. Man sagt dann auch, dass M und N die gleiche Kardinalzahl haben und schreibt* card (M) = card (N).

card (N)

(ii) *Ist M gleichmächtig zur Menge der natürlichen Zahlen, so sagt man, dass M* abzählbar *ist.*

abzählbar

(iii) *Ist eine Menge M nicht gleichmächtig zu einer Teilmenge der natürlichen Zahlen, so heißt sie* überabzählbar.

überabzählbar

(iv) *„card $(M) \leq$ card (N)" wird als Abkürzung für die Aussage verwendet, dass es eine injektive Abbildung von M nach N gibt.*

Diese Definition von „hat genau so viele Elemente wie" ist gewöhnungsbedürftig.

---

[20] Wer auf eine Definition ohne Pünktchen Wert legt, kann das durch eine Definition durch Fallunterscheidung erreichen: Es soll $f(n) := n/2$ für gerade n und $f(n) := -(n-1)/2$ für ungerade n sein.

Wir betrachten zunächst den Fall *endlicher Mengen* etwas genauer, da gibt es noch keine Überraschungen. Zunächst definieren wir, was „endlich" eigentlich heißen soll: Eine Menge M wird *endlich* genannt, wenn sie leer ist oder wenn es ein $n \in \mathbb{N}$ so gibt, dass M und die Menge $\{1, \ldots, n\}$ (das ist die Abkürzung von $\{m \mid m \in \mathbb{N}, 1 \le m \le n\}$) gleichmächtig sind, wenn man also die Elemente aus M mit den Zahlen $1, \ldots, n$ durchnummerieren kann. Die Zahl n heißt die *Anzahl der Elemente von* M. Es gelten dann die folgenden Aussagen:

endlich

- Eine Menge M ist genau dann endlich, wenn es keine echte Teilmenge von M gibt, die gleichmächtig zu M ist.

- Teilmengen endlicher Mengen sind wieder endlich.

- Die Vereinigung von zwei endlichen Mengen ist endlich.

- Die Potenzmenge einer endlichen Menge ist endlich.

Die *Beweise* sollen hier nicht geführt werden, da wir von diesen Ergebnissen keinen Gebrauch machen werden. (Wenn Sie es selbst versuchen, werden Sie feststellen, dass sie schwieriger sind, als man es bei diesen „offensichtlichen" Tatsachen erwarten würde.)

Kardinalzahlen

Manchen wird aufgefallen sein, dass wir bisher nur definiert haben, was es bedeutet, dass zwei Mengen die gleiche Kardinalzahl haben. Es wurde aber nicht gesagt, was eine Kardinalzahl nun eigentlich ist. Was also bedeutet $\operatorname{card}(M)$, zum Beispiel für eine dreielementige Menge M?

Die naive Antwort: Diese Kardinalzahl ist gleich drei. Möchte man es allgemein und exakt machen, ist die Antwort schwierig. Die Annäherung an die richtige Antwort sieht wie folgt aus. Wir fassen alle diejenigen Mengen zu einem neuen Objekt zusammen, welche die gleiche Kardinalzahl haben. Demnach wäre „3" eigentlich die Gesamtheit aller dreielementigen Mengen.

Nichtmathematikern begegnen übrigens manchmal ähnliche Phänomene. Man kann z.B. von zwei großen Büffelherden auch dann feststellen, dass sie gleich viele Tiere enthalten, wenn man überhaupt nicht zählen kann, man braucht die Tiere ja nur paarweise durch ein Tor laufen zu lassen.

Für unendliche Mengen kann es merkwürdige Phänomene geben, die schon Galilei vor fast 400 Jahren aufgefallen sind (vgl. das Motto zu Beginn dieses Abschnitts). Zum Beispiel ist die Menge $M := \{1001, 1002, 1003, \ldots\}$ gleichmächtig zur Menge $\mathbb{N}$, also abzählbar, denn eine bijektive Abbildung von M nach $\mathbb{N}$ ist mit $n \mapsto n - 1000$ schnell gefunden. Noch überraschender ist, dass $\mathbb{N}$ und $\mathbb{Z}$ gleich viele Elemente haben, $\mathbb{Z}$ also abzählbar ist (das haben wir vor wenigen Zeilen bewiesen).

Wir stellen noch einige Ergebnisse zusammen:

- Sind M und N und ebenfalls N und K gleichmächtig, so auch M und K. (Das liegt an der elementaren Tatsache, dass Kompositionen bijektiver Abbildungen wieder bijektiv sind.)

- Aus card $(M) =$ card (N) folgt card $(N) =$ card (M).
  (Hier ist zu beachten, dass die inverse Abbildung f^{-1} einer bijektiven Abbildung f ebenfalls bijektiv ist.)

- Gilt card $(N) \leq$ card (M) sowie card $(M) \leq$ card (N), so impliziert das card $(M) =$ card (N).
  (Das ist ein tief liegendes Ergebnis, der Satz von SCHRÖDER-BERNSTEIN, den wir hier nur zitieren.)

- Für beliebige Mengen M und N gilt stets card $(M) \leq$ card (N) oder card $(N) \leq$ card (M). Auch das ist schwierig zu zeigen.

Wir beweisen nun zwei berühmte Sätze zum Thema „abzählbar", die beide auf Georg CANTOR zurückgehen.

Satz 1.10.3. $\mathbb{Q}$ *ist abzählbar.*

Beweis (1. Cantorsches Diagonalverfahren): Man schreibe $\mathbb{Q}$ als quadratisches Schema, etwa

- in die erste Zeile alle $\dfrac{m}{n}$ mit $n = 1$,

- in die zweite Zeile alle $\dfrac{m}{n}$ mit $n = 2$,

- usw.

Dabei sind schon einmal berücksichtigte Elemente fortzulassen (wie etwa $2/2$ in Zeile 2). Dieses Schema kann dann leicht – etwa wie durch den eingezeichneten Abzählungsvorschlag – bijektiv auf $\mathbb{N}$ abgebildet werden[21]:

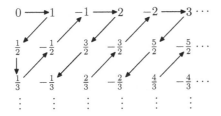

Satz 1.10.4. $\mathbb{R}$ *ist nicht abzählbar. Insbesondere muss es reelle Zahlen geben, die nicht rational sind.*

---

[21]Die Skizze ist so zu interpretieren: 1 wird auf 0 abgebildet, 2 auf 1, 3 auf 1/2 usw.

Beweis (2. Cantorsches Diagonalverfahren): Der Zusatz ist klar: Wäre $\mathbb{R} = \mathbb{Q}$, so wäre ja $\mathbb{R}$ nach dem 1. Diagonalverfahren abzählbar.

Wir zeigen, dass es keine surjektive Abbildung von $\mathbb{N}$ nach $\mathbb{R}$ gibt (erst recht keine bijektive), d.h.:

$$f : \mathbb{N} \to \mathbb{R} \text{ vorgelegt} \Rightarrow \text{ es existiert } x \in \mathbb{R} \text{ mit } f(n) \neq x \text{ für alle } n \in \mathbb{N}.$$

Sei also $f : \mathbb{N} \to \mathbb{R}$ vorgegeben. Mit $a_n \in \{0, \ldots, 9\}$ bezeichnen wir die n-te Ziffer nach dem Komma in der Dezimalzahlentwicklung von $f(n)$. (Es ist also $a_3 = 4$, falls $f(3) = 412.1241$, oder $a_7 = 0$, falls $f(7) = 97$. Die Dezimalentwicklung benutzen wir hier im Vorgriff, mehr dazu wird in Abschnitt 2.5 gesagt werden.) Definiert man nun für jedes $n \in \mathbb{N}$

$$b_n := \left\{ \begin{array}{l} 1 \text{ falls } a_n \neq 1 \\ 2 \text{ falls } a_n = 1, \end{array} \right.$$

so ist $b := 0.b_1 b_2 b_3 \ldots$ ganz bestimmt ein Element aus $\mathbb{R}$, das von allen $f(n)$ verschieden ist[22]: b und $f(n)$ unterscheiden sich (mindestens) in der n-ten Stelle nach dem Komma. $\qquad\qquad\qquad\qquad\qquad\qquad\qquad\qquad\qquad\qquad\qquad\quad \Box$

> Die ganze Wahrheit ist sogar noch überraschender: Egal, wie nahe zwei Zahlen a und b mit $a < b$ beieinander liegen, die Menge
>
> $$\{x \mid x \in \mathbb{R}, \; a < x < b\}$$
>
> ist gleichmächtig zu $\mathbb{R}$ und folglich nicht abzählbar. Wie eine bijektive Abbildung zwischen dieser Menge und $\mathbb{R}$ aussehen könnte, soll am Spezialfall $A := \{x \mid x \in \mathbb{R}, \; 0 < x < 2\}$ skizziert werden.
>
> Man definiert $f : A \to \mathbb{R}$ durch $f(x) := (1/x) - 1$ für $0 < x \leq 1$ und $f(x) := 1/(x - 2) + 1$ für $1 \leq x < 2$. Diese aus zwei Hyperbelbögen zusammengesetzte Abbildung ist bijektiv. (Wenn Sie das beweisen möchten, sollten Sie vorher eine Skizze machen, dann ist der Nachweis eigentlich ganz einfach.)

Kardinalzahlbeweise
Kardinalzahlbeweise sind oft ein wirkungsvolles Hilfsmittel, um zu Existenzaussagen zu kommen. Die Idee ist einfach: $A \subset B$ sei vorgegeben. Wenn man nun in der Lage ist zu zeigen, dass keine bijektive Abbildung zwischen A und B existieren kann, so muss A eine *echte* Teilmenge sein, denn im Fall $A = B$ ist ja so eine Abbildung leicht angebbar. Anders ausgedrückt: Es muss dann Elemente aus B geben, die nicht zu A gehören.

Der Nachteil derartiger Beweise ist, dass man damit kein einziges *konkretes* $b \in B$ gefunden hat, das nicht in A liegt. Der entsprechende Nachweis kann viel schwieriger sein.

---

[22] Die $b_1, b_2, \ldots$ dienen also als Ziffern für die Dezimalentwicklung von b. Sollte es zum Beispiel so sein, dass kein einziges a_n gleich 1 ist, so wird b als $0.11111111\ldots$ – also als $1/9$ – definiert.

1.11 Ergänzungen

GUISEPPE PEANO
1858 – 1939

Der „konstruktive" Weg

Wie schon erwähnt: Man kann bei gehörigem Arbeitsaufwand auch mit einem sehr viel kleineren Axiomensystem zum Ziel kommen.

Bei dieser (so genannten) konstruktiven Begründung der Analysis geht man aus von den

Peano[23]*-Axiomen:* $\mathbb{N}$ ist eine Menge zusammen mit einer Abbildung $n \mapsto n'$ und einem ausgezeichneten Element 1, so dass die folgenden Bedingungen erfüllt sind:

1. $n' = m' \Rightarrow n = m$.

2. $n \in \mathbb{N} \Rightarrow n' \neq 1$.

3. Ist $A \subset \mathbb{N}$ vorgelegt mit $1 \in A$ und $(n \in A \Rightarrow n' \in A)$, so ist $A = \mathbb{N}$.

Alles, was nun kommt, hätte zu beginnen mit „Unter der Voraussetzung der Peano-Axiome gilt …"

Ein mühevoller Weg, bei dem immer und immer wieder besonders das letzte der Peano-Axiome (das Induktionsaxiom) ausgenutzt wird, führt dann von $\mathbb{N}$ zu $\mathbb{R}$. Die Etappen auf diesem Weg werden nun kurz angedeutet.

Da *Äquivalenzrelationen* dabei eine ganz wichtige Rolle spielen, muss vorbereitend einiges dazu gesagt werden. Eine *Äquivalenzrelation auf einer Menge* M ist eine Relation[24] π auf M mit den folgenden Eigenschaften:

**Äquivalenz-
relation**

* π ist *reflexiv*, es gilt also stets $m \, \pi \, m$.

* π ist *symmetrisch:* Aus $m_1 \, \pi \, m_2$ folgt $m_2 \, \pi \, m_1$.

* π ist *transitiv:* Aus $m_1 \, \pi \, m_2$ und $m_2 \, \pi \, m_3$ folgt $m_1 \, \pi \, m_3$.

Äquivalenzrelationen sind die mathematische Präzisierung derjenigen Relationen, die man aus dem täglichen Leben als „… ist genauso gut wie …" oder „… ist gleichwertig zu …" kennt. Zum Kennenlernen sollte man sich klarmachen, dass auf jeder Menge „=" eine Äquivalenzrelation ist. Für ein interessanteres Beispiel suchen wir uns irgendeine natürliche Zahl n und betrachten auf $\mathbb{Z}$ die Relation „$z \, \pi \, w$ genau dann, wenn $z - w$ durch n teilbar ist". Auch das ist eine Äquivalenzrelation.

Liegt eine Äquivalenzrelation vor, so kann man zu jedem m die Menge aller $\tilde{m} \in M$ betrachten, für die $m \, \pi \, \tilde{m}$ gilt. Sie heißt „die zu m gehörige *Äquivalenzklasse*". Mindestens gehört m dazu, und aufgrund der Forderungen an Äquivalenzrelationen sind je zwei Äquivalenzklassen disjunkt[25].

---

[23] Peano ist heute hauptsächlich wegen zweier Ergebnisse bekannt: Erstens zeigte er, dass man alle Eigenschaften reeller Zahlen aus einer Handvoll Axiome gewinnen kann, und zweitens bewies er einen wichtigen Existenzsatz für Differentialgleichungen.

[24] Zur Erinnerung: Eine Relation auf M ist eine Teilmenge von $M \times M$.

[25] D.h., ihr Durchschnitt ist leer.

Im Beispiel der Relation „$=$" sind alle Äquivalenzklassen einelementig, in unserem zweiten Beispiel gibt es genau n Äquivalenzklassen: erstens die Menge aller ganzen Zahlen, die durch n teilbar sind; dann die Zahlen, die beim Teilen durch n den Rest 1 haben; als Nächstes die, wo der Rest 2 bleibt; usw., die letzte Klasse besteht aus den Zahlen, die den Rest $n-1$ lassen.

Es folgt nun eine Konstruktionsskizze: Wie kann man sich $\mathbb{R}$ verschaffen, wenn man nur $\mathbb{N}$ kennt und mit Äquivalenzrelationen gut umgehen kann?

Der erste Schritt, „$+$" und „$\cdot$" für $\mathbb{N}$: Man möchte wissen, was $n+m$, $n\cdot m$ für beliebige natürliche Zahlen m,n bedeutet. Das macht man induktiv durch

$$n+1 := n', \qquad n+(m+1) := (n+m)';$$
$$n\cdot 1 := n, \qquad n\cdot(m+1) := n\cdot m+n.$$

Es ist dann schon recht mühsam nachzuweisen, dass „$+$" und „$\cdot$" die gewohnten Eigenschaften haben (etwa Kommutativität oder Distributivgesetz).

Der zweite Schritt, die Definition von $\mathbb{Z}$: Wir führen auf $\mathbb{N} \times \mathbb{N}$ eine Relation π ein durch „$(n_1, m_1)\,\pi\,(n_2, m_2)$" genau dann, wenn $n_1+m_2 = n_2+m_1$. Diese Relation π entpuppt sich als Äquivalenzrelation, und die Äquivalenzklassen heißen „ganze Zahlen". $\mathbb{Z}$ soll die Menge aller ganzen Zahlen sein.

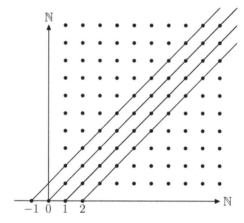

Bild 1.15: Veranschaulichung von $\mathbb{Z}$

Man kann sich $\mathbb{Z}$ leicht veranschaulichen: Jede ganze Zahl z entspricht einer „Geraden" in $\mathbb{N} \times \mathbb{N}$, die die „$x$-Achse" gerade bei z schneiden würde.

$\mathbb{N}$ darf als Teilmenge von $\mathbb{Z}$ aufgefasst werden, wenn man $n \in \mathbb{N}$ mit der zu $(n+1, 1)$ gehörigen Äquivalenzklasse identifiziert.

Der dritte Schritt, „$+$" und „$\cdot$" für $\mathbb{Z}$: z_1, z_2 seien ganze Zahlen, wobei z_1 bzw. z_2 die zu (n_1, m_1) bzw. (n_2, m_2) gehörige Äquivalenzklasse bezeichne. Wir definieren dann:

$$z_1+z_2 \quad := \quad \text{die Klasse, die zu } (n_1+n_2, m_1+m_2) \text{ gehört,}$$
$$z_1\cdot z_2 \quad := \quad \text{die Klasse, die zu } (n_1 n_2 + m_1 m_2, n_1 m_2 + n_2 m_1) \text{ gehört.}$$

Hier ist eine Motivationshilfe: Zu diesen Formeln kommt man, wenn man sich $z =$ „Klasse zu (n, m)" heimlich als $n - m$ vorstellt.

Dann stimmen „$+$" und „$\cdot$" mit den entsprechenden Operatoren auf $\mathbb{N}$ überein, wenn man $\mathbb{N} \subset \mathbb{Z}$ auffasst.

Außerdem: In $(\mathbb{Z}, +, \cdot)$ gelten die üblichen Rechenregeln (genauer: es gelten alle Körperaxiome bis auf M3. Man sagt: $(\mathbb{Z}, +, \cdot)$ ist ein *Ring*).

Der vierte Schritt, von $\mathbb{Z}$ nach $\mathbb{Q}$: Zur Konstruktion von $\mathbb{Z}$ hatte man sich einen Ersatz für die i.A. nicht existierenden Differenzen $n - m$ verschafft. Hier geht es darum, zu den Quotienten m/n mit $m \in \mathbb{Z}$, $n \in \mathbb{N}$ zu kommen. Das Verfahren ist analog:

Auf $\mathbb{Z} \times \mathbb{N}$ wird eine Äquivalenzrelation $\tilde{\pi}$ durch

$$(m_1, n_1) \, \tilde{\pi} \, (m_2, n_2) \text{ genau dann, wenn } m_1 n_2 = m_2 n_1$$

definiert. Die Gesamtheit der Äquivalenzklassen (die *rationale Zahlen* genannt werden) heiße $\mathbb{Q}$. Es lässt sich $\mathbb{Z}$ dann als Teilmenge von $\mathbb{Q}$ auffassen, und die Definition von „$+$" und „$\cdot$" auf $\mathbb{Q}$ ergibt sich auf kanonische Weise, wenn man sich an der Vorstellung „Klasse zu (m, n) bedeutet m/n" orientiert.

$\mathbb{Q}$ leistet dann wirklich alles, was wir von $\mathbb{Q}_{\text{naiv}}$ her erwarten dürfen. Insbesondere ist $\mathbb{Q}$ ein angeordneter Körper (mit „$m/n > 0$, falls $m, n \in \mathbb{N}$").

Der fünfte Schritt, von $\mathbb{Q}$ nach $\mathbb{R}$: Das ist wirklich interessant und schwierig (die bisherigen Schritte sind Standardkonstruktionen, die zum täglichen Brot jedes Algebraikers gehören. Wegen des hohen Abstraktionsgrades ergeben sich für die meisten Anfänger dennoch Schwierigkeiten). Hier ist Plausibilität oder Anschaulichkeit bei der Definition leider nicht zu verwirklichen. Ein kurzer Abriss des Lösungsvorschlags von DEDEKIND muss genügen.

DEDEKIND hatte die folgende geniale Idee: Da das Ziel darin besteht, dass jeder Dedekindsche Schnitt ein Objekt aus $\mathbb{R}$ (gerade die Schnittzahl) definiert, erkläre man kurzum $\mathbb{R}$ als Menge der Dedekindschen Schnitte auf $\mathbb{Q}$.

Und unter Wahrung gewisser Vorsichtsmaßregeln (dass man z.B. zwei Schnitte identifiziert, wenn sie in $\mathbb{Q}$ die gleiche Schnittzahl haben, etwa den Schnitt $(\{x \mid x < 0\}, \{x \mid x \geq 0\})$ mit $(\{x \mid x \leq 0\}, \{x \mid x > 0\})$ klappt das tatsächlich! In dieser Definition ist z.B. $\sqrt{2}$ der Schnitt

$$(\{x \mid x^2 < 2 \text{ oder } x < 0\}, \{x \mid x^2 > 2 \text{ und } x > 0\}).$$

Wie fast immer geht es nach einer genialen Idee mit der Arbeit erst richtig los. Man muss „$+$" und „$\cdot$" auf $\mathbb{R}$ erklären, d.h z.B. sagen, welchen Schnitt man unter der Summe zweier Schnitte verstehen will. $\mathbb{R}$ wird so ein Körper. Und so weiter.

Am Ende steht dann wirklich da: Dieses $\mathbb{R}$ genügt allen Axiomen aus 1.8.2.

Naive Leser könnten übrigens glauben, dass wir wenigstens die Vollständigkeit von $\mathbb{R}$ wegen unserer Definition durch Schnitte fast geschenkt bekommen. Dem ist nicht so, denn die Definition betrifft Schnitte in $\mathbb{Q}$, wir müssen aber beim Nachweis der Vollständigkeit Schnitte in $\mathbb{R}$ behandeln.

> **Eindeutigkeit von ℝ**

Wir wollen nun untersuchen, inwieweit ℝ durch das Axiomensystem eindeutig bestimmt ist. Das ist, wie wir sehen werden, leichter beantwortet als sauber formuliert.

Anzustreben ist: Wenn zwei Mathematiker sich auf irgendeine Weise ein Objekt verschaffen, für das alle Axiome aus 1.8.2 gelten, so haben beide das „gleiche" Objekt. Das ist deswegen wünschenswert, weil dann beide die gleiche Analysis entwickeln werden. Um diesen vagen Annäherungsversuch durch ein Negativbeispiel zu erläutern, betrachten Sie statt des Axiomensystems für ℝ das Axiomensystem für Körper: In diesem Fall ist Eindeutigkeit sicher nicht gegeben, da z.B. die Körper ℚ und {0, 1} bestimmt wesentlich verschieden sind.

Da in einer präzisen Definition von Eindeutigkeit sicher eine vernüftige Erklärung von „Gleichheit" vorkommen muss, wollen wir uns zunächst dieser Problematik zuwenden.

Was bedeutet Gleichheit in der Mathematik?
Dazu erinnern wir uns daran, was Gleichheit im nichtmathematischen Bereich bedeutet. Wichtige Erkenntnis: Unter „gleich" wird häufig „gleichwertig in Bezug auf ..." verstanden. Zum Beispiel:

- Alle Taxis sind „gleich", wenn es darum geht, zum Flughafen zu kommen. Es ist völlig gleichgültig, welches spezielle Taxi Sie erwischen.

- Wenn Sie jemandem die Form einer Violine klarmachen wollen, sind je zwei x-beliebige Violinen gleich (gleich in Bezug auf „Form einer Violine"). Das gilt nicht mehr, wenn Sie Gleichheit in Bezug auf „Klang einer Violine" demonstrieren wollen.

- Wenn Sie Papier für eine dringende Notiz benötigen, sind Ihnen ein Telefonbuch oder ein spannender Kriminalroman „gleich". In Bezug auf „Abendlektüre" liegt Gleichheit offensichtlich nicht mehr vor.

Zurück zur Mathematik. Wie in den vorstehenden nichtmathematischen Beispielen ist weniger „Gleichheit" schlechthin als vielmehr „Gleichheit in Bezug auf einen (speziellen, von Fall zu Fall eventuell verschiedenen) mathematischen Zusammenhang" von Interesse. Allgemein definiert man zwei mathematische Objekte als *isomorph*, wenn sich die für den jeweiligen Kontext relevanten Gegebenheiten eineindeutig entsprechen. Isomorphe Objekte sind in der jeweiligen Theorie völlig gleichwertig und können durch nichts voneinander unterschieden werden. *Das* ist also der für die Mathematik angemessene Gleichheitsbegriff. Nun zu den speziellen Fällen:

1. **Mengen**: Zwei *Mengen* M, N sollen *isomorph* heißen, wenn sich die Elemente eineindeutig entsprechen. Das soll bedeuten: Es gibt eine Abbildung $f : M \to N$, die *bijektiv* ist.

Diesen Gleichheitsbegriff haben wir im vorigen Abschnitt schon kennen gelernt.

2. **Körper:** Zwei Körper K und L heißen *isomorph*, falls es eine Abbildung $f : K \to L$ gibt, so dass

- f ist bijektiv,
- $f(x + y) = f(x) + f(y)$,
- $f(x \cdot y) = f(x) \cdot f(y)$ (für alle $x, y \in K$).

(Man könnte noch fordern, dass $f(0) = 0$, $f(1) = 1$, $f(x^{-1}) = \big(f(x)\big)^{-1}$ für alle $x \in K$, $x \neq 0$, doch das folgt automatisch.) Ein f mit diesen Eigenschaften heißt *Körper-Isomorphismus*.

Aus „K und L sind isomorph als Körper" folgt offenbar „K und L sind isomorph als Mengen", die Umkehrung gilt jedoch nicht:

> $\mathbb{R}$ und $\mathbb{C}$ sind gleichmächtig, was wir hier aber nicht beweisen wollen. $\mathbb{R}$ und $\mathbb{C}$ können aber nicht als Körper isomorph sein, da sich z.B. die Aussage „$x^2 + 1 = 0$ ist lösbar" unter Körperisomorphismen überträgt.

Auch ohne Isomorphiedefinition hätten wir bei der Vorgabe des Körpers[26] $\{-1, 17\}$ mit

$$(-1) + (-1) := 17 + 17 := (-1)$$
$$(-1) + 17 := 17 + (-1) := 17$$
$$(-1) \cdot (-1) := 17 \cdot (-1) := (-1) \cdot 17 := (-1)$$
$$17 \cdot 17 := 17$$

schnell zu dem Verdacht kommen können, dass das „eigentlich" der wohlbekannte Körper $\{0, 1\}$ ist. Jetzt können wir das präziser fassen: $\{0, 1\}$ und der eben eingeführte Körper sind isomorph, man wähle als Isomorphismus

$$f : \{0, 1\} \to \{-1, 17\} \text{ mit } f(0) = -1, \ f(1) = 17.$$

3. **Angeordnete Körper:** Hier verlangt man noch zusätzlich, dass $x >_K 0$ gleichwertig zu $f(x) >_L 0$ ist.

Nach diesen Vorbereitungen können wir sagen, in welchem Sinn $\mathbb{R}$ eindeutig bestimmt ist:

Satz 1.11.1. *Sind $\mathbb{R}_1$ und $\mathbb{R}_2$ angeordnete Körper, die beide den Axiomen aus 1.8.2 genügen, so sind $\mathbb{R}_1$ und $\mathbb{R}_2$ als angeordnete Körper isomorph. Kurz: Es gibt höchstens ein $\mathbb{R}$ (bis auf Isomorphie).*

---

[26] Es ist *wirklich* ein Körper!

Beweis: Ziel ist doch, ein $f : \mathbb{R}_1 \to \mathbb{R}_2$ mit vielen Verträglichkeitseigenschaften zu definieren. Das geschieht nach und nach folgendermaßen: Zuerst definiert man $f(1) := 1$ (eigentlich $f(1_1) := 1_2$). Notwendig ergibt sich, dass man $f(2_1) := 2_2$ usw. definieren muss. Ebenso folgt allgemeiner, dass $f(n/m)$ nur als n/m erklärt werden kann. *So* erhalten wir einen Körperisomorphismus f von $\mathbb{Q}$ (in $\mathbb{R}_1$) nach $\mathbb{Q}$ (in $\mathbb{R}_2$). Ist nun $x_0 \in \mathbb{R}_1$ beliebig, so betrachte man den Dedekindschen Schnitt $(\{x \mid x \in \mathbb{Q}, x < x_0\}, \{x \mid x \in \mathbb{Q}, x \geq x_0\})$ in $\mathbb{Q}$ ($\subset \mathbb{R}_1$). f bildet diesen Dedekindschen Schnitt auf einen Dedekindschen Schnitt in $\mathbb{Q}$ ($\subset \mathbb{R}_2$) ab, und wir definieren $f(x_0)$ als die zugehörige Schnittzahl (deren Existenz durch die Vollständigkeit von $\mathbb{R}_2$ gesichert ist).

Dieses f hat dann alle gewünschten Eigenschaften. Der entsprechende Nachweis wird hier nicht geführt. $\qquad\square$

Weitere Kommentare zum Axiomensystem für $\mathbb{R}$

Das Axiomensystem für $\mathbb{R}$ ist *keineswegs minimal*, man hätte auch, wie zu Beginn dieses Abschnitts skizziert, mit der Forderung nach Gültigkeit der Peano-Axiome für $\mathbb{N}$ beginnen können. Das in 1.8.2 vorgestellte System zeichnet sich dadurch aus, dass es danach gleich mit der Analysis losgehen kann. Demgegenüber ist der Weg von den Peano-Axiomen bis 1.8.2 sehr langwierig, ohne dass das sehr viel mit Analysis zu tun hätte.

Als Beispiel dafür, wie das System 1.8.2 selbst „abgemagert" werden könnte, sei bemerkt, dass die Archimedizität aus der Vollständigkeit folgt, also nicht gesondert gefordert zu werden braucht.

> *Beweisidee:* Ist $(K, +, \cdot, P)$ vollständig und soll die Archimedizität gezeigt werden, schließe man indirekt: Gäbe es ein x_0 mit „$n \in \mathbb{N} \Rightarrow n < x_0$", so betrachte den Schnitt $(\{x \mid$ es existiert $n \in \mathbb{N}$ mit $n > x\}$, $\{x \mid x \geq n$ für alle $n \in \mathbb{N}\})$. Für die dazu gehörige Schnittzahl y_0 lässt sich dann nachweisen, dass $y_0 - 1$ zur rechten Schnitthälfte gehört. So würde der Widerspruch $y_0 \leq y_0 - 1$ folgen.

Weiter: Die Wahl von 1.8.2 als Axiomensystem ist *keineswegs die einzige Möglichkeit*. Insbesondere werden wir in Abschnitt 2.3 verschiedene gleichwertige Varianten des Vollständigkeitsaxioms kennen lernen, also Bedingungen B mit der Eigenschaft „1.8.2 impliziert B" und „Ist K ein archimedisch geordneter Körper mit B, so ist K vollständig". Man sagt dann, dass B zur Vollständigkeit *äquivalent* ist. Das soll Ihnen auch das Verhältnis zwischen „Axiom" und „Satz" klarmachen. Jede sinnvolle Bedingung kann „Axiom" oder „Satz" sein, es hängt ganz allein vom gewählten Zugang zur Theorie ab. Um Sie nicht ganz zu verwirren: *Unsere* Axiome stehen in 1.8.2, was noch kommt, sind Sätze der Theorie.

Nun zum Problem der *Widerspruchsfreiheit*. Das ist die Frage, ob man garantieren kann, dass nicht gleichzeitig eine Aussage „p_0" und „nicht p_0" abgeleitet werden kann. Um p_0 wäre es möglicherweise nicht schade. Aber in so einem Fall sind alle überhaupt formulierbaren Aussagen beweisbar, denn „$(p_0 \wedge \neg p_0) \Rightarrow q$" ist für jede Aussage q wahr.

Ein Beweis könnte z.B. durch logische Kontraposition geführt werden. Dann ist nur

$$\neg q \Rightarrow \neg p_0 \vee p_0$$

zu zeigen, und diese Implikation ist für alle möglichen Wahrheitswerte von p_0 und q wahr, wie man durch Einsetzen und Ausrechnen mit Hilfe der Wahrheitstafeln sofort sieht.

Was schützt uns vor diesem Zusammenbruch der Analysis, diesem über unseren Beweisbemühungen schwebenden Damoklesschwert?

$$N \, i \, c \, h \, t \, s \, !$$

Es ist unglücklicherweise nicht möglich, die Existenz von Widersprüchen auszuschließen. Falls Sie jetzt die Hoffnung haben, dass das nur an der Unfähigkeit der bisherigen Mathematikergenerationen gelegen hat, steht Ihnen die nächste Enttäuschung bevor: Man kann beweisen, dass ein Widerspruchsfreiheitsbeweis im Rahmen der Theorie nicht möglich ist (das wurde von Kurt GÖDEL im Jahre 1931 gezeigt).

Mathematiker können mit der Verdrängung dieser Tatsache ganz gut leben. Die bisher ohne das Auftreten von Widersprüchen gefundenen Ergebnisse sind zum Teil derartig kompliziert, dass eine Widerspruchs-Katastrophe als ziemlich unwahrscheinlich angesehen werden darf.

Andererseits lehren frühe traumatische Ergebnisse der Mathematiker mit der naiven Mengenlehre, dass ein uneingeschränkter Gebrauch von Konstruktionen, die in dieser Theorie auf den ersten Blick zulässig sind, nicht möglich ist.

Das bekannteste Beispiel einer Konstruktion, die zu Widersprüchen führt, stammt von BERTRAND RUSSELL:
Man betrachte $M := \{x \mid x \text{ ist Menge}, x \notin x\}$. Ist dann p_0 die Aussage „$M \in M$", so gilt „nicht $(p_0$ oder (nicht $p_0))$".

BERTRAND RUSSELL
1872 – 1970

Man schützt sich, indem man beim Beweisen das Behandeln von „zu großen" Mengen vermeidet, etwa dadurch, dass man zu Beginn eines Satzes eine Menge auszeichnet und alle Konstruktionen, Aussagen, usw. nur auf diese Menge und ihre Teilmengen bezieht. (Das erinnert natürlich fatal an einen Zahnarzt, der seinem Patienten empfiehlt, nur noch links zu kauen, wenn er rechts beim Essen Schmerzen hat.)

Für die Analysis (und analog für andere Zweige der Mathematik) kann man noch ein pragmatisches Argument ins Feld führen: Die Folgerungen haben sich bewährt, Maschinen arbeiten, Raketen fliegen, Brücken halten, ... Falls also wirklich einmal „p_0 und (nicht p_0)" auftreten sollte, ist zu hoffen, dass durch geringfügiges Überarbeiten der Axiomatik („nur noch links hinten kauen") der Vor-p_0-Zustand wiederhergestellt werden kann.

Abschließend möchte ich noch kurz auf die Frage eingehen, *ob man es nicht ganz anders hätte machen können*. Dazu ist daran zu erinnern, dass unser Axiomensystem einen im Laufe mehrerer Jahrhunderte entwickelten Ausgangspunkt der Analysis darstellt, der von praktisch allen Mathematikern (abgesehen von einer Hand voll Konstruktivisten) akzeptiert wird. Dass das Ergebnis ausgerechnet *so* ausgefallen ist, möchte ich auf den *Darwinismus in der Mathematik* zurückführen: Unter den vielen möglichen Ansätzen hat sich der hier gewählte Zugang am besten bewährt. Für ihn spricht:

- Die Analysis ist streng begründbar.

- Die Folgerungen sind „vernünftig", entsprechen also den Erwartungen (wenigstens meistens) und sind auf außermathematische Bereiche gut anwendbar.

- Man muss keine geniale Intuition haben, um die Ergebnisse zu verstehen.

Besonders durch den letzten Punkt unterscheidet sich die moderne Analysis von der „klassischen" (schauen Sie gelegentlich in die Originalarbeiten von z.B. LEIBNIZ, den BERNOULLIS, EULER, . . .), kaum jemand vermisst heute die „unendlich kleinen Größen", „stetige Summen", usw.

Andererseits: Es gibt einen aus der Modelltheorie entstandenen und vor einigen Jahrzehnten viel diskutierten alternativen Zugang zur Analysis, in dem die „unendlich kleinen Größen" ein Comeback erleben (die *Nonstandard-Analysis*). Hauptvorteil ist, dass man endlich „versteht", was LEIBNIZ und den anderen wohl vorgeschwebt haben könnte, außerdem kommt man viel schneller zu den Hauptsätzen der Analysis.

Dabei muss man sich allerdings, wenn man alles so streng wie allgemein üblich entwickeln möchte, sehr ausführlich mit sehr verzwickten Teilen der Modelltheorie beschäftigen, und deswegen spricht einiges dafür, dass diese Variante der Analysis nur eine Episode bleiben wird.

1.12 Verständnisfragen

Mathematik lernt man dadurch, dass man aktiv mitdenkt, gewisse Kenntnisse und Fertigkeiten erwirbt und möglichst viele Probleme selber löst. Diese Aspekte des Lernens werden in diesem Buch wie folgt berücksichtigt:

- Es gibt im laufenden Text die durch „**?**" gekennzeichneten *Anregungen zum Mitdenken*. Die dort gestellten Fragen sollten Sie ohne große Mühe beantworten können, wenn Sie den Text durchgearbeitet haben. Es handelt sich wirklich nur um Anregungen, ich empfehle Ihnen, sich – besonders in späteren Kapiteln – viele entsprechende Fragen selber zu stellen, um das Gelernte zu festigen.

- Außerdem haben wir für Sie nach jedem Kapitel *Verständnisfragen* vorbereitet: Was sollten Sie nach diesem Kapitel *kennen*, was sollten Sie *können*? Es geht also um *Sachfragen* und *Methodenfragen*, sie sind im entsprechenden Abschnitt mit **S1**, **S2**, ... bzw. mit **M1**, **M2**, ... bezeichnet.

  Dabei handelt es sich um die absolute Grundausstattung, das, was hier aufgeführt ist, sollten Sie ganz sicher wissen und im Schlaf beherrschen. In manchen Fällen werden Sie die konkreten Beispiele zu einem Abschnitt erst nach dem Durcharbeiten späterer Abschnitte behandeln können (wenn zum Beispiel eine Mengengleichheit an einem Beispiel geübt werden soll, in dem es um Körper geht). Dadurch kann man mehrere Aspekte gleichzeitig berücksichtigen.

  Die Antworten zu den Sachfragen sind auf der zum Buch eingerichteten Internetseite `http://www.math.fu-berlin.de/~behrends/analysis` zu finden.

- Schließlich gibt es noch die *Übungsaufgaben* unterschiedlichen Schwierigkeitsgrades, das ist sicher die anspruchsvollste Gelegenheit zum Üben. Wir haben für Sie einige *Musterlösungen* ausgearbeitet, die Sie ebenfalls auf der Internetseite finden können.

Zu 1.2

Sachfragen

S1: Wie lautet die Cantorsche Definition einer Menge?

S2: Nennen Sie zwei Möglichkeiten, Mengen zu definieren.

S3: Was bedeuten $\in$, $\notin$, $\cap$, $\cup$, $\subset$, $=$, $\setminus$, „Potenzmenge", „Produktmenge" in der Mengenlehre?

S4: Was ist eine Abbildung?

S5: Was ist eine Relation (insbesondere: Abbildungsrelation)?

Methodenfragen

M1: $M \subset N$ bzw. $N = M$ nachweisen können.

Zum Beispiel:

1. Ist $(K, +, \cdot)$ ein Körper und $x \in K \setminus \{0\}$, so ist $\{xy \mid y \in K\} = K$.

2. Ist $(K, +, \cdot, P)$ ein angeordneter Körper, so ist

$$\{x^2 \mid x \in K\} \subset P \cup \{0\}.$$

Gilt im Allgemeinen die Gleichheit?

M2: Abbildungen/Abbildungsrelationen behandeln können.

Zum Beispiel:

1. Welche der folgenden Zuordnungsvorschriften definieren Abbildungen:

   - $f : \mathbb{R} \to \mathbb{R}, \quad x \mapsto \dfrac{1}{x+1}$
   - $g_1 : \mathbb{N} \to \mathbb{N}, \quad n \mapsto 12^n$
   - $g_2 : \mathbb{N} \to \mathbb{Z}, \quad n \mapsto$ (die kleinste Primzahl $\geq n$)
   - $g_3 : \mathbb{N} \to \mathbb{Z}, \quad n \mapsto$ (die größte Primzahl $\leq n$)
   - $h : \mathbb{R} \to \mathbb{R}, \quad x \mapsto \begin{cases} x^2 & x \geq 0 \\ 0 & x \leq 0 \end{cases}$
   - $r : \mathbb{R} \to \mathbb{R}, \quad x \mapsto \begin{cases} x^2 & x \geq 1 \\ \frac{1}{2} - x & x \leq 1 \end{cases}$

2. Für welche M ist $R := M \times M$ Abbildungsrelation auf M?

3. Bestimmen Sie $A := \{1, -1\} \times \{1, 11\}$ und $B := \emptyset \times \mathbb{Q}_{\text{naiv}}$.

Zu 1.3

Sachfragen

S1: Was ist eine innere Komposition? Beispiele?

S2: Was bedeutet (für innere Kompositionen) „assoziativ", „kommutativ", „neutrales Element", „inverses Element"?

S3: Was ist ein Körper?

S4: Was ist der Restklassenkörper modulo p?

Methodenfragen

M1: Eigenschaften innerer Kompositionen nachprüfen können.

Zum Beispiel für:

1. $* : (m, n) \mapsto m * n := m + 2n$, definiert auf $\mathbb{R}$.

2. Die Abbildungsverknüpfung $\circ$ auf der Menge der Abbildungen von M nach M; dabei ist M eine Menge.

Zu 1.4

Sachfragen

S1: Was ist ein angeordneter Körper?

S2: Man nenne eine hinreichende Bedingung dafür, dass ein Körper K nicht angeordnet werden kann.

Methodenfragen

M1: Nachprüfen können, ob ein Positivbereich vorliegt.

Zum Beispiel:

1. Man zeige zunächst, dass $K := \mathbb{Q} + \sqrt{2}\,\mathbb{Q}$ ein Körper ist. Ist dann $P := \{a + b\sqrt{2} \in K \mid a, b \in \mathbb{Q},\ a, b \geq 0\}$ ein Positivbereich?

2. Sei K der Körper der rationalen Funktionen über $\mathbb{R}$ (vgl. Anfang von Abschnitt 1.7). Man definiere

$$P := \left\{ \frac{\sum_{i=0}^{n} a_i x^i}{\sum_{i=0}^{m} b_i x^i} \;\middle|\; a_n b_m < 0 \right\}.$$

Ist P ein Positivbereich?

Zu 1.5

Sachfragen

S1: Wie ist $\mathbb{N}$ auf naive Weise definiert?

S2: Was ist eine induktive Teilmenge eines angeordneten Körpers?

S3: Wie lautet die exakte Definition von $\mathbb{N}$?

S4: Was besagt das Beweisprinzip der vollständigen Induktion?

S5: Was bedeutet die Aussage „$\mathbb{N}$ ist wohlgeordnet"?

Methodenfragen

M1: Beweise durch vollständige Induktion führen können.

Für $q \in \mathbb{K}$ mit $q \neq 1$ ist $\sum_{k=0}^{n} q^k = \frac{q^{n+1}-1}{q-1}$.

M2: Nachprüfen können, ob Teilmengen wohlgeordnet sind.

Welcher der folgenden Räume ist wohlgeordnet?

1. $M := \{x \in \mathbb{R} \mid x > 0\}$.

2. $M :=$ „irgendeine Teilmenge von $\mathbb{N}$".

3. $M := \{x \in \mathbb{R} \mid 0 \leq x \leq 1\}$.

Zu 1.6

Sachfragen

S1: Wie sind ℤ und ℚ definiert?

S2: Kennen Sie eine konkret angebbare irrationale Zahl? Wie beweist man die Irrationalität in diesem Fall?

Zu 1.7

Sachfragen

S1: Was besagt das Archimedesaxiom?

S2: Was besagt der Dichtheitssatz?

Zu 1.8

Sachfragen

S1: Was ist ein Dedekindscher Schnitt, was ist eine Schnittzahl?

S2: Was bedeutet „$(K, +, \cdot, P)$ ist vollständig"?

S3: Woran liegt es, dass ℚ nicht vollständig ist?

S4: Wie lautet die abschließende Fassung des Axiomensystems für ℝ (Punkt 1.8.2 des Buches)?

Methodenfragen

M1: Paare von Mengen als Dedekindschen Schnitt erkennen können.

Welche der folgenden Paare von Teilmengen von ℝ sind ein Dedekindscher Schnitt?

1. $(\mathbb{R}, \emptyset)$.
2. $(\{x \mid x < 0\}, \{x \mid x > 0\})$.
3. $(\{x \mid x < 100\}, \{x \mid x \geq 100\})$.
4. $(\{x \mid x < 0\}, \{x \mid x \geq 1\})$.

Zu 1.9

Sachfragen

S1: Definition von ℂ, wie sind dort „+" und „·" erklärt? Welches Zahlenpaar wird als die Zahl i bezeichnet? Wie stellt man komplexe Zahlen unter Verwendung reeller Zahlen und der Zahl i dar?

S2: Wie ist die Aussage ℝ ⊂ ℂ gemeint?

S3: Kann ℂ angeordnet werden?

S4: Was sind für eine komplexe Zahl z der Realteil und der Imaginärteil, was ist die zu z konjugiert komplexe Zahl?

Methodenfragen

M1: Rechnungen in ℂ durchführen können.

Zum Beispiel:

1. $(4 + 9i)(6 - 2i)(1 + i)^{-1} = ?$
2. Es gelte $(4 + 9i)z = 21$. Wie groß ist z?
3. Es gelte für $z, w \in \mathbb{C}$:

$$\begin{aligned} 3iz - w &= 1 + i \\ (1 - i)z + (3 - i)w &= 0. \end{aligned}$$

Wie groß sind z und w?

Zu 1.10

Sachfragen

S1: Was ist eine injektive, surjektive bzw. bijektive Abbildung? Welche Abbildung bezeichnet im Fall der Bijektivität die Abbildung f^{-1}?

S2: Wann sagt man, dass zwei Mengen die gleiche Kardinalzahl haben?

S3: Was bedeutet „M ist abzählbar"?

S4: Welche der Mengen $\mathbb{N}, \mathbb{Z}, \mathbb{Q}, \mathbb{R}$ sind abzählbar? Welche Aussagen verbergen sich hinter dem ersten und dem zweiten Cantorschen Diagonalverfahren?

Methodenfragen

M1: Einfache Kardinalzahlbeweise führen können.

Zum Beispiel:

1. Die Menge der Kubikzahlen ist abzählbar.
2. $\mathbb{R}$ und $\{x \mid x \in \mathbb{R}, \ x > 0\}$ haben die gleiche Kardinalzahl.

Zu 1.11

Sachfragen

S1: Was versteht man unter der konstruktiven Begründung für $\mathbb{R}$?

S2: Was besagen die Peano-Axiome?

1.13 Übungsaufgaben

Zu Abschnitt 1.2

1.2.1 Man beweise für Teilmengen A, B, C einer Menge M:

(a) $(A \cap B) \cup C = (A \cup C) \cap (B \cup C)$.

(b) $(A \cup B) \cap C = (A \cap C) \cup (B \cap C)$.

Beweisen Sie die *de Morganschen Regeln*:

(c) $(A \cup B)^c = A^c \cap B^c$,

(d) $(A \cap B)^c = A^c \cup B^c$;

Dabei ist A^c, das Komplement von A, definiert durch

$$A^c := \{x \in M \mid x \notin A\}.$$

Sie dürfen die logischen Verknüpfungen „und" und „oder" hier naiv verwenden.

1.2.2 Welche der folgenden Definitionen ist eine zulässige Abbildungsdefinition:

(a) $n \mapsto n^5$, auf $\mathbb{N}_{\text{naiv}}$.

(b) $n/m \mapsto n/m^2$, auf $\mathbb{Q}_{\text{naiv}}$.

(c) $(x_1, \ldots, x_m) \mapsto x_m$, auf $\mathbb{K}^m$.

Zu Abschnitt 1.3

1.3.1 Diskutieren Sie die innere Verknüpfung

$$(x, y) \mapsto \frac{x}{y} + \frac{y}{x}$$

auf $\mathbb{R} \setminus \{0\}$: Überprüfen Sie Wohldefiniertheit, Assoziativität, Kommutativität, Existenz eines neutralen Elements und Existenz von inversen Elementen.

1.3.2 Sei $(K, \boldsymbol{+}, \bullet)$ der Restklassenring modulo p, wobei $p \in \mathbb{N}$.
K ist also die Menge $\{0, 1, \ldots, p-1\}$ zusammen mit den beiden inneren Verknüpfungen $\boldsymbol{+}$ bzw. $\bullet$, die durch

$$x \boldsymbol{+} y \ (\text{bzw. } x \bullet y) := \left\{ \begin{array}{l} \text{Rest, der bei Teilen von } x + y \\ (\text{bzw. } x \cdot y) \text{ durch } p \text{ bleibt} \end{array} \right.$$

gegeben sind.
Man zeige, dass $(K, \boldsymbol{+}, \bullet)$ tatsächlich ein Körper ist, falls p eine Primzahl ist.
Die folgende Tatsache darf ohne Beweis ausgenutzt werden: Ist für zwei natürliche Zahlen m, n der größte gemeinsame Teiler $\text{ggT}(m, n) = d$, so gibt es ganze Zahlen a, b mit $d = am + bn$.

1.3.3

(a) Diskutieren Sie die innere Verknüpfung

$$(x, y) \mapsto x + 3y$$

auf $\mathbb{R}$, d.h. untersuchen Sie sie auf Assoziativität, Kommutativität, Existenz eines neutralen Elements, Existenz von Inversen.

(b) Man definiere für $x, y \in \mathbb{R}$

$$\begin{aligned} x \oplus y &:= x + y, \\ x \odot y &:= \frac{x \cdot y}{2}. \end{aligned}$$

Ist dann $(\mathbb{R}, \oplus, \odot)$ ein Körper?

1.3.4 Es sei $(K, +, \cdot)$ ein Körper und y ein Element aus K. Untersuchen Sie die Abbildung $f : K \to K$, $x \mapsto x - y$, auf Injektivität, Surjektivität und Bijektivität. (Die zugehörigen Definitionen finden Sie in Abschnitt 1.10.)

Zu Abschnitt 1.4

1.4.1 Kann der Körper $(K, \boldsymbol{+}, \bullet)$ (der Restklassenring modulo p, p eine Primzahl) aus Aufgabe 1.3.2 angeordnet werden?

1.4.2 Man zeige, dass es für $\mathbb{R}$ nur einen Positivbereich gibt.

Hinweis: Es darf ausgenutzt werden, dass zu jeder nicht negativen reellen Zahl eine Wurzel in $\mathbb{R}$ existiert.

1.4.3 Betrachten Sie die Menge $K := \mathbb{Q} + \mathbb{Q}\sqrt{2} \ (= \{a + b\sqrt{2} \mid a, b \in \mathbb{Q}\})$.

(a) Beweisen Sie, dass K mit den von $\mathbb{R}$ geerbten Kompositionen „+“, „$\cdot$“ ein Körper ist.

(b) Man bezeichne mit „<“ die übliche Ordnung auf $\mathbb{R}$ und definiere:

$$
\begin{aligned}
P_1 &:= \{a + b\sqrt{2} \in K \mid a + b\sqrt{2} > 0\}, \\
P_2 &:= \{a + b\sqrt{2} \in K \mid a - b\sqrt{2} > 0\}.
\end{aligned}
$$

Man zeige, dass P_1 und P_2 verschiedene Positivbereiche sind.

Hinweis: Man darf verwenden, dass $\sqrt{2}$ irrational ist. Warum ist das wichtig, um zu garantieren, dass P_2 wohldefiniert ist?

1.4.4 Für $a, b, c, d \in \mathbb{R}$ mit $b > 0$ und $d > 0$ zeige man:

$$
\frac{a}{b} < \frac{c}{d} \quad \Rightarrow \quad \frac{a}{b} < \frac{a+c}{b+d} < \frac{c}{d}.
$$

Zu Abschnitt 1.5

1.5.1 Beweisen Sie die folgenden Summenformeln:

(a)
$$
\sum_{k=1}^{n} k^2 = \frac{1}{6}n(n+1)(2n+1).
$$

(b)
$$
\sum_{k=1}^{n} k^3 = \frac{1}{4}n^2(n+1)^2.
$$

1.5.2 Finden und beweisen Sie eine Formel für die Zeilensummen in dem folgenden *"Dreieck der ungeraden Zahlen"*:

$$
\begin{array}{ccccccccc}
 & & & & 1 & & & & \\
 & & & 3 & & 5 & & & \\
 & & 7 & & 9 & & 11 & & \\
 & 13 & & 15 & & 17 & & 19 & \\
21 & & \cdots & & & & & &
\end{array}
$$

1.5.3 Beweisen Sie mit vollständiger Induktion:

(a) Für $q \in \mathbb{R} \setminus \{1\}$ und $N \in \mathbb{N}$ gilt

$$\sum_{n=0}^{N} q^n = \frac{1 - q^{N+1}}{1 - q} \; .$$

(b) Für alle reellen Zahlen x mit $0 \leq x \leq 1$ und alle natürlichen Zahlen n gilt:

$$(1 + x)^n \leq 1 + (2^n - 1)x.$$

1.5.4 Auf einer einsamen Insel gibt es n Städte, und zwischen je zwei Städten genau eine direkte Verbindung durch eine Einbahnstraße. Zeigen Sie, dass es einen Weg auf der Insel gibt, auf dem man jede Stadt genau einmal besucht, ohne die Verkehrsregeln zu verletzen.

1.5.5 Zeigen Sie durch vollständige Induktion, dass die Zahl $n^3 - 4n$ für alle $n \in \mathbb{N}$ mit $n \geq 2$ durch 3 teilbar ist.

1.5.6 Zeigen Sie durch vollständige Induktion, dass für alle $n \in \mathbb{N}$

$$\sum_{k=1}^{2n} (-1)^k k = n$$

gilt.

1.5.7 Beweisen Sie die binomische Formel:

$$(a + b)^n = \sum_{k=0}^{n} \binom{n}{k} a^k b^{n-k}.$$

Dabei ist der so genannte *Binomialkoeffizient* $\binom{n}{k}$ für $k > 0$ durch den Quotienten $n \cdot (n - 1) \cdots (n - k + 1)/k!$ erklärt, und $\binom{n}{0} := 1$.

Zu Abschnitt 1.6

1.6.1 Zeigen Sie, dass $\mathbb{Q}$ der kleinste Körper ist, der in $\mathbb{R}$ enthalten ist.
(Genauer: Ist $K \subset \mathbb{R}$ bezüglich der üblichen Operationen ein Körper, so gilt $\mathbb{Q} \subset K$.)

1.6.2 Ist $\mathbb{Z}$ wohlgeordnet?

Zu Abschnitt 1.7

1.7.1 In $\mathbb{R}$ gilt: Zwischen je zwei verschiedenen rationalen Zahlen liegt eine irrationale.

Tipp: Es darf ausgenutzt werden, dass es überhaupt irrationale Zahlen gibt.

Zu Abschnitt 1.8

1.8.1 Schnittzahlen Dedekindscher Schnitte sind eindeutig bestimmt.

1.8.2 Sei (A, B) ein Dedekindscher Schnitt in $\mathbb{R}$. Dann gibt es ein x_0, so dass entweder

$$A = \{x \mid x < x_0\}, \; B = \{x \mid x \geq x_0\}$$

oder

$$A = \{x \mid x \leq x_0\}, \; B = \{x \mid x > x_0\}$$

gilt.

Zu Abschnitt 1.9

1.9.1 Schreiben Sie die folgenden Zahlen in der Form $a + ib$ mit $a, b \in \mathbb{R}$:

$$\frac{1+i}{7-i}, \quad \frac{i^3}{7-i}, \quad i^{19032003}, \quad \sum_{n=1}^{5021234512302} i^n.$$

1.9.2 Schreiben Sie $(\frac{1+i}{\sqrt{2}})^{21}$ als $a + ib$ mit reellen a, b. (Tipp: Behandeln Sie zuerst $(\frac{1+i}{\sqrt{2}})^2$.)

1.9.3 Zeichnen Sie die folgenden Mengen in der Gaußschen Zahlenebene:

(a) $\{z \in \mathbb{C} \mid |z - 1| = |z + 1|\}$,

(b) $\{z \in \mathbb{C} \mid 1 \le |z - i| \le 2\}$,

(c) $\{z \in \mathbb{C} \mid \operatorname{Re}(z^2) = 1\}$,

(d) $\{z \in \mathbb{C} \mid \operatorname{Re}(\frac{1}{z}) < \frac{1}{2}\}$.

1.9.4 Beweisen Sie die so genannte *Parallelogrammgleichung* für komplexe Zahlen z und w:

$$|z + w|^2 + |z - w|^2 = 2(|z|^2 + |w|^2).$$

Was bedeutet die Formel geometrisch?

Zu Abschnitt 1.10

1.10.1 Zeigen Sie, dass $\mathbb{Q} + \mathbb{Q}\sqrt{2}$ (vgl. Aufgabe 1.4.3) abzählbar ist.

1.10.2 Man beweise:

(a) Die Menge aller endlichen Teilmengen von $\mathbb{N}$ ist abzählbar.

(b) Die Menge aller Teilmengen von $\mathbb{N}$ ist überabzählbar.

Zu Abschnitt 1.11

1.11.1 Zu einer komplexen Zahl $z = a + ib$ ist die konjungiert komplexe Zahl $\overline{z}$ gemäß $\overline{z} := a - ib$ definiert. Man zeige, dass die Konjugation, also die Abbildung $\mathbb{C} \to \mathbb{C}$, $z \mapsto \overline{z}$, ein Körperisomorphismus auf $\mathbb{C}$ ist.

1.14 Tipps zu den Übungsaufgaben

In Auflage 6 dieses Buches sind erstmals Tipps zu den Aufgaben aufgenommen worden. Es ist dringend zu empfehlen, sie nur dann zu lesen, wenn es aus eigener Kraft trotz größter Anstrengung nicht weitergeht.

Tipps zu Abschnitt 1.2

1.2.1 Erinnern Sie sich daran, dass *zwei* Beweise zu führen sind. Erstens: Wenn ein x in der links stehenden Menge liegt, dann auch in der rechten. Zweitens: Wenn ein x in der rechts stehenden Menge liegt, dann auch in der linken. Die erste Hälfte des Beweises von „a" könnte also so beginnen:

Sei $x \in (A \cap B) \cup C$. Dann liegt x nach Definition in $A \cap B$ oder in C.

Fall 1: Es liegt in $A \cap B$. Dann liegt es in A und in B und folglich auch in $A \cup C$ und in $B \cup C$. Das bedeutet, dass es in $(A \cup C) \cap (B \cup C)$ liegt.

Fall 2: Es liegt in C. Dann liegt es auch in $A \cup C$ und in $B \cup C$ und folglich in $(A \cup C) \cap (B \cup C)$.

1.2.2 Lesen Sie noch einmal sorgfältig die „Vier Fallen bei der Abbildungsdefinition" nach Definition 1.2.2. Es wird noch verraten, dass zwei der drei Beispiele zulässig sind.

Tipps zu Abschnitt 1.3

1.3.1 Wohldefiniertheit: Ist $x \circ y := x/y + y/x$ stets definiert und liegt diese Zahl in $\mathbb{R} \setminus \{0\}$?

Assoziativitaät: Wenn Sie es beweisen wollen, müssen Sie zeigen, dass stets $(x \circ y) \circ z = x \circ (y \circ z)$ gilt, d.h. dass

$$\frac{x/y + y/x}{z} + \frac{z}{x/y + y/x} = \frac{x}{y/z + z/y} + \frac{y/z + z/y}{x}$$

stets richtig ist. Wenn Sie meinen, dass das gar nicht stimmt, muss ein Gegenbeispiel gefunden werden. Es sind also drei konkrete Zahlen x, y, z anzugeben, für die $(x \circ y) \circ z$ eine andere Zahl ist als $x \circ (y \circ z)$.

Kommutativität: Bleibt das Ergebnis gleich, wenn man die Rollen von x und y vertauscht?

Neutrales Element: Kann es ein $e \in \mathbb{R} \setminus \{0\}$ so geben, dass für alle x gilt: $x = x/e + e/x$? Testen wir es versuchsweise mit $e = 1$. Es sollte stets $x = x/1 + 1/x$ gelten. Das stimmt aber nicht, es ist zum Beispiel für $x = 1$ falsch. (Es ist sogar immer falsch.) Für allgemeines e gibt es höchstens zwei verschiedene x, welche die fragliche Gleichung erfüllen.

Inverse Elemente: Begründen Sie, dass dieser Aufgabenteil entfallen darf.

1.3.2 Hier sind die Axiome aus Definition 1.3.4 nachzuprüfen. Das ist etwas langwierig, aber meist nicht wirklich schwierig: Es läuft auf die Anwendung einfacher Teilbarkeitsregeln und die Ausnutzung von Eigenschaften von „+" und „·" in $\mathbb{Z}$ hinaus. Etwas anspruchsvoller ist der Nachweis, dass von Null verschiedene Elemente ein Inverses haben. Da spielt die in der Aufgabe genannte Tatsache eine Rolle, die Sie verwenden dürfen.

1.3.3 Bei dieser Aufgabe sind die Tipps zu Aufgabe 1.3.1 sinngemäß zu wiederholen. Allgemein gilt:

- Wenn eine Eigenschaft bewiesen werden soll, so muss man sie auf schon bewiesene Eigenschaften (in der Regel Eigenschaften von $\mathbb{R}$) zurückführen.

- Wenn man den Verdacht hat, dass eine Eigenschaft *nicht* erfüllt ist, so muss man ein Beispiel finden, wo sie nicht zutrifft. Eine einzige „Versagersituation" reicht! Wenn man zum Beispiel zeigen möchte, dass die innere Komposition $x \circ y := x - y$ nicht kommutativ ist, so kann man auf $x = 1$ und $y = -1$ verweisen. Es ist $x \circ y = 2$, aber $y \circ x = -2$.

1.3.4 Lesen Sie noch einmal nach, was Injektivität, Surjektivität und Bijektivität bedeuten. Zur Illustration betrachten wir den Körper $K = \mathbb{R}$ und $y = 10$. Dann wird f genau dann surjektiv sein, wenn es für beliebige z ein x gibt, so dass $z = x - 10$ gilt. Ja, so ein x gibt es stets, setze einfach $x := z + 10$. Diese Idee muss jetzt nur noch so umgeschrieben werden, dass sie in beliebigen Körpern und für beliebige y anwendbar ist.

Tipps zu Abschnitt 1.4

1.4.1 Korollar 1.4.4 könnte hier hilfreich sein.

1.4.2 Es sei $P := \{x \mid x > 0\}$ und P' irgendein Positivbereich. Es ist $P = P'$ zu zeigen, d.h., es sind – wie üblich beim Nachweis von Mengengleichheiten – zwei Beweise zu führen:

- $P \subset P'$: Dazu kombiniere man die passende Aussage aus Satz 1.4.3 mit der Tatsache, dass alle positiven Zahlen Quadratzahlen sind (das darf ja verwendet werden).

- $P' \subset P$: Wäre das nicht der Fall, gäbe es ein negatives x in P'. Wegen des ersten Beweisteils ist $-x \in P'$. Kann das sein?

1.4.3 Es sind die Eigenschaften aus Definition 1.4.1 nachzuprüfen. Ein Beispiel: Es seien $x_1, x_2 \in P_2$. Gilt dann auch $x_1 + x_2 \in P_2$? Nach Voraussetzung gibt es rationale Zahlen a_1, a_2, b_1, b_2 mit $x_1 = a_1 + b_1\sqrt{2}$, $x_2 = a_2 + b_2\sqrt{2}$ sowie $a_1 - b_1\sqrt{2}, a_2 - b_2\sqrt{2} > 0$. Dann hat $x_1 + x_2$ die Darstellung $x_1 + x_2 = (a_1 + a_2) + (b_1 + b_2)\sqrt{2}$, und $(a_1 + a_2) - (b_1 + b_2)\sqrt{2}$ ist positiv als Summe der positiven Zahlen $a_1 - b_1\sqrt{2}, a_2 - b_2\sqrt{2}$.

1.4.4 Das folgt aus den Rechenregeln für Ungleichungen: Bei Multiplikation mit einer positiven Zahl bleibt die Ungleichung erhalten. So ist zum Beispiel $a/b < c/d$ gleichwertig zu $ad < bc$: Hier ist wichtig, dass $b, d > 0$ vorausgesetzt wurde.

Tipps zu Abschnitt 1.5

1.5.1, 1.5.3 und 1.5.6 Das sind Standardaufgaben zur Induktion, sie können nach dem Muster von Satz 1.5.6 gelöst werden, wo das Verfahren ausführlich beschrieben wurde.

1.5.2 Stellen Sie zunächst fest, wie die Summanden der k-ten Zeile lauten. Die können Sie aufsummieren, wenn Sie eine Formel für die ersten k ungeraden Zahlen verwenden. Am Ende ergibt sich ein sehr einfacher Ausdruck für die Zeilensumme, den Sie auch durch intelligentes Raten nach konkreter Berechnung der ersten Summen vermutet haben.

1.5.4 Das ist eine Aufgabe zum Tüfteln. Für kleine n ($n = 2, 3$) ist die Aussage leicht verifizierbar, bei der Induktion setzen wir voraus, dass ein Weg von Stadt S_1 über S_2 usw. nach S_n schon gefunden ist. Und nun kommt S_{n+1} dazu. Ein Weg ist leicht zu finden, wenn die Straße von S_{n+1} nach S_1 oder von S_n nach S_{n+1} führt. Wenn das nicht der Fall ist, wird es etwas schwieriger. Experimentieren Sie mit – zum Beispiel – fünf Städten und zeigen Sie, dass man immer ein Weg findet, egal wie die Wege zwischen S_6 und den anderen S_i orientiert sind. Dann sollten Sie in der Lage sein, die Idee auf den allgemeinen Fall zu übertragen.

1.5.5 Nutzen Sie aus, dass stets $(a + b)^3 = a^3 + 3a^2b + 3ab^2 + b^3$ gilt.

1.5.7 Hier empfiehlt es sich, die Summe auszuschreiben, also nicht das Zeichen $\sum$ zu verwenden. Begründen Sie dann durch Nachrechnen, dass $\binom{n}{k} + \binom{n}{k-1} = \binom{n+1}{k}$ gilt. (*Deswegen* treten die Binomialkoeffizienten im Pascalschen Dreieck auf.) Schließlich ist $(a + b)^{n+1} = (a + b)^n(a + b)$. So kommt man von der Formel für n zur Formel für $n + 1$.

Tipps zu Abschnitt 1.6

1.6.1 Da $1 \in K$, muss auch $2 = 1 + 1 \in K$ gelten. Mit Induktion folgt $\mathbb{N} \subset K$. Und additiv und multiplikativ Inverse dürfen in K auch nicht fehlen ...

1.6.2 Blättern Sie zur Definition „Wohlordnung" am Ende von Abschnitt 1.5 zurück. Kann eine Teilmenge von ℤ, die „viele" negative Elemente enthält, ein kleinstes Element haben?

Tipps zu Abschnitt 1.7

1.7.1 Wir wählen eine positive irrationale Zahl α. (Wir haben schon bewiesen, dass man $\alpha = \sqrt{2}$ wählen kann.) Man muss nur ausnutzen, dass auch $a + b\alpha$ für rationale a, b irrational ist.

Tipps zu Abschnitt 1.8

1.8.1 (A, B) sei ein Dedekindscher Schnitt und x_0, y_0 seien verschiedene Schnittzahlen. Kann das sein? Wo sollte denn zum Beispiel $(x_0 + y_0)/2$ liegen.

1.8.2 Sei x_0 eine Schnittzahl. Wegen $A \cup B = \mathbb{R}$ muss sie in A oder B liegen. Der Rest sollte klar sein.

Tipps zu Abschnitt 1.9

1.9.1 Beachten Sie:

- Zur Berechnung von Quotienten erweitert man mit der zum Nenner konjugierten Zahl.

- $i^4 = 1$.

- Auch für komplexe Zahlen z (mit $z \neq 1$) gilt die Formel $1 + z + \cdots + z^n = (1 - z^{n+1})/(1 - z)$.

1.9.2 Hier sollte die Anleitung in der Aufgabe ausreichen.

1.9.3 Wählen Sie „genügend viele" Punkte in ℂ und stellen Sie fest, ob sie zur jeweiligen Menge gehören oder nicht. Im nächsten Schritt können Sie aufgrund dieser Vorarbeit versuchsweise einen geschlossenen Ausdruck für die Menge hinschreiben und dann hoffentlich auch durch Rechnung bestätigen, dass die Beschreibung richtig ist.

1.9.4 Hier sollte man sich daran erinnern, dass $|z|^2 = z\overline{z}$ für jede komplexe Zahl z gilt und dass es für den Übergang $z \mapsto \overline{z}$ einfache Rechenregeln gibt.

Tipps zu Abschnitt 1.10

1.10.1 Geben Sie eine Bijektion zur Menge $\mathbb{Q} \times \mathbb{Q}$ an und denken Sie an „abzählbar kreuz abzählbar gleich abzählbar".

1.10.2 a) Die einelementigen Teilmengen sind abzählbar: Es gibt genau so viele, wie es Zahlen in ℕ gibt; die zweielementigen Teilmengen sind abzählbar: Es gibt höchstens so viele, wie es Elemente in $\mathbb{N} \times \mathbb{N}$ gibt; usw. Die endlichen Teilmengen sind also als abzählbare Vereinigung abzählbarer Mengen darstellbar.
b) Allgemeiner gilt: Man kann niemals eine surjektive Abbildung von M in die Potenzmenge von M finden. (Angenommen, φ wäre so eine Abbildung. Betrachte $\Delta := \{x \mid x \notin \varphi(x)\}$. Kann es dann ein x_0 mit $\varphi(x_0) = \Delta$ geben?)

Tipps zu Abschnitt 1.11

1.11.1 Die Aussage ist nur eine Übersetzung von nützlichen Rechenregeln für $z \mapsto \overline{z}$, die alle leicht zu beweisen sind: $\overline{z + w} = \overline{z} + \overline{w}$ usw.

Kapitel 2

Folgen und Reihen

Hauptziel dieses Kapitels ist es, Sie mit dem Konvergenzbegriff vertraut zu machen, *dem zweifellos wichtigsten Begriff der gesamten Analysis*. So gut wie alle der in späteren Kapiteln folgenden Überlegungen werden darauf aufbauen.

Um zu erläutern, worum es geht, appelliere ich wieder an Ihre Schulkenntnisse. Irgendwann wurde bestimmt die Zahl π eingeführt[1], denken Sie etwa an die Formel

$$Kreisumfang = 2 \; mal \; \pi \; mal \; Radius.$$

Bei der Anwendung dieser Formel auf konkrete Situationen standen Sie dann vor dem Problem, für π einen Zahlenwert einzusetzen, d.h. statt π eine Dezimalzahl zu wählen, die „genügend nahe bei π" liegt. Die Anzahl der Stellen hinter dem Komma (d.h. die Güte der Approximation) wird sich nach der Problemstellung richten. Für die meisten praktischen Zwecke wird „$\pi \approx 3.14$" genügend genau sein, in jedem Fall wird übliche Taschenrechnergenauigkeit („$\pi \approx 3.141592654$") ausreichen. Noch weit besser ist der Wert

$$\pi \approx 3.14159265358979323846264338327950288419716939937510582097494459\,\\2307816406286208998628034825342117067982148086513282306647093\,\\8446095505822317253594081284811174502841027019385211055596446\,\\2294895493038196442881097566593344612847564823378678316527120\,\\1909145648566923460348610454326648213393607260249141273724587\,\\0066063155881748815209209628292540917153643678925903600113305\,\\3054882046652138414695194151160943305727036575959195309218617\,\\3819326117931051185480744623799627495673518857527248912279381\,\\8301194912983367336244065664308602139494639522473719070217986\,\\0943702770539217176293176752384674818467669405132000568127145\,\\263560827785771342757789609173637178721468440901224953430 14,$$

doch *ganz genau* ist der immer noch nicht. Schlimmer noch: Man kann beweisen, dass π nicht rational ist, und insbesondere kann keine noch so lange Dezimalzahl den genauen Wert von π wiedergeben.

---

[1] In unserer Analysis ist es bis dahin allerdings noch ein weiter Weg, wir werden π erst in Definition 4.5.14 kennen lernen.

Von diesem Beispiel lernen wir:

- Es gibt Problemstellungen, bei denen man mit Approximationen zufrieden sein muss.

- Derartige Approximationen stehen im Idealfall in jeder gewünschten Genauigkeit (wenigstens im Prinzip) zur Verfügung. Im π-Beispiel etwa kann sich jeder aus den nachstehenden π-Approximationen

$$3.14$$
$$3.141$$
$$3.1415$$
$$3.14159$$
$$3.141592$$
$$\vdots$$

  einen für sein spezielles Problem genügend genauen Wert aussuchen.

- Für die Anwendungen ist der genaue Wert völlig unerheblich. Zur Lösung aller praktischen Probleme ist es mehr als ausreichend, die ersten 10 Stellen nach dem Komma zu kennen, insbesondere, da die anderen in die Rechnung eingehenden Daten (Radius usw.) mit wesentlich größeren Fehlern behaftet sind.

Für uns wird es im Folgenden darum gehen, diese doch noch recht vagen Vorüberlegungen zur Grundlage einer geeigneten Theorie werden zu lassen. *Abschnitt 2.1* wird Ihnen sehr einfach vorkommen, dort wird die für die mathematisch genaue Beschreibung von Approximations-Phänomenen fundamentale Definition vorgestellt, der *Folgenbegriff*. Nach der Behandlung von Beispielen und einigen Bezeichnungsweisen geht es dann in *Abschnitt 2.2* weiter mit der Frage, wie denn

$$\text{„}x \text{ liegt nahe bei } y\text{“}$$

präzisiert werden kann. Wir werden das als „der Abstand zwischen x und y ist klein" interpretieren, müssen uns dazu allerdings Gedanken machen, was „Abstand" eigentlich bedeutet. Für $\mathbb{R}$ ist das noch recht einfach, $\mathbb{C}$ macht schon wesentlich mehr Mühe.

Dann aber steht der wichtigsten Definition der Analysis nichts mehr im Wege: *Wir können sagen, was es heißt, dass eine Folge konvergent ist.* Erste mit dieser Begriffsbildung zusammenhängende Ergebnisse werden anschließend diskutiert. *Abschnitt 2.3* ist dem Zusammenhang zwischen der Vollständigkeit von $\mathbb{R}$ und Konvergenzaussagen gewidmet. Da spielt ein spezieller Typ von Folgen eine wichtige Rolle: *Cauchy-Folgen*. Die sind wichtig für die gesamte Analysis, wir werden sie sehr ausführlich behandeln.

Vollständigkeit lässt sich auch durch eine ordnungstheoretische Eigenschaft ausdrücken. Wir beginnen mit einem *Exkurs über Ordnungsrelationen*, in dem die Begriffe *Supremum* und *Infimum* eingeführt werden. Danach wird dann gezeigt, dass es eine Reihe von gleichwertigen Versionen der Vollständigkeit gibt, die ich Ihnen in Kapitel 1 noch nicht zumuten wollte, die sich aber wesentlich besser einsetzen lassen werden als Dedekindsche Schnitte.

Es ist dann nicht weiter schwer, durch Anwendung der bis dahin erzielten Resultate die wichtigsten Ergebnisse der *Reihenrechnung* zu erhalten: In *Abschnitt 2.4* werden wir mit Hilfe des Konvergenzbegriffs erklären, welche Zahl mit $x_1 + x_2 + \cdots$ gemeint ist, wenn $x_1, x_2, \ldots$ eine Folge von Zahlen ist.

Einige *Ergänzungen* sind in *Abschnitt 2.5* zusammengestellt. Wir werden zunächst die aus der Schule bekannte Darstellung von Zahlen als *Dezimalzahlen* mit Hilfe der Reihenrechnung streng begründen. Danach kümmern wir uns um die Frage, was denn eine (endliche oder unendliche) Summe bedeuten soll, wenn keine Reihenfolge vorgegeben ist. Anschließend wird darauf hingewiesen, dass viele unserer Ergebnisse in der *Sprache der Linearen Algebra* sehr einprägsam formuliert werden können. (Keine Sorge, wenn Sie diese Vorlesung noch nicht gehört haben. Es werden Ihnen zwar einige Aha-Erlebnisse entgehen, alles Weitere werden Sie aber auch trotzdem gut verstehen können.) Abschnitt 2.5 schließt mit einem Versuch, den Begriff „Konvergenz" etwas allgemeiner zu fassen.

2.1 Folgen

Obwohl uns vorerst nur Zahlenfolgen interessieren, definieren wir gleich Folgen in beliebigen Mengen:

Definition 2.1.1. *Sei M eine Menge. Unter einer* Folge in M *verstehen wir eine Abbildung $f : \mathbb{N} \to M$.*

Folge

Da es sich um einen Spezialfall der Abbildungsdefinition handelt, ist alles zu beachten, was Sie über Abbildungen gelernt haben (siehe Kapitel 1 ab Definition 1.2.2): Man hat mehrere Möglichkeiten, eine Abbildung zu definieren, und einige Fallen sind auch zu vermeiden. Hinzu kommt, dass der Definitionsbereich $\mathbb{N}$ ist, Definitionen können damit auch durch vollständige Induktion vorgenommen werden.

Allerdings: Die Schreibweise ist etwas anders als bei Abbildungen. Die heißen doch f, g usw., und das, was einem x zugeordnet wird, bezeichnet man mit $f(x)$. Bei Abbildungen würde man „der Zahl 4 wird 16 zugeordnet" als „$f(4) := 16$" schreiben, bei Folgen verwendet man Indizes, schreibt also „$a_4 := 16$" oder „$x_4 := 16$", je nachdem, ob die Folge durch ein „a" oder ein „x" oder sonstwie bezeichnet werden soll[2]. Die Abbildung $n \mapsto n^2$ könnte man also als Folge dadurch definieren, dass man $a_n := n^2$ setzt. Meint man die Folge insgesamt, so verwendet man noch Klammern, schreibt also (a_n) und spricht von der „Folge der a_n". Einige weitere, in der mathematischen Literatur gebräuchliche Bezeichnungsweisen sind nachstehend durch die Folge $n \mapsto 2n$ illustriert:

(a_n)

---

[2] Gesprochen wird das übrigens einfach als „a vier" oder „x vier".

- $(2n)_{n \in \mathbb{N}}$ („die Folge zwei n, n aus $\mathbb{N}$ ").

- $(2n)_{n=1}^{\infty}$ („die Folge zwei n, n von 1 bis unendlich").

- $(2, 4, 6, 8, \ldots)$.

(Pünktchen sind im Interesse einer suggestiven Darstellung wieder legitim, wenn das Bildungsgesetz leicht zu entschlüsseln ist.)

Lassen Sie sich nicht durch das Zeichen „∞" für „unendlich" irritieren, das hat absolut keine inhaltliche Bedeutung. Hier wird nichts unendlich groß, es soll nur ausgedrückt werden, dass die Indizes n immer weiter wachsen.

Um ganz sicherzugehen, dass Sie die neue Schreibweise verstanden haben, folgen noch einige einfache *Beispiele zur Illustration*:

- Sei $a_n := (-1)^{n+1}$. Dann ist (a_n) die Folge $(1, -1, 1, -1, \ldots)$, das 212-te Folgenglied ist -1.

- Die Folge $\left(\frac{1}{4n^2}\right)_{n \in \mathbb{N}}$ kann auch als $\left(\frac{1}{4}, \frac{1}{16}, \frac{1}{36}, \frac{1}{64}, \ldots\right)$ geschrieben werden.

- $(0, 1, 0, 0, 1, 0, 0, 0, 1, \ldots)$ entsteht durch das Bildungsgesetz „eine Null, zwei Nullen, drei Nullen, usw., und dazwischen immer eine Eins". Das nächste Folgenglied wäre damit eine 0, aber es ist bei dieser Darstellung nicht sofort klar, was – zum Beispiel – das $1\,000\,000$-te Folgenglied ist.

- Durch $a_1 := 1$, $a_{n+1} := 2a_n + 1$ für $n \geq 1$ wird eine Folge (a_n) durch vollständige Induktion definiert. Die ersten Folgenglieder lauten $(1, 3, 7, 15, 31, \ldots)$.

Hier noch zwei Beispiele für etwas komplizierte Folgen, nämlich eine *Funktionenfolge* und eine *Mengenfolge*:

- $(f_n)_{n \in \mathbb{N}}$, definiert durch $f_n : \mathbb{R} \to \mathbb{R}$, $x \mapsto x^n$. Damit ist $(f_n)_{n \in \mathbb{N}}$ eine Folge in $\mathrm{Abb}(\mathbb{R}, \mathbb{R})$, der Menge aller Abbildungen von $\mathbb{R}$ nach $\mathbb{R}$. Das erste Folgenelement ist die Abbildung $x \mapsto x$, das zweite die Abbildung $x \mapsto x^2$ usw.

- $(A_n)_{n \in \mathbb{N}}$, definiert durch $A_n := \{x \in \mathbb{R} \mid -n \leq x \leq n\}$. Diesmal kommen also als Folgenglieder Teilmengen von $\mathbb{R}$ heraus, $(A_n)_{n \in \mathbb{N}}$ ist damit eine Folge in der Potenzmenge $\mathcal{P}(\mathbb{R})$ von $\mathbb{R}$ (vgl. Seite 11).

Vorläufig werden wir es nur mit Folgen von reellen und komplexen Zahlen zu tun haben, Sie haben noch eine Weile Zeit, sich an solche etwas komplizierteren Beispiele zu gewöhnen.

Es ist wichtig, dass Sie sich konkret gegebene Folgen *anschaulich vorstellen* können.

Dazu haben Sie *zwei Möglichkeiten*: Erstens können Sie eine Folge in M als eine Art *Spaziergang in M* interpretieren: Sie starten bei a_1, sind im nächsten Schritt bei a_2, dann bei a_3, usw.

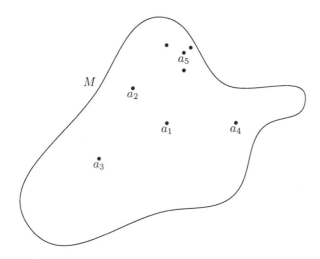

Bild 2.1: Folge als Spaziergang

Zweitens können Sie – wenn M eine Teilmenge von $\mathbb{R}$ ist – den *Graphen* der die Folge definierenden Abbildung (das ist eine Teilmenge von $\mathbb{N} \times M$) als Veranschaulichung wählen. Betrachten Sie etwa als Beispiel die Folge $(1 - \frac{1}{n})_{n \in \mathbb{N}}$:

Bild 2.2: $(1 - \frac{1}{n})_{n \in \mathbb{N}}$, erste Möglichkeit

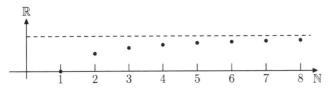

Bild 2.3: $(1 - \frac{1}{n})_{n \in \mathbb{N}}$, zweite Möglichkeit

Je nach Situation wird eher die erste Variante – bei der man die Folge Schritt für Schritt verfolgt – oder die zweite – da liegt die Folge als Ganzes vor – zur Veranschaulichung eines Sachverhalts günstiger sein.

Ist eine Folge vorgelegt, so gibt es mehrere Verfahren, daraus neue Folgen zu konstruieren. Besonders hervorzuheben ist der *Übergang zu Teilfolgen*: Aus einer Folge erhält man eine Teilfolge, wenn man an der Reihenfolge der Elemente nichts ändert, aber evtl. einige Elemente auslässt, quasi überspringt:

Folge: * * * * * * * * * * * *   ...
Teilfolge: *   * *   * *   *   ...

Alle nachstehenden Beispiele sind Teilfolgen von $(1, 2, 3, 4, \ldots)$:

$$(1, 3, 5, 7, \ldots),$$
$$(1, 2, 3, 4, 5, \ldots),$$
$$(1, 2, 4, 5, 7, 8, \ldots),$$
$$(1, 2, 6, 24, \ldots, n!, \ldots).$$

Wichtig ist also, dass wirklich nur Elemente der Ausgangsfolge – und zwar jeweils höchstens einmal – verwendet werden und die Reihenfolge unbedingt erhalten bleibt. Ansonsten gibt es keine Einschränkungen, insbesondere darf man auch *alle* Folgenglieder wiederverwenden oder beliebig große Lücken lassen.

Drei Gegenbeispiele: Die Folgen $(1, 1, 2, 4, 6, 8, \ldots)$, $(2, 1, 4, 3, 6, 5, \ldots)$ und $(1, -1, 2, -1, 3, -1, \ldots)$ sind *keine* Teilfolgen von $(1, 2, 3, 4, \ldots)$, denn bei der ersten Folge taucht die 1 doppelt auf, bei der zweiten wird die Reihenfolge verändert und bei der dritten gibt es sogar Folgenglieder, die gar nicht in der Ausgangsfolge zu finden sind.

Testen Sie, ob Sie Teilfolgen identifizieren können: Welche der folgenden Beispiele sind Teilfolgen von $(1, 1, -1, -1, 1, 1, -1, -1, \ldots)$?

?

$$(1, 1, 1, 1, \ldots),$$
$$(1, -1, 1, -1, 1, -1, \ldots),$$
$$(1, -1, 1, 1, -1, -1, 1, 1, 1, -1, -1, -1, \ldots).$$

Obwohl es nun intuitiv klar sein sollte, was eine Teilfolge ist, fehlt noch eine mathematisch präzise Formulierung. Die ist leider etwas schwerfällig:

Teilfolge

Definition 2.1.2. $(a_n)_{n \in \mathbb{N}}$ *und* $(b_n)_{n \in \mathbb{N}}$ *seien Folgen in der Menge* M. $(b_n)_{n \in \mathbb{N}}$ *heißt* Teilfolge *von* $(a_n)_{n \in \mathbb{N}}$, *wenn es eine Abbildung* $\varphi : \mathbb{N} \to \mathbb{N}$ *gibt mit*

(i) φ *ist strikt monoton, d.h.* $\varphi(n) < \varphi(m)$ *für alle* $n, m \in \mathbb{N}$ *mit* $n < m$, *und*

(ii) $b_n = a_{\varphi(n)}$ *für alle* n.

Durch die erste Forderung ist sichergestellt, dass die Reihenfolge erhalten bleibt, die zweite garantiert, dass nur Elemente von (a_n) in (b_n) auftreten.

Die „offensichtliche" Teilfolge $(4, 16, 36, \ldots)$ von $(1, 4, 9, 16, \ldots)$ ist auch im strengen Sinne eine, man muss nur $\varphi(n) = 2n$ für alle n wählen. Beachten Sie, dass Sie mitunter mehrere Möglichkeiten haben, ein geeignetes φ auszuwählen. Man kann zum Beispiel $(1, 1, 1, \ldots)$ auf viele verschiedene Weisen als Teilfolge von $(1, -1, 1, -1, \ldots)$ darstellen.

Der Vollständigkeit halber ist noch auf den Begriff „*Umordnung einer Folge*" hinzuweisen. In diesem Fall behält man die Folgenglieder alle bei, durchläuft sie aber evtl. in einer anderen Reihenfolge.

Z.B. sind $(2, 1, 4, 3, 6, 5, \ldots)$, $(1, 2, 3, 4, 5, \ldots)$ und die Folge $(100, 99, \ldots, 2, 1,$ $200, 199, \ldots, 101, 300, \ldots)$ Umordnungen der Folge $(1, 2, 3, 4, \ldots)$, *nicht* jedoch $(3, 2, 5, 4, 7, 6 \ldots)$ oder $(1, 1, 2, 2, \ldots)^{3)}$. Auch hier ist die präzise Definition etwas mühsam:

Definition 2.1.3. *$(a_n)_{n \in \mathbb{N}}$ und $(b_n)_{n \in \mathbb{N}}$ seien Folgen in der Menge M. $(b_n)_{n \in \mathbb{N}}$ heißt* Umordnung *von $(a_n)_{n \in \mathbb{N}}$, wenn es eine bijektive Abbildung$^{4)}$ $\varphi : \mathbb{N} \to \mathbb{N}$ gibt mit:*

$$b_n = a_{\varphi(n)} \text{ für alle } n \in \mathbb{N}.$$

Umordnung

Man kann auf diese Weise durch Übergang zu Teilfolgen und Umordnungen aus einer einzigen Folge viele neue gewinnen. Das kann man auch iterieren, zum Beispiel eine Teilfolge einer Teilfolge oder eine Umordnung einer Teilfolge betrachten. Manchmal führt das nicht zu wirklich neuen Folgen, denn:

- Jede Teilfolge einer Teilfolge von (a_n) ist eine Teilfolge von (a_n).

- Eine Umordnung einer Umordnung von (a_n) ist eine Umordnung von (a_n).

Intuitiv ist das klar, wenn ein strenger Beweis gewünscht wird, der die vorstehenden Definitionen verwendet, ist das auch nicht besonders schwierig. Die erste Aussage folgt daraus, dass die Verknüpfung von monotonen Funktionen wieder monoton ist: Gilt für φ und ψ die Bedingung 2.1.2(i), so auch für $\psi \circ \varphi$. Für die zweite muss man im Wesentlichen nur nachweisen, dass Verknüpfungen bijektiver Abbildungen wieder bijektiv sind.

Und wozu das alles? Später wird es manchmal wichtig sein zu wissen, dass gewisse „schöne" Eigenschaften von Folgen dann auch für alle Teilfolgen und alle Umordnungen gelten, ein Beispiel dafür ist Konvergenz. Auch wird es vorkommen, dass manchmal die Eigenschaften von Teilfolgen einer Folge eine Rolle spielen, um die Folge selbst besser zu verstehen. Und deswegen haben wir diese Konstruktionen gleich zu Beginn angesprochen.

2.2 Konvergenz

Convergence is our business
(Anzeige der Telekom, Herbst 2002)

Mit Hilfe des Folgenbegriffes sind wir in der Lage, einen Teil unserer Vorüberlegungen zur Zahl π zu Beginn dieses Kapitels zu präzisieren: Wir haben doch,

---

$^{3)}$ Die erste dieser beiden Folgen ist keine Umordnung, weil die 1, das erste Folgenglied, nicht verwendet wurde, beim zweiten Beispiel wurden Folgenglieder mehrfach aufgeführt.
$^{4)}$ vgl. Definition 1.10.1.

als wir π durch

$$3.14$$
$$3.141$$
$$3.1415$$
$$3.14159$$
$$3.141592$$
$$\vdots$$

„besser und besser" beschreiben wollten, die durch

$$a_n := \text{„Dezimalbruchentwicklung von } \pi \text{ auf } n+1 \text{ Stellen"}$$

definierte Folge (a_n) betrachtet, um dadurch „für immer größere" n die Zahl π durch a_n „immer genauer" zu approximieren.

Wie aber kann man das mathematisch präzise ausdrücken? Wir behandeln dazu zunächst die Frage, was denn eigentlich der *„Abstand zweier Zahlen"* genau bedeutet. Aus technischen Gründen diskutieren wir den Fall reeller und komplexer Zahlen getrennt, der zweite ist deswegen etwas schwieriger zugänglich, weil wir uns als Vorbereitung um die Existenz von Wurzeln kümmern müssen. Danach, in Definition 2.2.9, ist es dann Zeit für die wichtigste Definition dieses Buches.

Der Abstand zweier Zahlen: reelle Zahlen

Wie könnte man den *Abstand* zweier reeller Zahlen definieren? Dazu lassen wir uns von unserer außermathematischen Erfahrung leiten. Stellen Sie sich etwa vor, Sie würden an einem Autobahnwegweiser vorbeifahren und dort die folgenden Angaben finden:

HAMBURG	23 KM
HANNOVER	177 KM
GÖTTINGEN	284 KM

Es ist dann klar, wie Sie daraus den Abstand zwischen je zweien dieser Städte ermitteln können, man muss nur die Differenz der Zahlen in der „richtigen" Reihenfolge bilden.

Diese Erinnerung wird nun in eine Definition für „Abstand zweier Zahlen" umgeschrieben, Sie finden sie im zweiten Teil von

Definition 2.2.1. *x und y seien reelle Zahlen.*

$|x|$ (*i*) *Wir definieren* $|x|$ *(gesprochen „x Betrag" oder „Betrag von x") durch*

$$|x| := \begin{cases} x & x \geq 0 \\ -x & x < 0. \end{cases}$$

(*ii*) *Unter dem* Abstand *zwischen x und y verstehen wir die Zahl $|x-y|$.*
(Je nachdem, welche der Zahlen die größere ist, gilt also $|x-y| = x - y$ oder $|x-y| = y - x$.)

Bemerkungen und Beispiele:

1. Zum Beispiel sind $|5| = 5$, $|0| = 0$ und $|-2234.21| = 2234.21$.

2. Im Laufe der Analysis und in späteren Vorlesungen werden Sie noch viele Beispiele für Abstandsdefinitionen kennen lernen (z.B. zwischen Funktionen oder zwischen Vektoren). Sie werden feststellen, dass alle diese Definitionen direkt von 2.2.1(i) abhängen oder auf irgendeine andere Weise die *ordnungstheoretischen Eigenschaften von* $\mathbb{R}$ ausnutzen (vgl. die Definition des Betrages in $\mathbb{C}$ oder die Beispiele zu metrischen Räumen in Kapitel 3). Kurz: *Der Ausgangspunkt aller konkreten Abstandsbegriffe ist die Ordnungsstruktur auf* $\mathbb{R}$.

3. Wegen $|x| = |x - 0|$ kann $|x|$ als „Entfernung von x zur Null" oder als die „Länge von x" aufgefasst werden. Genau genommen wurde also zunächst so etwas wie die „Größe" einer Zahl erklärt – das ist der Betrag –, und dann wurde der Abstand zweier Zahlen als „Größe" der Differenz festgesetzt. Dieses Verfahren werden wir in Kapitel 3 in komplizierteren Räumen kopieren.

4. $x \mapsto |x|$ kann als Abbildung von $\mathbb{R}$ nach $\mathbb{R}$ aufgefasst werden, entsprechend $(x, y) \mapsto |x - y|$ als Abbildung von $\mathbb{R} \times \mathbb{R}$ nach $\mathbb{R}$.

Hier die für das Folgende wichtigsten Eigenschaften von Betrag und Abstand:

Satz 2.2.2. *Für $x, y, z \in \mathbb{R}$ gilt:*

(i) $|x| \geq 0$, *und aus* $|x| = 0$ *folgt* $x = 0$.

(ii) $|xy| = |x||y|$.

(iii) $|x + y| \leq |x| + |y|$ *(Dreiecksungleichung).*

                                                                    Dreiecks-
                                                                    ungleichung

(i)' $|x - y| \geq 0$, *und aus* $|x - y| = 0$ *folgt* $x = y$.

(ii)' $|x - y| = |y - x|$.

(iii)' $|x - z| \leq |x - y| + |y - z|$.

Beweis: (i) Der erste Teil folgt sofort durch Fallunterscheidung: Ist $x < 0$, so ist $|x| = -x$, und das ist wegen Satz 1.4.3(v) eine positive Zahl. Und für $x \geq 0$ stimmt x mit $|x|$ überein.

Den zweiten Teil beweisen wir durch logische Kontraposition: Aus $x \neq 0$ folgt $|x| > 0$. Das geht wieder am Bequemsten durch Fallunterscheidung: In beiden möglichen Fällen, also $x < 0$ oder $x > 0$, folgt sofort aufgrund der Definition, dass $|x| > 0$ ist.

(ii) Für die Vorzeichen von x, y gibt es vier Möglichkeiten:

$$x \geq 0, \; y \geq 0,$$
$$x \geq 0, \; y < 0,$$
$$x < 0, \; y \geq 0,$$
$$x < 0, \; y < 0.$$

Die behauptete Gleichheit ist für jeden dieser vier Fälle nachzuprüfen; alles, was zum Beweis benötigt wird, steht in Satz 1.4.3. Hier als Beispiel die Argumentation im Fall $x < 0$, $y < 0$: $(-x)(-y)$ stimmt erstens nach Definition mit $|x||y|$ überein, darf zweitens durch xy ersetzt werden (Satz 1.3.6(x)), ist drittens positiv (Satz 1.4.3(vi)) und damit viertens nach Definition gleich dem Betrag von xy. In Formeln:

$$|x||y| = (-x)(-y) = xy = |xy|.$$

? Versuchen Sie sich zur Übung am Beweis der verbleibenden drei Fälle.

(iii) Aus der Betragsdefinition ergibt sich sofort die auch in späteren Beweisen nützliche Bemerkung

$$a, b \in \mathbb{R}, \quad a \leq b, \ -a \leq b \Rightarrow |a| \leq b. \tag{2.1}$$

Das folgt sofort aus der Definition des Betrages, denn $|a|$ ist ja eine der Zahlen a oder $-a$. Da offensichtlich $x \leq |x|$ und $-x \leq |x|$ (Beweis durch Fallunterscheidung) und analog $y \leq |y|$ und $-y \leq |y|$ gilt, folgt durch Addition dieser Ungleichungen

$$x + y \leq |x| + |y| \text{ und } -(x+y) = -x - y \leq |x| + |y|.$$

So erhalten wir mit Hilfe von (2.1): $|x+y| \leq |x| + |y|$.

(i)' Das folgt sofort aus (i).

(ii)' Diese Aussage ergibt sich aus (ii):

$$
\begin{aligned}
|x - y| \ &\overset{1.3.6(\text{iv})}{=} \ |(-1)(y - x)| \\
&\overset{(\text{ii})}{=} \ |-1||y - x| \\
&\overset{1.4.3(\text{vi})}{=} \ 1 \cdot |y - x| \\
&= \ |y - x|.
\end{aligned}
$$

(iii)' Wegen (iii) gilt:

$$
\begin{aligned}
|x - z| \ &= \ |(x - y) + (y - z)| \\
&\leq \ |x - y| + |y - z|.
\end{aligned}
$$

Damit ist der Satz vollständig bewiesen. $\square$

Die als *Dreiecksungleichung* bezeichneten Ungleichungen (iii) bzw. (iii)' sind ein unerlässliches Beweis-Hilfsmittel in der Analysis: Wenn man zeigen will, dass „x nahe bei z" ist, so braucht man wegen der Dreiecksungleichung nur zu zeigen, dass für irgendein geeignetes y „x nahe bei y" und „y nahe bei z" liegt.

Um die Bezeichnung „Dreiecksungleichung" einzusehen, müssen wir bis zur Herleitung eines entsprechenden Resultats für $\mathbb{C}$ warten. Dann kann die Ungleichung wirklich als andere Formulierung dafür aufgefasst werden, dass in einem

Dreieck die Summe zweier Seitenlängen mindestens so groß ist wie die dritte (vgl. die Bemerkung nach Satz 2.2.7 auf Seite 105).

Der Abstand zweier Zahlen: komplexe Zahlen

Die Analysis soll im Folgenden, wann immer möglich, gleichzeitig für $\mathbb{R}$ und $\mathbb{C}$ entwickelt werden, und daher benötigen wir eine passende Definition für die „Größe" einer komplexen Zahl.

Die Idee ist einfach, für die Definition von „Größe" werden wir eine Anleihe bei der Elementargeometrie machen und den *Satz von Pythagoras* verwenden. Schreibt man nämlich eine komplexe Zahl z als $z = x + iy$ mit $x, y \in \mathbb{R}$, so entsteht ein rechtwinkliges Dreieck. Die Seiten haben die Länge $|x|$ bzw. $|y|$, und die Länge der Hypotenuse ist doch sicher ein aussichtsreicher Kandidat für die „Größe von z":

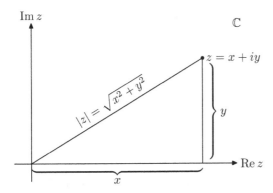

Bild 2.4: Satz des Pythagoras

Folglich sollte man $|z|$ als die Wurzel aus $x^2 + y^2$ definieren. Leider ist das Wurzelzeichen bisher aber noch nicht behandelt worden. Wir werden uns daher als Vorbereitung damit auseinander zu setzen haben, erst dann wird es mit dem Problem „Abstandsdefinition auf $\mathbb{C}$ " weitergehen können.

Was ist denn $\sqrt{a}$ für eine reelle Zahl $a \geq 0$? Das ist doch die eindeutig bestimmte Zahl $b \geq 0$, deren Quadrat gleich a ist. Wenn wir wüssten, dass es ein eindeutig bestimmtes b gibt, dürfen wir wieder „taufen"[5], es soll natürlich $\sqrt{a}$ genannt werden. Im nächsten Lemma zeigen wir in Teil (i) die Eindeutigkeit und in Teil (ii) die – viel schwieriger einzusehende – Existenz.

Lemma 2.2.3. *Sei $a \geq 0$ eine reelle Zahl.*

(i) *Es gibt höchstens ein $b \geq 0$ in $\mathbb{R}$ mit $b^2 = a$. Genauer: Aus $b_1^2 = b_2^2 = a$ und $b_1, b_2 \geq 0$ folgt $b_1 = b_2$.*

(ii) *Es existiert ein $b \geq 0$ in $\mathbb{R}$ mit $b^2 = a$.*

---

[5] Vgl. Seite 32.

Beweis: (i) Im Fall $b_1 = b_2 = 0$ sind wir sofort fertig. Ist mindestens eine der Zahlen b_1, b_2 von Null verschieden, gilt etwa $b_1 > 0$, so folgt $b_1 + b_2 > 0$, und damit ist $b_1 + b_2 \neq 0$. Weiter folgt aus $b_1^2 = b_2^2$, dass

$$0 = b_1^2 - b_2^2 = (b_1 + b_2)(b_1 - b_2),$$

und Satz 1.3.6(vii) („Körper sind nullteilerfrei") liefert uns $b_1 - b_2 = 0$, d.h. $b_1 = b_2$.

(ii) *Dieser* Beweisteil ist nun wirklich kompliziert[6], erstmals wird das Vollständigkeitsaxiom heranzuziehen sein.

Was ist zu tun? Wir suchen doch – bei vorgelegtem a – ein $b \geq 0$ mit einer speziellen Eigenschaft (nämlich $b^2 = a$), haben aber als tiefer liegende Existenzaussage lediglich zur Verfügung, dass in $\mathbb{R}$ Schnittzahlen für Dedekindsche Schnitte existieren.

Die einzig Erfolg versprechende Lösungsmethode wird also darin bestehen, einen Dedekindschen Schnitt so geschickt zu definieren, dass das Quadrat der Schnittzahl gerade a ist. Wir wollen natürlich den Dedekindschen Schnitt

$$(\{x \mid x \leq \sqrt{a}\}, \{x \mid x > \sqrt{a}\}) \tag{2.2}$$

erhalten, doch wäre dieser Schnitt nicht definiert (denn die Existenz von $\sqrt{a}$ soll ja gerade erst bewiesen werden). Wir werden also (2.2) so umformulieren, dass das Wurzelzeichen nicht mehr vorkommt. Das ist durch Quadrieren unter Beachtung einiger plausibler ordnungstheoretischer Zusätze nicht schwer, wir betrachten nämlich statt (2.2) die Mengen

$$(\{x \mid x \leq 0 \text{ oder } x^2 \leq a\}, \{x \mid x > 0 \text{ und } x^2 > a\}) \tag{2.3}$$

und behaupten dann:

1. Durch (2.3) wird ein Dedekindscher Schnitt in $\mathbb{R}$ definiert.

2. Für die zugehörige Schnittzahl b, deren Existenz durch das Vollständigkeitsaxiom 1.8.2 garantiert ist, gilt $b^2 = a$.

Die Einzelheiten dazu sind eher langwierig als schwierig:
Beweis von 1.: Nachzuweisen sind die Eigenschaften 1.8.1(i), (ii) und (iii) für Dedekindsche Schnitte, zur Abkürzung werden wir

$$A := \{x \mid x \leq 0 \text{ oder } x^2 \leq a\} \text{ und } B := \{x \mid x > 0 \text{ und } x^2 > a\}$$

setzen.

- zu 1.8.1(i): Es ist $A \neq \emptyset$, denn 0 gehört nach Definition zu A. Es gilt auch $B \neq \emptyset$, denn wegen $(a+1)^2 = a^2 + 2a + 1 > a$ ist $a + 1 \in B$.

---

[6]Sehr viel später werden wir als Anwendung des Zwischenwertsatzes eine (vom gleich anstehenden Beweis unabhängige) andere Beweismöglichkeit kennen lernen. Man vergleiche Korollar 3.3.7.

- zu 1.8.1(ii): Seien $x_1 \in A$ und $x_2 \in B$ vorgelegt, wir haben $x_1 < x_2$ zu beweisen.

  Am einfachsten geht das indirekt. Wir nehmen also $x_1 \geq x_2$ an und erhoffen uns nach einiger Rechnung einen Widerspruch:

  Es ist $x_2 > 0$, und durch Anwendung einfacher Rechenregeln für Ungleichungen (vgl. Satz 1.4.3) erhalten wir daraus

  $$x_1^2 \geq x_2^2 \geq 0.$$

  $x_2 > 0$ impliziert auch $x_1 > 0$, und damit muss $x_1^2 \leq a$ gelten. Es folgt

  $$a \geq x_1^2 \geq x_2^2 > a$$

  und damit der Widerspruch $a > a$.

- zu 1.8.1(iii): Für $x \in \mathbb{R}$ gibt es drei Möglichkeiten:

  $$x \leq 0,$$
  $$x > 0 \text{ und } x^2 \leq a,$$
  $$x > 0 \text{ und } x^2 > a.$$

  In den beiden ersten Fällen gehört x zu A, im dritten Fall zu B.

Insgesamt: (A, B) ist wirklich ein Dedekindscher Schnitt:

Bild 2.5: Der Dedekindsche Schnitt zur Wurzeldefinition

Beweis von 2.: Sei b die zu (A, B) gehörige Schnittzahl, d.h. für $x_1 \in A$, $x_2 \in B$ ist $x_1 \leq b \leq x_2$. Wir behaupten, dass $b^2 = a$ gilt und zeigen das durch ein ordnungstheoretisches Argument[7].

Wie zeigt man $x = y$? (Ein erstes Resumé)
Es kommt oft vor, dass man für zwei Zahlen x und y nachweisen möchte, dass $x = y$ gilt. Bisher stehen uns dafür die folgenden Techniken zur Verfügung:

1. Direkter Beweis: Man rechne einfach $x = x_1 = x_2 = \cdots = x_n = y$ für geeignete $x_1, \ldots, x_n$. Dabei wird in jedem Schritt eine einfache Umformung vorgenommen, und am Ende hat sich das x wirklich in das y transformiert. Logische Rechtfertigung für dieses Beweisprinzip ist die Transitivität der Gleichheitsrelation: „Sind zwei Größen einer dritten gleich, so sind sie auch untereinander gleich."
Mit dieser Technik werden die meisten Induktionsbeweise geführt.

---

[7] Es handelt sich um eine Präzisierung der Überlegungen, die wir am Ende von Abschnitt 1.8 angestellt haben, um die Nicht-Existenz einer Schnittzahl für einen ähnlichen Schnitt in $\mathbb{Q}$ einzusehen.

2. Beweis durch Umformen: Da geht man von einer schon als richtig
erkannten Identität $a = b$ aus und formt solange um – durch Addition der gleichen Zahl auf beiden Seiten der Gleichung, Subtraktion
usw. – und, bis man zu $x = y$ gekommen ist.

3. Beweis durch Nachweis von definierenden Eigenschaften: Ein typisches Beispiel war der Beweis von Satz 1.3.6(ii): $0 \cdot x$ *hat* die Eigenschaften eines neutralen Elements, die sind eindeutig bestimmt,
folglich muss $0 \cdot x = 0$ gelten.
Ähnlich geht es immer dann, wenn man weiß, dass genau ein x mit
der Eigenschaft E existiert: Kommt dann ein weiteres y mit E ins
Spiel, so muss $x = y$ sein.

4. Ordnungstheoretischer Beweis, falls x und y reelle Zahlen sind:
Für je zwei reelle Zahlen x und y gilt doch aufgrund der definierenden
Eigenschaften eines Positivbereichs, dass $x = y$ gefolgert werden
darf, falls gleichzeitig $x \leq y$ und $y \leq x$ gilt. Außerdem ist stets eine
der drei Aussagen $x < y$, $x = y$ oder $y < x$ wahr. Wenn es also
gelingt zu zeigen, dass *nicht* $x < y$ und auch *nicht* $y < x$ sein kann,
so muss $x = y$ gelten.
Wer es aus formalen logischen Gründen einsehen möchte, muss die
Aussage

$$[(p \vee q \vee r) \wedge (\neg p) \wedge (\neg r)] \Rightarrow q$$

beweisen. Es empfiehlt sich, noch einmal den Beweis von Satz
1.3.6(v) nachzulesen und sich zu überzeugen, dass das zugrunde
liegende logische Prinzip wieder einmal nichts weiter ist als etwas
trocken aufgeschriebene Lebenserfahrung.
(Die Fortsetzung folgt: auf Seite 115.)

In unserem Fall ist zu zeigen, dass nicht $b^2 > a$ und auch nicht $b^2 < a$ sein kann.

Angenommen, es wäre $b^2 > a$. Wir beachten zunächst, dass wegen $0 \in A$
notwendig $b \geq 0$ sein muss. Da $b^2 > a$ sein soll, ist $b = 0$ nicht möglich, es ist
also $b > 0$.

Wir suchen uns eine Zahl ε mit den folgenden drei Eigenschaften:

$$
\begin{aligned}
0 &< \varepsilon, \\
0 &\leq b - \varepsilon, \\
2\varepsilon b &\leq b^2 - a.
\end{aligned}
$$

(So ein ε gibt es wirklich, man kann ε zum Beispiel als die kleinere der beiden
Zahlen $b/2$, $(b^2 - a)/2b$ wählen.)

Dann ist $b - \varepsilon \in B$, denn $b - \varepsilon$ ist positiv und

$$
\begin{array}{rcl}
(b - \varepsilon)^2 & = & b^2 - 2\varepsilon b + \varepsilon^2 \\
& \underset{\varepsilon > 0}{>} & b^2 - 2\varepsilon b \\
& \underset{\text{Wahl von } \varepsilon}{\geq} & a.
\end{array}
$$

Da b als Schnittzahl links von allen Elementen aus B liegt, folgt $b - \varepsilon \geq b$ und damit $\varepsilon \leq 0$ im Widerspruch zu $\varepsilon > 0$.
Also gilt *nicht* $b^2 > a$.

Im Falle $b^2 < a$ verfahren wir ganz analog. Wir wählen ein ε mit

$$
\begin{array}{rcl}
0 & < & \varepsilon, \\
\varepsilon & \leq & 1, \\
2\varepsilon b + \varepsilon + b^2 & \leq & a.
\end{array}
$$

(Etwa: ε ist die kleinere der Zahlen 1, $(1/2)(a - b^2)/(2b - 1)$; es ist zu beachten, dass b wegen $0 \in A$ nicht negativ sein kann, wir also wirklich durch $2b + 1 > 0$ dividieren dürfen.)
Es ist dann $b + \varepsilon \in A$:

$$
\begin{array}{rcl}
(b + \varepsilon)^2 & = & b^2 + 2\varepsilon b + \varepsilon^2 \\
& \underset{\varepsilon \leq 1}{\leq} & b^2 + 2\varepsilon b + \varepsilon \\
& \underset{\text{Wahl von } \varepsilon}{\leq} & a.
\end{array}
$$

Andererseits muss $x \leq b$ für jedes $x \in A$ gelten (insbesondere also $b + \varepsilon \leq b$), und daraus erhalten wir den Widerspruch $\varepsilon \leq 0$. Folglich gilt *nicht* $b^2 < a$.

> Das war sehr technisch, insbesondere sehen die an die ε gestellten Bedingungen nicht sehr plausibel aus. Sie ergeben sich aber fast zwangsläufig, wenn man von $(b - \varepsilon)^2 > a$ bzw. $(b + \varepsilon)^2 < a$ ausgeht und dann daraus durch Rückwärtsrechnen die Forderungen herleitet.

Damit ist der Beweis vollständig geführt. $\qquad\qquad\qquad\qquad\qquad\qquad$ □

Wegen Lemma 2.2.3(i) und (ii) gibt es zu $a \geq 0$ *genau ein* $b \geq 0$ mit $b^2 = a$. Das führt zu

Definition 2.2.4. *Sei $a \in \mathbb{R}$ mit $a \geq 0$. Das nach Lemma 2.2.3 eindeutig bestimmte $b \geq 0$ mit $b^2 = a$ wird mit $\sqrt{a}$ (lies: „Wurzel aus a") oder $a^{1/2}$ bezeichnet.*

$\sqrt{a}$

Für spätere Zwecke zeigen wir den

Satz 2.2.5. *Es seien a und b reelle Zahlen mit $a, b \geq 0$, weiter sei c eine beliebige reelle Zahl.*

(i) *Die Gleichung $x^2 = a$ hat die Lösungen $x = \sqrt{a}$ und $x = -\sqrt{a}$, weitere Lösungen gibt es nicht.*

(ii) *Es gilt $\sqrt{ab} = \sqrt{a}\sqrt{b}$.*

(iii) *Es ist $\sqrt{c^2} = |c|$.*

(iv) *Aus $0 \leq a \leq b$ folgt $\sqrt{a} \leq \sqrt{b}$.*

Beweis: (i) Es ist klar, dass $\sqrt{a}$ und $-\sqrt{a}$ Lösungen dieser Gleichung sind: $\sqrt{a}$ nach Definition, und $-\sqrt{a}$ wegen $(-x)^2 = x^2$ für $x \in \mathbb{R}$.
Umgekehrt: Ist y irgendein Element aus $\mathbb{R}$ mit $y^2 = a$, so folgt:

- Falls $y \geq 0$, so muss $y = \sqrt{a}$ gelten (Teil (i) des Lemmas 2.2.3).

- Falls $y < 0$, so muss $y = -\sqrt{a}$ sein, denn dann ist $-y > 0$ sowie $(-y)^2 = y^2 = a$, also $-y = \sqrt{a}$.

(ii) Wir wenden das dritte der im Kasten auf Seite 101 beschriebenen Beweisprinzipien an. Wegen der schon bewiesenen Eindeutigkeit der Wurzel ist nur zu zeigen, dass $\sqrt{a}\sqrt{b} \geq 0$ und $(\sqrt{a}\sqrt{b})^2 = ab$ gilt. Beides ist aber offensichtlich richtig.

(iii) Man beachte nur, dass $|c| \geq 0$ ist und dass

$$|c|^2 = \begin{cases} c^2 & \text{falls } c \geq 0 \\ (-c)^2 = c^2 & \text{falls } c < 0. \end{cases}$$

Wie im vorstehenden Beweis folgt $\sqrt{c^2} = |c|$.

(iv) Wäre $\sqrt{b} < \sqrt{a}$, so folgte nach Multiplikation mit $\sqrt{b}$, dass $b < \sqrt{a}\sqrt{b}$. Analog würde sich nach Multiplikation mit $\sqrt{a}$ die Ungleichung $\sqrt{a}\sqrt{b} < a$ ergeben, zusammen also $b < \sqrt{a}\sqrt{b} < a$ im Widerspruch zur Voraussetzung $a \leq b$. □

Damit Sie angesichts der vielen technischen Einzelheiten den *Überblick* nicht verlieren: *Der Wurzel-Exkurs ist zu Ende*, wir kommen wieder zurück zum Problem, den Abstandsbegriff in $\mathbb{C}$ zu entwickeln. Wegen Satz 2.2.5 ist ein Definitionsversuch mit Satz-von-Pythagoras-Hintergedanken[8] zumindest sinnvoll. Dass das sogar erfolgreich ist, wird sich gleich zeigen.

---

[8] Beachten Sie: Wir setzen an keiner Stelle die Gültigkeit des Satzes von Pythagoras voraus, er motiviert nur unser Vorgehen.

Definition 2.2.6.

(i) *Sei $z \in \mathbb{C}$, z geschrieben als $z = x + iy$ mit $x, y \in \mathbb{R}$. Unter $|z|$ („z Betrag" oder „Betrag von z") verstehen wir dann die Zahl $\sqrt{x^2 + y^2}$. (Man beachte dazu, dass $x^2 + y^2$ wegen Satz 1.4.3(vii) nicht negativ ist, $\sqrt{x^2 + y^2}$ ist also wirklich definiert.)* $|z|$

(ii) *Für $z, w \in \mathbb{C}$ verstehen wir unter dem Abstand zwischen z und w die Zahl $|z - w|$.*

Der nachstehende Satz entspricht Satz 2.2.2:

Satz 2.2.7. *Für $z, w, z_1, z_2, z_3 \in \mathbb{C}$ gilt:*

(i) *$|z| \geq 0$, und aus $|z| = 0$ folgt $z = 0$.*

(ii) *$|zw| = |z||w|$.*

(iii) *$|z + w| \leq |z| + |w|$.*

(i)' *$|z - w| \geq 0$, und aus $|z - w| = 0$ folgt $z = w$.*

(ii)' *$|z - w| = |w - z|$.*

(iii)' *$|z_1 - z_3| \leq |z_1 - z_2| + |z_2 - z_3|$ (Dreiecksungleichung).*

Bemerkungen: 1. Jetzt können Sie verstehen, wie die Dreiecksungleichung zu ihrem Namen gekommen ist. Von z_1 nach z_3 geht es auf dem direkten Weg am schnellsten, der Umweg über z_2 führt zu einer mindestens genauso langen Wegstrecke.

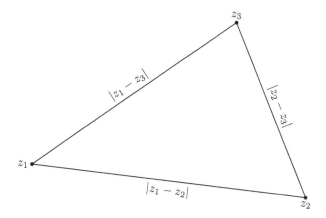

Bild 2.6: Die Dreiecksungleichung: $|z_1 - z_3| \leq |z_1 - z_2| + |z_2 - z_3|$

2. Es ist darauf hinzuweisen, dass die neue Definition mit Definition 2.2.1 verträglich ist: Fassen wir $x \in \mathbb{R}$ als Element von $\mathbb{C}$ auf, so ist es völlig egal, ob wir $|x|$ nach Definition 2.2.1 oder nach Definition 2.2.6 berechnen. Das ist gerade der Inhalt von Satz 2.2.5(iii).

3. Die Ungleichung in Satz 2.2.7(iii) wird ebenfalls Dreiecksungleichung genannt, es handelt sich um den Spezialfall von (iii)', wenn z_2 gleich Null ist. Allgemeiner ergibt sich übrigens leicht

$$|z_1 + z_2 + z_3| \leq |z_1 + z_2| + |z_3| \leq |z_1| + |z_2| + |z_3|,$$

und daraus

$$|z_1 + z_2 + z_3 + z_4| \leq |z_1 + z_2 + z_3| + |z_4| \leq |z_1| + |z_2| + |z_3| + |z_4|,$$

usw., also eine Vierecksungleichung, Fünfecksungleichung, ...

Beweis des Satzes: (i) Nach Definition der Wurzel gilt $|z| \geq 0$. Zum Beweis des zweiten Teils der Behauptung nehmen wir an, dass für ein z die Gleichung $|z| = 0$ gilt. Das bedeutet $\sqrt{x^2 + y^2} = 0$ und damit $x^2 + y^2 = 0$, wobei $z = x + iy$ mit reellen x, y geschrieben ist. Das ist – wieder wegen eines ordnungstheoretischen Argumentes, nämlich wieder wegen Satz 1.4.3(vii) – nur möglich, wenn x und y beide gleich Null sind, d.h. wenn $z = 0$ gilt.

(ii) z bzw. w seien als $z = x + iy$ bzw. $w = x' + iy'$ geschrieben (mit reellen n Zahlen x, y, x', y'). Es ist dann $zw = (xx' - yy') + i(xy' + x'y)$, also

$$|zw| = \sqrt{(xx' - yy')^2 + (xy' + x'y)^2}.$$

Die Behauptung läuft also auf die Gleichung

$$\sqrt{x^2 + y^2} \cdot \sqrt{x'^2 + y'^2} = \sqrt{(xx' - yy')^2 + (xy' + x'y)^2}$$

hinaus. Die aber ergibt sich aus Satz 2.2.5(ii) und der direkt auszurechnenden Identität

$$(x^2 + y^2)(x'^2 + y'^2) = (xx' - yy')^2 + (xy' + x'y)^2.$$

(iii) Wir schreiben z und w wie im Beweis von (ii). Die Aussage in (iii) bedeutet dann gerade, dass

$$\sqrt{x^2 + y^2} + \sqrt{x'^2 + y'^2} \geq \sqrt{(x + x')^2 + (y + y')^2}.$$

Zum Beweis dieser Ungleichung behandeln wir sie so, wie Sie es aus Wurzelgleichungen aus der Mittelstufe (Quadrieren usw.) gewohnt sind, und zwar so lange, bis etwas offensichtlich Richtiges dasteht. Dann wird das Ganze in umgekehrter Reihenfolge aufgeschrieben, wobei jeder Schritt zu begründen ist. Dieses „Rückwärtsrechnen" ist fast immer der einzige Weg, um zu einer erfolgversprechenden Beweisidee zu kommen.

Im vorliegenden Fall starten wir mit

$$(xy' - yx')^2 \geq 0,$$

das ist das Endergebnis beim Rückwärtsrechnen, diese Ungleichung folgt aus Satz 1.4.3(vii). Umformen ergibt (nach der Addition von $x^2 x'^2 + y^2 y'^2$ auf beiden Seiten der Ungleichung)

$$(x^2 + y^2)(x'^2 + y'^2) \geq (xx' + yy')^2,$$

und durch – wegen Satz 2.2.5(ii) gerechtfertigtes – Wurzelziehen auf beiden Seiten erhalten wir

$$\sqrt{x^2 + y^2}\sqrt{x'^2 + y'^2} \geq |xx' + yy'| \geq xx' + yy'.$$

Nun wird mit 2 multipliziert, und auf beiden Seiten der Ungleichung wird die Zahl $x^2 + y^2 + x'^2 + y'^2$ addiert. Das führt uns zu

$$\left(\sqrt{x^2 + y^2} + \sqrt{x'^2 + y'^2}\right)^2 \geq (x + x')^2 + (y + y')^2.$$

Nochmalige Anwendung von Satz 2.2.5(ii) liefert schließlich die Behauptung. (i)', (ii)', (iii)' ergeben sich sofort aus (i), (ii), (iii) wie im analogen Fall des Satzes 2.2.2.   □

Ich darf nun um Ihre konzentrierte *Aufmerksamkeit für die nächste Definition* bitten. Es wird darum gehen, zu präzisieren, dass eine vorgegebene Folge eine Zahl a „besser und besser approximiert", so wie etwa π durch $(3.14, 3.141, \ldots)$ approximiert wird.

Dabei werden wir im ersten Schritt (Definition 2.2.8) erklären, was es heißt, dass eine Folge der Null „beliebig nahe" kommt und erst dann in Definition 2.2.9 „(a_n) konvergiert gegen a" als „$(a_n - a)$ konvergiert gegen Null" definieren.

Was also soll für eine Folge $(a_n)_{n \in \mathbb{N}}$ (z.B. in $\mathbb{R}$) bedeuten, dass sie der Null „beliebig nahe" kommt? Intuitiv ist das klar, wenn Sie an konkrete Beispiele denken: $(1, 0.1, 0.01, \ldots)$ kommt sicher der Null „beliebig nahe", $(1, 0, 1, \ldots)$ oder gar $(1, 2, 3, \ldots)$ aber sicher nicht. Wie aber soll diese Intuition präzisiert werden? Wenn Sie nicht darauf kommen, trösten Sie sich: Bis zur nachstehenden Definition vergingen mehrere Jahrhunderte, in denen die Mathematiker den Konvergenzbegriff nur intuitiv verwenden konnten.

$\mathbb{K}$

> Da wir nicht alles zweimal sagen wollen, nämlich einmal für $\mathbb{R}$ und dann noch einmal für $\mathbb{C}$, treffen wir für den Rest dieses Buches die folgende *Vereinbarung*: Das Symbol $\mathbb{K}$ steht stellvertretend für $\mathbb{R}$ oder $\mathbb{C}$. Kommt $\mathbb{K}$ in einer Aussage mehrfach vor, so soll immer der gleiche Körper gemeint sein, also immer $\mathbb{R}$ oder immer $\mathbb{C}$.
> Falls Ihnen das am Anfang Schwierigkeiten macht, sollten Sie überall $\mathbb{K}$ durch $\mathbb{R}$ ersetzen.

Definition 2.2.8 (sehr, sehr wichtig!!). *Sei $(a_n)_{n \in \mathbb{N}}$ eine Folge in $\mathbb{K}$. Wir sagen, dass $(a_n)_{n \in \mathbb{N}}$ eine* Nullfolge *ist (oder gegen Null konvergiert), falls es für jedes $\varepsilon > 0$ einen Index $n_0 \in \mathbb{N}$ so gibt, dass $|a_n| \leq \varepsilon$ für jedes $n \in \mathbb{N}$ mit $n \geq n_0$ gilt.*

Nullfolge

Diese Definition muss ausführlich erläutert werden, es folgen daher zahlreiche

Bemerkungen und Beispiele:

1. Bisher war es nicht nötig, unsere Aussagen durch die Einführung geeigneter neuer Symbole besser zu strukturieren. Definition 2.2.8 (und analog viele weitere noch zu besprechende Sachverhalte) werden übersichtlicher, wenn wir als

$\forall, \exists$ Abkürzungen „$\forall$" für „für alle" und „$\exists$" für „es existiert" schreiben (der Gültigkeitsbereich dieser so genannten „*Quantoren*" wird meist darunter geschrieben). Das Zeichen „$\forall$" muss nicht weiter erläutert werden, zur Abkürzung „$\exists$" sollte man ergänzen, dass sie als „es existiert *mindestens ein* ... mit ..." gemeint ist.

Definition 2.2.8 kann unter Verwendung dieser neuen Kürzel so geschrieben werden:

$$(a_n)_{n \in \mathbb{N}} \text{ ist Nullfolge} \overset{\text{Definition}}{\Longleftrightarrow} \bigvee_{\varepsilon > 0} \; \bigexists_{n_0 \in \mathbb{N}} \; \bigvee_{\substack{n \in \mathbb{N} \\ n \geq n_0}} |a_n| \leq \varepsilon,$$

dabei wird der rechts stehende Ausdruck auch gleichwertig in der Variante

$$\bigvee_{\varepsilon > 0} \; \bigexists_{n_0 \in \mathbb{N}} \; \bigvee_{n \in \mathbb{N}} n \geq n_0 \Rightarrow |a_n| \leq \varepsilon$$

verwendet.

Beachten Sie, dass Quantoren wirklich nur Abkürzungen im Interesse einer übersichtlicheren Schreibweise sind. Es wäre ziemlich sinnlos, Quantoren-Formeln stur auswendig zu lernen. Wichtig ist, dass Sie den *Inhalt* der Aussage verstehen.

2. Hier ein erstes Beispiel, es ist leider trivial[9]: $(a_n)_{n \in \mathbb{N}}$ sei eine Folge mit der Eigenschaft, dass $a_n = 0$ für $n \geq \hat{n}$, wobei $\hat{n}$ eine natürliche Zahl ist. Von irgendeinem Index an besteht die Folge also aus lauter Nullen, man spricht auch von einer *abbrechenden Folge*. (Ist zum Beispiel $(a_n) = (1, 2, \ldots, 100, 0, 0, 0, \ldots)$, so könnte man $\hat{n} = 101$ wählen.)

Das ist dann eine Nullfolge, denn unabhängig von ε hat das durch $n_0 := \hat{n}$ definierte n_0 die gewünschten Eigenschaften. Es ist natürlich nicht verboten, n_0 durch eine größere Zahl zu ersetzen.

3. Als wichtigeres Beispiel betrachten wir die Folge $(1/n)_{n \in \mathbb{N}}$, also $(1, 1/2, 1/3, \ldots)$. Wir behaupten, dass es sich um eine Nullfolge handelt.

Dazu sei irgendein $\varepsilon > 0$ vorgelegt. Aufgrund des Archimedesaxioms – genauer, wegen der in Satz 1.7.3(i) bewiesenen Folgerung daraus – gibt es ein $n_0 \in \mathbb{N}$ mit $1/n_0 \leq \varepsilon$. Da für $n \geq n_0$ auch $1/n \leq 1/n_0$ ist und $1/n = |1/n|$ gilt, heißt das gerade: Für $n \geq n_0$ ist $|1/n| \leq \varepsilon$. Und das beweist die Behauptung.

---

[9] „Trivial" bedeutet soviel wie „ganz fürchterlich einfach". Dummerweise kann man sehr unterschiedlicher Meinung darüber sein, ob eine bestimmte Aussage nun trivial ist oder nicht. Auch Ihnen wird die Erfahrung nicht erspart bleiben, dass Sie eine Aussage lesen, die mit „Es ist trivial, dass ..." anfängt, Sie aber keinen blassen Schimmer haben, wie man das denn begründen könnte. Varianten des Themas sind Sätze wie „Offensichtlich ist ..." oder „Es ist leicht zu sehen, dass ...". In *diesem* Buch allerdings ist versucht worden, das Wort „trivial" nur in wirklich gerechtfertigten Fällen zu verwenden.

Die weitere Entwicklung der Analysis wird zeigen, dass $(1/n)_{n\in\mathbb{N}}$ nicht irgendein x-beliebiges Beispiel einer Nullfolge ist. Diese Folge ist vielmehr so etwas wie der Urvater aller konkret zu behandelnden Nullfolgen und folglich – weil „Konvergenz" mit Hilfe von „Nullfolge" definiert werden wird – aller konvergenten Folgen. Konvergenzbeweise werden darauf hinauslaufen, dass irgendwo „$(1/n)_{n\in\mathbb{N}}$ ist Nullfolge" ausgenutzt werden wird. Besonders simple Folgen wie die abbrechenden Folgen im vorstehenden Beispiel betrifft das natürlich nicht.

Das ist natürlich nicht allzu überraschend, denn „$(1/n)_{n\in\mathbb{N}}$ ist Nullfolge" ist äquivalent zum Archimedesaxiom und das ist das einzige Axiom, das die Existenz natürlicher Zahlen mit geeigneten Eigenschaften sichert, wie sie in der Definition „Nullfolge" gefordert werden.

Zusammenhang zum Archimedesaxiom
Für belastbare Leser: Eben haben wir gesehen, dass aus dem Archimedesaxiom folgt, dass $(1/n)_{n\in\mathbb{N}}$ eine Nullfolge ist. Umgekehrt gilt das auch. Hätten wir den Betrag und den Begriff „Nullfolge" in beliebigen angeordneten Körpern eingeführt (wörtlich wie in 2.2.1 bzw. 2.2.8), so kann man beweisen, dass aus „$(1/n)_{n\in\mathbb{N}}$ ist eine Nullfolge" das Archimedesaxiom folgt. (Haben Sie eine Beweisidee?)
Kurz „$(1/n)_{n\in\mathbb{N}}$ ist eine Nullfolge" ist nichts weiter als eine Umformulierung des Archimedesaxioms.

?

4. Für „$(a_n)_{n\in\mathbb{N}}$ ist Nullfolge" schreibt man auch **lim**

$$\lim_{n\to\infty} a_n = 0 \quad \text{(„Limes } a_n \text{ für } n \text{ gegen unendlich gleich Null"),}$$

oder $\quad \lim a_n = 0 \quad$ („Limes a_n gleich Null"),

oder $\quad a_n \xrightarrow[n\to\infty]{} 0 \quad$ („a_n gegen 0 für n gegen unendlich"),

oder $\quad a_n \to 0 \quad$ („a_n geht gegen Null");

wieder hat das Symbol „∞" keinerlei inhaltliche Bedeutung.

5. Sei $(a_n)_{n\in\mathbb{N}}$ eine Folge in $\mathbb{K}$. Je nachdem, ob Sie sich $(a_n)_{n\in\mathbb{N}}$ als „Spaziergang in $\mathbb{K}$" oder durch den Graphen vorstellen (vgl. die Bemerkungen nach Definition 2.1.1 auf Seite 93), erhalten Sie für „$a_n \to 0$" folgende Veranschaulichung:

- Die erste Möglichkeit (s. Bild 2.7):

  „$a_n \to 0$" bedeutet, dass außerhalb der Menge $\{x \mid |x| \le \varepsilon\}^{10)}$ höchstens endlich viele Folgenglieder liegen, nämlich schlimmstenfalls $a_1, a_2, \ldots, a_{n_0-1}$.

- Die zweite Möglichkeit (Bild 2.8)[11)]:

  Die Aussage „$a_n \to 0$" kann man sich so vorstellen, dass außerhalb jedes ε-Streifens (das ist der Bereich zwischen den Geraden $y = \varepsilon$ und $y = -\varepsilon$) höchstens endlich viele der Punkte (n, a_n) liegen.

[10)] Diese Menge ist in $\mathbb{C}$ eine Kreisscheibe und in $\mathbb{R}$ die Menge $\{x \mid -\varepsilon \le x \le \varepsilon\}$.
[11)] Die ist nur im Fall $\mathbb{K} = \mathbb{R}$ sinnvoll einzusetzen.

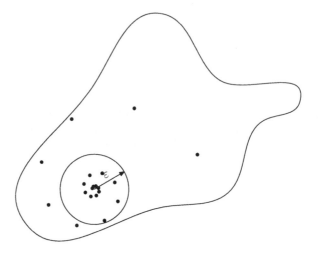

Bild 2.7: Nullfolge

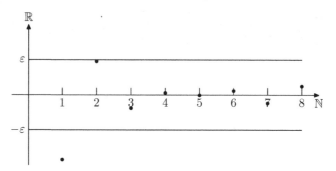

Bild 2.8: Graph einer Nullfolge

6. Für den Nachweis von „$a_n \to 0$" ist ein „aus p folgt q"-Beweis zu führen, d.h. aus $\varepsilon > 0$ ist zu folgern, dass es ein n_0 mit gewissen Eigenschaften gibt. Sie dürfen dabei wirklich nichts weiter voraussetzen, als dass ε eine positive reelle Zahl ist. Für ein analoges Beispiel denken Sie etwa an den Induktionsschluss bei Induktionsbeweisen.

Folglich hat es Sie nicht zu interessieren, woher Sie Ihr ε bekommen, wie groß es denn nun wirklich ist, usw. Sie sollen einen Beweis liefern, der unabhängig vom konkreten ε klappt und nur $\varepsilon > 0$ ausnutzt, egal ob $\varepsilon = 1000$ oder $\varepsilon = 1/1000$! ist. Anschaulich dürfen Sie sich daher den Beweis von „$a_n \to 0$" als Konstruktion eines Automaten vorstellen, der zu gegebenem ε ein n_0 mit den geforderten Eigenschaften auswirft.

Um einen typischen Beweis vorzuführen, behandeln wir die folgende Aussage:

Behauptung: $(1/\sqrt{n})_{n\in\mathbb{N}}$ ist eine Nullfolge.

Beweis 1 (sehr ausführlich): Wir haben zu zeigen, dass zu *jedem* vorgegebenen $\varepsilon > 0$ ein n_0 existiert, so dass $|1/\sqrt{n}| \le \varepsilon$ für $n \ge n_0$ gilt.

> Heimliche Vorüberlegung: $|1/\sqrt{n}| \le \varepsilon$ bedeutet das gleiche wie $1/n \le \varepsilon^2$, und für $n \ge n_0$ ist $|1/\sqrt{n}| \le |1/\sqrt{n_0}| \le 1/\sqrt{n_0}$. Es wird also reichen, ein n_0 mit $1/n_0 \le \varepsilon^2$ zu finden.

Sei also $\varepsilon > 0$ vorgegeben. Es ist dann auch $\varepsilon^2 > 0$, d.h. aufgrund des Archimedesaxioms existiert ein $n_0 \in \mathbb{N}$ mit $1/n_0 \le \varepsilon^2$. Für jedes $n \ge n_0$ ist dann

$$\left|\frac{1}{\sqrt{n}}\right| \le \left|\frac{1}{\sqrt{n_0}}\right| \le \frac{1}{\sqrt{n_0}} \le \varepsilon;$$

dabei haben wir Satz 2.2.5(iv) verwendet.
Das beweist $1/\sqrt{n} \to 0$. □

> **Achtung, Bezeichnungen!**
> Es hat sich eingebürgert, auf eine gewisse Bezeichnungsdisziplin zu achten. So kann das Auge mitdenken, und der Kopf ist frei für die wirklich interessanten Aspekte des Problems. Mathematisch wäre es zum Beispiel völlig korrekt, den Begriff „(a_n) ist Nullfolge" durch „Für alle $R > 0$ gibt es ein $x \in \mathbb{N}$, so dass für alle $x_0 \in \mathbb{N}$ mit $x \le x_0$ die Ungleichung $|a_{x_0}| \le R$ gilt." zu definieren. Hätten Sie es aber gleich wiedererkannt?
> Es hat übrigens recht lange in der Geschichte der Mathematik gedauert, bis man sich auf sinnvolle Abkürzungen geeinigt hat. Bis ins 15. Jahrhundert wurde noch alles sozusagen „in Prosa" ausgedrückt, eine übersichtliche Formelsprache setzte sich in größerem Umfang erst im 17. Jahrhundert durch.

Beweis 2 (Standard): Sei $\varepsilon > 0$ vorgegeben. Man wähle aufgrund des Archimedesaxioms ein $n_0 \in \mathbb{N}$ mit $1/n_0 \le \varepsilon^2$. Es ist dabei zu beachten, dass wegen $\varepsilon > 0$ auch $\varepsilon^2 > 0$ ist. Für $n \ge n_0$ ist dann

$$\left|\frac{1}{\sqrt{n}}\right| \le \left|\frac{1}{\sqrt{n_0}}\right| \le \frac{1}{\sqrt{n_0}} \le \varepsilon.$$

Damit ist $1/\sqrt{n} \to 0$ bewiesen. □

7. Am vorigen Beispiel ist wieder einmal das „Rückwärtsrechnen" hervorzuheben: Erst durch Auflösen der gewünschten Ungleichung

$$\left|\frac{1}{\sqrt{n}}\right| \le \varepsilon$$

nach $1/n$ kam das Archimedesaxiom ins Spiel. Versuchen Sie sich analog an einem exakten Beweis von $1/2n \to 0$ oder $1/n^2 \to 0$.

?

8. Erinnern Sie sich an den Kommentar nach Satz 1.7.3 über die Mathematiker-Hintergedanken zum Buchstaben ε. Anschaulich ist klar, dass Sie es für „große" ε mit dem Nullfolgen-Nachweis leicht haben werden (nur „mäßig große" n_0), sich aber anstrengen müssen, wenn ε „sehr klein" ist (evtl. „riesengroße" n_0).

9. Das Gegenteil von „für alle x gilt die Aussage A" ist offensichtlich „es gibt ein x, für das A nicht gilt", und das Gegenteil von „es gibt ein x mit A" ist „für alle x gilt A nicht".
Folglich bedeutet die Aussage „(a_n) ist keine Nullfolge":

> Es gibt ein $\varepsilon > 0$ mit der Eigenschaft: Wie groß auch immer $n_0 \in \mathbb{N}$ gewählt ist, es gibt ein $n \geq n_0$ mit $|a_n| > \varepsilon$.
>
> Mit Quantoren liest sich das so:
> $$\underset{\varepsilon > 0}{\exists} \; \underset{n_0 \in \mathbb{N}}{\forall} \; \underset{n \geq n_0}{\exists} \; |a_n| > \varepsilon.$$

Wenn Sie also nachweisen wollen, dass eine konkret gegebene Folge $(a_n)_{n \in \mathbb{N}}$ *keine* Nullfolge ist, so müssen Sie ein derartiges „Versager-ε" angeben (das wir dann meist mit ε_0 bezeichnen werden). Man kann z.B. $\varepsilon_0 := 1/2$ wählen, um einzusehen, dass $(1, 1, \ldots)$ und $(1, 0, 1, 0, \ldots)$ keine Nullfolgen sind. Für den Beweis von „$(1/1000, 0, 1/1000, 0, \ldots)$ ist keine Nullfolge" müssen Sie sich um einen kleineren Versager bemühen. Was ist Ihr Vorschlag für ε_0?

?

10. Nach so vielen Bemerkungen sollte alles klar sein. Falls immer noch nicht: Lernen Sie die Definition fürs Erste auswendig und hoffen Sie auf ein besseres Verständnis im Laufe Ihrer weiteren Beschäftigung mit der Analysis. Faustregel: Besser auswendig richtig als falsch gemerkt.

> Leider ist das keine überflüssige Bemerkung, denn es kommt immer wieder vor, dass manche sich „Nullfolge" *falsch*, etwa als
> $$\underset{n_0 \in \mathbb{N}}{\exists} \; \underset{\varepsilon > 0}{\forall} \; \underset{n \geq n_0}{\forall} \; |a_n| \leq \varepsilon$$

?

merken. Welche Folgen werden durch diese falsche Definition eigentlich beschrieben?

Die Definition von „Konvergenz" ergibt sich quasi als Anhängsel. Nachdem wir wissen, was es bedeutet, dass eine Folge „beliebig klein" wird, können wir „Konvergenz gegen a" als „die Abstände zu a werden beliebig klein" definieren. Genauer:

Definition 2.2.9. *Sei $(a_n)_{n \in \mathbb{N}}$ eine Folge in $\mathbb{K}$ und $a \in \mathbb{K}$. Wir sagen, dass $(a_n)_{n \in \mathbb{N}}$ gegen a konvergiert, wenn $(a_n - a)_{n \in \mathbb{N}}$ eine Nullfolge ist.*

konvergent

Eine Folge $(a_n)_{n \in \mathbb{N}}$ in $\mathbb{K}$ heißt konvergent, *wenn es ein $a \in \mathbb{K}$ gibt mit: $(a_n)_{n \in \mathbb{N}}$ konvergiert gegen a. Mit Quantoren:*

$$\underset{\varepsilon > 0}{\forall} \; \underset{n_0 \in \mathbb{N}}{\exists} \; \underset{n \geq n_0}{\forall} \; |a_n - a| \leq \varepsilon.$$

Folgen, die nicht konvergent sind, heißen divergent.

Bemerkungen und Beispiele:

1. Für „$(a_n)_{n\in\mathbb{N}}$ ist konvergent gegen a" schreiben wir auch

$$a_n \xrightarrow[n\to\infty]{} a \quad \text{(„}a_n \text{ gegen } a \text{ für } n \text{ gegen unendlich"),}$$

oder $\quad a_n \to a \quad$ (,,a_n gegen a"),

oder $\quad \lim_{n\to\infty} a_n = a \quad$ („Limes a_n gleich a für n gegen unendlich"),

oder $\quad \lim a_n = a \quad$ („Limes a_n gleich a").

2. Die vorstehende Bezeichnungsweise ist verträglich mit der für Nullfolgen, denn die gegen Null konvergenten Folgen sind gerade die Nullfolgen. Das wird manchen spitzfindig vorkommen, aber wenn es nicht so wäre, wüsste man nicht, was die Aussage „$a_n \to 0$" eigentlich bedeuten soll.

3. Als Beispiel betrachten wir die Folge $(1+\frac{1}{n})_{n\in\mathbb{N}}$. Es ist nicht schwer zu sehen, dass $1 + \frac{1}{n} \to 1$ gilt, denn die Differenz zwischen der Folge und der Zahl 1 ist die Nullfolge $(\frac{1}{n})_{n\in\mathbb{N}}$.

Das Beispiel ist leider enttäuschend einfach, denn es ist klar, dass Folgen der Form „a plus Nullfolge" gegen a konvergieren müssen. (Umgekehrt ist das auch richtig: Gilt $a_n \to a$, so schreibe man die Folge $(a_n)_{n\in\mathbb{N}}$ als $\left(a + (a_n - a)\right)_{n\in\mathbb{N}}$. Damit ist (a_n) von der Form „konstante Folge plus Nullfolge".)

Wie aber sieht es mit Folgen aus, für die ein Kandidat für das a weit und breit nicht in Sicht ist? Wie zeigt man etwa, dass die Folge $(1, 1-\frac{1}{2}, 1-\frac{1}{2}+\frac{1}{3}, \dots)$ konvergent ist? Diese Folge ist wirklich konvergent, aber erst im nächsten Abschnitt werden wir Methoden kennen lernen, das auch wirklich zu beweisen. Eine Umformulierung des Vollständigkeitsaxioms wird dabei eine ganz wesentliche Rolle spielen.

4. *Jetzt* können wir sagen, was wir zu Beginn des Kapitels eigentlich gemeint haben: Die Folge $(3.14, 3.141, 3.1415, 3.14159, \dots)$ konvergiert gegen π. Umgekehrt: Konvergenz ist aus dem gleichen Grunde allgemein wichtig wie im konkreten π-Beispiel, denn im Falle $a_n \to a$ darf in vielen Fällen statt mit a mit den oft besser bekannten a_n (n „genügend groß") gerechnet werden.

Soweit zur Definition der Konvergenz. Der Rest des Abschnitts ist *ersten Untersuchungen* dazu gewidmet. Wir behandeln

- *Technisches*: Wie kann man einer Folge ansehen, ob sie konvergent ist?

- *Permanenzaussagen*: Wie gewinnt man aus schon bekannten konvergenten Folgen neue?

Die Kombination von Permanenzaussagen mit dem Nachweis einiger exemplarischer Beispiele für Konvergenz (etwa $1/n \to 0$) liefert uns dann eine Fülle von Beispielen konvergenter Folgen. Diesem Aufbau – fundamentale Beispiele plus Permanenzsätze – werden wir in späteren Kapiteln noch oft begegnen.

Hier der eher technische

Satz 2.2.10. *Sei* $(a_n)_{n \in \mathbb{N}}$ *eine Folge in* $\mathbb{K}$. *Dann gilt*

(i)

$$\left(\bigvee_{\varepsilon > 0} \ \underset{n_0 \in \mathbb{N}}{\exists} \ \bigvee_{\substack{n \in \mathbb{N} \\ n \geq n_0}} |a_n| < \varepsilon \right) \iff a_n \to 0;$$

dabei haben wir die auf Seite 108 eingeführten Kürzel für „für alle" und „es existiert" verwendet.

„$|a_n| \leq \varepsilon$" darf also bei Bedarf durch „$|a_n| < \varepsilon$" ersetzt werden.

(ii) Es gebe ein $K > 0$ mit

$$\bigvee_{\varepsilon > 0} \ \underset{n_0 \in \mathbb{N}}{\exists} \ \bigvee_{\substack{n \in \mathbb{N} \\ n \geq n_0}} |a_n| \leq K\varepsilon.$$

Dann ist $(a_n)_{n \in \mathbb{N}}$ eine Nullfolge.

Niemand braucht also zu verzweifeln, wenn beim Nullfolgennachweis zunächst nur – zum Beispiel – $|a_n| \leq 3\varepsilon$ gezeigt werden kann.

(iii) Es gebe eine Folge $(b_n)_{n \in \mathbb{N}}$ in $\mathbb{K}$ und ein $\hat{n}$ mit $a_n = b_n$ für $n \geq \hat{n}$, d.h. $(a_n)_{n \in \mathbb{N}}$ und $(b_n)_{n \in \mathbb{N}}$ unterscheiden sich schlimmstenfalls durch endlich viele Folgenglieder. Ist dann $(b_n)_{n \in \mathbb{N}}$ konvergent, so auch $(a_n)_{n \in \mathbb{N}}$, und

$$\lim_{n \to \infty} a_n = \lim_{n \to \infty} b_n.$$

Kurz: Das Konvergenzverhalten ist nur abhängig von den a_n mit $n \geq \hat{n}$, wobei $\hat{n}$ beliebig groß sein kann. „Jugendsünden" einer Folge sind für das Konvergenzverhalten unerheblich.

(iv) Aus $a_n \to a$ und $a_n \to b$ folgt $a = b$. Der Limes ist also eindeutig bestimmt, falls er existiert. Erst aufgrund dieser Tatsache ist man berechtigt, das Zeichen „$\lim a_n$" zu benutzen[12].

Beweis: (i) „$\Rightarrow$" ist klar, denn aus $|a_n| < \varepsilon$ folgt erst recht $|a_n| \leq \varepsilon$.

Der Beweis von „$\Leftarrow$" wird – zum besseren Verständnis der Konvergenzdefinition – besonders ausführlich behandelt. Wir wissen, dass

$$\bigvee_{\tilde{\varepsilon} > 0} \ \underset{n_0 \in \mathbb{N}}{\exists} \ \bigvee_{\substack{n \in \mathbb{N} \\ n \geq n_0}} |a_n| \leq \tilde{\varepsilon}. \qquad (2.4)$$

Dabei haben wir $\tilde{\varepsilon}$ („ε Schlange") statt ε geschrieben, um einer für Anfänger nahe liegenden Begriffsverwirrung zu entgehen. Wir zeigen nun:

$$\bigvee_{\varepsilon > 0} \ \underset{n_0 \in \mathbb{N}}{\exists} \ \bigvee_{\substack{n \in \mathbb{N} \\ n \geq n_0}} |a_n| < \varepsilon. \qquad (2.5)$$

---

[12] Anders ausgedrückt: Könnte es vorkommen, dass für eine Folge (a_n) gleichzeitig $\lim a_n = 3$ und $\lim a_n = 4$ ist, so wüsste niemand, welche Zahl mit dem Zeichen $\lim a_n$ gemeint ist.

Sei dazu (irgendein) $\varepsilon > 0$ vorgegeben. Wir betrachten dann $\tilde{\varepsilon} := \varepsilon/2$ und wenden unsere Voraussetzung (2.4) für *dieses* $\tilde{\varepsilon}$ an. Das dürfen wir, denn mit ε ist auch $\tilde{\varepsilon} > 0$. Es existiert dann nach Voraussetzung ein n_0, so dass $|a_n| \leq \tilde{\varepsilon} = \varepsilon/2$ für alle n mit $n \geq n_0$ ist. Da aber $\varepsilon/2 < \varepsilon$ gilt, folgt daraus $|a_n| < \varepsilon$ für $n \geq n_0$. Die Beweisidee lautet damit in Kurzfassung: Um (2.5) zu zeigen, wenden wir (2.4) für $\varepsilon/2$ an[13].

(ii) Die Idee ist ähnlich wie im vorigen Beweis, wir dürfen uns also kürzer fassen.

Um $a_n \to 0$ unter der Annahme zu zeigen, dass die Voraussetzung in (ii) erfüllt ist, wähle man bei vorgegebenem $\varepsilon > 0$ ein n_0 gemäß Voraussetzung, aber nicht zu ε, sondern zu ε/K. Das darf man, da $\varepsilon/K > 0$ ist. Für das so gewählte n_0 gilt dann:

$$|a_n| \leq K \cdot \frac{\varepsilon}{K} \text{ für } n \geq n_0.$$

Wegen $K \cdot (\varepsilon/K) = \varepsilon$ erfüllt *dieses* n_0 die Bedingungen, die wir für den Nachweis der Nullfolgeneigenschaft benötigen. Und damit ist gezeigt, dass $(a_n)_{n \in \mathbb{N}}$ eine Nullfolge ist.

(iii) $(b_n)_{n \in \mathbb{N}}$ sei konvergent gegen ein $b \in \mathbb{K}$. Wir wollen zeigen, dass auch $a_n \to b$ gilt und beginnen dazu mit der Vorgabe eines $\varepsilon > 0$. Wegen $b_n \to b$ finden wir ein n_0 mit $|b_n - b| \leq \varepsilon$, sobald nur $n \geq n_0$ ist. Das bedeutet $|a_n - b| \leq \varepsilon$, wenn $n \geq n_0$ und gleichzeitig $n \geq \hat{n}$ ist, denn dann ist $a_n = b_n$.

Damit haben wir einen Index n_1 (nämlich die größere der beiden Zahlen n_0, $\hat{n}$) gefunden, so dass $|a_n - b| \leq \varepsilon$ ist für alle $n \geq n_1$. Das zeigt $a_n \to b$.

(iv) Indirekt geht es am leichtesten: Wäre $a \neq b$, so wäre $|a - b|$ strikt positiv. Zu $\varepsilon := |a - b|/3$ gäbe es aufgrund der Konvergenzdefinition ein $n_0 \in \mathbb{N}$ sowie ein $\tilde{n}_0 \in \mathbb{N}$ mit

$$n \geq n_0 \quad \Rightarrow \quad |a_n - a| \leq \varepsilon,$$
$$n \geq \tilde{n}_0 \quad \Rightarrow \quad |a_n - b| \leq \varepsilon.$$

Wählt man nun irgendein n, das gleichzeitig größer als n_0 und als $\tilde{n}_0$ ist, so folgt

$$\begin{aligned} 3\varepsilon &= |a - b| \\ &= |(a - a_n) + (a_n - b)| \\ &\leq |a - a_n| + |a_n - b| \\ &\leq \varepsilon + \varepsilon = 2\varepsilon, \end{aligned}$$

also $3\varepsilon \leq 2\varepsilon$ und damit der Widerspruch $\varepsilon \leq 0$. $\square$

---

[13] Das sollten Sie sich aber nicht als „Setze $\varepsilon := \varepsilon/2$" merken!

Wie zeigt man $x = y$? (Fortsetzung von Seite 101)

Inzwischen haben wir weitere Methoden verwendet, um $x = y$ zu zeigen. Wir setzen die Aufstellung von Seite 101 fort:

5. *Der Beweis von $x \leq 0$, falls x eine reelle Zahl ist:* Wenn man zeigen kann, dass $x \leq \varepsilon$ für jedes $\varepsilon > 0$ ist, so muss $x \leq 0$ gelten. Begründung: Die Annahme $x > 0$ kann durch Einsetzen von $\varepsilon := x/2$ zu einem Widerspruch geführt werden.

Und daraus folgt: Weiß man schon, dass $x \geq 0$ ist, so darf man aus „$x \leq \varepsilon$ für alle $\varepsilon > 0$" schließen, dass $x = 0$ sein muss. (Dieser Beweis kann auch verwendet werden, um für komplexe Zahlen z zu zeigen, dass $z = 0$ gilt: Man muss ihn nur für $x := |z|$ führen.)

6. *Beweis von $x = 0$ für reelle oder komplexe x mit Hilfe von Nullfolgen:* Ist $x \geq 0$ und weiß man, dass $|x| \leq a_n$ für alle n gilt, wobei (a_n) eine Nullfolge ist, so muss $x = 0$ gelten. Das folgt aus „5.", man muss nur genügend große n wählen, um einzusehen, dass die Epsilon-Bedingung erfüllt ist.

Unter einem „*Permanenzsatz*" versteht man ein Ergebnis, durch das aus den jeweils betrachteten Objekten (hier: konvergente Folgen) mittels für diese Objekte sinnvoller Operationen (hier: Summen, Vielfache, Produkte, …) neue Objekte gewonnen werden können. Bevor wir den für konvergente Folgen relevanten Permanenzsatz beweisen, zeigen wir als Vorbereitung das folgende Lemma, das auch für sich von Bedeutung ist:

Lemma 2.2.11. *Sei $(a_n)_{n \in \mathbb{N}}$ eine Folge in $\mathbb{K}$. Ist dann $(a_n)_{n \in \mathbb{N}}$ konvergent, so gibt es ein $M > 0$ mit*

$$|a_n| \leq M \text{ für alle } n \in \mathbb{N}.$$

Folgen mit dieser Eigenschaft heißen beschränkt.
Kurz: Konvergente Folgen sind beschränkt.

Beweis: (Vgl. Bild 2.9) Sei $a := \lim a_n$. Nach Definition gilt dann

$$\bigforall_{\varepsilon > 0} \; \bigexists_{n_0 \in \mathbb{N}} \; \bigforall_{\substack{n \in \mathbb{N} \\ n \geq n_0}} |a_n - a| \leq \varepsilon.$$

Insbesondere gibt es – wenn wir das für $\varepsilon = 1$ anwenden – ein $n_0 \in \mathbb{N}$ mit der Eigenschaft: Aus $n \geq n_0$ folgt $|a_n - a| \leq 1$.

Für $n \geq n_0$ ist dann:

$$|a_n| = |a_n - a + a| \leq |a_n - a| + |a| \leq 1 + |a|,$$

d.h. für *diese* n dürften wir $M = 1 + |a|$ wählen. Leider gilt dann nicht notwendig $|a_1| \leq M, \ldots, |a_{n_0 - 1}| \leq M$. Um auch noch das sicherzustellen, wählen wir M als die größte der Zahlen $|a_1|, |a_2|, \ldots, |a_{n_0 - 1}|, |a| + 1$. Offensichtlich ist dann $|a_n| \leq M$ für *alle* a_n. $\qquad\square$

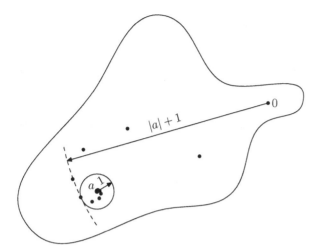

Bild 2.9: beschränkte Folge

Satz 2.2.12. $(a_n)_{n \in \mathbb{N}}$ *und* $(b_n)_{n \in \mathbb{N}}$ *seien Folgen in* $\mathbb{K}$.

(i) *Gilt* $a_n \to 0$ *und ist* $|b_n| \le |a_n|$ *für alle* $n \in \mathbb{N}$, *so ist auch* $(b_n)_{n \in \mathbb{N}}$ *eine Nullfolge (*Vergleichskriterium *oder* Majorantenkriterium*).*

**Vergleichs-
kriterium**

(ii) *Aus* $a_n \to a$ *und* $b_n \to b$ *folgt* $a_n + b_n \to a + b$.

In Kurzfassung[14]: $\lim(a_n + b_n) = \lim a_n + \lim b_n$.

(iii) *Aus* $a_n \to a$ *folgt* $ca_n \to ca$ *für jedes* $c \in \mathbb{K}$.
Kurz: $\lim ca_n = c \lim a_n$.

(iv) *Aus* $a_n \to a$ *und* $b_n \to b$ *folgt* $a_n b_n \to ab$.
Kurz: $\lim a_n b_n = (\lim a_n)(\lim b_n)$.

(v) *Aus* $a_n \to a$ *und* $b_n \to b$ *folgt* $a_n/b_n \to a/b$, *falls* $b \neq 0$ *und* $b_n \neq 0$ *(für alle* $n \in \mathbb{N}$ *) gilt.*
Kurz: $\lim a_n/b_n = \lim a_n/\lim b_n$, *falls* $\lim b_n \neq 0$ *und alle* $b_n \neq 0$.

(vi) *Sei* $\mathbb{K} = \mathbb{C}$ *und* a_n *geschrieben als* $a_n = x_n + iy_n$ *mit* $x_n, y_n \in \mathbb{R}$ *(für alle* $n \in \mathbb{N}$ *); weiter sei* $a = x + iy \in \mathbb{C}$ *mit* $x, y \in \mathbb{R}$. *Dann gilt* $a_n \to a$ *genau dann, wenn* $x_n \to x$ *und* $y_n \to y$.
Kurz: Konvergenzuntersuchungen in $\mathbb{C}$ *können auf die Konvergenz von Real- und Imaginärteil und damit auf Konvergenzuntersuchungen in* $\mathbb{R}$ *zurückgeführt werden.*

---

[14] Achtung! Das ist wirklich nur eine einprägsame Kurzschreibweise. Die Formel müsste eingeleitet werden mit „Wenn $\lim a_n$ und $\lim b_n$ existieren, dann ..."

(vii) Es sei $\mathbb{K} = \mathbb{R}$ und es gelte $a_n \to a$. Ist dann $a_n \leq M$ für eine Zahl M und alle n, so gilt $a \leq M$. Entsprechend bleiben Ungleichungen der Form $\geq M$ im Limes erhalten.

(viii) Ist (b_n) eine Teilfolge von (a_n) und ist die Folge (a_n) konvergent, so ist auch (b_n) konvergent. Es gilt $\lim b_n = \lim a_n$.

Beweis: (i) Sei $\varepsilon > 0$ vorgegeben. Wir wollen zeigen, dass es ein $n_0 \in \mathbb{N}$ so gibt, dass $|b_n| \leq \varepsilon$ für $n \geq n_0$. Wegen $a_n \to 0$ finden wir ein n_0, so dass $|a_n| \leq \varepsilon$ für $n \geq n_0$. Dann ist aber erst recht $|b_n| \leq \varepsilon$ für $n \geq n_0$.

(ii) Es ist zu zeigen, dass $(a_n + b_n) - (a + b) \to 0$, d.h. $|(a_n + b_n) - (a + b)|$ soll „klein" werden für „große" n. Nun ist wegen der Dreiecksungleichung

$$|(a_n + b_n) - (a + b)| = |(a_n - a) + (b_n - b)| \leq |a_n - a| + |b_n - b|,$$

d.h. es reicht, dass $|a_n - a|$ und $|b_n - b|$ „klein" werden. Da das durch die Voraussetzung garantiert ist, brauchen unsere Überlegungen nur noch in einen vernünftigen Beweis umgeschrieben zu werden.

Sei also $\varepsilon > 0$ vorgegeben. Dann ist auch $\varepsilon/2 > 0$, und wegen $a_n \to a$ (bzw. $b_n \to b$) gibt es ein $n_a \in \mathbb{N}$ (bzw. $n_b \in \mathbb{N}$), so dass $|a_n - a| \leq \varepsilon/2$ für $n \geq n_a$ (bzw. $|b_n - b| \leq \varepsilon/2$ für $n \geq n_b$).
Sei n_0 die größere der beiden Zahlen n_a, n_b. Für $n \geq n_0$ ist dann

$$\begin{aligned} |(a_n + b_n) - (a + b)| &\leq |a_n - a| + |b_n - b| \\ &\leq \frac{\varepsilon}{2} + \frac{\varepsilon}{2} = \varepsilon. \end{aligned}$$

Damit ist $a_n + b_n \to a + b$ bewiesen.

(iii) Im Fall $c = 0$ ist die Aussage offensichtlich richtig. Im Fall $c \neq 0$ ist es am einfachsten, Satz 2.2.10(ii) anzuwenden: Wegen $|ca_n - ca| = |c||a_n - a|$ folgt aus $a_n \to a$, dass die Bedingung 2.2.10(ii) mit $K = |c|$ für die Folge $(ca_n - ca)_{n \in \mathbb{N}}$ erfüllt ist. Also gilt $ca_n - ca \to 0$, d.h. $ca_n \to ca$.

(iv) *Hier* nutzen wir die Aussage des Lemmas 2.2.11 aus: Es gibt ein $M \geq 0$ mit $|b_n| \leq M$ für alle $n \in \mathbb{N}$. Damit ist der Beweis einfach, wir brauchen nur einige schon bekannte Ergebnisse zu kombinieren.

Da $a_n b_n \to ab$ gezeigt werden soll, schätzen wir $|a_n b_n - ab|$ ab. Hintergedanke dabei: Wir wissen eigentlich nur etwas über $|a_n - a|$ und $|b_n - b|$, müssen also zu Ausdrücken dieser Form kommen (was wieder durch Addition einer geschickt geschriebenen Null gelingt). Es ist

$$\begin{aligned} |a_n b_n - ab| &= |a_n b_n - ab_n + ab_n - ab| \\ &\leq |a_n b_n - ab_n| + |ab_n - ab| \\ &= |b_n||a_n - a| + |a||b_n - b| \\ &\leq M|a_n - a| + |a||b_n - b|. \end{aligned}$$

Nun ist $|a_n - a| \to 0$, $|b_n - b| \to 0$ nach Voraussetzung, also wegen (ii) und (iii) auch $M|a_n - a| + |a||b_n - b| \to 0$. Dann aber folgt aus (i), dass $a_n b_n - ab \to 0$, d.h. gerade die Behauptung $a_n b_n \to ab$.

(v) Die Idee ist ganz ähnlich wie im vorigen Beweis: Der zu untersuchende Ausdruck $|a_n/b_n - a/b|$ wird durch Terme abgeschätzt, in denen $|a_n - a|$ und $|b_n - b|$ vorkommen:

$$
\begin{aligned}
\left| \frac{a_n}{b_n} - \frac{a}{b} \right| &= \left| \frac{a_n}{b_n} - \frac{a}{b_n} + \frac{a}{b_n} - \frac{a}{b} \right| \\
&\leq \left| \frac{a_n}{b_n} - \frac{a}{b_n} \right| + \left| \frac{a}{b_n} - \frac{a}{b} \right| \\
&= \frac{1}{|b_n|}|a_n - a| + \frac{|a|}{|b_n||b|}|b - b_n|.
\end{aligned}
$$

Es würde nun genau so wie unter (iv) weitergehen, wenn wir $1/|b_n|$ durch irgendeine Konstante M abschätzen könnten. (Dann nämlich könnte die Abschätzung durch

$$
\leq M|a_n - a| + M\frac{|a|}{|b|}|b_n - b|
$$

weitergehen, und $|a_n/b_n - a/b| \to 0$ folgte aus (i), (ii) und (iii).)

Wir zeigen noch, dass das wirklich möglich ist: Zu $\varepsilon := |b|/2$ gibt es ein n_0 mit der Eigenschaft, dass $|b_n - b| \leq \varepsilon$ für $n \geq n_0$ (wegen $b_n \to b$; man beachte, dass $\varepsilon > 0$, denn $b \neq 0$ nach Voraussetzung). Für diese n ist dann

$$
\begin{aligned}
|b| &= |b - b_n + b_n| \\
&\leq |b - b_n| + |b_n| \\
&\leq \frac{|b|}{2} + |b_n|,
\end{aligned}
$$

d.h., es gilt $|b_n| \geq |b|/2$.

Definiert man noch η als die kleinste der positiven Zahlen $|b_1|, \ldots, |b_{n_0-1}|$, $|b|/2$, so ist $|b_n| \geq \eta$ und folglich $1/|b_n| \leq 1/\eta$ für *jedes* $n \in \mathbb{N}$. Damit haben wir mit $M := 1/\eta$ ein M mit den gewünschten Eigenschaften gefunden.

(vi) Aus $x_n \to x$ und $y_n \to y$ folgt durch Kombination von (ii) und (iii), dass $x_n + iy_n \to x + iy$, d.h. $a_n \to a$.
Umgekehrt: Nach Definition ist

$$
\begin{aligned}
|x_n - x| &= \sqrt{(x_n - x)^2} \\
&\leq \sqrt{(x_n - x)^2 + (y_n - y)^2} \\
&= |a_n - a|.
\end{aligned}
$$

Gilt also $a_n \to a$, so garantiert uns (i), dass $x_n \to x$. Ganz analog wird $y_n \to y$ gezeigt.

(vii) Angenommen, es wäre $a > M$. Wir setzen dann $\varepsilon := a - M > 0$, aufgrund der Voraussetzung ist

$$\varepsilon = a - M \leq a - a_n \leq |a - a_n| \text{ für alle } n.$$

Deswegen könnte (a_n) nicht gegen a konvergent sein, und dieser Widerspruch beweist die Behauptung.

(viii) Der Beweis ist leicht: Schreibt man $b_n = a_{k_n}$, so gilt doch nach Definition $k_n \geq n$. Ist also $|a - a_n| \leq \varepsilon$ für $n \geq n_0$, so ist erst recht $|a - b_n| \leq \varepsilon$ für diese Indizes n.

Damit ist der Satz vollständig bewiesen. $\square$

Bemerkungen und Beispiele:

1. Durch Kombination der Resultate in 2.2.12 mit der Kenntnis einiger konkreter Nullfolgen ergeben sich konvergente Folgen im Überfluss. Zum Beispiel gilt

$$12/n - 16/n^2 \to 0 \qquad \text{(Wegen (ii), (iii), } 1/n \to 0 \text{ und } 1/n^2 \to 0.)$$
$$(1 + 1/n) + 6i \to 1 + 6i \qquad \text{(Wegen (iv) und } 1/n \to 0.)$$
$$1/n! \to 0 \qquad \text{(Man beachte (i) und } 1/n! \leq 1/n.)$$
$$\cdots$$

2. Nicht nur, dass wir nun auf bequeme Weise Beispiele für konvergente Folgen erhalten: Es ist sogar so, dass so gut wie alle Konvergenzbeweise der Analysis durch souveränes Anwenden von Satz 2.2.12 gemeistert werden können (oft reicht schon eine Kombination des Majorantenkriteriums mit $1/n \to 0$ aus). Dazu zwei Beispiele:

- Für $q \in \mathbb{K}$ mit $|q| < 1$ gilt $q^n \to 0$.

  Beweis: Im Fall $q = 0$ ist die Aussage sicher richtig, im Fall $q \neq 0$ schreiben wir die Zahl $1/|q|$ (sie ist nach Voraussetzung größer als 1) als

  $$\frac{1}{|q|} = 1 + x,$$

wo $x > 0$ ist. Nun gilt

$$\bigvee_{x > 0} \bigvee_{n \in \mathbb{N}} (1 + x)^n \geq 1 + nx \qquad (2.6)$$

(die BERNOULLI*sche Ungleichung*).

Wir erhalten so

$$\begin{aligned}
|q^n| &= \frac{1}{(1+x)^n} \\
&\leq \frac{1}{1 + nx} \\
&\leq \frac{1}{n} \cdot \frac{1}{x},
\end{aligned}$$

womit aufgrund des Majorantenkriteriums $q^n \to 0$ gezeigt ist. (Den Nachweis der Bernoullischen Ungleichung sollten Sie zur Übung in vollständiger Induktion selbst führen.)   □

- $\sqrt[n]{n} \to 1$

  Wir benutzen hier $\sqrt[n]{\cdot}$ im Vorgriff. Wir werden später in Korollar 3.3.7 sehen, dass es zu $a \geq 0$ genau ein $y \geq 0$ mit $y^n = a$ gibt; dieses y soll $\sqrt[n]{a}$ genannt werden. Wenn Sie es nicht erwarten können, empfehle ich Ihnen einen Beweisversuch in Analogie zu Lemma 2.2.3.

  Beachten Sie, dass für größer werdende n bei der Zahl $\sqrt[n]{n}$ zwei gegenläufige Tendenzen zu gewinnen versuchen. Die Aussage $\sqrt[n]{n} \to 1$ besagt gerade, dass der Einfluss des Wurzelziehens gegenüber dem Wachstum von n überwiegt.

  Beweis: Wir geben nur die wichtigsten Schritte an:

  - Zeigen Sie $(1+x)^n \geq 1+nx+\dfrac{n(n-1)}{2}x^2$ für $n \in \mathbb{N}$ und $x \geq 0$ durch vollständige Induktion;
  - schreiben Sie $\sqrt[n]{n}$ als $1+x_n$, wo offensichtlich $x_n > 0$; es bleibt $x_n \to 0$ zu zeigen;
  - man beachte, dass

  $$\begin{aligned} n &= (\sqrt[n]{n})^n \\ &= (1+x_n)^n \\ &\geq 1 + nx_n + \frac{n(n-1)}{2}x_n^2 \\ &\geq \frac{n(n-1)}{2}x_n^2 \end{aligned}$$

  und damit $x_n \leq \sqrt{2/(n-1)}$.

  Es folgt $x_n \to 0$ und damit $\sqrt[n]{n} \to 1$.   □

3. Die Dreiecksungleichung spielte in den Beweisen zu (ii), (iv) und (v) eine ganz wesentliche Rolle. Es wurde schon in der Bemerkung nach Satz 2.2.2 ausgeführt, woran das liegt. Der typische „Trick", sich das geeignete Vergleichselement zu beschaffen (etwa ab_n im Beweis von (iv)) bestand immer in der Addition einer geschickt geschriebenen Null.

4. Kombiniert man 2.2.10(ii) mit 2.2.12(i) und (iii), so erhält man sofort eine *verschärfte Form des Majorantenkriteriums*:

  Gilt $a_n \to 0$ und gibt es $M > 0$, $n_1 \in \mathbb{N}$ mit $|b_n| \leq M|a_n|$ für alle $n \in \mathbb{N}$ mit $n \geq n_1$, so ist auch $b_n \to 0$.

5. Beachten Sie bei der Anwendung des Majorantenkriteriums immer, dass die Nullfolge auf der richtigen Seite der Ungleichung steht: Aus $|b_n| \leq |a_n|$ und $b_n \to 0$ folgt für die Folge $(a_n)_{n \in \mathbb{N}}$ gar nichts.

2.3   Cauchy-Folgen und Vollständigkeit

Erinnern Sie sich an Bemerkung 3 nach Definition 2.2.9 auf Seite 112: Konvergenzbeweise benötigen, bevor es überhaupt losgehen kann, einen Kandidaten für den Limes. Das ist in vielen Fällen ein gravierender Nachteil, denn ein derartiger Kandidat ist der konvergenten Folge häufig nicht anzusehen.

Einen Ausweg aus dieser Schwierigkeit werden wir in diesem Abschnitt behandeln. Wieder wird die Vollständigkeit von $\mathbb{R}$ eine zentrale Rolle spielen:

**Cauchy-
Folge**

Definition 2.3.1. *Sei* $(a_n)_{n\in\mathbb{N}}$ *eine Folge in* $\mathbb{K}$. $(a_n)_{n\in\mathbb{N}}$ *heißt* Cauchy-Folge, *wenn für jedes* $\varepsilon > 0$ *ein* $n_0 \in \mathbb{N}$ *existiert, so dass* $|a_n - a_m| \leq \varepsilon$ *für alle* $n, m \geq n_0$. *In Quantorenschreibweise:*

$$\bigvee_{\varepsilon>0} \; \bigexists_{n_0\in\mathbb{N}} \; \bigvee_{\substack{n,m\in\mathbb{N}\\ n,m\geq n_0}} |a_n - a_m| \leq \varepsilon.$$

Diese Definition[15] bereitet Anfängern erfahrungsgemäß größere Schwierigkeiten als der Konvergenzbegriff. Daher einige

Bemerkungen:

1. Es gibt starke formale Ähnlichkeiten zur Definition „(a_n) konvergiert gegen a", in beiden Fällen ist zu vorgegebenem $\varepsilon > 0$ ein n_0 mit gewissen Eigenschaften zu finden. Hauptunterschied: Bei der Cauchy-Folgen-Definition kommen nur noch die Folgenglieder a_n in der Aussage vor, für den Konvergenz-Nachweis muss der Grenzwert a von vornherein bekannt sein. Dieser Vorteil, dessen Tragweite Sie bald einsehen werden, wird durch das Auftreten von *zwei* Indizes m, n erkauft. *Die* machen Anfängern manchmal Schwierigkeiten.

2. Da in $\mathbb{K}$ die Cauchy-Folgen gerade die konvergenten Folgen sind (das wird gleich gezeigt werden), erübrigt es sich, Beispiele anzugeben. Trotzdem sollten Sie versuchen, mit der Definition eine anschauliche Vorstellung zu verbinden: „$(a_n)_{n\in\mathbb{N}}$ ist eine Cauchy-Folge" bedeutet, dass sich die Folgenglieder für „große" Indizes „beliebig nahe" kommen.

3. Wegen der großen Ähnlichkeit zur Konvergenzdefinition besitzen die meisten dazu gemachten Aussagen ein Analogon. Einige der Resultate sind ebenfalls sofort sinngemäß zu übertragen (z.B. die Aussagen in Satz 2.2.10(i), (ii), (iii)). Die für uns wichtigsten Ergebnisse sind im nachstehenden Satz zusammengefasst.

Satz 2.3.2. $(a_n)_{n\in\mathbb{N}}$ *und* $(b_n)_{n\in\mathbb{N}}$ *seien Folgen in* $\mathbb{K}$.

(i) *Ist* $(a_n)_{n\in\mathbb{N}}$ *konvergent, so ist* $(a_n)_{n\in\mathbb{N}}$ *eine Cauchy-Folge.*

(ii) *Ist* $(a_n)_{n\in\mathbb{N}}$ *eine Cauchy-Folge, so ist* $(a_n)_{n\in\mathbb{N}}$ *beschränkt: Es gibt eine reelle Zahl* M, *so dass* $|a_n| \leq M$ *für alle* n.

---

[15] Sie geht natürlich auf CAUCHY zurück. Cauchy bewies viele wichtige Resultate aus verschiedenen Gebieten der Mathematik. Von ihm stammt einer der ersten Versuche, die Analysis streng zu begründen („Cours d'Analyse", 1821).

(iii) *Angenommen, $(a_n)_{n \in \mathbb{N}}$ ist eine Cauchy-Folge. Gilt dann $|b_n - b_m| \leq |a_n - a_m|$ für alle $m, n \in \mathbb{N}$, so ist auch $(b_n)_{n \in \mathbb{N}}$ eine Cauchy-Folge.*

(iv) *Sind $(a_n)_{n \in \mathbb{N}}$ und $(b_n)_{n \in \mathbb{N}}$ Cauchy-Folgen, so auch $(a_n + b_n)_{n \in \mathbb{N}}$ und $(c a_n)_{n \in \mathbb{N}}$ für beliebiges $c \in \mathbb{K}$.*

(v) *Sei $\mathbb{K} = \mathbb{C}$ und a_n geschrieben als $a_n = x_n + i y_n$ (mit $x_n, y_n \in \mathbb{R}$). Dann gilt:*
$(a_n)_{n \in \mathbb{N}}$ Cauchy-Folge $\iff$ $(x_n)_{n \in \mathbb{N}}$ und $(y_n)_{n \in \mathbb{N}}$ sind Cauchy-Folgen.

Beweis: (i) Der Beweis besteht aus einer einfachen Anwendung der Dreiecksungleichung, wir vergleichen den Abstand der Folgenglieder mit dem Abstand zum Limes a:

$$|a_n - a_m| \leq |a_n - a| + |a_m - a|.$$

Der eigentliche Beweis nutzt dann wieder ein $\varepsilon/2$-Argument:

Sei $\varepsilon > 0$ vorgegeben. Da dann auch $\varepsilon/2 > 0$ ist und da $(a_n)_{n \in \mathbb{N}}$ konvergent ist, gibt es ein $n_0 \in \mathbb{N}$ mit $|a_n - a| \leq \varepsilon/2$ für $n \geq n_0$. Für $n, m \geq n_0$ ist dann

$$\begin{aligned}
|a_m - a_n| &= |a_m - a + a - a_n| \\
&\leq |a_n - a| + |a_m - a| \\
&\leq \frac{\varepsilon}{2} + \frac{\varepsilon}{2} = \varepsilon.
\end{aligned}$$

Das zeigt, dass $(a_n)_{n \in \mathbb{N}}$ Cauchy-Folge ist.

(ii) Aus der Cauchy-Folgen-Eigenschaft folgt:

$$\underset{n_0}{\exists} \, \underset{\substack{n \in \mathbb{N} \\ n \geq n_0}}{\forall} \, |a_n - a_{n_0}| \leq 1.$$

Der Rest wird wie in Lemma 2.2.11 gezeigt.

Die Beweise zu (iii), (iv) und (v) werden hier nicht geführt. Sie brauchen lediglich die Beweise von Satz 2.2.12(i), (ii), (iii) und (vi) zu verstehen und sinngemäß zu übertragen. $\square$

Wir zeigen nun die Umkehrung von Satz 2.3.2(i), das zweifellos wichtigste Ergebnis dieses Abschnitts:

Satz 2.3.3. *Sei $(a_n)_{n \in \mathbb{N}}$ eine Cauchy-Folge in $\mathbb{K}$. Dann gibt es ein $a \in \mathbb{K}$ mit $a_n \to a$.*
Kurz: Cauchy-Folgen in $\mathbb{K}$ sind konvergent.

Beweis: Wir kümmern uns zunächst um den *reellen Fall*, denn das Vollständigkeitsaxiom für $\mathbb{R}$ wird eine wesentliche Rolle spielen. Wir haben von irgendwoher eine Cauchy-Folge $(a_n)_{n \in \mathbb{N}}$ in $\mathbb{R}$ vorgelegt bekommen und sollen nun so lange arbeiten, bis wir sicher sind, dass es ein $a \in \mathbb{R}$ mit $a_n \to a$ gibt. Ein Blick auf das Axiomensystem von $\mathbb{R}$ genügt, um festzustellen, dass tiefer liegende Existenzaussagen auf die Existenz von Schnittzahlen zurückgeführt werden müssen (genauso war es beim Beweis für die Existenz von Wurzeln in Lemma 2.2.3(ii)). Es stellt sich damit das folgende *Problem*:

Gegeben sei eine Cauchy-Folge $(a_n)_{n\in\mathbb{N}}$ in $\mathbb{R}$. Man soll nun einen Dedekindschen Schnitt (A,B) *so* konstruieren, dass die Schnittzahl a (deren Existenz wegen 1.8.2 garantiert ist) der Limes der a_n ist.

Vielleicht kommen Sie selbst auf einen vielversprechenden Kandidaten für (A,B), hier machen wir mit der folgenden Definition weiter:

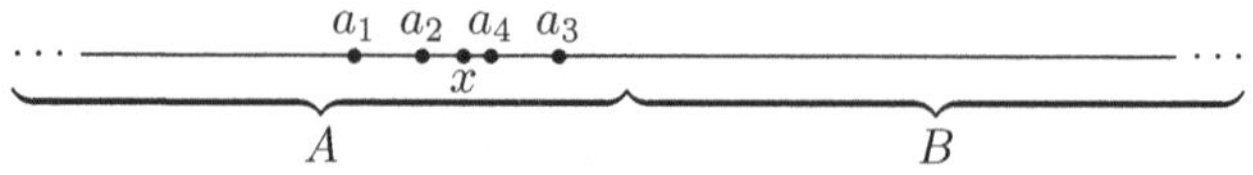

Bild 2.10: Der Dedekindsche Schnitt zur Folge $(a_n)_{n\in\mathbb{N}}$

$$A := \{x \mid x \in \mathbb{R}, \text{ es existiert } n_0 \text{ mit } a_n \geq x \text{ für alle } n \geq n_0\}$$
$$B := \{x \mid x \in \mathbb{R}, x \notin A\}.$$

Der weitere Beweisaufbau ist klar, wir behaupten:

1. (A,B) ist ein Dedekindscher Schnitt.

2. Sei a eine Schnittzahl für (A,B), sie existiert wegen der Vollständigkeit von $\mathbb{R}$. Dann gilt $a_n \to a$. (*Dann* ist der Satz für den Fall $\mathbb{K} = \mathbb{R}$ vollständig bewiesen).

Beweis von 1.: Wir zeigen, dass 1.8.1(i), (ii) und (iii) erfüllt sind:

- zu (i): Wegen 2.3.2(ii) gibt es ein $M \geq 0$ mit

$$|a_n| \leq M \text{ für alle } n \in \mathbb{N}.$$

Das bedeutet $-M \leq a_n \leq M$ für $n \in \mathbb{N}$, und daraus folgt sofort, dass $-M \in A$ und $M+1 \in B$.

- zu (ii): Wir bemerken zunächst, dass mit $x \in A$ auch jedes $x' \in \mathbb{R}$ mit $x' \leq x$ zu A gehört. Das folgt sofort aus der Definition. Es ergibt sich dann leicht, dass für $x \in A$ und $y \in B$ notwendig $x < y$ gilt: Die $y \leq x \in A$ liegen nämlich nach Vorbemerkung in A und damit nicht in B.

- zu (iii): Das ist klar nach Definition von B.

Beweis von 2.: Aufgrund der Vollständigkeit von $\mathbb{R}$ gibt es ein $a \in \mathbb{R}$, so dass $x \leq a \leq y$ für $x \in A$ und $y \in B$. Wir wollen $a_n \to a$ beweisen. Sei also $\varepsilon > 0$ vorgegeben. Wir zeigen:

- Es gibt ein $n_1 \in \mathbb{N}$ mit $a_n \geq a - \varepsilon$ für alle $n \geq n_1$.

- Es gibt ein $n_2 \in \mathbb{N}$ mit $a_n \leq a + \varepsilon$ für alle $n \geq n_2$.

Es ist klar, dass dann $|a_n - a| \leq \varepsilon$ für alle $n \geq n_0$, wobei n_0 die größere der beiden Zahlen n_1, n_2 bezeichnet, und damit ist wirklich $a_n \to a$ bewiesen. Nun fehlt nur noch die Konstruktion von n_1 und n_2:

n_1: Es ist $a - \varepsilon < a$, die Zahl $a - \varepsilon$ kann also nicht in B liegen. Also gilt $a - \varepsilon \in A$, woraus nach Definition von A sofort die Existenz von n_1 folgt.

n_2: Das ist etwas schwieriger, erst *hier* wird die Cauchy-Folgen-Eigenschaft der Folge $(a_n)_{n \in \mathbb{N}}$ ausgenutzt (bisher war lediglich von Bedeutung, dass $(a_n)_{n \in \mathbb{N}}$ beschränkt ist). Wir wählen n_2 so, dass

$$|a_n - a_m| \leq \varepsilon \text{ für } n, m \geq n_2,$$

und wir wollen noch zeigen, dass dieses n_2 die geforderte Eigenschaft hat. Sei also $n \geq n_2$ gegeben. Für $m \geq n_2$ ist $|a_n - a_m| \leq \varepsilon$ und damit insbesondere $a_m \geq a_n - \varepsilon$.
$a_n - \varepsilon$ erfüllt also die für Elemente aus A geforderte Bedingung[16], und das liefert uns, da a Schnittzahl ist, $a_n - \varepsilon \leq a$. Und das bedeutet $a_n \leq a + \varepsilon$ für $n \geq n_2$.

Soviel zum Fall $\mathbb{K} = \mathbb{R}$. Der noch ausstehende Fall $\mathbb{K} = \mathbb{C}$ ergibt sich vergleichsweise leicht. Wir beginnen mit einer Cauchy-Folge $(a_n)_{n \in \mathbb{N}}$ in $\mathbb{C}$ und schreiben jedes a_n als $a_n = x_n + iy_n$ mit $x_n, y_n \in \mathbb{R}$. Dann schließen wir folgendermaßen:

$(a_n)_{n \in \mathbb{N}}$ Cauchy-Folge $\overset{2.3.2(v)}{\Rightarrow}$ $(x_n)_{n \in \mathbb{N}}, (y_n)_{n \in \mathbb{N}}$ Cauchy-Folgen

$\overset{\text{erster Beweisteil}}{\Rightarrow}$ $(x_n)_{n \in \mathbb{N}}, (y_n)_{n \in \mathbb{N}}$ konvergent

$\overset{2.2.12(vi)}{\Rightarrow}$ $(a_n)_{n \in \mathbb{N}}$ konvergent.

Damit ist der Satz (endlich!) bewiesen.   □

Kommentar: Mit Satz 2.3.3 haben wir ein häufig anwendbares Ergebnis gewonnen, das uns – bei genügend geschicktem Beweis – die *Existenz* von Zahlen mit gewünschten Eigenschaften sichert. Bisher stand uns für derartige Existenzaussagen nur das Vollständigkeitsaxiom zur Verfügung (jedenfalls, wenn man von einfacheren Existenzaussagen wie der Existenz von Inversen oder dem Archimedesaxiom absieht).
    Cauchy-Folgen sind viel besser einsetzbar als Dedekindsche Schnitte, die werden ab jetzt keine wesentliche Rolle mehr spielen. Der Vorteil Dedekindscher Schnitte besteht darin, dass mit ihnen Vollständigkeit relativ einfach formuliert werden kann.

Cauchy-Folgen sind also konvergent, und Dedekindsche Schnitte sollen nach Möglichkeit nicht mehr verwendet werden. Geht da nicht etwas von unserem Axiomensystem verloren? Nein! Wir werden in Satz 2.3.6 beweisen, dass Vollständigkeit äquivalent mit Cauchy-Folgen formuliert werden kann. Bei der Gelegenheit wird es auch um weitere Umformulierungen dieses so fundamentalen Prinzips gehen, und um die zu verstehen, müssen Ihre Kenntnisse zum Thema „Ordnung" noch etwas vertieft werden. Es folgt deshalb zunächst ein

---

[16] Nämlich: Bis auf höchstens endlich viele Ausnahmen liegen alle Folgenglieder rechts von $a_n - \varepsilon$.

Exkurs über Ordnungsrelationen:

Bisher kennen wir „Ordnung" nur aus Abschnitt 1.4: Durch die Festsetzung eines Positivbereichs und die damit mögliche Definition von „$\leq$" kann man in angeordneten Körpern je zwei verschiedene Elemente vergleichen, eins von beiden wird immer das größere sein. Das ist allerdings nur ein Teil dessen, was man über „Ordnung" unbedingt wissen muss. Es kommt nämlich nicht nur in Körpern vor, dass so etwas wie eine „Rangfolge der Elemente" eine Rolle spielt. Wir beginnen den Exkurs mit

---
Ordnungsrelationen: Definition

$\prec$

Es sei M eine Menge und $\prec$ eine Relation auf M: Es ist also eine Teilmenge $\prec$ von $M \times M$ vorgegeben. Wie in Definition 1.2.3 werden wir die eigentlich korrekte, aber viel zu schwerfällige Schreibweise „$(x,y) \in \prec$" durch „$x \prec y$" ersetzen; für $x \prec y$ werden wir hier „x *vor* y" sagen.

geordneter Raum

M, versehen mit $\prec$, soll ein *geordneter Raum* heißen, wenn die folgenden drei Bedingungen erfüllt sind:

- Für jedes $x \in M$ gilt $x \prec x$; das nennt man die *Reflexivität* von $\prec$.

- Für beliebige x, y darf man aus der Gültigkeit von $x \prec y$ und $y \prec x$ auf $x = y$ schließen: Man sagt dann, dass $\prec$ *antisymmetrisch* ist.

- Aus $x \prec y$ und $y \prec z$ soll man jedesmal auf $x \prec z$ schließen dürfen. $\prec$ soll also *transitiv* sein.

In diesem Fall nennen wir $\prec$ auch eine *Ordnungsrelation* auf M.

Bemerkungen und Beispiele:

1. Es ist leider ein bisschen verwirrend, dass „$<$" auf einem angeordneten Körper *keine* Ordnungsrelation ist, denn „$<$" ist nicht reflexiv. Definiert man jedoch – wie in Abschnitt 1.4 ja schon geschehen – eine Relation „$\leq$" durch „$x \leq y$ genau dann, wenn $x < y$ oder $x = y$", so liegt wirklich eine Ordnungsrelation vor. Das ist auch schon das für uns wichtigste Beispiel, und wenn Sie keine Lust haben, Ordnungsrelationen genauer kennen zu lernen, so dürfen Sie im Folgenden „$\prec$" und M stets durch „$\leq$" und $\mathbb{R}$ ersetzen.

2. Es gibt aber weitere interessante Beispiele für Ordnungsrelationen, manche haben nicht einmal etwas mit Zahlen zu tun. Hier einige konkrete Vertreter:

- Es sei N irgendeine Menge und $M := \mathcal{P}(N)$ die Potenzmenge von N. Dann ist „$\subset$" eine Ordnungsrelation auf M.

- Ist M eine beliebige Menge, so ist die Gleichheit eine Ordnungsrelation.

- Sei M die Menge $\mathbb{N}$ der natürlichen Zahlen. Auf dieser Menge ist „teilbar" eine Ordnungsrelation. (Für „n teilt m" schreibt man übrigens in Kurzfassung $n \mid m$. So gelten zum Beispiel die Aussagen $2 \mid 23224$, $1 \mid 11$ und $333 \mid 333$.)

- Man definiere $\prec := M \times M$, es sollen also *alle* Elemente in Relation zueinander stehen. Ist das eine Ordnungsrelation?

-

Schranken/Supremum/Infimum

Sie sollten versuchen, die folgenden Begriffe in möglichst vielen verschiedenen Beispielräumen zu verstehen. Für uns werden sie allerdings hauptsächlich im geordneten Raum $(\mathbb{R}, \leq)$ eine Rolle spielen.

Es geht um Elemente eines geordneten Raumes, die in Bezug auf eine Teilmenge besondere Eigenschaften haben.

Definition 2.3.4. *Sei $(M, \prec)$ ein geordneter Raum, $x_0 \in M$ und $A \subset M$.*

(i) x_0 heißt obere Schranke *von A, wenn $x \prec x_0$ für alle $x \in A$.*

(i)' x_0 heißt untere Schranke von A, wenn $x_0 \prec x$ für alle $x \in A$.

(ii) x_0 heißt Supremum *(oder kleinste obere Schranke) von A, wenn gilt*

   (a) x_0 ist obere Schranke von A.

   (b) Ist y_0 eine obere Schranke von A, so folgt $x_0 \prec y_0$.

(ii)' x_0 heißt Infimum *(oder größte untere Schranke) von A, wenn gilt* **Supremum**
Infimum

   (a) x_0 ist untere Schranke von A.

   (b) Ist y_0 eine untere Schranke von A, so folgt $y_0 \prec x_0$.

Bemerkungen und Beispiele:

1. Die Aussagen (i) und (i)' sowie (ii) und (ii)' sind vollkommen symmetrisch (man ersetze nur „$\prec$" durch „$\succ$"). Folglich gehört zu jedem Ergebnis über obere Schranken eins für untere Schranken und umgekehrt. Gleiches gilt für Aussagen über Supremum und Infimum.

Aus diesem Grund werden die Beweise in der Regel nur für obere Schranken bzw. Suprema geführt, die anderen ergeben sich dann durch Symmetrie.

2. In $(\mathbb{R}, \leq)$ kann man sich das so vorstellen:

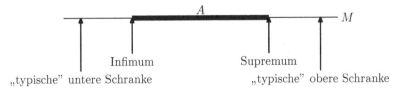

Bild 2.11: Supremum/Infimum

Ein Element x_0 ist also obere Schranke einer Teilmenge A, wenn x_0 „rechts von A" liegt. Und x_0 ist Supremum von A, wenn x_0 erstens obere Schranke ist und zweitens unter allen oberen Schranken „möglichst weit links" liegt. Anders ausgedrückt: Um ein Supremum von A zu finden, starte man bei irgendeiner Stelle rechts von A und gehe dann – immer rechts von A bleibend – so weit wie möglich nach links.

3. *Suprema und Infima sind*, falls sie existieren, *eindeutig bestimmt*. Wir beweisen das für Suprema. Seien dazu x_0, $\hat{x}_0 \in M$ vorgelegt, so dass beide Elemente die Bedingungen aus Definition 2.3.4(ii) erfüllen.

Da x_0 obere Schranke ist und $\hat{x}_0$ (ii)b erfüllt, folgt $\hat{x}_0 \prec x_0$, entsprechend ergibt sich (man vertausche die Rollen von x_0 und $\hat{x}_0$) auch $x_0 \prec \hat{x}_0$, insgesamt also $x_0 = \hat{x}_0$.

Deswegen ist die Sprechweise „*das* Supremum von A" gerechtfertigt, wenn

sup, inf A überhaupt ein Supremum besitzt. Das wird dann mit $\sup A$ bezeichnet. Für das Infimum von A schreibt man $\inf A$.

4. Es folgen zur Illustration einige *Beispiele*:

a) Die Menge $\mathbb{N}$ werde mit der Ordnung

$$n \prec m \iff n \mid m$$

versehen. Es sei $A := \{12, 18\}$. Obere Schranken sind dann alle durch 36 teilbaren Zahlen, als untere Schranken erhalten wir $1, 2, 3, 6$.

36 ist Supremum von A und 6 ist Infimum.

Allgemein: Suprema in dieser Ordnung sind gerade die kleinsten gemeinsamen Vielfachen, Infima entsprechend die größten gemeinsamen Teiler:

$$\begin{aligned} \sup\{m, n\} &= \text{kgV}(m, n) \text{ (kleinstes gemeinsames Vielfaches)} \\ \inf\{m, n\} &= \text{ggT}(m, n) \text{ (größter gemeinsamer Teiler)} \end{aligned}$$

für $m, n \in \mathbb{N}$.

b) Sei N eine Menge. Wir betrachten $(\mathcal{P}(N), \subset)$ und $\mathcal{A} := \{B, C\}$, wobei B und C aus $\mathcal{P}(N)$ sind. Dann ist $B \cap C$ (bzw. $B \cup C$) Infimum (bzw. Supremum) von

? $\mathcal{A}$. Können Sie das begründen?

c) Sei A in $(\mathbb{R}, \leq)$ die Teilmenge $A := \{1/n \mid n \in \mathbb{N}\}$, es sollen Supremum und Infimum bestimmt werden. Das ist komplizierter, als man denken sollte:

1. Schritt: Ausgehend von einer Skizze von A kommen wir zu einer Vermutung, d.h. wir gewinnen natürliche Kandidaten für $\sup A$ und $\inf A$. Im vorliegenden Fall sind $\sup A = 1$ und $\inf A = 0$ aussichtsreiche Kandidaten für einen Beweisversuch.

2. Schritt: Wir müssen nun nachweisen, dass unsere Kandidaten die in sie gesetzten Hoffnungen erfüllen. Entsprechend der Definition erfordert das jeweils *zwei* Beweise:

(i) Beweis von „sup $A = 1$".

Es ist zu zeigen, dass *erstens* $1/n \leq 1$ für alle $n \in \mathbb{N}$ gilt und *zweitens* aus „$y_0 \geq 1/n$ für alle $n \in \mathbb{N}$" stets $y_0 \geq 1$ folgt. Beides ist einfach: Die erste Aussage gilt, weil alle $n \geq 1$ sind, und zum Beweis der zweiten brauchen wir nur speziell $n = 1$ in die Voraussetzung einzusetzen.

(ii) Beweis von „inf $A = 0$".

Hier müssen wir nachprüfen, ob $1/n \geq 0$ für alle $n \in \mathbb{N}$ richtig ist und ob aus „$1/n \geq y_0$ für alle $n \in \mathbb{N}$" geschlossen werden kann, dass $y_0 \leq 0$. Der erste Teil ist klar, und der zweite folgt mit einem indirekten Beweis unter Ausnutzung des Archimedesaxioms: Wäre $y_0 > 0$, so gäbe es wegen Satz 1.7.3(i) ein $n \in \mathbb{N}$ mit $1/n < y_0$; Widerspruch.

5. Es ist an dieser Stelle günstig, noch einmal auf die leere Menge zu sprechen zu kommen:

Die Probleme mit der leeren Menge $\emptyset$

Vielen machen Aussagen Schwierigkeiten, die die leere Menge betreffen. Betrachten wir zum Beispiel, für eine Teilmenge M von $\mathbb{R}$, die Aussage „Für jedes x aus M ist $x^2 - x$ irrational."

Für konkrete Mengen M kann das richtig oder falsch sein, wie sieht es für den Fall der leeren Menge aus? Um zu einer Entscheidung zu kommen, empfiehlt es sich, die vorstehende Aussage sehr ausführlich wie folgt zu lesen:

> Jedesmal, wenn mir irgendjemand ein x aus M vorlegt, kann ich nachweisen, dass $x^2 - x$ irrational ist.

Und für die leere Menge stimmt das! Einfach deswegen, weil garantiert niemand kommt und mir ein Element vorlegt.

Allgemeiner kann man sich – bei gleicher Begründung – merken:

> *„Für-alle"-Aussagen, die die leere Menge betreffen, sind immer richtig.*

Geht es dagegen um Aussagen, die als Erstes den Existenzquantor „$\exists$" enthalten, sieht es für die leere Menge schlecht aus, da sie überhaupt keine Elemente enthält:

> *Alle Aussagen, die mit „Es gibt ein Element in M mit ..." anfangen, sind für die leere Menge falsch.*

Nutzanwendung hier: *Jedes $x_0 \in M$ ist obere Schranke und untere Schranke* von $\emptyset$. Damit wird es sup $\emptyset$ (bzw. inf $\emptyset$) also nur geben, wenn M ein kleinstes (bzw. größtes) Element besitzt.

So gilt etwa:

- In $(\{x \mid 0 \le x \le 1\}, \le)$ gilt $\sup \emptyset = 0$ und $\inf \emptyset = 1^{17)}$.

- In $(\mathbb{N}, \le)$ ist $\sup \emptyset = 1$, aber $\inf \emptyset$ existiert nicht.

6. Im Allgemeinen haben auch nicht leere Mengen weder Schranken noch Suprema oder Infima. Zum Beispiel gilt in $(\mathbb{R}, \le)$:

- $\inf \mathbb{N} = 1$, aber $\mathbb{N}$ hat keine obere Schranke (warum?) und folglich erst recht kein Supremum.

- $\mathbb{Z}$ hat weder obere noch untere Schranken.

Aus der Existenz von oberen Schranken folgt in beliebigen geordneten Räumen noch nicht, dass ein Supremum existieren muss. Wir betrachten dazu die Menge $A := \{x \in \mathbb{Q} \mid x^2 < 2\}$ in $(\mathbb{Q}, \le)$. Die Menge A ist sicher nach oben beschränkt, z.B. durch $x_0 = 5$. Zu jeder oberen Schranke gibt es aber eine kleinere, eine bestmögliche existiert nicht.

> Das liegt natürlich wieder daran, dass $\sqrt{2}$, der heimliche Kandidat für $\sup A$, keine rationale Zahl ist. Um die Nichtexistenz streng zu beweisen, müsste man noch einmal die Überlegungen in Abschnitt 1.8 kopieren, die die Nichtexistenz einer Schnittzahl für einen geeigneten Dedekindschen Schnitt in $\mathbb{Q}$ lieferten.

(Ende des Exkurses zu Ordnungsrelationen)

In $(\mathbb{R}, \le)$ haben nach oben unbeschränkte Mengen sicher kein Supremum: Wenn keine obere Schranke existiert, dann erst recht keine bestmögliche. Und unter den nach oben beschränkten Mengen ist die leere Menge sicher eine *ohne* Supremum, denn $\mathbb{R}$ hat kein kleinstes Element. Bemerkenswerterweise sind das schon die einzigen Ausnahmen, beim Beweis wird wieder das Vollständigkeitsaxiom eine wesentliche Rolle spielen:

Satz 2.3.5. *Ist $D \subset \mathbb{R}$ eine Teilmenge, die nicht leer und nach oben beschränkt ist, so existiert* $\sup D$.

Beweis: Der Beweis wird wieder mit dem Vollständigkeitsaxiom geführt. Wir definieren (A, B) durch

$$A := \{x \mid x \in \mathbb{R}, \text{ es gibt } y \in D \text{ mit } x < y\},$$

$$B := \{x \mid x \in \mathbb{R}, \text{ für alle } y \in D \text{ ist } y \le x\}^{18)}.$$

Dann ist (A, B) ein Dedekindscher Schnitt:

- A ist nicht leer, da $y - 1 \in A$ für jedes $y \in D$. Auch B enthält Elemente, denn nach Voraussetzung existieren obere Schranken.

$^{17)}$ Es ist also möglich, dass $\sup A < \inf A$. Das kann allerdings für nicht leere Mengen ausgeschlossen werden.

$^{18)}$ B ist also die Menge der oberen Schranken von D.

- Seien $x_1 \in A$ und $x_2 \in B$. Dann gibt es ein $y \in D$ mit $x_1 < y$, und gleichzeitig gilt $y \leq x_2$. Aus der Transitivität der Ordnung folgt $x_1 \leq x_2$.

- Ist x eine beliebige reelle Zahl, so kann die Aussage „x ist obere Schranke von D" richtig oder falsch sein. Im ersten Fall gehört x zu B, im zweiten zu A, und beides gleichzeitig kann nicht eintreten.

Sei nun x_0 eine Schnittzahl für (A, B), *hier* ist die Vollständigkeit wesentlich. x_0 ist unser Kandidat für sup A. Wir zeigen:
x_0 *ist obere Schranke.* Um das zu beweisen, betrachten wir ein beliebiges $y \in D$. Mal angenommen, es wäre $x_0 < y$. Dann liegt die Zahl $x := (y + x_0)/2$ in A, denn es gilt $x < y$. Nun ist aber x_0 Schnittzahl, und das führt zu $x \leq x_0$ und danach zu dem Widerspruch $y \leq x_0$.
x_0 *ist beste obere Schranke.* Das ist leicht, denn als Schnittzahl für (A, B) liegt x_0 links von allen oberen Schranken von D.   □

Wir haben gesehen, dass aus der Vollständigkeit gemäß Abschnitt 1.8 die Konvergenz von Cauchy-Folgen und die Existenz von Suprema für nach oben beschränkte, nicht leere Mengen folgt. Umgekehrt gilt das auch: Hätten wir eine dieser Aussagen gefordert, so könnten wir auch Vollständigkeit im Sinne von „Dedekindsche Schnitte haben Schnittzahlen" garantieren. Das ist der Inhalt des folgenden Satzes, der zusätzlich noch eine Charakterisierung durch Intervallschachtelungen enthält.

Satz 2.3.6. *Sei* $(K, +, \cdot, P)$ *ein archimedisch angeordneter Körper. Dann sind die folgenden Aussagen äquivalent*[19]:

(i) $(K, +, \cdot, P)$ *ist vollständig im Sinne von Abschnitt 1.8 (d.h., jeder Dedekindsche Schnitt besitzt eine Schnittzahl).*

(ii) *Jede Cauchy-Folge in* K *ist konvergent.*

(iii) *Ist* $A \subset K$ *nicht leer und nach oben beschränkt, so besitzt* A *in* K *ein Supremum.*

(iv) *Seien* (a_n) *und* (b_n) *Folgen in* K *mit der Eigenschaft, dass erstens* $a_n \leq b_n$ *für alle* n*, zweitens* $a_1 \leq a_2 \leq \cdots$*, drittens* $b_1 \geq b_2 \geq \cdots$ *und viertens* $b_n - a_n \to 0$ *gilt. Die* a_n, b_n *laufen also – von links bzw. rechts kommend – aufeinander zu.*
(Man spricht dann auch von einer Intervallschachtelung[20]*.)*
Dann gibt es ein x_0 *in* K*, so dass* $a_n \leq x_0 \leq b_n$ *für alle* $n \in \mathbb{N}$*.*

Intervall-
schachtelung

---

[19] Das heißt: Aus jeder der Aussagen folgen die anderen.
[20] Der Name rührt daher, dass man mit $[a, b]$, dem *Intervall* von a bis b, die Menge der Zahlen x mit $a \leq x \leq b$ bezeichnet. Und dann bilden die $[a_n, b_n]$ eine Folge von ineinander geschachtelten Intervallen, deren Länge gegen Null geht.

Bemerkungen:

1. Stillschweigend haben wir die Begriffe „Cauchy-Folge" und „konvergent" wie in $\mathbb{R}$ erklärt. Das ist möglich, da der Betrag rein ordnungstheoretisch definiert war.

2. Wegen dieses Satzes kann sich jeder Lehrbuchautor aussuchen, wie er „Vollständigkeit" von $\mathbb{R}$ erklären will. Jede der äquivalenten Aussagen kann als Axiom gefordert werden, die drei anderen sind dann Sätze der Analysis. In diesem Buch wurde mit Dedekindschen Schnitten gearbeitet, denn dafür musste man noch nichts von Konvergenz oder von Suprema wissen.

Beweis: Wir zeigen die Äquivalenz mit einem so genannten *Ringschluss*, d.h. wir zeigen

$$(i) \Rightarrow (ii) \Rightarrow (iii) \Rightarrow (iv) \Rightarrow (i).$$

(i) $\Rightarrow$ (ii): Das wurde in 2.3.3 bewiesen.

(ii) $\Rightarrow$ (iii): Der Lernwert dieses eher technischen Beweises ist gering, deshalb begnügen wir uns mit dem Vorstellen der *Beweisidee*. Was ist zu tun? Wir müssen mit einer Teilmenge $A \subset K$ anfangen, die nicht leer und nach oben beschränkt ist. Dann müssen wir eine Cauchy-Folge so geschickt definieren, dass der nach Voraussetzung existierende Grenzwert Kandidat für $\sup A$ ist. Sei also $A \neq \emptyset$ nach oben beschränkt:

Bild 2.12: Die Menge A und die ersten Folgenglieder

Wir konstruieren $(x_1, x_2, \ldots)$ induktiv:

x_1: irgendein Element von A (das existiert nach Voraussetzung);

x_2: irgendeine obere Schranke von A (auch die gibt es nach Voraussetzung);

x_3: $x_3 := (x_1 + x_2)/2$;

x_4: gibt es ein $x \in A$ mit $x > x_3$ (ist also x_3 *nicht* obere Schranke), so soll $x_4 := (x_2 + x_3)/2$ sein, andernfalls setzen wir $x_4 := (x_1 + x_3)/2$;

$\vdots$

x_{n+1}: $x_1, \ldots, x_n$ seien schon konstruiert, wobei $n \geq 3$. Falls x_n obere Schranke von A ist, setzen wir $x_{n+1} := x_n - 2^{-(n-1)}(x_2 - x_1)$, andernfalls definieren wir $x_{n+1} := x_n + 2^{-(n-1)}(x_2 - x_1)$.

Dann ist $(x_n)_{n \in \mathbb{N}}$ eine Cauchy-Folge, und es gilt $\lim x_n = \sup A$.

(iii) $\Rightarrow$ (iv): Wir setzen voraus, dass beschränkte, nicht leere Teilmengen von $\mathbb{R}$ ein Supremum haben, und wir müssen zu einer vorgelegten Intervallschachtelung (a_n), (b_n) ein x_0 angeben, das zwischen den a und b liegt.

Das geht so: Wir definieren D als die Menge

$$D := \{x \mid \text{es gibt ein } n \text{ mit } a_n \geq x \}.$$

Dann ist D nicht leer (alle a_n gehören zu D) und nach oben beschränkt (jedes b_n ist eine obere Schranke). Folglich existiert das Supremum von D, das wir x_0 nennen wollen. Aufgrund der Supremumseigenschaften und der eben zusammengestellten Beobachtungen muss $a_n \leq x_0 \leq b_n$ für alle n gelten.

(iv) $\Rightarrow$ (i): Diesmal wissen wir, dass es für Intervallschachtelungen „etwas genau dazwischen" gibt, und daraus soll die Existenz von Schnittzahlen folgen.

Wir starten also mit einem Dedekindschen Schnitt (A, B). Zunächst wählen wir irgendein Element $a \in A$ und irgendein $b \in B$ und taufen: $a_1 := a$, $b_1 := b$; da wir es mit einem Dedekindschen Schnitt zu tun haben, gilt $a_1 \leq b_1$. Dann betrachten wir $x_1 := (a_1 + b_1)/2$. Diese Zahl wird zu A oder zu B gehören, im ersten Fall geht es weiter mit

$$a_2 := x_1, \quad b_2 := b_1,$$

im zweiten mit

$$a_2 := a_1, \quad b_2 := x_1.$$

Als Nächstes untersuchen wir die Zahl $x_2 := (a_2 + b_2)/2$. Gehört sie zu A, so wird

$$a_3 := x_2, \quad b_3 := b_2,$$

andernfalls setzen wir

$$a_3 := a_2, \quad b_3 := x_2.$$

So setzen wir die Konstruktion fort, nach Definition entsteht eine Intervallschachtelung. Wir bemerken, dass die a_n zu A und die b_n zu B gehören und dass sich der Abstand von a_n zu b_n von Schritt zu Schritt halbiert, es gilt (mit $M := b_1 - a_1$) die Identität $b_n - a_n = M/2^{n-1}$.

Man wähle nun – nach Voraussetzung – ein x_0 mit $a_n \leq x_0 \leq b_n$ für alle n, dieses x_0 ist unser Kandidat für eine Schnittzahl.

Warum ist denn $a \leq x_0$ für jedes $a \in A$? Dazu bemerken wir zunächst, dass $a \leq b_n$ für alle n gilt, denn die b_n gehören ja zu B. Außerdem ist $a_n \leq x_0 \leq b_n$ und folglich

$$b_n = x_0 + (b_n - x_0) \leq x_0 + (b_n - a_n) \leq x_0 + M/2^{n-1}.$$

So folgt $a \leq x_0 + M/2^{n-1}$, und da $M/2^{n-1} \to 0$, muss $a \leq x_0$ gelten[21]. Ganz genauso lässt sich zeigen, dass $x_0 \leq b$ für alle $b \in B$ gilt. $\square$

---

[21] Vgl. Beweisprinzip 5 im Kasten auf Seite 115.

Die im vorstehenden Satz behandelten Umformulierungen des Vollständigkeitsaxioms werden eine wichtige Rolle spielen. Es folgt noch ein Beispiel zur
Anwendung von Supremumstechniken, die oft sehr elegante Beweise ermöglichen. Urteilen Sie selbst:

Satz 2.3.7. *Sei* $(a_n)_{n\in\mathbb{N}}$ *eine Folge in* $\mathbb{R}$, *so dass gilt:*

(i) Die Folge $(a_n)_{n\in\mathbb{N}}$ *ist monoton steigend, d.h.,* $a_1 \leq a_2 \leq \cdots$.

(ii) $(a_n)_{n\in\mathbb{N}}$ *ist nach oben beschränkt: Es gibt ein* M *mit* $a_n \leq M$ *für alle*
$n \in \mathbb{N}$.

Dann ist $(a_n)_{n\in\mathbb{N}}$ *konvergent mit* $\lim a_n = \sup\{a_n \mid n \in \mathbb{N}\}$.

Analog gilt: Ist $(a_n)_{n\in\mathbb{N}}$ *monoton fallend und nach unten beschränkt, so ist*
$(a_n)_{n\in\mathbb{N}}$ *konvergent mit* $\lim a_n = \inf\{a_n \mid n \in \mathbb{N}\}$.

Beweis: Sei $(a_n)_{n\in\mathbb{N}}$ eine monoton steigende, durch ein $M \in \mathbb{R}$ nach oben
beschränkte Folge:

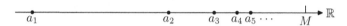

Bild 2.13: Die Folge $(a_n)_{n\in\mathbb{N}}$ mit oberer Schranke M

Dann ist $A := \{a_n \mid n \in \mathbb{N}\}$ nicht leer und durch M nach oben beschränkt.
Folglich existiert $x_0 := \sup A$, und es bleibt $a_n \to x_0$ zu zeigen. Sei dazu $\varepsilon > 0$
vorgelegt. Da $x_0 - \varepsilon$ echt kleiner als x_0 ist, kann $x_0 - \varepsilon$ keine obere Schranke von
A sein (denn x_0 ist ja die kleinste obere Schranke). Es existiert also ein $n_0 \in \mathbb{N}$
mit $a_{n_0} > x_0 - \varepsilon$.

Aufgrund der Monotonie ist dann $a_n \geq a_{n_0} > x_0 - \varepsilon$ für alle $n \geq n_0$, was
zusammen mit der Voraussetzung „x_0 ist obere Schranke von A" die Ungleichung

$$x_0 - \varepsilon < a_n \leq x_0 < x_0 + \varepsilon \ (\text{alle } n \geq n_0)$$

ergibt. Folglich ist $|a_n - x_0| \leq \varepsilon$ für $n \geq n_0$ und damit ist alles gezeigt. $\square$

2.4 Unendliche Reihen

Es kommt häufig vor, dass Konvergenzbetrachtungen für Folgen der Form

$$(a_1, a_1 + a_2, a_1 + a_2 + a_3, \ldots)$$

anzustellen sind. In diesem Abschnitt wollen wir diesen Spezialfall näher untersuchen.

Definition 2.4.1. *Sei $(a_n)_{n\in\mathbb{N}}$ eine Folge in $\mathbb{K}$, wie bisher bedeutet das Zeichen $\mathbb{K}$ den Körper der reellen oder der komplexen Zahlen. Für $N \in \mathbb{N}$ verstehen wir unter der N-ten Partialsumme die Zahl*

$$s_N := a_1 + a_2 + \ldots + a_N = \sum_{n=1}^{N} a_n.$$

Falls der Limes der Folge $(s_N)_{N\in\mathbb{N}}$ existiert, sagen wir, dass die zu $(a_n)_{n\in\mathbb{N}}$ gehörige Reihe konvergent ist. In diesem Fall schreiben wir

$$\sum_{n=1}^{\infty} a_n := \lim_{N\to\infty} s_N.$$

Die Zahl $\sum_{n=1}^{\infty} a_n$ wird die Reihensumme der zu $(a_n)_{n\in\mathbb{N}}$ gehörigen Reihe genannt.

$\sum_{n=1}^{\infty}$

Reihen, die nicht konvergent sind, heißen divergent.

Bemerkungen und Beispiele:

1. Für $\sum_{n=1}^{\infty} a_n$ schreibt man auch $a_1 + a_2 + \cdots$ oder, wenn der Laufbereich der Indizes klar ist, $\sum a_n$.

   Es sollte Ihnen keine Schwierigkeiten machen, die Definition auf Reihen des Typs $\sum_{n=0}^{\infty} a_n$ oder $\sum_{n=5}^{\infty} a_n$ zu übertragen.

2. Ist $(a_n)_{n\in\mathbb{N}}$ eine *abbrechende* Folge, d.h. gibt es ein $\hat{n}$ mit $a_n = 0$ für $n > \hat{n}$, so ist die Folge der Partialsummen vom Index $\hat{n}$ an konstant und folglich konvergent gegen $a_1 + \cdots + a_{\hat{n}}$. Kurz:

$$\sum_{n=1}^{\infty} a_n = \sum_{n=1}^{\hat{n}} a_n,$$

und in diesem Sinne sind endliche Summen ein Spezialfall konvergenter Reihen.

3. Die vorstehende Reihe war nicht besonders bemerkenswert. Wie im Fall konvergenter Folgen gibt es auch in der Reihenrechnung einen ausgezeichneten Kandidaten, der unser erstes interessanteres Beispiel darstellt.

Wir behaupten: Für $q \in \mathbb{K}$ mit $|q| < 1$ ist die Reihe $1 + q + q^2 + \cdots$ konvergent mit

$$1 + q + q^2 + \cdots = \sum_{n=0}^{\infty} q^n = \frac{1}{1-q}.$$

Der Vollständigkeit halber ist anzumerken, dass q^n für $n = 0$ noch nicht definiert ist. Wir setzen $q^0 := 1$ für alle $q \in \mathbb{K}$, insbesondere ist auch $0^0 := 1$.

Beweis dazu: Als leichte Übung in vollständiger Induktion erhält man

$$1 + q + q^2 + \cdots + q^n = \sum_{k=0}^{n} q^k = \frac{1 - q^{n+1}}{1 - q}.$$

Da wir schon wissen, dass $q^n \to 0$ für $|q| < 1$ (vgl. Seite 120), ergibt sich unter Verwendung der in Satz 2.2.12 bewiesenen Resultate:

$$\sum_{n=0}^{\infty} q^n = \lim_{n \to \infty} \frac{1 - q^{n+1}}{1 - q} = \frac{1}{1 - q}.$$

geometrische Reihe

Diese Reihe – sie wird die *geometrische Reihe* genannt – wird für die Reihenrechnung die gleiche fundamentale Rolle spielen wie $(1/n)_{n \in \mathbb{N}}$ in der Theorie der konvergenten Folgen.

4. Wir wollen hier das paradoxe Ergebnis $1 = 0$ mit Hilfe der Reihenrechnung „beweisen".

Sei zunächst $\sum a_n$ eine konvergente Reihe. Wir verteilen in $a_1 + a_2 + a_3 + \cdots$ auf beliebige Weise Klammern, etwa als

$$(a_1) + (a_2 + a_3) + (a_4 + a_5 + a_6) + (a_7 + a_8 + a_9 + a_{10}) + \cdots,$$

wir gehen also zu $b_1 + b_2 + b_3 + \cdots$ über, wobei die b Summen über endliche Abschnitte der a_n sind und die Reihenfolge nicht verändert wurde. Da die Partialsummenfolge der (b_n) eine Teilfolge der zu (a_n) gehörigen Partialsummenfolge ist, kann man sofort die Existenz von $\sum b_n$ garantieren, auch gilt $\sum a_n = \sum b_n$.

Doch Achtung: Falls man mit nicht konvergenten Reihen das Gleiche nachmachen möchte, kann Unsinn herauskommen. Ein berühmtes Beispiel ist die Reihe $1 - 1 + 1 - 1 + 1 - 1 \pm \cdots$. Klammert man sie als $(1 - 1) + (1 - 1) + (1 - 1) + \cdots$, so ist das Ergebnis 0, da ja nur Nullen addiert werden. Rechnet man aber $1 + (-1 + 1) + (-1 + 1) + \cdots$, so ist der Wert offensichtlich 1, da ja auf die 1 nur noch Nullen folgen.

Keiner braucht sich aber Sorgen zu machen, wir haben *nicht* $1 = 0$ bewiesen, denn die obigen Umformungen dürfen nur bei konvergenten Reihen vorgenommen werden.

5. Anschaulich ist klar, dass die a_n „klein" werden müssen, wenn $\sum_{n=1}^{\infty} a_n$ existieren soll, und wirklich werden wir gleich in Satz 2.4.2 beweisen, dass für konvergente Reihen notwendig $a_n \to 0$ gelten muss. Das liefert unmittelbar Beispiele für *nicht* konvergente Reihen: Wenn (a_n) keine Nullfolge ist, kann $\sum_{n=1}^{\infty} a_n$ nicht existieren. (Machen Sie sich das auch direkt, d.h. ohne Verwendung von Satz 2.4.2, an einigen Beispielen klar, etwa an $(1, -1, 1, -1, \ldots)$: Warum existiert

?

die zugehörige Reihensumme nicht?)

Die Umkehrung gilt *nicht*: Aus $a_n \to 0$ folgt *nicht*, dass $\sum_{n=1}^{\infty} a_n$ existiert. Das sieht man leicht am Beispiel

$$\left(1, \frac{1}{2}, \frac{1}{2}, \frac{1}{3}, \frac{1}{3}, \frac{1}{3}, \cdots \right).$$

Die Partialsummen sind offensichtlich unbeschränkt, können also wegen Lemma 2.2.11 keine konvergente Folge bilden.

Die harmonische Reihe

Etwas genauer muss man schon hinsehen, um sich klarzumachen, dass die Reihe $1 + 1/2 + 1/3 + \cdots$ (die so genannte *harmonische Reihe*) nicht konvergiert. Auch hier sind die Partialsummen nicht beschränkt, was durch geschicktes Abschätzen offensichtlich wird:

harmonische
Reihe

$$s_1 = 1 \geq \frac{1}{2}$$

$$s_2 = 1 + \frac{1}{2} \geq \frac{2}{2}$$

$$s_4 = 1 + \frac{1}{2} + \frac{1}{3} + \frac{1}{4} \geq \frac{1}{2} + \frac{1}{2} + \frac{1}{4} + \frac{1}{4} = \frac{3}{2}$$

$$s_8 = 1 + \cdots + \frac{1}{8} \geq \frac{1}{2} + \frac{1}{2} + 2 \cdot \frac{1}{4} + 4 \cdot \frac{1}{8} = \frac{4}{2}$$

$$\vdots$$

$$s_{2^n} = \sum_{k=1}^{2^n} \frac{1}{k} \geq \frac{1}{2} + \sum_{\nu=1}^{n} \sum_{\mu=1}^{2^{\nu-1}} \frac{1}{2^\nu} = \frac{n+1}{2}$$

$$\vdots$$

6. Ändert man in $(a_n)_{n\in\mathbb{N}}$ endlich viele Glieder ab, so wird dadurch das Konvergenzverhalten von $\sum_{n=1}^{\infty} a_n$ nicht geändert, denn von einer Stelle ab stimmen die neuen Partialsummen bis auf eine additive Konstante mit den alten überein. Die Reihensumme kann sich natürlich ändern.

Aufgrund der Reihendefinition können wir sofort alle diejenigen Ergebnisse aus der Theorie der konvergenten Folgen übertragen, bei denen der Übergang von der Folge zu den Partialsummen keine Schwierigkeiten macht. Ein Negativbeispiel: Sie können die Partialsummen von $(a_n b_n)_{n\in\mathbb{N}}$ nicht einfach durch die Partialsummen von $(a_n)_{n\in\mathbb{N}}$ und $(b_n)_{n\in\mathbb{N}}$ ausdrücken, und deswegen werden Sie hier auch keinen Satz über $\sum_{n=1}^{\infty} a_n b_n$ finden.

Satz 2.4.2. $(a_n)_{n\in\mathbb{N}}$ *und* $(b_n)_{n\in\mathbb{N}}$ *seien Folgen in* $\mathbb{K}$.

(i) *Falls* $\sum_{n=1}^{\infty} a_n$ *und* $\sum_{n=1}^{\infty} b_n$ *existieren, so auch* $\sum_{n=1}^{\infty}(a_n + b_n)$. *Es gilt* $\sum_{n=1}^{\infty}(a_n + b_n) = \sum_{n=1}^{\infty} a_n + \sum_{n=1}^{\infty} b_n$.
Schreibt man das als $(a_1+b_1)+(a_2+b_2)+\cdots = (a_1+a_2+\cdots)+(b_1+b_2+\cdots)$, *so wird klar, dass es sich um den Spezialfall eines Kommutativgesetzes für unendliche Reihen handelt.*

(ii) *Es gilt das Distributivgesetz: Wenn* $\sum_{n=1}^{\infty} a_n$ *existiert, so auch* $\sum_{n=1}^{\infty} c a_n$ *für jedes* $c \in \mathbb{K}$. *Und dann gilt* $\sum_{n=1}^{\infty} c a_n = c \sum_{n=1}^{\infty} a_n$.

(iii) $\sum_{n=1}^{\infty} a_n$ *existiert genau dann, wenn die folgende Bedingung erfüllt ist (das so genannte* Cauchy-Kriterium*):*

$$\forall_{\varepsilon>0} \; \exists_{n_0 \in \mathbb{N}} \; \forall_{\substack{n,m \in \mathbb{N} \\ m>n\geq n_0}} \; \left| \sum_{k=n+1}^{m} a_k \right| \leq \varepsilon.$$

(iv) Falls $\sum_{n=1}^{\infty} |b_n|$ existiert und $|a_n| \leq |b_n|$ für alle $n \in \mathbb{N}$ ist, so existiert auch die Reihe $\sum_{n=1}^{\infty} a_n$.
Insbesondere impliziert die Konvergenz von $\sum_{n=1}^{\infty} |a_n|$ diejenige von $\sum_{n=1}^{\infty} a_n$. In diesem Fall gilt auch $|\sum_{n=1}^{\infty} a_n| \leq \sum_{n=1}^{\infty} |a_n|$.

(v) Wenn $\sum_{n=1}^{\infty} a_n$ existiert, so ist $a_n \to 0$. Außerdem gilt dann: Für alle n existiert $b_n := a_n + a_{n+1} + \cdots$, und $b_n \to 0$.

Beweis: (i) Wir beginnen mit der Gleichung

$$(a_1 + b_1) + \cdots + (a_n + b_n) = (a_1 + \cdots + a_n) + (b_1 + \cdots + b_n),$$

die Puristen durch vollständige Induktion beweisen müssen. Selbst bei geringer Erfahrung sieht man aber, dass das sofort aus der Kommutativität und der Assoziativität der Addition folgt. Damit ist die behauptete Aussage ein Spezialfall von Satz 2.2.12(ii), in dem gezeigt wurde, dass der Limes einer Summe gleich der Summe der Limites ist.

(ii) Das folgt aus

$$(ca_1 + \cdots + ca_n) = c(a_1 + \cdots + a_n)$$

und Satz 2.2.12(iii).

(iii) Die Existenz der Reihe $\sum_{n=1}^{\infty} a_n$ bedeutet doch nach Definition, dass die Folge (s_n) der Partialsummen konvergent ist, und das ist genau dann der Fall, wenn (s_n) eine Cauchy-Folge ist. Wenn man noch für die Aussage „(s_n) ist Cauchy-Folge" die Definition einsetzt, ergibt sich die Aussage (iii).

(iv) Wir beginnen mit einer Vorbereitung, dazu erinnern wir zunächst an die Dreiecksungleichung: Es ist $|c_1 + c_2| \leq |c_1| + |c_2|$ für $c_1, c_2 \in \mathbb{K}$. Durch vollständige Induktion ergibt sich daraus eine *verallgemeinerte Dreiecksungleichung* für n Summanden:

$$|c_1 + \cdots + c_n| \leq |c_1| + \cdots + |c_n|.$$

Hier zeigen wir nur den Induktionsschritt:

$$
\begin{aligned}
|c_1 + \cdots + c_n + c_{n+1}| &\leq |c_1 + \cdots + c_n| + |c_{n+1}| \\
&\leq |c_1| + \cdots + |c_n| + |c_{n+1}|.
\end{aligned}
$$

Dabei wurde im letzten Schritt die Induktionsannahme verwendet.

Nun zum Beweis von (iv), wir nehmen an, dass $\sum_{n=1}^{\infty} |b_n|$ existiert. Wir wollen zeigen, dass für die Reihe der $(a_n)_{n\in\mathbb{N}}$ das Cauchy-Kriterium (iii) erfüllt ist.

Sei also $\varepsilon > 0$ vorgegeben. Nach Voraussetzung und (iii) gibt es ein $n_0 \in \mathbb{N}$, so dass für $m > n \geq n_0$ die Ungleichung

$$\sum_{k=n+1}^{m} |b_k| \leq \varepsilon$$

erfüllt ist. Dann aber gilt für $m > n \geq n_0$ nach unserer Vorbereitung:

$$\left| \sum_{k=n+1}^{m} a_k \right| \leq \sum_{k=n+1}^{m} |a_k| \leq \sum_{k=n+1}^{m} |b_k| \leq \varepsilon. \tag{2.7}$$

Das Cauchy-Kriterium ist also erfüllt, und damit ist der erste Teil von (iv) bewiesen.

Für den zweiten Teil der Aussage ist es bequem, zuerst ein allgemeines Ergebnis für Folgen zu beweisen:

Ist $(c_n)_{n\in\mathbb{N}}$ irgendeine konvergente Folge in $\mathbb{K}$ und gilt $|c_n| \leq M$ für ein $M \geq 0$ und alle $n \in \mathbb{N}$, so ist $|\lim c_n| \leq M$.

Beweis dazu: Sei $c := \lim c_n$. Für jedes $\varepsilon > 0$ ist dann, sobald nur n genügend groß ist, $|c_n - c| \leq \varepsilon$ und folglich

$$|c| \leq |c - c_n| + |c_n| \leq M + \varepsilon.$$

Daraus folgt sofort $|c| \leq M$ (vgl. den Kasten auf Seite 115).

Man setze nun $M := \sum_{n=1}^{\infty} |a_n|$. Da die Folge der Partialsummen zu dieser Reihe monoton steigt und M nach Satz 2.3.7 das Supremum ist, folgt

$$\sum_{k=1}^{n} |a_k| \leq M$$

für alle $n \in \mathbb{N}$. Dann ist

$$|a_1 + \cdots + a_n| \leq \sum_{k=1}^{n} |a_k| \leq M,$$

also gilt nach unserer Vorbereitung auch $|\sum_{n=1}^{\infty} a_n| \leq M = \sum_{n=1}^{\infty} |a_n|$.

(v) Der erste Teil folgt aus (iii) für den Spezialfall $m = n + 1$. Für den zweiten Teil beachte man zunächst, dass sich – für festes n – die Partialsummen der (b_n)-Reihe nur bis auf eine Konstante von den Partialsummen der (a_n)-Reihe unterscheiden und deswegen Konvergenz vorliegt.

Weiter gilt: Ist $\sum_{n=1}^{\infty} a_n = a$ und s_n die n-te Partialsumme der (a_n)-Reihe, so gilt $s_{n-1} + b_n = a$ nach Definition. Aus $s_n \to a$ folgt dann $b_n \to 0$. $\square$

Da wir bisher als einziges Beispiel für konvergente Reihen (außer den abbrechenden) die geometrische Reihe zur Verfügung haben, können wir den vorstehenden

Permanenzsatz auch nur darauf anwenden. Aus (i) und (ii) etwa folgt, dass

$$\sum_{n=0}^{\infty}\left[4\cdot\left(\frac{1}{6}\right)^n+1.6\cdot\left(-\frac{1}{16}\right)^n\right]=\frac{4}{1-\frac{1}{6}}+\frac{1.6}{1+\frac{1}{16}}$$

gilt.

Wesentlich interessanter ist es, Folgerungen aus (iv) im Falle $(b_n)=(q^n)$ zu ziehen. Die allermeisten Reihen werden auf *diese* Weise als konvergent erkannt, so dass der größte Teil der Reihenrechnung aus lediglich drei Bausteinen aufgebaut ist, nämlich

- dem Cauchy-Kriterium;

- der Tatsache, dass $\sum q^n$ für $|q|<1$ konvergent ist;

- der Ungleichung (2.7) im vorstehenden Beweis von (iv), d.h. aus $|a_k|\le|b_k|$ folgt

$$\left|\sum_{k=n+1}^{m}a_k\right|\le\sum_{k=n+1}^{m}|a_k|\le\sum_{k=n+1}^{m}|b_k|.$$

Diese Ungleichung ist auch *in anderer Hinsicht entscheidend*: An dieser Stelle vergibt man die Chance, mit einem plausiblen Kandidaten für $\sum_{n=1}^{\infty}a_n$ die Konvergenz direkt nachweisen zu können. Nach (2.7) kann *nur noch Konvergenz schlechthin* bewiesen werden, ein konkreter Wert für $\sum_{n=1}^{\infty}a_n$ muss – wenn das überhaupt möglich ist – auf andere Weise gewonnen werden.

Der nächste Satz enthält die *wichtigsten Konvergenzkriterien*. Wie angekündigt, wird das hauptsächlich auf eine Anwendung von Satz 2.4.2(iv) für die Folge $(b_n)=(q^n)$ hinauslaufen.

Konvergenz-
kriterien

Satz 2.4.3. $(a_n)_{n\in\mathbb{N}}$ *sei eine Folge in $\mathbb{K}$. Jede der folgenden Bedingungen garantiert, dass $\sum_{n=1}^{\infty}a_n$ existiert:*

(i) *Wurzelkriterium*[22]: *Es gibt ein $\hat{n}\in\mathbb{N}$ sowie ein $q\in\mathbb{R}$ mit $0\le q<1$, so dass für alle $n\ge\hat{n}$ gilt:*

$$\sqrt[n]{|a_n|}\le q.$$

(ii) *Quotientenkriterium*: *Es gibt ein $\hat{n}\in\mathbb{N}$ und ein $0\le q<1$, so dass für $n\ge\hat{n}$ gilt:*

$$a_n\ne 0\ und\ \left|\frac{a_{n+1}}{a_n}\right|\le q.$$

(iii) *Kriterium für alternierende Reihen, oder auch LEIBNIZ[23]-Kriterium:*
Alle a_n sind reell, es gilt $a_n\to 0$ sowie $|a_{n+1}|\le|a_n|$ für alle n, und

[22] Zur Erinnerung: Für $a\ge 0$ ist $\sqrt[n]{a}$ diejenige Zahl $b\ge 0$, für die $b^n=a$ gilt. Der Existenznachweis wird erst in Korollar 3.3.7 nachgeliefert werden, er wird unabhängig vom Wurzelkriterium sein.

[23] Leibniz war einer der letzten Universalgelehrten, gegen Ende des 17. Jahrhunderts schuf er - unabhängig von Newton - die Grundlagen der Analysis. Auf ihn gehen einige der noch heute verwendeten Symbole zurück, z.B. das Integralzeichen. Leibniz starb verarmt und verbittert.

die Vorzeichen der a_n sind abwechselnd positiv und negativ. Es ist also entweder $a_1 \geq 0$, $a_2 \leq 0$, $a_3 \geq 0$, ... oder umgekehrt.

Beweis: (i) Da uns nur Konvergenz schlechthin interessiert, darf der Einfachheit halber $\hat{n} = 1$ angenommen werden.

Zum Beweis ist dann nur zu bemerken, dass 2.4.2(iv) mit $b_n = q^n$ erfüllt ist, denn aus $\sqrt[n]{|a_n|} \leq q$ folgt $|a_n| \leq q^n$ durch Ausnutzen der bekannten Rechenregeln für Ungleichungen, und wegen $|q| < 1$ ist die Reihe $\sum_{n=1}^{\infty} q^n$ konvergent.

(ii) Wieder darf der Einfachheit halber $\hat{n} = 1$ angenommen werden. Durch Umformung der Ungleichungen

$$\left|\frac{a_2}{a_1}\right| \leq q, \left|\frac{a_3}{a_2}\right| \leq q, \cdots$$

folgt $|a_2| \leq q|a_1|$, $|a_3| \leq q|a_2| \leq q^2|a_1|$, ... Allgemein ergibt sich durch vollständige Induktion schließlich

$$|a_n| \leq q^{n-1}|a_1|.$$

Nun ist nur noch 2.4.2(iv) mit $b_n = q^{n-1}|a_1|$ anzuwenden.

(iii) Wir betrachten eine für das Nachprüfen des Cauchy-Kriteriums typische Summe:

$$\sum_{k=n+1}^{m} a_k = a_{n+1} + a_{n+2} + \cdots + a_m.$$

Ist etwa $a_{n+1} \geq 0$, so folgt aus $|a_{k+1}| \leq |a_k|$ (alle $k \in \mathbb{N}$) und $a_{n+2} \leq 0$, $a_{n+3} \geq 0$, ..., dass

$$
\begin{aligned}
0 &\leq a_{n+1} \\
0 &\leq a_{n+1} + a_{n+2} \leq a_{n+1} \\
0 &\leq a_{n+1} + a_{n+2} + a_{n+3} \leq a_{n+1} \\
&\vdots \\
0 &\leq a_{n+1} + \cdots + a_m \leq a_{n+1}.
\end{aligned}
$$

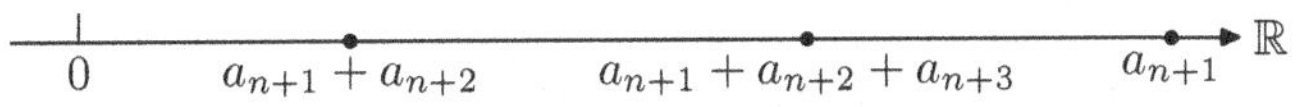

Bild 2.14: Einige Glieder der Partialsummenfolge

Analog erhält man im Fall $a_{n+1} \leq 0$:

$$a_{n+1} \leq a_{n+1} + \cdots + a_m \leq 0.$$

Stets gilt also:

$$\left|\sum_{k=n+1}^{m} a_k\right| \leq |a_{n+1}|.$$

Nach dieser Vorbereitung ist das Cauchy-Kriterium 2.4.2(iii) leicht nachprüfbar: Für vorgegebenes $\varepsilon > 0$ wähle man $n_0 \in \mathbb{N}$ mit $|a_n| \leq \varepsilon$ für $n \geq n_0$, das ist möglich wegen $a_n \to 0$. Ist dann $m > n \geq n_0$, so gilt

$$\left| \sum_{k=n+1}^{m} a_k \right| \leq |a_{n+1}| \leq \varepsilon,$$

und das zeigt die Existenz von $\sum_{n=1}^{\infty} a_n$.   □

Bemerkungen/Beispiele:

1. Es ist wichtig zu bemerken, dass q in (i) und (ii) wirklich kleiner als 1 und von n unabhängig sein muss. Eine Abschwächung der Voraussetzung zu

$$\sqrt[n]{|a_n|} < 1 \quad \text{bzw.} \quad \left| \frac{a_{n+1}}{a_n} \right| < 1$$

ist *nicht* möglich (was man in beiden Fällen am Beispiel der harmonischen Reihe $(1/n)_{n \in \mathbb{N}}$ sehen kann).

2. In den folgenden Beispielen ist die Konvergenz der Reihe eine unmittelbare Folgerung aus Satz 2.4.3. In keinem Fall jedoch gibt es einen aussichtsreichen Kandidaten für die Reihensumme:

- Für $c \in \mathbb{K}$ konvergiert die Reihe

$$\sum_{n=0}^{\infty} \frac{c^n}{n!} = 1 + c + \frac{c^2}{2} + \frac{c^3}{6} + \cdots$$

  nach dem Quotientenkriterium.

  (*Begründung:* Im vorliegenden Fall ist $|a_{n+1}/a_n| = |c/(n+1)|$. Es reicht also, n_0 so zu wählen, dass $q := |c/(n_0 + 1)| < 1$, für $n \geq n_0$ ist dann $|a_{n+1}/a_n| \leq q$.)

- Die Reihe

$$\sum_{n=1}^{\infty} \frac{1}{n^n} = \frac{1}{1^1} + \frac{1}{2^2} + \frac{1}{3^3} + \cdots$$

  konvergiert nach dem Wurzelkriterium.

  (*Begründung:* Es ist $\sqrt[n]{a_n} = 1/n$. Ab $n_0 = 2$ gilt also $\sqrt[n]{a_n} \leq q := 1/2 < 1$.)

- Die Reihe

$$\sum_{n=1}^{\infty} \frac{(-1)^{n+1}}{n} = 1 - \frac{1}{2} + \frac{1}{3} - \frac{1}{4} \pm \cdots$$

  ist aufgrund des Leibniz-Kriteriums konvergent.

(Beachten Sie, dass wir in keinem dieser Fälle einen Kandidaten für die Reihensumme anbieten können.)

Anhand der zuletzt betrachteten Reihe soll *ein merkwürdiges Phänomen* demonstriert werden, dass sich nämlich das *Konvergenzverhalten bei Änderung der Summationsreihenfolge ändern kann.* Anders ausgedrückt: Es gibt kein Kommutativgesetz für konvergente Reihen[24]!

Dazu sortieren wir zunächst die Summanden der Reihe $1 - \frac{1}{2} + \frac{1}{3} - \cdots$ nach dem Vorzeichen, wir erhalten:

$$1, \ \frac{1}{3}, \ \frac{1}{5}, \ \frac{1}{7}, \ \frac{1}{9} \cdots$$

$$-\frac{1}{2}, \ -\frac{1}{4}, \ -\frac{1}{6}, \ -\frac{1}{8}, \ -\frac{1}{10}, \cdots$$

Da die Partialsummen der in der ersten Zeile stehenden Reihe unbeschränkt sind (das zeigt man wie im Fall der harmonischen Reihe $1 + 1/2 + \cdots$), können wir sie so in Abschnitte $A_1, A_2, A_3, \ldots$ unterteilen, dass die Summe über jeden Abschnitt größer oder gleich 1 ist:

$$\underbrace{1}_{A_1} + \underbrace{\frac{1}{3} + \frac{1}{5} + \frac{1}{7} + \frac{1}{9} + \frac{1}{11} + \frac{1}{13} + \frac{1}{15}}_{A_2} + \underbrace{\frac{1}{17} + \frac{1}{19}}_{A_3} + \cdots.$$

Die Umordnung der Ausgangsfolge soll nun so definiert werden: Zuerst nehmen wir den Block A_1 – er besteht nur aus der 1 – aus der positiven Abteilung, dann wird als nächster Summand die $-1/2$ berücksichtigt. Weiter geht es mit den Summanden aus dem Block A_2, an die schließt sich die $-1/4$ an. Und so weiter, wir summieren also die Summanden der ursprünglichen Reihe $1 - \frac{1}{2} + \frac{1}{3} \pm \cdots$ in der Reihenfolge

$$A_1 - \frac{1}{2} + A_2 - \frac{1}{4} + A_3 - \frac{1}{6} + - \cdots$$

auf. Die Partialsummen s_N der neuen Reihe sind dann nicht beschränkt, denn nach dem k-ten A-Block gilt $s_N \geq k/2$. Damit liegt bei Aufsummation in *dieser* Reihenfolge Reihenkonvergenz nicht vor.

> Es ist sogar noch unglaublicher: Sie können sich eine Zahl wünschen, die dann als Reihensumme einer geeigneten Umordnung auftreten soll!
>
> Mal angenommen, Sie wünschen sich die Zahl 111.2. Eine geeignete Umordnung erhält man so:
>
> • Man beginne mit den positiven Summanden. Es sollen so viele – aber auch nicht mehr als nötig – genommen werden, dass ihre Summe größer als 111.2 ist. (Das geht, da ja die Partialsummen der positiven Terme unbeschränkt wachsen.)
>
> • Nun werden von den negativen Summanden so viele verwendet, dass die insgesamt resultierende Partialsumme kleiner als 111.2 ist. Das ist möglich, denn auch die Partialsummen zu $\frac{1}{2} + \frac{1}{4} + \frac{1}{6} + \cdots$ werden beliebig groß.

---

[24] Man beachte jedoch den Spezialfall aus Satz 2.4.2(i). Dass unter gewissen Voraussetzungen ein allgemeines Kommutativgesetz doch gilt, wird in Satz 2.4.5 bewiesen werden.

- Nun wieder aus dem positiven Reservoir: so viele, bis erstmals 111.2 überschritten wird.

- Und so weiter.

Auf diese Weise werden wirklich alle Folgenglieder verwendet, es liegt also eine Umordnung vor. Und da wir jedesmal nur so viele Summanden wählen, dass 111.2 gerade über- oder unterschritten wird, ist der Abstand der Partialsummen zu dieser Zahl höchstens so groß wie der Betrag des zuletzt beim „Umschalten" verwendeten Folgengliedes, bildet also eine Nullfolge. Und das heißt nach Definition, dass die Reihensumme bei dieser Umordnung gleich 111.2 ist.

Eine Beweisanalyse dieser Idee zeigt, dass wir das gleiche Phänomen bei allen konvergenten Reihen antreffen werden, bei denen die Partialsummen der positiven Folgenglieder und ebenso die Partialsummen der negativen Folgenglieder unbeschränkt sind. Das ist für reelle $(a_n)_{n\in\mathbb{N}}$ immer dann der Fall, wenn $|a_1| + |a_2| + \cdots$ nicht konvergent ist (Beweis?). Umgekehrt: Ist $\sum_{n=1}^{\infty} |a_n|$ konvergent, so können (wie wir gleich sehen werden) die Umordnungs-Pathologien des vorstehend diskutierten Beispiels nicht auftreten.

?

absolut konvergent

Definition 2.4.4. *$(a_n)_{n\in\mathbb{N}}$ sei eine Folge in $\mathbb{K}$. Die Reihe $\sum_{n=1}^{\infty} a_n$ heißt* absolut konvergent, *wenn $\sum_{n=1}^{\infty} |a_n|$ konvergent ist.*
(Man beachte, dass wegen Satz 2.4.2(iv) absolut konvergente Reihen konvergent sind[25].)

Es ist klar, dass alle Reihen, deren Konvergenz mit Satz 2.4.2(iv) bewiesen wurde, absolut konvergent sind. Insbesondere gilt das immer dann, wenn Konvergenz mit dem Wurzel- oder Quotientenkriterium gezeigt wurde. Es ist ebenfalls offensichtlich, dass Summen und Vielfache absolut konvergenter Reihen wieder absolut konvergent sind (das folgt sofort aus Satz 2.4.2(i), (ii)).
Wir beweisen nun, dass sich absolut konvergente Reihen bei Umordnungen so verhalten, wie wir das vom Fall endlicher Summen gewohnt sind:

Satz 2.4.5. *$\sum_{n=1}^{\infty} a_n$ sei absolut konvergent und $(a_{\varphi(n)})_{n\in\mathbb{N}}$ eine Umordnung von $(a_n)_{n\in\mathbb{N}}$ (vgl. Definition 2.1.3). Dann ist auch $\sum_{n=1}^{\infty} a_{\varphi(n)}$ konvergent, und es gilt:*

$$\sum_{n=1}^{\infty} a_n = \sum_{n=1}^{\infty} a_{\varphi(n)}.$$

Beweis: (Dieser Beweis ist ziemlich technisch, er kann beim ersten Lesen übersprungen werden.)
Sei $M := \sum_{n=1}^{\infty} |a_n|$. Für jedes beliebige $n_0 \in \mathbb{N}$ können wir $n_1 \in \mathbb{N}$ mit $\{\varphi(1), \ldots, \varphi(n_0)\} \subset \{1, \ldots, n_1\}$ wählen, denn $\{\varphi(1), \ldots, \varphi(n_0)\}$ ist eine endliche

---

[25] Die Umkehrung gilt *nicht*: Die Reihe $1 - 1/2 + 1/3 - + \cdots$ ist nach dem Leibnizkriterium konvergent, die zugehörige Reihe der Absolutbeträge aber ist die divergente harmonische Reihe.

Menge. Dann ist

$$\sum_{n=1}^{n_0} \left|a_{\varphi(n)}\right| \le \sum_{n=1}^{n_1} |a_n| \le \sum_{n=1}^{\infty} |a_n| = M,$$

d.h., die Partialsummen von $\sum_{n=1}^{\infty} \left|a_{\varphi(n)}\right|$ sind beschränkt. Das aber impliziert nach Satz 2.3.7(i), dass $\sum_{n=1}^{\infty} \left|a_{\varphi(n)}\right|$ konvergiert, also existiert – wegen Satz 2.4.2(iv) – auch $\sum_{n=1}^{\infty} a_{\varphi(n)}$.

Es bleibt zu beweisen, dass $\sum_{n=1}^{\infty} a_n = \sum_{n=1}^{\infty} a_{\varphi(n)}$, wir werden zur Abkürzung $s := \sum_{n=1}^{\infty} a_n$ und $s_\varphi := \sum_{n=1}^{\infty} a_{\varphi(n)}$ setzen. Wir zeigen dazu, dass $|s - s_\varphi| \le \varepsilon$ für jedes $\varepsilon > 0$ ist (dann ist nämlich $|s - s_\varphi| = 0$, also $s = s_\varphi$).

Der Beweis besteht aus einem *typischen $\varepsilon/3$-Argument*. Darunter verstehen Mathematiker das Verfahren, die ε-Nachbarschaft zweier Zahlen a und b dadurch zu zeigen, dass man für geeignete Zahlen c und d beweist, dass

$$|a - c| \le \varepsilon/3, \ |c - d| \le \varepsilon/3, \ |d - b| \le \varepsilon/3.$$

Dass das wirklich reicht, folgt aus der Dreiecksungleichung[26]:

$$|a - b| = |(a - c) + (c - d) + (d - b)| \le |a - c| + |c - d| + |d - b|.$$

Sei also $\varepsilon > 0$ vorgegeben. Wir wählen zunächst ein $n_0 \in \mathbb{N}$ mit

$$\left| s - \sum_{n=1}^{n_0} a_n \right| \le \frac{\varepsilon}{3} \quad \text{und} \quad \sum_{k=n+1}^{m} |a_k| \le \frac{\varepsilon}{3} \ (\text{alle } m > n \ge n_0).$$

So ein n_0 kann gefunden werden, indem man das Cauchy-Kriterium mit der Definition der Reihenkonvergenz kombiniert.

Anschließend suchen wir uns ein $n_1 \in \mathbb{N}$ mit $\{\varphi(1), \dots, \varphi(n_1)\} \supset \{1, \dots, n_0\}$ und

$$\left| s_\varphi - \sum_{k=1}^{n_1} a_{\varphi(k)} \right| \le \varepsilon/3.$$

Hier nutzen wir neben der Definition der Reihenkonvergenz die Tatsache aus, dass φ eine surjektive Abbildung ist[27]. (Durch diese Wahl von n_1 ist sichergestellt, dass unter den Summanden $a_{\varphi(1)}, \dots, a_{\varphi(n_1)}$ alle Zahlen $a_1, \dots, a_{n_0}$ vorkommen, das wird gleich – beim Übergang von der zweiten zur dritten Zeile in der nächsten Abschätzung – wichtig werden.)

---

[26] Hier sollte man vielleicht besser „Vierecksungleichung" sagen.

[27] Genauer: Es gibt doch nach Definition der Surjektivität Zahlen $k_1, \dots, k_{n_0}$ mit $\varphi(k_1) = 1, \dots, \varphi(k_{n_0}) = n_0$. Man definiere n_1 als die größte der Zahlen $k_1, \dots, k_{n_0}$.

Weiterhin sei m_0 die größte der Zahlen $\varphi(1), \ldots, \varphi(n_1)$. Dann ist

$$
\begin{aligned}
|s - s_\varphi| &= \left| \left(s - \sum_{k=1}^{n_0} a_k\right) + \left(\sum_{k=1}^{n_0} a_k - \sum_{k=1}^{n_1} a_{\varphi(k)}\right) + \left(\sum_{k=1}^{n_1} a_{\varphi(k)} - s_\varphi\right) \right| \\
&\leq \left| s - \sum_{k=1}^{n_0} a_k \right| + \left| \sum_{k=1}^{n_0} a_k - \sum_{k=1}^{n_1} a_{\varphi(k)} \right| + \left| \sum_{k=1}^{n_1} a_{\varphi(k)} - s_\varphi \right| \\
&\leq \frac{\varepsilon}{3} + \left| \sum_{\substack{k \in \{\varphi(1),\ldots,\varphi(n_1)\} \\ k > n_0}} a_k \right| + \frac{\varepsilon}{3} \\
&\leq \frac{2}{3}\varepsilon + \sum_{\substack{k \in \{\varphi(1),\ldots,\varphi(n_1)\} \\ k > n_0}} |a_k| \\
&\leq \frac{2}{3}\varepsilon + \sum_{k=n_0+1}^{m_0} |a_k| \\
&\leq \frac{2}{3}\varepsilon + \frac{\varepsilon}{3} = \varepsilon.
\end{aligned}
$$

(Es sollte nicht verschwiegen werden, dass wir zwischendurch das Summenzeichen in einer noch nicht definierten Variante benutzt haben. Wir kennen, genau genommen, nur $\sum_{i=1}^{n} a_i$, hier aber tauchten Ausdrücke der Form $\sum_{k \in \Delta} a_k$ auf, wobei Δ eine endliche Teilmenge von $\mathbb{N}$ ist. Intuitiv sollte klar sein, was das bedeutet, etwas mehr wird dazu in Abschnitt 2.5 auf Seite 159 gesagt werden.) Wir haben wirklich $|s - s_\varphi| = 0$ gezeigt, und damit ist der Beweis vollständig geführt. $\qquad\qquad\qquad\qquad\qquad\qquad\qquad\qquad\qquad\qquad\qquad\qquad\qquad\qquad\square$

Bemerkungen:

1. Eine Reihe wird *unbedingt konvergent* genannt, wenn jede Umordnung zur gleichen Reihensumme konvergiert. Satz 2.4.5 besagt also gerade, dass die Implikation

$$\text{absolut konvergent} \; \Rightarrow \; \text{unbedingt konvergent} \qquad (2.8)$$

gilt. Da sich für konvergente Reihen, die nicht absolut konvergent sind, durch Umordnen jede beliebige Reihensumme erreichen lässt (das wurde vor Definition 2.4.4 skizziert), gilt auch die Umkehrung: Absolute Konvergenz ist für Reihen in $\mathbb{K}$ das Gleiche wie unbedingte Konvergenz. Es ist trotzdem wichtig, unbedingte und absolute Konvergenz zu unterscheiden, denn in allgemeineren Situationen[28] als der hier betrachteten gilt nur (2.8), nicht aber die Umkehrung.

---

[28] Gemeint sind Folgen in Räumen, bei denen die für die Definition relevanten Bedingungen erfüllt sind:

- es gibt einen Abstandsbegriff;
- Cauchy-Folgen sind konvergent;
- der zu Grunde liegende Raum ist ein Vektorraum.

Für Fortgeschrittene: Jeder Banachraum liefert ein Beispiel für einen solchen Raum, und nach

2. Trivialerweise ist eine konvergente Reihe mit positiven Gliedern absolut konvergent und damit nach dem vorstehenden Satz unbedingt konvergent. Diese Bemerkung ist wichtig für die Wahrscheinlichkeitstheorie: Möchte man für eine abzählbare Menge E die Wahrscheinlichkeit ausrechnen, so muss man dafür die Reihensumme $\sum_{n=1}^{\infty} P(\{\omega_n\})$ bestimmen, wobei E als $\{\omega_1, \omega_2, \ldots\}$ geschrieben ist und $P(\{\omega_i\})$ die Wahrscheinlichkeit für das Eintreten von ω_i bezeichnet. Und die Wahrscheinlichkeit von E wäre nicht wohldefiniert, wenn die Reihensumme von der Art abhängen würde, wie man E als Folge $\{\omega_1, \omega_2, \ldots\}$ darstellt, die Reihe $\sum_{n=1}^{\infty} P(\{\omega_n\})$ also nicht unbedingt konvergent wäre.

Absolut konvergente Reihen verhalten sich noch in anderer Hinsicht so, wie man es von endlichen Reihen her gewohnt ist: Beim Multiplizieren derartiger Reihen darf „ausmultipliziert" werden. Genauer gilt der folgende *Multiplikationssatz für absolut konvergente Reihen*:

Satz 2.4.6. $\sum_{n=1}^{\infty} a_n$ *und* $\sum_{n=1}^{\infty} b_n$ *seien absolut konvergente Reihen in* $\mathbb{K}$. *Definiert man dann für* $n \in \mathbb{N}$:

$$c_n := \sum_{k=1}^{n} a_k b_{n+1-k} = a_1 b_n + a_2 b_{n-1} + \cdots + a_n b_1,$$

so ist $\sum_{n=1}^{\infty} c_n$ *konvergent, und es gilt:*

$$\sum_{n=1}^{\infty} c_n = \left(\sum_{n=1}^{\infty} a_n \right) \left(\sum_{n=1}^{\infty} b_n \right).$$

Das wird ausgeschrieben noch deutlicher:

$$(a_1 + a_2 + \cdots)(b_1 + b_2 + \cdots) = a_1 b_1 + (a_1 b_2 + a_2 b_1) + (a_1 b_3 + a_2 b_2 + a_3 b_1) + \cdots.$$

Beweis: (Auch dieser Beweis ist recht technisch, manche werden ihn sich für später aufsparen wollen.)

1. Schritt: Die Reihe $\sum_{n=1}^{\infty} c_n$ ist – sogar absolut – konvergent.

Beweis dazu: Wir werden die Beschränktheit der Partialsummen der zu $(|c_n|)$ gehörigen Reihe zeigen. Wegen Satz 2.3.7 folgt daraus die Konvergenz von $\sum_{n=1}^{\infty} |c_n|$, und ergibt sich mit Satz 2.4.2(iv) die Konvergenz von $\sum_{n=1}^{\infty} c_n$.

Man wähle $M \geq 0$ als die größere der Zahlen $\sum_{n=1}^{\infty} |a_n|$ und $\sum_{n=1}^{\infty} |b_n|$. Für

---

dem gefeierten Satz von DVORETZKY und ROGERS gibt es in jedem unendlich-dimensionalen Banachraum eine unbedingt konvergente Reihe, die nicht absolut konvergent ist.

eine beliebige Partialsumme der zu $|c_1| + |c_2| + \cdots$ gehörigen Reihe gilt dann:

$$
\begin{aligned}
|c_1| + |c_2| + \cdots + |c_n| &= \sum_{i=1}^{n} \left| \sum_{j=1}^{i} a_j b_{i+1-j} \right| \\
&\leq \sum_{i=1}^{n} \sum_{j=1}^{i} |a_j||b_{i+1-j}| \\
&\leq \sum_{i=1}^{n} \sum_{j=1}^{n} |a_i||b_j| \\
&= \left(\sum_{i=1}^{n} |a_i| \right) \left(\sum_{j=1}^{n} |b_j| \right) \\
&\leq M \cdot M.
\end{aligned}
$$

2. Schritt: Wir setzen $a := \sum_{n=1}^{\infty} a_n$, $b := \sum_{n=1}^{\infty} b_n$, $c := \sum_{n=1}^{\infty} c_n$ und behaupten, dass $a \cdot b = c$ gilt; damit wäre der Satz dann bewiesen.
Beweis dazu: Wir werden zeigen, dass $|c - a \cdot b| \leq \varepsilon$ für jedes positive ε ist. Folglich beginnen wir mit der Vorgabe irgendeines $\varepsilon > 0$, von dem wir annehmen wollen dass es kleiner als 1 ist; dadurch werden wir zum Beweisende $\varepsilon \cdot \varepsilon$ durch ε abschätzen können.

Es ist doch leicht, die Zahlen a, b und c durch geeignete Partialsummen zu approximieren, deswegen kümmern wir uns zunächst um den Vergleich von $\sum_{i=1}^{n} c_i$ mit $(\sum_{i=1}^{n} a_i)(\sum_{j=1}^{n} b_j)$:

$$
\left| \left(\sum_{i=1}^{n} a_i \right) \left(\sum_{j=1}^{n} b_j \right) - \sum_{i=1}^{n} c_i \right| = \left| \sum_{\substack{i,j=1,\ldots,n, \\ i+j>n+1}} a_i b_j \right|
$$

$$
\leq \sum_{\substack{i,j=1,\ldots,n, \\ i+j>n+1}} |a_i b_j|.
$$

Nun ist die Beobachtung wichtig, dass im Fall $i,j \geq 0$, $i+j > n$, eine der Zahlen i oder j größer als $n/2$ sein muss[29]. Folglich können wir die Abschätzung mit

$$
\leq \sum_{\substack{i,j=1,\ldots,n, \\ i \geq n/2}} |a_i b_j| + \sum_{\substack{i,j=1,\ldots,n, \\ j \geq n/2}} |a_i b_j|
$$

fortsetzen, wobei der erste Summand $\leq (\sum_{i=n/2}^{n} |a_i|)(\sum_{j=1}^{n} |b_j|)$ und folglich $\leq (\sum_{i=n/2}^{n} |a_i|)M$ und entsprechend der zweite $\leq (\sum_{j=n/2}^{n} |b_j|)M$ ist.

Man wähle ein m_0, so dass $\sum_{i=m}^{2m} |a_i| \leq \varepsilon$ und gleichzeitig $\sum_{i=m}^{2m} |b_i| \leq \varepsilon$ für $m \geq m_0$; so ein m_0 gibt es wegen des Cauchy-Kriteriums.

---

[29] Wir wollen annehmen, dass n eine gerade Zahl ist.

Sei nun n eine gerade Zahl, für die $n \geq 2m_0$ gilt. Dann sind die Summen $\sum_{i=n/2}^{n} |a_i|$ und $\sum_{j=n/2}^{n} |b_j|$ durch ε abschätzbar, und insgesamt erhalten wir

$$\left| \left(\sum_{i=1}^{n} a_i \right) \left(\sum_{j=1}^{n} b_j \right) - \sum_{i=1}^{n} c_i \right| \leq 2M\varepsilon.$$

Wir wählen nun n so groß, dass

$$\left| a - \sum_{i=1}^{n} a_i \right| \leq \varepsilon, \quad \left| b - \sum_{j=1}^{n} b_j \right| \leq \varepsilon, \quad \left| c - \sum_{i=1}^{n} c_i \right| \leq \varepsilon.$$

Wenn man dann $\varepsilon_1, \varepsilon_2, \varepsilon_3$ durch

$$\varepsilon_1 \quad := \quad a - \sum_{i=1}^{n} a_i$$

$$\varepsilon_2 \quad := \quad b - \sum_{j=1}^{n} b_j$$

$$\varepsilon_3 \quad := \quad c - \sum_{i=1}^{n} c_i$$

definiert, so sind alle $|\varepsilon_i|$ durch $|\varepsilon|$ beschränkt, und es folgt

$$
\begin{aligned}
|a \cdot b - c| \quad &= \quad \left| \left(\sum_{i=1}^{n} a_i + \varepsilon_1 \right) \left(\sum_{j=1}^{n} b_j + \varepsilon_2 \right) - \left(\sum_{i=1}^{n} c_i + \varepsilon_3 \right) \right| \\
&\leq \quad \left| \left(\sum_{i=1}^{n} a_i \right) \left(\sum_{j=1}^{n} b_j \right) - \sum_{i=1}^{n} c_i \right| + \\
&\qquad + |\varepsilon_1| \sum_{j=1}^{n} |b_j| + |\varepsilon_2| \sum_{i=1}^{n} |a_i| + |\varepsilon_1 \varepsilon_2| + |\varepsilon_3| \\
&\leq \quad 2M\varepsilon + |\varepsilon_1|M + |\varepsilon_2|M + |\varepsilon_1 \varepsilon_2| + |\varepsilon_3| \\
&\leq \quad (4M + 2)\varepsilon.
\end{aligned}
$$

Damit haben wir zwar nicht ganz das Ziel erreicht, $|a \cdot b - c| \leq \varepsilon$ zu zeigen, aber wenn wir die vorstehenden Überlegungen mit $\varepsilon/(4M + 2)$ statt mit ε noch einmal durchführen, ist wirklich $|a \cdot b - c| \leq \varepsilon$ für jedes ε bewiesen, d.h. es muss $c = a \cdot b$ gelten. $\qquad \square$

2.5   Ergänzungen

In diesem Abschnitt geht es um einige Ergänzungen zum Thema „Konvergenz".

Zunächst behandeln wir die *Dezimalentwicklung reeller Zahlen.* Aus der Schule weiß man, dass sich jede Zahl als Dezimalzahl darstellen lässt. Mit Hilfe der Reihenrechnung lässt sich das auch für den hier gewählten axiomatischen Ansatz nachweisen.

Dann kümmern wir uns um *ungeordnete Summation.* Ist M eine Menge und $f : M \to \mathbb{R}$ eine Abbildung, so soll $\sum_{m \in M} f(m)$ erklärt werden. Solche Summen treten insbesondere für endliche und abzählbare Mengen auf.

Dann folgen noch einige Bemerkungen *zum Zusammenhang zwischen Linearer Algebra und Analysis.* Viele der in diesem Kapitel bewiesenen Ergebnisse haben nämlich eine algebraische Interpretation.

So bedeutet die Aussage $\lim(a_n + b_n) = \lim a_n + \lim b_n$ „eigentlich", dass die Limesabbildung auf einem geeigneten Folgenraum additiv ist. Durch solche Beobachtungen kann man einerseits neue Beispiele für Vektorräume und lineare Abbildungen gewinnen und andererseits schon einmal strukturelles Denken trainieren, das heute in der höheren Analysis eine ganz wichtige Rolle spielt.

Und zum Abschluss wird es um *allgemeinere Limesbegriffe* gehen. Manche Folgen sind zwar nicht konvergent, trotzdem gäbe es manchmal gute Gründe, eine bestimmte Zahl als Limes-Ersatz anzusehen. Diese Rolle könnte etwa die Zahl $1/2$ für die Folge $1, 0, 1, 0, 1, \ldots$ spielen, denn $1/2$ liegt doch irgendwie symmetrisch zwischen den Folgengliedern. Es soll gezeigt werden, wie man solche vagen Konzepte präzisieren kann.

Die Dezimalentwicklung reeller Zahlen

Für die meisten Menschen sind reelle Zahlen Objekte, die man mit Hilfe einer endlichen oder unendlichen Dezimalentwicklung konkret aufschreiben kann: zum Beispiel als 3.14 oder als $-12.123123123\ldots$ Ohne Kenntnisse der Reihenrechnung kann das eigentlich nicht streng begründet werden, auch kann es mitunter Verständnisprobleme geben:

> *Aus einer e-mail an* `www.mathematik.de` :
> Liebe MathematikerInnen,
> ich bin in der 6. Klasse und wir haben gerade periodische Dezimalbrüche durchgenommen. Wir haben gelernt: $1/9 = 0.111\ldots, 3/9 = 0.333\ldots$ usw.
> Was aber ist dann $0.999\ldots$? Unsere Lehrerin hat gesagt, das wäre $9/9$. Das kann aber doch nicht sein. Das wäre doch 1, und $0.999\ldots$ ist doch ein Unendlichstel kleiner als 1. Gibt es $0.999\ldots$ überhaupt? Aber eine Zahl, die ich mir ausdenken kann, muss es doch geben. Wie kommt man an $0.999\ldots$?
> Ich würde mich über eine Antwort freuen.
> Lina

Lina bekam die Antwort, dass sich ihr Problem in Luft auflöst, wenn man die richtigen Konvergenzbegriffe zur Verfügung hat, doch war sie nur schwer davon zu überzeugen, dass sie wohl leider noch eine Weile warten muss, bis sie das genau versteht.

Wir hingegen haben alle notwendigen Vorarbeiten geleistet: $0.999\ldots$ ist wirklich exakt gleich 1, alle wichtigen Informationen zur Dezimalentwicklung stehen im

Satz 2.5.1.

(i) *Seien* $m \in \mathbb{N} \cup \{0\}$, $b_m, \ldots, b_0 \in \{0, 1, \ldots, 9\}$ *und* $(a_n)_{n \in \mathbb{N}}$ *eine Folge in* $\{0, 1, \ldots, 9\}$. *Dann konvergiert die Reihe*

$$\sum_{n=1}^{\infty} \frac{a_n}{10^n},$$

und wir setzen abkürzend

$$b_m b_{m-1} \ldots b_0.a_1 a_2 a_3 \ldots :=$$

$$b_m \cdot 10^m + b_{m-1} \cdot 10^{m-1} + \cdots + b_1 \cdot 10 + b_0 + \frac{a_1}{10} + \frac{a_2}{100} + \frac{a_3}{1000} + \cdots.$$

(ii) *Jede nicht negative reelle Zahl besitzt eine Darstellung gemäß (i), d.h. zu* $x \in \mathbb{R}$, $x \geq 0$ *gibt es* $m \in \mathbb{N} \cup \{0\}$, $b_m, \ldots, b_0, a_1, a_2, \ldots \in \{0, 1, \ldots, 9\}$ *mit*

$$x = b_m b_{m-1} \ldots b_0.a_1 a_2 a_3 \ldots \text{ (die Dezimalentwicklung von } x\text{)}.$$

                                                                       Dezimal-
                                                                       entwicklung

(iii) *Vereinbaren wir, dass eine negative Zahl* x *als* $-b_m b_{m-1} \ldots b_0.a_1 a_2 a_3 \ldots$ *geschrieben wird, wobei* $b_m b_{m-1} \ldots b_0.a_1 a_2 a_3 \ldots$ *die Darstellung von* $-x$ *gemäß (ii) ist, so ist damit für jede reelle Zahl die Existenz einer Dezimalentwicklung nachgewiesen.*

Beweis: (i) Der n-te Reihensummand ist gleich $a_n/10^n$. Da alle a_n durch 9 beschränkt sind, folgt die – sogar absolute – Konvergenz der Reihe aus dem Vergleichskriterium (Satz 2.4.2(iv)).

(ii) Sei $x \geq 0$ vorgelegt. Wir beweisen die Behauptung in drei Schritten:
Schritt 1: Es existieren ein $n_0 \in \mathbb{N}_0 := \mathbb{N} \cup \{0\}$ und ein $y \in \mathbb{R}$ mit $0 \leq y < 1$, so dass $x = n_0 + y$.
Beweis dazu: Wir betrachten $\{n \in \mathbb{N} \mid n > x\}$. Diese Menge ist wegen des Archimedesaxioms nicht leer, enthält also nach Satz 1.5.7(vii) ein kleinstes Element n_1. Es ist damit $n_1 > x$, und außerdem muss $n_1 - 1 \leq x$ gelten (andernfalls wäre nämlich $n_1 - 1$ ein echt kleinerer Kandidat in der Menge als n_1). Damit brauchen wir nur $n_0 := n_1 - 1 \in \mathbb{N}_0$ und $y := x - n_0$ zu definieren.
Schritt 2: Zu $n_0 \in \mathbb{N}_0$ gibt es $m \in \mathbb{N}_0$ sowie $b_m, \ldots, b_0 \in \{0, 1, \ldots, 9\}$ mit $n_0 = \sum_{n=0}^{m} b_n \cdot 10^n$.
Beweis dazu: Das wird durch vollständige Induktion nach n_0 gezeigt:

- Induktionsanfang: Für $n_0 = 0$ ist die Aussage offensichtlich richtig: Man wähle $m = 0$, $b_0 = 0$.

- Induktionsvoraussetzung: $n_0 \in \mathbb{N}_0$ habe eine Darstellung

$$n_0 = \sum_{n=0}^{m} b_n \cdot 10^n = b_m \cdot 10^m + \cdots + b_1 \cdot 10 + b_0.$$

- Induktionsschluss: Falls $b_0 < 9$ ist, liefert die Darstellung von n_0 sofort eine Darstellung von $n_0 + 1$:

$$n_0 + 1 = \sum_{n=0}^{m} b_n \cdot 10^n + 1 = \sum_{n=1}^{m} b_n \cdot 10^n + (b_0 + 1).$$

Ist $b_0 = 9$, aber $b_1 < 9$, so erhalten wir

$$n_0 + 1 = \sum_{n=2}^{m} b_n \cdot 10^n + (b_1 + 1) \cdot 10 + 0 = b_m \cdot 10^m + \cdots + (b_1 + 1) \cdot 10 + 0$$

als Darstellung. Ganz analog werden die Fälle „$b_0 = b_1 = 9$, aber $b_2 < 9$", „$b_0 = b_1 = b_2 = 9$, aber $b_3 < 9$" usw. behandelt.

Hier die Fassung ohne „usw." für Perfektionisten:

Wähle $k \in \mathbb{N} \cup \{0\}$ mit $b_0 = b_1 = \cdots = b_k = 9$, aber $b_{k+1} < 9$. Im Falle $k = m$ vereinbaren wir zusätzlich $b_{m+1} := 0$. Dann ist

$$n_0 + 1 = \sum_{n=k+2}^{m} b_n \cdot 10^n + (b_{k+1} + 1) \cdot 10^{k+1} + \sum_{n=0}^{k} 0 \cdot 10^n$$

eine Dezimaldarstellung von $n_0 + 1$.

Schritt 3: Zu $y \in \mathbb{R}$, $0 \le y < 1$ gibt es eine Folge $(a_n)_{n \in \mathbb{N}}$ in $\{0, 1, \ldots, 9\}$, so dass $y = \sum_{n=1}^{\infty} a_n / 10^n$.
Beweis dazu: Wir konstruieren $a_1, a_2, \ldots$ induktiv so, dass für alle $n \in \mathbb{N}$ gilt: $a_n \in \{0, 1, \ldots, 9\}$, und

$$\frac{a_1}{10} + \cdots + \frac{a_n}{10^n} \le y \le \frac{a_1}{10} + \cdots + \frac{a_n + 1}{10^n}. \tag{2.9}$$

- Induktionsanfang: Es ist $0 \le 10 \cdot y < 10$. Folglich gibt es ein a_1 in $\{0, 1, \ldots, 9\}$ mit $a_1 \le 10 \cdot y < a_1 + 1$. (Man definiere a_1 als das größte Element der Menge $\{n \in \mathbb{N} \mid n \le 10 \cdot y\}$, das existiert wegen Satz 1.5.7(viii).) Teilen durch 10 liefert (2.9) für $n = 1$:

$$\frac{a_1}{10} \le y < \frac{a_1 + 1}{10}.$$

- Induktionsvoraussetzung: (2.9) gelte für ein $n \in \mathbb{N}$.

- Induktionsschluss: Zunächst multiplizieren wir (2.9) mit 10^{n+1} und erhalten:

$$a_1 10^n + \cdots + a_n 10 \leq y 10^{n+1} \leq a_1 10^n + \cdots + (a_n + 1)10.$$

Nun wiederholen wir die Überlegungen, die wir eben beim Induktionsanfang für $10 \cdot y$ angestellt haben, für

$$y 10^{n+1} - (a_1 10^n + \cdots + a_n 10),$$

auf diese Weise erhalten wir ein $a_{n+1} \in \{0, \ldots, 9\}$ mit

$$a_1 10^n + \ldots + a_n 10 + a_{n+1} = \sum_{k=1}^{n+1} a_k 10^{n+1-k} \leq 10^{n+1} y$$

$$\leq \sum_{k=1}^{n} a_k 10^{n+1-k} + (a_{n+1} + 1)$$

$$= a_1 10^n + \cdots + a_n 10 + (a_{n+1} + 1).$$

Division durch 10^{n+1} liefert dann die Ungleichung (2.9) für $n + 1$.

Damit ist bereits alles gezeigt, denn (2.9) impliziert

$$\left| \sum_{k=1}^{n} \frac{a_k}{10^k} - y \right| \leq \frac{1}{10^n},$$

und es gilt $1/10^n \to 0$ wegen $10 > 1$.

(iii) Das ist offensichtlich. $\square$

Bemerkungen:

1. Es ist hoffentlich angesichts der reichlich technischen Formulierung des Ergebnisses nicht untergegangen, dass es sich wirklich um die gute alte Dezimalentwicklung handelt, die man schon in der Schule kennen lernt.

   Zum Beispiel hat $1/3$ wirklich die Darstellung $0.333\ldots$, hier ist $m = b_0 = 0$ und $a_1 = a_2 = \cdots = 3$.

2. Ersetzt man in den vorstehenden Überlegungen die Zahl 10 durch irgendeine natürliche Zahl g mit $g > 1$, so ergibt sich bei gleichem Beweis, dass jede reelle Zahl eine *g-adische Entwicklung* hat. Ist zum Beispiel $g = 2$ – man spricht dann von der *Dualentwicklung* – so würde etwa $10001.1010101\ldots$ die Abkürzung für

$$1 \cdot 2^4 + 1 + 1/2 + 1/2^3 + 1/2^5 + \cdots$$

sein.

3. Die Darstellung von Zahlen als Dezimalzahl ist *nicht eindeutig*. So könnte man die Zahl $23.45000\ldots$ genausogut als $23.449999\ldots$ schreiben.

Die Umkehrung: Reelle Zahlen werden als Dezimalzahlen definiert

Im vorigen Unterabschnitt wurde gezeigt, dass man jede reelle Zahl als unendlichen Dezimalbruch schreiben kann. Könnte man das nicht zum Ausgangspunkt einer Definition der reellen Zahlen nehmen? Man *definiert* einfach die reellen Zahlen als Menge der unendlichen Dezimalbrüche, so würde man sich den axiomatischen Zugang oder den komplizierten Weg, der in Abschnitt 1.11 beschrieben wurde ($\mathbb{R}$ als Menge von Äquivalenzklassen von Dedekindschen Schritten), ersparen können.

Diese Idee ist wirklich verführerisch. Der erste Schritt zur Verwirklichung könnte so aussehen: „$\mathbb{R}$ ist die Menge aller Zahlen der Form $z_0.z_1 z_2 \ldots$", wobei $z_0 \in \mathbb{Z}$ und $z_i \in \{0, \ldots, 9\}$. Formal besteht also eine reelle Zahl aus einer ganzen Zahl und einer Folge in $\{0, \ldots, 9\}$. Das erste kleine Problem, dass ja eigentlich – zum Beispiel – $0.12000\ldots$ und $0,1199\ldots$ die gleiche Zahl darstellen, ist leicht zu beheben. Man muss nur verbieten, dass die Folge (z_i) von irgendeiner Stelle an nur aus Neunen besteht.

Die wirklichen Schwierigkeiten lauern woanders. Wie sollen denn Addition und Multiplikation definiert werden? Es ist zwar klar, dass $0.121212\ldots +$ $1.414141\ldots$ notwendig gleich $1.535353\ldots$ sein muss, doch wie soll man die Summe definieren, wenn „Überträge" notwendig werden, etwa bei $0.555\ldots +$ $0.666\ldots$? Das Problem besteht darin, dass man sich bei der in der Schule gelernten Addition „von hinten nach vorn" vorarbeiten muss, und „hinten" gibt es nicht (außer wenn beide Dezimalentwicklungen von einer Stelle an nur aus Nullen bestehen). Ein ähnliches Problem – sogar noch gravierender – tritt bei der Multiplikation auf, und deswegen scheint es so, dass die Verwirklichung der Idee „$\mathbb{R}$ ist die Menge der Dezimalzahlen" zum Scheitern verurteilt ist.

Überraschenderweise geht es aber doch. Eine ausführliche Darstellung findet man im Buch „Elementare Grundlagen der Analysis" von W. Rautenberg (BI Wissenschaftsverlag, 1993), hier gibt es eine kurze Skizze.

1. Das Fundament: Auch bei diesem Zugang kann man $\mathbb{R}$ nicht aus dem Nichts erzeugen. Mindestens sollte man wissen, was natürliche und ganze Zahlen sind und welche Eigenschaften diese Zahlenmengen haben. Folgen werden eine wichtige Rolle spielen, und es wird auch von Vorteil sein, sehr sicher mit dem Begriff des Supremums umgehen zu können. Um das neu zu konstruierende Objekt von dem bisher behandelten Zahlkörper $\mathbb{R}$ zu unterscheiden, werden wir es $\mathbb{R}_{neu}$ nennen.

2. $\mathbb{R}_{neu}$ als Menge: Als Menge ist $\mathbb{R}_{neu}$ schon weiter oben eingeführt worden: das System aller $z_0.z_1 z_2 \ldots$ mit $z_0 \in \mathbb{Z}$ und $z_1, z_2, \ldots \in \{0, \ldots, 9\}$, wobei es nicht zugelassen ist, dass in der Folge (z_n) von einer Stelle ab nur Neunen stehen. Wer es ganz formal haben möchte, kann $\mathbb{R}_{neu}$ als Teilmenge von $\mathbb{Z} \times \{0, \ldots, 9\}^{\mathbb{N}}$ definieren, wir werden aber hier die Dezimalzahl-Schreibweise verwenden.

Es wird bequem sein, ein $z_0.z_1 z_2 \ldots \in \mathbb{R}_{neu}$ auch als $z_0.z_1 z_2 \ldots z_k$ zu schreiben, wenn $z_{k+1} = z_{k+2} = \cdots = 0$ gilt. So bezeichnen etwa $12.34101000\ldots$,

12.341010 und 12.34101 alle die gleiche „Zahl": Ja, wir werden schon von Zahlen reden, auch wenn sich erst nach und nach ergeben wird, dass wir die gleichen Objekte erhalten wie vorher.

3. Die Ordnung auf $\mathbb{R}^+$: Wir arbeiten zunächst in $\mathbb{R}^+_{neu}$, das ist die Teilmenge derjenigen Zahlen $z_0.z_1z_2\ldots$, für die $z_0 \geq 0$ gilt. Sind dann $z = z_0.z_1z_2\ldots$ und $w = w_0.w_1w_2\ldots$ Elemente aus $\mathbb{R}^+_{neu}$, so schreiben wir $z < w$, wenn gilt:

1. Es ist $z_0 < w_0$; oder

2. es ist $z_0 = w_0$ und $z_1 < w_1$; oder

3. es ist $z_0 = w_0$, $z_1 = w_1$ sowie $z_2 < w_2$; oder

4. ...

Anders ausgedrückt: Beim Vergleich von z_0 mit w_0, z_1 mit w_1, z_2 mit w_2 usw. muss für die erste unterschiedliche Stelle „<" gelten. So ist etwa $3.580098\ldots <$ $3000.0101010\ldots$ (erster Unterschied schon in der Stelle „vor dem Komma"), und es gilt $2.289766003991\ldots < 2.28976604984\ldots$ (erster Unterschied in der achten Stelle nach dem Komma[30]).

> Es ist ganz natürlich, Dezimalzahlen so anzuordnen. Man beachte, dass das nur für den Bereich $\mathbb{R}^+_{neu}$ so geht: „In Wirklichkeit" ist $-2.223 < -2.221$, das sieht man aber nicht an der ersten unterschiedlichen Ziffer. *Deswegen* bleiben wir zunächst bei $\mathbb{R}^+_{neu}$.

Es ist dann offensichtlich, dass gilt: Für beliebige $z, w \in \mathbb{R}^+_{neu}$ gilt $z < w$, oder $w < z$ oder $z = w$. Wenn man das allerdings wirklich streng begründen möchte, muss man die Wohlordnung der natürlichen Zahlen heranziehen: Im Fall $z \neq w$ betrachte $\{k \in \mathbb{N} \mid z_k \neq w_k\}$. Ist diese Menge leer, muss $z_0 \neq w_0$ gelten, also $z < w$ oder $w < z$. Andernfalls hat sie ein kleinstes Element k, und je nachdem, ob $z_k < w_k$ oder $w_k < z_k$ gilt, ist $z < w$ oder $w < z$.

Es macht auch keine besondere Mühe nachzuweisen, dass durch „$z \leq w$ genau dann, wenn $z = w$ oder $z < w$" eine Ordnungsrelation definiert wird: Es gilt stets $z \leq z$, aus $z \leq w$ und $w \leq z$ folgt $z = w$, und $z \leq w \leq z'$ impliziert $z \leq z'$.

4. Ein wichtiges Ergebnis: Suprema existieren: Da $\mathbb{R}^+_{neu}$ eine Ordnung trägt, ist es sinnvoll, nach der Existenz von Suprema für Teilmengen zu fragen. Zur Erinnerung: Ist $\Delta \subset \mathbb{R}^+_{neu}$ eine Teilmenge, so wird ein w *Supremum von* Δ genannt, wenn

- Für alle $z \in \Delta$ ist $z \leq w$ (w ist also obere Schranke von Δ).

- Gilt für ein w' ebenfalls, dass $z \leq w'$ für alle $z \in \Delta$, so muss $w \leq w'$ sein: w ist bestmöglich.

---

[30] Diese Bezeichnung lehnt sich an die in der Schule übliche an, auch wenn das Komma bei uns ein Punkt ist.

Wir hatten in Abschnitt 2.3 gesehen, dass die Existenz von Suprema eng mit der Vollständigkeit zusammenhängt. In $\mathbb{R}^+_{neu}$ gilt ein Ergebnis, das Satz 2.3.5 entspricht. Es wird der Schlüssel für die nachfolgenden Konstruktionen sein.

Satz: Es sei $\Delta \subset \mathbb{R}^+_{neu}$ eine nichtleere und beschränkte Teilmenge. „Beschränkt" bedeutet dabei, dass es ein $w = w_0.w_1w_2\ldots$ so gibt, dass $z \leq w$ für alle $z \in \Delta$. Dann hat Δ ein Supremum.

Auch gilt: Jede nicht-leere Teilmenge $\Delta \subset \mathbb{R}^+_{neu}$ hat ein Infimum.

Beweis: Wir schauen uns zuerst die Zahlen vor dem Komma der $z \in \Delta$ an. Das sind Zahlen aus $\mathbb{N}_0$, die durch w_0 nach oben beschränkt sind. Da eine nichtleere nach oben beschränkte Menge von natürlichen Zahlen ein größtes Element z'_0 enthält (Satz 1.5.7(viii)), gibt es Elemente $z = z'_0.z_1z_2\ldots \in \Delta$, für die z'_0 größtmöglich ist. Sei Δ_0 die Menge dieser z.

Nun betrachten wir die z_1 für $z = z'_0.z_1z_2\ldots \in \Delta_0$. Das ist eine nichtleere Menge von Zahlen in $\{0,\ldots,9\}$, für gewisse z wird diese Ziffer größtmöglich sein: Der größtmögliche Wert sei z'_1. Mit Δ_1 bezeichnen wir die Menge dieser z. Und so geht es weiter: Δ_2 ist die (nichtleere) Teilmenge von Δ_1 derjenigen z, für die z_2 den größtmöglichen Wert z'_2 annimmt. Und so weiter. Es ist dann schnell einzusehen, dass $z' := z'_0.z'_1z'_2\ldots$ Supremum von Δ ist.

> Hier lauert eine kleine Falle. Es könnte ja sein, dass die z'_k von einer Stelle an alle gleich Neun sind. (Zum Beispiel dann, wenn $\Delta = \{0.9, 0.99, 0.999, \ldots\}$ Dann wäre z' die „verbotene" Zahl $0.9999\ldots$. Das ist aber leicht zu beheben: Erhöhe die Ziffer vor der Neunen-Reihe um Eins und setze mit Nullen fort.

Der zweite Teil geht ganz analog. Hier muss man noch – um das Element vor dem Komma des Infimums zu finden – beachten, dass jede nichtleere Teilmenge von $\mathbb{N}_0$ ein kleinstes Element hat (Satz 1.5.7(vii)).

Damit ist der Beweis vollständig geführt.

5. Die algebraischen Verknüpfungen: Das geht nun mit Hilfe des vorstehenden Satzes recht elegant durch Zurückführen der entsprechenden Operationen auf abbrechende Dezimalzahlen.

Zunächst behandeln wir die *Addition* in $\mathbb{R}^+_{neu}$. Wir beginnen mit einigen Bezeichnungen:

- Mit $\mathbb{E}$ bezeichnen wir die abbrechenden Dezimalzahlen in $\mathbb{R}^+_{neu}$, also diejenigen z, für die die z_k von einer Stelle an gleich Null sind.

- Ist $z = z_0.z_1z_2\ldots \in \mathbb{R}^+_{neu}$ und $k \in \mathbb{N}_0$, so sei $z^{[k]}$ dasjenige Element in $\mathbb{E}$, das aus z durch „Abschneiden" nach der k-ten Stelle entsteht. So ist etwa für $z = 12.3087271\ldots$ die Zahl $z^{[3]}$ gleich 12.308.

Nun seien $z, w \in \mathbb{R}^+_{neu}$ vorgelegt. Wir bezeichen mit Δ die Menge

$$\Delta := \{z^{[k]} + w^{[k]} \mid k = 0, 1, 2, \ldots\};$$

dabei nutzen aus, dass wir für Elemente aus $\mathbb{E}$ schon wissen, was die Addition bedeutet. Δ ist eine nichtleere beschränkte Menge[31]. Folglich gibt es aufgrund des vorstehenden Satzes ein Supremum, wir nennen es $z + w$. Es lässt sich dann nachweisen, dass Assoziativ- und Kommutativgesetz für „$+$" erfüllt sind und dass 0 neutrales Element ist.

Nun zur *Multiplikation*. Das geht ganz ähnlich, diesmal arbeiten wir mit

$$\Delta := \{z^{[k]} \cdot w^{[k]} \mid k = 0, 1, 2, \ldots\};$$

für Elemente aus $\mathbb{E}$ ist ja aus der Schule schon klar, was „$\cdot$" bedeutet. Das Supremum von Δ wird $z \cdot w$ genannt, und diese Multiplikation hat die üblichen Eigenschaften (sie ist kommutativ und assoziativ, auch gilt – wenn man sie mit der Addition kombiniert – das Distributivgesetz). Die zugehörigen Beweise nutzen nur die Gültigkeit der entsprechenden Eigenschaften in $\mathbb{E}$ und Eigenschaften des Supremums aus.

Es fehlen noch *Subtraktion und Division* in $\mathbb{R}^{+}_{\text{neu}}$. Was soll etwa $z - w$ bedeuten, wenn $w < z$ gilt?

Es sei $z = z_0.z_1z_2\ldots < w = w_0.w_1w_2\ldots$ Wir suchen ein z'' mit $z + z'' = w$, dann schreiben wir natürlich $w - z := z''$. Das könnte man so finden: Betrachte als Δ die Menge derjenigen $z' \in \mathbb{R}^{+}_{\text{neu}}$, für die $z + z' \leq w$ ist und definiere z'' als das Supremum von Δ. Alternativ könnte man auch mit

$$z'' := \inf_{k'} \sup\{w^{[k]} - z^{[k]} \mid k \geq k'\}$$

arbeiten, auch dafür gilt $z + z'' = w$.

Hier präsentieren wir noch eine direkte Konstruktion.

Fall 1: Es gibt ein k', so dass $z_k = w_k$ für $k \geq k'$.

In diesem Fall ist $w^{[k]} - z^{[k]}$ für $k \geq k'$ immer die gleiche Zahl $z'' \in \mathbb{E}$. Es gilt offensichtlich $z + z'' = w$.

Fall 2: Es gibt beliebig große k' mit $z_{k'} < w_{k'}$.

In diesem Fall ist folgende Bemerkung wichtig: Ist $z_{k'} < w_{k'}$ und $k < k'$, so sind die ersten k Stellen von $w^{[k'']} - z^{[k'']}$ für alle $k'' > k'$ die gleichen. (Denn ein möglicher Übertrag wird bei k' aufgefangen.) Das impliziert: die k-te Stelle der Zahlen $w^{[k'']} - z^{[k'']}$ ist für $k'' \to \infty$ gegen eine Ziffer aus $\{0, 1, \ldots, 9\}$ konvergent (die Vor-Kommazahl ist auch von einer Stelle ab konstant gleich d_0). Sei d_k diese Ziffer.

Wir definieren $z'' := d_0.d_1d_2\ldots$. Für jedes k' mit $z_{k'} < w_{k'}$ ist dann $z^{[k'-1]} + z_0^{[k'-1]} = w^{[k'-1]}$, und da beide Seiten der Gleichung monoton steigen und $z + z''$ bzw. w als Supremum haben, folgt $z + z'' = w$.

Ähnlich ist es mit der Division, da soll natürlich der Nenner w echt größer als Null sein. Wir arbeiten mit der Menge Δ derjenigen z', für die $z'w \leq z$

---

[31] Zum Beispiel ist $z_0 + w_0 + 2$ eine obere Schranke, wenn wir $z = z_0.z_1z_2\ldots$ und $w = w_0.w_1w_2\ldots$ geschrieben haben.

ist. Das Supremum z'' genügt der Gleichung $z''w = z$, und deswegen kann man $z/w := z''$ definieren.

6. *Von* $\mathbb{R}^+_{neu}$ *zu* $\mathbb{R}_{neu}$: Bisher sind die Ordnung und die algebraischen Verknüpfungen nur auf $\mathbb{R}^+_{neu}$ erklärt. Es ist nicht schwer, wenn auch etwas aufwändig, die Definitionen auf $\mathbb{R}_{neu}$ auszudehnen.

Es sei $\mathbb{R}^-_{neu}$ die Menge der $z = z_0.z_1 z_2 \ldots \in \mathbb{R}_{neu}$, für die z_0 negativ ist. Für solche z definieren wir $-z$ als $w_0.w_1 w_2 \ldots$, wobei $w_0 = -z_0$ und $w_k = z_k$ für $k = 1, 2, \ldots$ So ist etwa $-(-2.343434 \ldots) = 2.343434 \ldots$

Zunächst behandeln wir die *Ordnung*. Für $z \in \mathbb{R}^-_{neu}$ und $w \in \mathbb{R}^+_{neu}$ soll stets $z < w$ gelten. Und sind $z, w \in \mathbb{R}^-_{neu}$, so schreiben wir $z < w$ genau dann, wenn $-w < -z$. Auch die *algebraischen Strukturen* können ohne große Mühe übertragen werden. Sind zum Beipiel $z, w \in \mathbb{R}^-_{neu}$, so setze $z + w := -\big((-z) + (-w)\big)$. Im Fall $z \in \mathbb{R}^+$, $w \in \mathbb{R}^-_{neu}$ machen wir eine Fallunterscheidung. Ist $-w \leq z$, so setzen wir $z + w := z - (-w)$: Das Minuszeichen ist in diesem Fall ja erklärt. Andernfalls (wenn also $z \leq -w$ ist), wird $z + w$ als $-\big((-w) - z\big)$ definiert. Die Multiplikation macht auch keine Schwierigkeiten. Für $z, w \in \mathbb{R}^-_{neu}$ etwa ist $z \cdot w := (-z) \cdot (-w)$. Es ist dann, zugegeben, ein langer und nicht wirklich spannender Weg zurückzulegen, bis man sicher ist, dass $\mathbb{R}_{neu}$ ein vollständiger archimedischer Körper ist. Größere Probleme gibt es aber nicht, die Vollständigkeit zum Beispiel ist im Wesentlichen schon mit unserem vorstehenden Satz gezeigt.

7. *... und so „neu" ist* $\mathbb{R}_{neu}$ *gar nicht:* Da ja $\mathbb{R}$ im Wesentlichen eindeutig ist, muss $\mathbb{R}_{neu}$ zu „unserem" $\mathbb{R}$ in allen Strukturen isomorph sein. Es ist keine große Überraschung, dass der Isomorphismus in diesem Fall leicht explizit anzugeben ist: Definiere $\varphi : \mathbb{R} \to \mathbb{R}_{neu}$ einfach dadurch, dass einem x die Entwicklung als Dezimalzahl zugeordnet wird (bei der Darstellungen verboten sind, die auf $9999 \ldots$ enden). Es ist Routine zu zeigen, dass φ bijektiv ist und alle Strukturen respektiert.

8. *Ein Fazit:* Es folgt noch eine kurze (subjektive) Bewertung dieses Ansatzes:

- *Positiv* ist zu werten, dass man im aus der Schule vertrauten Bereich der endlichen und unendlichen Dezimalzahlen bleibt. Es ist auch bemerkenswert, dass ein Ansatz, der beim ersten Versuch zum Scheitern verurteilt zu sein scheint – man kann zwei unendliche Dezimalzahlen nun einmal nicht wie endliche „von hinten nach vorn" addieren, vom Multiplizieren ganz zu schweigen – erfolgreich verwirklicht werden kann.

  Ein weiterer Vorteil ist, dass sich einige Tatsachen über $\mathbb{R}$ nun ganz natürlich ergeben. So ist zum Beispiel klar, dass das Archimedesaxiom erfüllt ist, denn $|z_0| + 1$ ist sicher eine natürliche Zahl, die $z = z_0.z_1 z_2 \ldots$ majorisiert. Auch sieht man sofort, dass zwischen zwei verschiedenen reellen Zahlen eine rationale Zahl liegt: Ist $z = z_0.z_1 z_2 \ldots$, $w = w_0.w_1 w_2 \ldots$ und $z < w$, so suche zunächst ein k mit $z_k < w_k$ und dann ein $k' > k$, für das $w_{k'} < 9$ gilt; für $z' := z_0.z_1 \ldots z_k 9 \ldots 9$ (mit $k' - k$ Neunen) ist dann $z < z' < w$.

- Leider gibt es auch *Negatives*. Um alles wirklich streng durchzuführen, muss man sich mit Folgen und Feinheiten der Ordnungstheorie (Suprema!) schon gut auskennen. Und wenn man alle Einzelheiten berücksichtigen möchte, ist der Ansatz doch recht schwerfällig. Deswegen ist es unwahrscheinlich, dass er die in Lehrbüchern üblichen Zugänge (axiomatisch, oder von $\mathbb{N}$ „konstruktiv" nach $\mathbb{R}$) verdrängen wird.

Ungeordnete Summation

Mal angenommen, M ist eine 77-elementige Menge und jedem $m \in M$ ist eine Zahl a_m zugeordnet[32]. Dann ist offensichtlich, was das Zeichen

$$\sum_{m \in M} a_m$$

bedeuten soll: Man schreibe M als $\{m_1, \ldots, m_{77}\}$ und definiere

$$\sum_{m \in M} a_m := a_{m_1} + \cdots + a_{m_{77}}.$$

Das einzige Problem besteht dann darin zu garantieren, dass diese Definition nicht von der zufälligen Schreibweise von M in genau *dieser* Reihenfolge abhängt. Das folgt – woraus sonst – natürlich aus der Kommutativität der Addition. Ein exakter Beweis durch vollständige Induktion nach der Anzahl der Elemente von M wäre recht schwerfällig.

Zusammengefasst: Für *endliche* Mengen M lässt sich $\sum_{m \in M} a_m$ so definieren, dass alle das Gleiche darunter verstehen. (Da die leere Menge nach Definition ebenfalls endlich ist, muss noch gesagt werden, was eine Summe über die leere Indexmenge ist: Diese Summe wird als Null definiert.)

Für unendliche Mengen ist das nicht zu erwarten, wir haben ja schon gesehen, dass sich die Reihensumme bei Umordnungen ändern kann. Deswegen beschränken wir uns auf einen Spezialfall:

Definition 2.5.2. *Sei M eine nicht leere Menge, für jedes m sei a_m eine reelle nicht negative Zahl. Falls dann eine Zahl R so existiert, dass $\sum_{m \in \Delta} a_m \leq R$ für jede endliche Teilmenge Δ von M gilt, so definieren wir*

$$\sum_{m \in M} a_m := \sup_{\substack{\Delta \subset M, \\ \Delta \text{ endlich}}} \sum_{m \in \Delta} a_m.$$

(Die Begründung, dass man das so machen kann, steht in Satz 2.3.6. Danach hat jede nicht leere, nach oben beschränkte Menge ein Supremum. Wir wenden ihn auf die Menge der $\sum_{m \in \Delta} a_m$ an, wobei Δ alle endlichen Teilmengen von M durchläuft.)

---

[32] Es liegt also eigentlich eine Abbildung von M nach $\mathbb{R}$ vor.

Diese Definition sieht auf den ersten Blick etwas gekünstelt aus. Trotzdem bleiben alle Eigenschaften erhalten, die man von endlichen Summen her gewohnt ist, auch führt die Definition im Falle abzählbarer M zur gewöhnlichen Reihensumme.

?

Zeigen Sie zur Übung:

- Ist $a_m \leq b_m$ für jedes m, so ist $\sum_{m \in M} a_m \leq \sum_{m \in M} b_m$.

- Es gilt $\sum_{m \in M} c \cdot a_m = c \sum_{m \in M} a_m$ für jedes $c \geq 0$.

Etwas überraschender ist, dass die Allgemeinheit dieser Definition nur scheinbar ist. Es gilt der

Satz 2.5.3. *Die a_m seien nicht negativ, und $\sum_{m \in M} a_m$ möge existieren. Dann sind höchstens abzählbar viele a_m echt größer als Null.*

Beweis: Wir bezeichnen für irgendeine natürliche Zahl k mit M_k die Menge derjenigen $m \in M$, für die $a_m \geq 1/k$ gilt. Dann ist aufgrund des Archimedesaxioms $\{m \mid a_m > 0\} = \bigcup_{k \in \mathbb{N}} M_k$, und außerdem ist jede der Mengen M_k endlich: Da, für ein geeignetes $R > 0$, alle endlichen Summen von a_m's durch R beschränkt sind, kann M_k höchstens $k \cdot R$ Elemente haben. Und deswegen ist die Menge $\{m \mid a_m > 0\}$ als abzählbare Vereinigung endlicher Mengen höchstens abzählbar.   □

Folgenräume

Wir erinnern an die Vektorraumdefinition aus der Linearen Algebra:

Definition 2.5.4. *Sei X eine Menge mit einer inneren Komposition $+ : X \times X \to X$ (Addition) und einer äußeren Komposition $\cdot : \mathbb{K} \times X \to X$[33] (Skalarmultiplikation).*
X heißt dann $\mathbb{K}$-Vektorraum, falls

(i) *$(X, +)$ ist abelsche Gruppe (d.h., „+" ist kommutativ und assoziativ, es gibt ein neutrales Element, und jedes Element hat ein Inverses).*

(ii) *Es gilt für beliebige $x, y \in X$, $\lambda, \mu \in \mathbb{K}$:*

$$
\begin{aligned}
\lambda \cdot (\mu \cdot x) &= (\lambda \cdot \mu) \cdot x, \\
\lambda \cdot (x + y) &= \lambda \cdot x + \lambda \cdot y, \\
(\lambda + \mu) \cdot x &= \lambda \cdot x + \mu \cdot x.
\end{aligned}
$$

(iii) *Für jedes $x \in X$ ist $1 \cdot x = x$.*

(Wir haben hier für die Vektoraddition und die Skalarmultiplikation die Zeichen „+" und „·" – also die gleichen Zeichen wie für die entsprechenden Operationen für Zahlen – verwendet. Das ist allgemein üblich und kann auch nicht zu Verwirrungen führen, da aus dem Zusammenhang stets klar ist, ob es gerade um Zahlen oder Vektoren geht.)

---

[33] Wie bisher ist $\mathbb{K} = \mathbb{C}$ oder $\mathbb{K} = \mathbb{R}$.

Wir werden gleich zahlreiche aus der Analysis gewonnene Beispiele angeben. Offensichtlich gilt:

> $\mathbb{R}$ *ist ein $\mathbb{R}$-Vektorraum und $\mathbb{C}$ ist ein $\mathbb{C}$-Vektorraum,*

wenn man vereinbart, dass „+" und „·" die aus der Körperdefinition gewohnte Bedeutung haben. Jeder $\mathbb{C}$-Vektorraum ist erst recht ein $\mathbb{R}$-Vektorraum, wenn man die äußere Komposition $(\lambda, x) \mapsto \lambda \cdot x$ auf den Fall reeller λ einschränkt. Insbesondere ist also $\mathbb{C}$ ein $\mathbb{R}$-Vektorraum.

Definition 2.5.5. *Sei X ein $\mathbb{K}$-Vektorraum und $Y \subset X$.*
Y wird Unterraum *genannt, falls das neutrale Element der Addition zu Y gehört und $\lambda y_1 + \mu y_2 \in Y$ für alle $y_1, y_2 \in Y$ und $\lambda, \mu \in \mathbb{K}$ gilt. Dann ist Y bzgl. der von X geerbten Kompositionen selbst wieder ein $\mathbb{K}$-Vektorraum.*

Als Vorbereitung der Interpretation einiger unserer Ergebnisse im Rahmen der linearen Algebra beginnen wir mit der

Definition 2.5.6.

(i) *Sei s die Menge aller Folgen in $\mathbb{K}$[34], also $s := \mathrm{Abb}(\mathbb{N}, \mathbb{K})$. Wir erklären auf s eine Addition und eine Skalarmultiplikation durch:*

$$
\begin{aligned}
(a_n)_{n\in\mathbb{N}} + (b_n)_{n\in\mathbb{N}} &:= (a_n + b_n)_{n\in\mathbb{N}}, \\
\lambda \cdot (a_n)_{n\in\mathbb{N}} &:= (\lambda a_n)_{n\in\mathbb{N}}.
\end{aligned}
$$

(ii) *Weiter definieren wir*

$$
\begin{aligned}
c_{00} &:= \{(a_n)_{n\in\mathbb{N}} \mid \text{es existiert } \hat{n} \text{ mit } a_n = 0 \text{ für } n \geq \hat{n}\} \\
&\quad (= \text{Menge der abbrechenden Folgen}).
\end{aligned}
$$

$$
\begin{aligned}
c_0 &:= \{(a_n)_{n\in\mathbb{N}} \mid a_n \to 0\} \\
&\quad (= \text{Menge der Nullfolgen}).
\end{aligned}
$$

$$
\begin{aligned}
c &:= \{(a_n)_{n\in\mathbb{N}} \mid (a_n)_{n\in\mathbb{N}} \text{ ist konvergent}\}. \\
&\quad (= \text{Menge der konvergenten Folgen}).
\end{aligned}
$$

$$
\begin{aligned}
\ell^\infty &:= \{(a_n)_{n\in\mathbb{N}} \mid \text{es existiert } M > 0 \text{ mit } |a_n| \leq M, \text{ alle } n\}. \\
&\quad (= \text{Menge der beschränkten Folgen}).
\end{aligned}
$$

Damit kann man einige unserer Ergebnisse in der Sprache der Linearen Algebra so formulieren:

Satz 2.5.7. *Es gilt:*

(i) *s ist ein $\mathbb{K}$-Vektorraum.*

---

[34] Genau genommen müssten wir $s_\mathbb{K}$ anstatt s schreiben. Das wäre recht schwerfällig, wir werden der Einfachheit halber bei s bleiben.

(ii) c_{00}, c_0, c und ℓ^∞ sind Unterräume von s, und es gilt

$$c_{00} \subsetneqq c_0 \subsetneqq c \subsetneqq \ell^\infty \subsetneqq s.$$

Beweis: (i) Die definierenden Eigenschaften eines $\mathbb{K}$-Vektorraums sind ohne jede Schwierigkeiten nachzuprüfen. Hervorzuheben ist lediglich, dass die gewünschten Bedingungen Konsequenzen aus den Eigenschaften von $\mathbb{K}$ sind: So ist z.B. $(0,0,\ldots)$ deswegen neutrales Element der Addition in s, weil 0 neutral in $\mathbb{K}$ ist.

Diese Bemerkung trifft für alle konkreten $\mathbb{K}$-Vektorräume zu, weitere Beispiele werden Sie in späteren Kapiteln finden. In diesem Sinne ist $\mathbb{K}$ (d.h. im Wesentlichen unser Axiomensystem in 1.8.2) der „Urvater" aller konkreten $\mathbb{K}$-Vektorräume.

(ii) Alle benötigten Aussagen sind evident, schon bewiesen oder leicht nachzuprüfen. Genauer:

c_{00} ist ein Unterraum: Das ist klar.

c_0, c sind Unterräume: Das ist eine Umformulierung von Satz 2.2.12.

ℓ^∞ ist Unterraum: Das folgt sofort aus der Dreiecksungleichung.

$c_{00} \subset c_0 \subset c$: Auch das dürfte klar sein.

$c \subset \ell^\infty$: Das steht in Lemma 2.2.11.

Für den Nachweis, dass alle Inklusionen echt sind, benötigen wir vier konkrete „Versager", für $c_0 \neq c$ z.B. eine konvergente Folge, die keine Nullfolge ist (einfachstes Beispiel: $(1,1,\ldots)$). Zum Beweis von $c_{00} \neq c_0$ und $\ell^\infty \neq s$ wird das Archimedesaxiom benötigt. (Warum eigentlich?) □

Bemerkung: Es muss betont werden, dass das *Umschreiben* eines analytischen Resultats in die Sprache der Linearen Algebra *keine bemerkenswerte mathematische Leistung* darstellt. Trotzdem soll das gelegentlich getan werden, denn erstens trägt es zu einem besseren Verständnis der analytischen und algebraischen Begriffsbildungen bei, und zweitens sind komplexere analytische Sachverhalte nach Umschreibung häufig prägnanter formulierbar und besser verständlich. Die Hoffnung, auf diese Weise um „harte" analytische Beweise herumzukommen, ist allerdings unberechtigt: Hätten wir anstelle von Satz 2.2.12(ii), (iii) die Aussage

„c ist ein $\mathbb{K}$-Vektorraum"

formuliert, wäre der Beweis der gleiche geblieben.

Wir erinnern an eine weitere Definition:

Definition 2.5.8. *Sei X ein $\mathbb{K}$-Vektorraum. Eine Abbildung $f : X \to \mathbb{K}$ heißt linear (genauer: $\mathbb{K}$-linear), wenn für alle $x_1, x_2 \in X$ und $\lambda, \mu \in \mathbb{K}$ die Gleichung*

$$f(\lambda x_1 + \mu x_2) = \lambda f(x_1) + \mu f(x_2)$$

gilt.

Dann besagt Satz 2.2.12, dass die Abbildung

$$\lim : c \to \mathbb{K}, \ (a_n)_{n \in \mathbb{N}} \mapsto \lim a_n$$

eine lineare Abbildung ist.

Zur *Reihenrechnung*: Dort spielt der Raum

$$\ell^1 := \left\{ (a_n)_{n \in \mathbb{N}} \ \middle| \ \sum_{n=1}^{\infty} a_n \text{ ist absolut konvergent} \right\}$$

eine wichtige Rolle. Mit Hilfe der Dreiecksungleichung sollte es Ihnen leicht möglich sein zu zeigen, dass ℓ^1 ein Unterraum von s ist. Versuchen Sie diejenigen Sätze zu finden, in denen wir

$$\ell^1 \subsetneq c_0 \text{ bzw. } \Sigma : \ell^1 \to \mathbb{K}, \ (a_n)_{n \in \mathbb{N}} \mapsto \sum_{n=1}^{\infty} a_n \text{ ist linear}$$

bewiesen haben.

?

Sollten Sie mit den grundlegenden Begriffen der *Ringtheorie* schon vertraut sein, können Sie die vorstehend erzielten Ergebnisse auch unter diesem Gesichtspunkt betrachten. Zunächst definieren wir durch

$$(a_n)_{n \in \mathbb{N}} \cdot (b_n)_{n \in \mathbb{N}} := (a_n b_n)_{n \in \mathbb{N}}$$

eine Multiplikation in s. Die Eigenschaften von $\mathbb{K}$ implizieren dann, dass s ein Ring ist.

Es sollte Ihnen keine Schwierigkeiten machen, zu den nachstehenden Aussagen die Beweise zu finden (bzw. einen schon bewiesenen Satz zu zitieren) oder – falls nötig – geeignete Gegenbeispiele anzugeben:

- $c_{00}, c_0, c, \ell^{\infty}$ sind kommutative Ringe.
- c, ℓ^{∞}, s besitzen eine multiplikative Einheit. Welche Elemente besitzen Inverse?
- c_{00}, c_0 besitzen keine multiplikative Einheit.
- s ist kein Körper (ebenso wenig c und ℓ^{∞}; für c_{00} und c_0 ist das wegen des Fehlens einer multiplikativen Einheit sowieso nicht zu erwarten).
- $\lim : c \to \mathbb{K}$ ist ein Ringhomomorphismus mit Kern c_0.
- c_{00} ist ein Ideal in c_0, c, ℓ^{∞} und s.

    (Ein Unterring A eines kommutativen Rings R heißt *Ideal*, falls $a \cdot r \in A$ für alle $a \in A$ und alle $r \in R$ gilt.)

- c_0 ist ein Ideal in c und ℓ^{∞}, nicht jedoch in s.
  (Für „c_0 ist Ideal in c" können Sie einen allgemeinen Satz über Ringhomomorphismen auf $\lim : c \to \mathbb{K}$ anwenden.)
- c ist kein Ideal in ℓ^{∞}, und ℓ^{∞} ist kein Ideal in s.

- Falls in einem der vorstehenden Fälle ein Folgenraum Ideal in einem anderen war: Prüfen Sie nach, ob sogar ein Hauptideal, Primideal oder maximales Ideal vorlag. (Achtung: Die Untersuchungen zur Maximalität sind – wenigstens für Anfänger – schwierig.)

Verallgemeinerte Limesbegriffe

Wir haben viel Energie darauf verwendet, um die Aussage „Die Folge (a_n) kommt der Zahl a beliebig nahe" in der Definition 2.2.9 zu präzisieren. Daran anschließend konnten dann einige strukturelle Eigenschaften gezeigt werden, etwa: Die Menge der konvergenten Folgen bildet einen Vektorraum, und darauf ist die Limesabbildung linear; der Limes nicht negativer Folgen ist nicht negativ; ...

Man kann aber auch *umgekehrt vorgehen*: Man kann zuerst sagen, welche Eigenschaften ein Limesbegriff haben soll und dann durch eine geschickte Konstruktion versuchen, diese Forderungen zu erfüllen. Diesen Weg wollen wir jetzt skizzieren:

Definition 2.5.9. *Es sei X ein Untervektorraum des Raumes s aller reellen Folgen, der den Raum c der konvergenten Folgen umfasst.*
Er soll auch die folgende Eigenschaft haben: Ist $(a_1, a_2, \ldots)$ in X, so auch die „verschobene" Folge $(a_2, a_3, \ldots)$.
Weiter sei $L : X \to \mathbb{R}$ eine lineare Abbildung. Wir werden das Bild einer Folge (a_n) mit $L(a_n)$ bezeichnen[35]. L heißt ein verallgemeinerter Limes, *wenn gilt:*

verallgemeinerter
Limes

(i) L ist linear.

(ii) L setzt die übliche Limesabbildung fort: Ist (a_n) eine konvergente Folge, so ist $L(a_n) = \lim a_n$.
(Verträglichkeitsforderung)

(iii) Ist $a_n \geq 0$ für jedes n, so gilt $L(a_n) \geq 0$.
(Monotonie)

(iv) $L(a_1, a_2, \ldots) = L(a_2, a_3, \ldots)$ für jede Folge $(a_1, a_2, \ldots)$ aus X.
(Translationsinvarianz)

Bisher kennen wir nur ein Beispiel: Man definiere $X := c$ und $L := \lim$. Dass dann die Bedingung (iv) erfüllt ist, ist ein Spezialfall der Tatsache, dass Teilfolgen den gleichen Limes haben. Interessanter ist es natürlich, wenn X ein echter Oberraum des Raumes c der konvergenten Folgen ist. Es gibt einen ganzen Zoo von verallgemeinerten Limesbegriffen, Interessenten empfehle ich den Klassiker „Divergent Series" von G.H. HARDY, in dem das Problem allerdings unter dem Aspekt der Reihenkonvergenz behandelt wird.

Für die Analysis am wichtigsten ist der folgende Ansatz:

---

[35] Eigentlich müsste es ja $L((a_n))$ heißen.

Definition 2.5.10. *Sei X_C die Menge derjenigen Folgen (a_n), für die die Folge*

$$\left(a_1, \frac{a_1 + a_2}{2}, \frac{a_1 + a_2 + a_3}{3}, \dots \right)$$

konvergent ist. Dann wird $C\text{-}\lim : X_C \to \mathbb{R}$ durch die folgende Vorschrift definiert:

$$C\text{-}\lim a_n := \lim_k \frac{a_1 + \dots + a_k}{k}.$$

C - lim

Um uns mit der Definition vertraut zu machen, behandeln wir einige

Beispiele:

1. Für die Folge $(1, 0, 1, 0, 1, \dots)$ lautet die zugehörige Folge der Mittelwerte $(1, \frac{1}{2}, \frac{2}{3}, \frac{2}{4}, \frac{3}{5}, \frac{3}{6}, \frac{4}{7}, \frac{4}{8}, \dots)$, das n-te Folgenglied ist gleich $1/2$ für gerade und gleich $\frac{1}{2} + \frac{1}{2n}$ für ungerade n. Damit ist klar, dass $(1, 0, 1, 0, 1, \dots)$ zu X_C gehört und der C-Limes dieser Folge gleich $1/2$ ist.

2. Sei (a_n) eine konvergente Folge, der Limes werde mit a bezeichnet. Dann konvergiert auch die Folge

$$\left(a_1, \frac{a_1 + a_2}{2}, \frac{a_1 + a_2 + a_3}{3}, \dots \right)$$

gegen a, d.h.: $c \subset X_C$, und auf c stimmt der C-Limes mit dem gewöhnlichen Limes überein.

Die Begründung ist nicht sehr schwer, tatsächlich handelt es sich um ein Ergebnis von Cauchy, das so gut wie jeder Mathematikstudent als Übungsaufgabe gestellt bekommt. (Wir werden von dieser Tradition nicht abweichen.)

Dass der C-Limes völlig zu Recht an dieser Stelle eingeführt wird, ist nach dem folgenden Satz klar:

Satz 2.5.11. *Der C-Limes ist ein verallgemeinerter Limes auf dem Raum X_C, er wird der* Cesàro-Limes *genannt[36].*

Cesàro-Limes

Beweis: Alle zu zeigenden Behauptungen sind leicht einzusehen, sie ergeben sich aus einer Kombination von einfachen Eigenschaften der Abbildungen lim und

$$S : (a_1, a_2, \dots) \mapsto \left(a_1, \frac{a_1 + a_2}{2}, \frac{a_1 + a_2 + a_3}{3}, \dots \right).$$

So bildet z.B. S nicht negative Folgen offensichtlich auf ebenfalls nicht negative ab, und der Limes einer Folge nicht negativer Zahlen ist ebenfalls größer oder gleich Null: So folgt sofort die Monotonie. □

Der Cesàro-Limes spielt eine wichtige Rolle in der *Fourieranalyse*, die Sie in höheren Semestern kennen lernen werden. Da kann man nämlich zeigen, dass jede stetige periodische Funktion aus einfachen Bausteinen, nämlich den Sinus- und Cosinusfunktionen aufgebaut ist. Einzige Vorsichtsmaßregel: Bei den dann auftretenden Reihen muss der Limes der Partialsummen im Cesàro-Sinn bestimmt werden.

---

[36] Kenner sprechen den Namen als `tschesa:ro` aus, der Herr war Italiener.

2.6   Verständnisfragen

Zu 2.1

Sachfragen

S1: Was ist eine Folge in einer Menge M? Nennen Sie einige Möglichkeiten, eine Folge zu definieren.

S2: Was versteht man unter einer Teilfolge bzw. unter der Umordnung einer Folge?

Zu 2.2

Sachfragen

S1: Wie sind $|x|$ für $x \in \mathbb{R}$ und $|z|$ für $z \in \mathbb{C}$ definiert?

S2: Was ist $|z|$ anschaulich? Was ist bei der Definition vorbereitend zu klären?

S3: Was versteht man unter der Dreiecksungleichung, warum heißt sie so, und welche Bedeutung hat sie für viele Beweise in der Analysis?

S4: Wie ist $\sqrt{a}$ definiert? Welche Rechenregeln gibt es für das Wurzelziehen?

S5: Was bedeutet $a_n \to 0$ und allgemeiner $a_n \to a$?

S6: In welchem Sinne ist $(1/n)_{n \in \mathbb{N}}$ die wichtigste konvergente Folge?

S7: Was besagt das Vergleichskriterium, was kann man über Summen, Produkte usw. konvergenter Folgen aussagen?

S8: Was ist zu zeigen, bevor man die Schreibweise $\lim_{n \to \infty} a_n = a$ benutzen darf?

Methodenfragen

M1: Konvergenzbeweise führen können.

Zum Beispiel:

1. Gilt $a_n \to 0$ und $|b_n| \leq M$ für alle n, so folgt $a_n b_n \to 0$.

2. Umgekehrt: Ist $(b_n)_{n \in \mathbb{N}}$ irgendeine Folge mit $a_n b_n \to 0$ für alle Nullfolgen $(a_n)_{n \in \mathbb{N}}$, so ist $(b_n)_{n \in \mathbb{N}}$ beschränkt.

3. • $\left(1 + \dfrac{i}{n^2}\right)\left(\dfrac{4}{3^n} - 3\right)^2 \longrightarrow ?$

   • $\dfrac{6 - 4i/n}{3i - 5/n^2} \longrightarrow ?$

M2: Verständnis der Quantoren $\forall$, $\exists$.

Zum Beispiel:

1. Schreiben Sie das Archimedesaxiom unter Verwendung von $\forall$, $\exists$.

2. Was wird durch

$$\forall_{\varepsilon > 0} \ \forall_{n_0 \in \mathbb{N}} \ \exists_{n \geq n_0} \ |a_n| \leq \varepsilon$$

definiert? (Da hat sich einer „Nullfolge" falsch gemerkt.) Was ist das Gegenteil dieser Aussage?

Zu 2.3

Sachfragen

S1: Was ist eine Cauchy-Folge?

S2: Wie verhalten sich die Begriffe „Cauchy-Folge" und „konvergente Folge" zueinander?

S3: Beweis(idee) zu: Cauchy-Folgen in $\mathbb{K}$ sind konvergent.

S4: Was versteht man unter dem Supremum (bzw. Infimum) einer Teilmenge eines geordneten Raumes?

S5: Wie kann man Vollständigkeit statt mit Dedekindschen Schnitten gleichwertig mit Cauchy-Folgen und mit Suprema beschreiben?

S6: Was ist eine Intervallschachtelung?

S7: Beweis(idee) zu der Aussage: Ist $(a_n)_{n\in\mathbb{N}}$ monoton steigend und nach oben beschränkt, so ist $(a_n)_{n\in\mathbb{N}}$ konvergent.

Methodenfragen

M1: „$(a_n)_{n\in\mathbb{N}}$ ist Cauchy-Folge" nachweisen können.

Zum Beispiel:

1. $(a_n)_{n\in\mathbb{N}}$ konvergent $\Rightarrow$ $(a_n)_{n\in\mathbb{N}}$ Cauchy-Folge.

2. Zeigen Sie direkt (d.h. ohne Verwendung von: $(a_n)_{n\in\mathbb{N}}$ Cauchy-Folge in $\mathbb{K}$ $\Rightarrow$ $(a_n)_{n\in\mathbb{N}}$ konvergent), dass das Produkt aus einer Cauchy-Folge und einer konvergenten Folge eine Cauchy-Folge ist.

M2: Ordnungsrelationen behandeln können.

Zum Beispiel:

1. Man definiere auf $\mathbb{C}$ eine Relation $\prec$ durch:
   Sei $z = a + bi, z' = a' + b'i \in \mathbb{C}$, $(a, b, a', b' \in \mathbb{R})$, dann ist

   $$z \prec z' :\Longleftrightarrow a < a' \vee (a = a' \wedge b \leq b').$$

   Es ist zu zeigen, dass $\prec$ eine Ordnungsrelation ist.

2. Sei M eine Menge und $f : M \to \mathbb{R}$ eine Abbildung. Man finde Bedingungen an f, so dass

   $$x \prec y :\Longleftrightarrow f(x) \leq f(y)$$

   eine Ordnungsrelation auf M definiert.

3. Man finde eine Ordnung auf $\mathbb{R}$ mit:

   - Je zwei Elemente sind vergleichbar, aber
   - die Ordnung ist *nicht* mit den algebraischen Operationen verträglich.

M3: Beweise zu sup und inf führen können.

Zum Beispiel:

1. Bestimmen Sie (mit Beweis) Infimum und Supremum von $\left\{ \frac{1}{n} \mid n \in \mathbb{N} \right\}$.

2. Beweisen Sie: Ist $A \subset \mathbb{R}$ nicht leer und nach oben beschränkt, so ist $\sup(A + x) = \sup A + x$ für alle $x \in \mathbb{R}$. Dabei ist die Menge $A + x$ durch $\{a + x \mid a \in A\}$ definiert.

3. Untersuchen Sie $\sup \emptyset$, $\inf \emptyset$ in $[0, 1]$ und in $\mathbb{N}$ (jeweils natürliche Ordnung).

4. Ist $(M, \prec)$ ein geordneter Raum und $A \subset M$ mit $A \neq \emptyset$, so ist $\inf A \prec \sup A$.

Zu 2.4

Sachfragen

S1: Wie führt man Reihenkonvergenz auf Folgenkonvergenz zurück?

S2: Was besagen Vergleichskriterium und Cauchy-Kriterium?

S3: Welche Permanenzeigenschaften zur Reihenkonvergenz kennen Sie?

S4: Was ist eine alternierende Reihe? Kennen Sie ein Konvergenzkriterium für solche Reihen?

S5: Wie lauten die Aussagen von Wurzelkriterium bzw. Quotientenkriterium? Welche konvergente Reihe wird dabei zum Abschätzen herangezogen?

S6: Was bedeutet absolute Konvergenz einer Reihe? Was kann man über Umordnungen bzw. Produkte derartiger Reihen sagen?

S7: Was ist unbedingte Konvergenz?

Methodenfragen

M1: Konvergenzkriterien anwenden können.

Zum Beispiel:

1. Bestimmen Sie

$$\sum_{n=0}^{\infty} \frac{1}{(3i+1)^n}, \; \sum_{n=0}^{\infty} \left(\frac{2}{(5i)^n} - \frac{1}{6^{n+1}} \right).$$

2. Ist

$$\frac{1}{1!+1} - \frac{1}{2!+1} + \frac{1}{3!+1} - \frac{1}{4!+1} \pm \cdots$$

konvergent?

3. Für $a \in \mathbb{R}$ ist

$$\sum_{n=0}^{\infty} \frac{(-1)^n \cdot a^{2n}}{(2n)!}$$

konvergent; dabei ist $0! := 1$.

4. Ist

$$\sum_{n=1}^{\infty} \frac{1}{\sqrt{n^n}}$$

konvergent?

Zu 2.5

Sachfragen

S1: Was bedeutet in der Sprache der Reihenrechnung, dass man Zahlen als Dezimalzahlen schreiben kann.

S2: Wie sind die Räume s, ℓ^∞, c, c_0, c_{00} definiert?

Methodenfragen

M1: Begriffe der (Linearen) Algebra an konkreten analytischen Situationen (z.B. an Folgenräumen) untersuchen können.

Zum Beispiel:

1. Der $\mathbb{R}$-Vektorraum $\mathbb{C}$ ist zweidimensional.

2. Für $n \in \mathbb{N}$ sei e_n die Folge $(0, 0, \ldots, 0, 1, 0, \ldots)$ (1 an der n-ten Stelle). Dann gilt: Die Menge $\{e_n \mid n \in \mathbb{N}\}$ ist linear unabhängig in s. Was ist die lineare Hülle von $\{e_n \mid n \in \mathbb{N}\}$?

M2: Resultate der Analysis – falls dafür geeignet – im Rahmen der (Linearen) Algebra interpretieren können.

Zum Beispiel:

1. Finden Sie eine algebraische Interpretation für Satz 2.4.2(i) und (ii).

2. Analog für Satz 2.3.2(ii) und (iv).

3. Was ist nachzuweisen, wenn behauptet wird:

$$\ell^2 := \left\{ (a_n)_{n \in \mathbb{N}} \in s \,\middle|\, \sum_{n=1}^{\infty} |a_n|^2 \text{ konvergiert} \right\}$$

ist ein Unterraum von s?

2.7 Übungsaufgaben

Zu Abschnitt 2.1

2.1.1 Man zeige: Jede Teilfolge einer Umordnung einer Folge kann als Umordnung einer Teilfolge geschrieben werden. Geht das auch umgekehrt?

Zu Abschnitt 2.2

2.2.1 Für welche reellen Zahlen x gelten folgende Ungleichungen?

(a) $|x - 5| > 0.4$,

(b) $|x + 3| \leq |x - 2|$,

(c) $|2x + 1| > |x - 2|$.

2.2.2 Zeigen Sie, dass Umordnungen konvergenter Folgen ebenfalls konvergent sind. Muss der Grenzwert der Umordnung mit dem Grenzwert der Ausgangsfolge übereinstimmen?

2.2.3 Untersuchen Sie die nachstehenden Folgen auf Konvergenz und bestimmen Sie gegebenenfalls ihren Grenzwert.

(a) $a_n = \displaystyle\sum_{k=0}^{n} \left(-\frac{1}{2}\right)^k$.

(b) $b_n = \dfrac{r_0 + r_1 n + \cdots + r_k n^k}{s_0 + s_1 n + \cdots + s_k n^k}$ für gegebene r_i und s_i, $0 \le i \le k$, $s_k \ne 0$.

Dabei sei der Nenner für alle $n \in \mathbb{N}$ von 0 verschieden.

(c) $c_n = (-5)^n$.

(d) $d_n = \dfrac{2 + 1/\sqrt{n}}{\sqrt{n} + 5^{-n}}$.

2.2.4 Was passiert, wenn man in der Nullfolgendefinition ε durch $1/\varepsilon$ ersetzt: Welche Folgen (a_n) sind durch

„Für alle $\varepsilon > 0$ gibt es ein n_0, so dass $|a_n| \le 1/\varepsilon$ für alle $n \ge n_0$ gilt."

charakterisiert?

2.2.5 Man beweise folgende Aussagen über Teilfolgen:

(a) Aus $\lim_{n\to\infty} a_{2n} = a$ und $\lim_{n\to\infty} a_{2n+1} = a$ folgt $\lim_{n\to\infty} a_n = a$.

(b) Sei $a \in \mathbb{R}$. Besitzt jede Teilfolge (a_{n_k}) von (a_n) eine Teilfolge (genauer: Teilteilfolge) $(a_{n_{k_l}})$, die gegen a konvergiert, so konvergiert (a_n) selbst gegen a.

2.2.6 Es sei (x_n) eine Folge reeller Zahlen und

$$a_n := \frac{1}{n} \sum_{k=1}^{n} x_k$$

die Folge der Mittelwerte.

(a) Zeigen Sie, dass die Mittelwerte (a_n) konvergieren, falls die (x_n) konvergieren. (Wogegen nämlich?)

(b) Die Umkehrung gilt nicht: Es gibt eine Folge (x_n), so dass (a_n) konvergiert, (x_n) jedoch nicht.

(c) Folgt aus der Konvergenz der (a_n), dass die Folge der (x_n) beschränkt ist?

Zu Abschnitt 2.3

2.3.1 Für $M \subset \mathbb{R}$ versteht man unter rM, $r \in \mathbb{R}$, die Menge $\{rx \in \mathbb{R} \mid x \in M\}$; weiter sei $-M$ die Menge $(-1)M$.

Man beweise oder widerlege:

(a) $\sup(-A) = -\inf(A)$, $\inf(-A) = -\sup(A)$, falls $A \ne \emptyset$ eine beschränkte Teilmenge von $\mathbb{R}$ ist.

(b) Es seien a_{ij} für $i = 1, \ldots, m$, $j = 1, \ldots, n$ reelle Zahlen. Dann gilt

$$\sup_{1 \le i \le m} \inf_{1 \le j \le n} (a_{ij}) = \inf_{1 \le j \le n} \sup_{1 \le i \le m} (a_{ij}).$$

(c) Die a_{ij} seien wie in (b). Dann gilt

$$\sup_{1 \le i \le m} \sup_{1 \le j \le n} (a_{ij}) = \sup_{1 \le j \le n} \sup_{1 \le i \le m} (a_{ij}).$$

(d) Ist $a_i \le b_i$ für alle i in einer Indexmenge M, so ist $\sup a_i \le \sup b_i$.

2.3.2 Es sei K der Körper $\mathbb{Q} + \mathbb{Q}\sqrt{2}$ (vgl. Übung 1.4.3) mit der gewöhnlichen von $\mathbb{R}$ geerbten Ordnung. Zeigen Sie, dass nicht jede Cauchy-Folge in K konvergiert.

2.3.3 Sei $a_0 = 1$, $a_{n+1} = \dfrac{1}{1 + a_n}$ für $n \in \mathbb{N}$.

(a) Zeigen Sie, dass (a_n) eine Cauchy-Folge ist.

   Tipp: Man zeige zunächst, dass a_{n+2} für $n \in \mathbb{N}$ stets zwischen a_n und a_{n+1} liegt, und dann, dass $|a_n - a_{n+1}| \to 0$ für $n \to \infty$. (Warum ist (a_n) dann eine Cauchy-Folge?)

(b) Zeigen Sie, dass (a_n) gegen die positive Lösung der Gleichung $x^2 + x = 1$ konvergiert.

Bemerkung: Man berechnet damit den Wert der so genannten Kettenbruchentwicklung für den goldenen Schnitt:

$$1 + \cfrac{1}{1 + \cfrac{1}{1 + \frac{1}{1 + \cdots}}}.$$

2.3.4 Für die geordnete Menge $(M, \prec)$ und die Teilmenge A bestimme man $\sup(A)$ und $\inf(A)$, falls diese existieren:

(a) $A = \{4, 8, 10\}$, wobei $M = \mathbb{N}$, $a \prec b \,:\Leftrightarrow\, a|b$.

(b) $A = \{3, 6, 9, 12, \ldots\}$, $(M, \prec)$ wie in (a).

(c) $A = \{x \mid x^2 < 2\}$, wobei $M = \mathbb{R}$, $a \prec b \,:\Leftrightarrow\, a \le b$.

(d) $A = \{\,]x, y[\,\mid -1 < x \le -\frac{1}{2}, \frac{1}{2} < y \le 2\}$, wobei $M = \mathcal{P}(\mathbb{R})$, $a \prec b \,:\Leftrightarrow\, a \subset b$.

2.3.5 Sei $(a_n)_{n \in \mathbb{N}}$ eine Folge in $\mathbb{K}$ mit

$$\bigvee_{n \in \mathbb{N}} |a_n - a_{n+1}| \le q^n;$$

dabei ist $0 \le q < 1$. Dann ist $(a_n)_{n \in \mathbb{N}}$ eine Cauchy-Folge.

2.3.6 Sei M eine Menge. Man beweise, dass im geordneten Raum $(\mathcal{P}(M), \subset)$ für $\mathcal{A} \in \mathcal{P}(M)$, $\mathcal{A} \ne \emptyset$ gilt:

$$\sup \mathcal{A} = \bigcup \mathcal{A}, \quad \inf \mathcal{A} = \bigcap \mathcal{A}.$$

Zu Abschnitt 2.4

2.4.1 Für welche $x \in \mathbb{R}$ konvergiert, für welche divergiert die Reihe $\sum_{n=1}^{\infty} x^n/n$?

2.4.2 Sei (a_n) eine Folge positiver Zahlen, die monoton fällt und gegen Null konvergiert.

(a) Zeigen Sie, dass $\sum_{n=1}^{\infty} a_n$ genau dann existiert, wenn die Reihe $\sum_{k=1}^{\infty} 2^k a_{2^k}$ existiert.

   Tipp: Erinnern Sie sich daran, wie die Divergenz der harmonischen Reihe gezeigt wurde.

(b) Man nutze Teil (a), um zu zeigen, dass die Reihe

$$\sum_{n=1}^{\infty}\frac{1}{n^s}$$

für $s > 1$ konvergent ist[37].

2.4.3 Die Summe der alternierend harmonischen Reihe sei mit a bezeichnet (d. h. $a := \sum_{k=1}^{\infty}(-1)^{k-1}/k$). Man zeige

(a) $a \geq 1/2$

und beweise folgendes Konvergenzverhalten zweier spezieller Umordnungen:

(b) $1 + \frac{1}{3} - \frac{1}{2} - \frac{1}{4} + \frac{1}{5} + \frac{1}{7} - - + + \ldots = a.$

(c) $1 + \frac{1}{3} - \frac{1}{2} + \frac{1}{5} + \frac{1}{7} - \frac{1}{4} + \frac{1}{9} + \frac{1}{11} - \frac{1}{6} + + - + + - \cdots = \frac{3}{2}a.$

Hinweis: $\frac{3}{2}a = a + \frac{1}{2}a.$

Lässt sich allgemein etwas über die Umordnungen aussagen, bei denen auf p (bzw. $2p$) positive Summanden immer p negative folgen?

2.4.4 Hier soll gezeigt werden, dass es unendlich viele Primzahlen gibt. Dazu wird die Annahme, die Menge der Primzahlen sei $\{p_1, p_2, \ldots, p_r\}$ (wobei $p_1 < p_2 < \cdots < p_r$) für ein $r \in \mathbb{N}$ wie folgt zum Widerspruch geführt:

(a) Man zeigt, dass

$$\sum_{n=1}^{\infty}\frac{1}{n} = \sum_{0 \leq k_1,k_2,\ldots,k_r < \infty}\frac{1}{p_1^{k_1}\cdots p_r^{k_r}}.$$

Hierbei darf ausgenutzt werden, dass jede natürliche Zahl eine eindeutige Primfaktorzerlegung hat.

(b) Dann wird bewiesen, dass

$$\sum_{0 \leq k_1,k_2,\cdots,k_r < \infty}\frac{1}{p_1^{k_1}\cdots p_r^{k_r}} = \prod_{i=1}^{r}\sum_{k=0}^{\infty}\frac{1}{p_i^k}.$$

(c) Nun ist noch ein Widerspruch aus (a) und (b) abzuleiten.

Bem.: „$\sum_{0 \leq k_1,k_2,\ldots,k_r < \infty}$" steht für „$\sum_{k_1=0}^{\infty}\sum_{k_2=0}^{\infty}\cdots\sum_{k_r=0}^{\infty}$".

Zu Abschnitt 2.5

2.5.1 Man zeige, dass die Abbildung $\varphi : \ell^{\infty} \to c_0$, $(a_n) \mapsto (a_n/n)$ eine injektive lineare Abbildung ist. Ist sie surjektiv?

2.5.2 Man zeige:

- Die Menge der Cauchy-Folgen in $\mathbb{Q}$ bildet unter der gliedweisen Addition einen $\mathbb{Q}$-Vektorraum.

- Der Teilraum der konvergenten Folgen ist ein echter Unterraum.

---

[37] Wir verwenden hier die allgemeine Potenz im Vorgriff.

2.8 Tipps zu den Übungsaufgaben

Tipps zu Abschnitt 2.1

2.1.1 Machen Sie sich die Aussagen zunächst an einem konkreten Beispiel klar. Die exakte Begründung unter Verwendung der formalen Definitionen „Teilfolge" und „Umordnung" ist dann etwas technisch, aber nicht wirklich schwierig.

Tipps zu Abschnitt 2.2

2.2.1 Hier gilt das, was als Tipp zu Aufgabe 1.9.3 gesagt wurde.

2.2.2 Bei dieser Aufgabe ist es nützlich, die Aussage $x_n \to x_0$ so zu interpretieren: Für jedes $\varepsilon > 0$ ist die Menge $\{n \mid |x_n - x_0| > \varepsilon\}$ endlich.

2.2.3

- Formen Sie die Summe zunächst mit der Formel $1 + q + \cdots + q^n = (1 - q^{n+1})/(1-q)$ um.
- Teilen Sie Zähler und Nenner durch n^k.
- Falls Sie den Verdacht haben, dass diese Folge *nicht* konvergiert, so sollten Sie sich an eine im Buch bewiesene Eigenschaft konvergenter Folgen erinnern.
- Kombinieren Sie bekannte Rechenregeln für konvergente Reihen.

2.2.5 Zum „a"-Teil werden Sie keinen Tipp benötigen. Für den „b"-Teil nimmt man an, dass (a_n) *nicht* gegen a konvergiert: Es gibt also ein $\varepsilon > 0$, so dass für unendlich viele n die Ungleichung $|a_n - a| > \varepsilon$ gilt. Nun sollte eine Teilfolge leicht zu finden sein, bei der keine Teilfolge gegen a konvergent ist.

2.2.6 Diese Aufgabe ist vergleichsweise leicht, deswegen gibt es keine Tipps.

Tipps zu Abschnitt 2.3

2.3.1 Bei dieser Aufgabe sind nur die definierenden Eigenschaften von sup und inf anzuwenden. Der Beweis des ersten Aufgabenteils könnte so losgehen:

Zunächst bemerkt man, dass mit A auch $-A$ beschränkt ist, deswegen existieren $\sup -A$ und $\inf A$. Um zu zeigen, dass beide Zahlen gleich sind, setzte $x_0 := \inf A$ und beweise, dass x_0 alle Eigenschaften hat, die das Supremum von $-A$ haben sollte. Dabei spielt das Rechnen mit Ungleichungen eine Rolle. Schlussbemerkung: Ein Infimum ist, wenn es existiert, eindeutig bestimmt.

2.3.2 Wählen Sie irgendeine reelle Zahl x_0, die nicht in $\mathbb{Q} + \sqrt{2}\mathbb{Q}$ liegt. (Warum geht das?) Begründen Sie, dass es eine Folge in $\mathbb{Q} + \sqrt{2}\mathbb{Q}$ gibt, die – als reelle Folge – gegen x_0 geht. Warum ist das eine in $\mathbb{Q} + \sqrt{2}\mathbb{Q}$ nicht konvergente Cauchy-Folge?

2.3.3 Die Aufgabenstellung enthält schon einen Tipp.

2.3.4 Wenn Ihnen diese Aufgabe Schwierigkeiten macht, blättern Sie noch einmal zur Definition des Supremums und des Infimums in allgemeinen geordneten Räumen zurück (Definition 2.3.4).

2.3.5 Wie weit ist es von a_n bis nach a_{n+k}? Doch höchstens so weit wie von a_n nach a_{n+1}, plus der Abstand von a_{n+1} nach a_{n+2} plus $\cdots$ plus der Abstand von a_{n+k-1} nach a_{n-k}.

2.3.6 Auch hier sollte man die allgemeine Definition von sup und inf kennen (Definition 2.3.4).

Tipps zu Abschnitt 2.4

2.4.1 Behandeln Sie die Fälle $|x| < 1$, $|x| > 1$, $x = 1$, $x = -1$ getrennt.

2.4.2 Teilen Sie $a_1 + a_2 + \cdots$ in geeignete Blöcke, die sich jeweils durch $2^k a_{2^k}$ abschätzen lassen.

2.4.3 Schauen Sie sich die Partialsummen zur Originalreihe und zur Reihe mit den halbierten Werten an. Was passiert, wenn man die addiert?

2.4.4 Da gibt es in der Aufgabe schon eine Anleitung.

Tipps zu Abschnitt 2.5

2.5.1 Die Abbildung ist *nicht* surjektiv. Als Gegenbeispiel müssen Sie eine Nullfolge finden, die nicht von der Form (a_n/n) mit einer beschränkten Folge (a_n) ist, die also langsamer fällt als $1/n$.

2.5.2 Diese Aussagen sind unter Verwendung der schon bewiesenen Ergebnisse leicht zu beweisen.

Kapitel 3

Metrische Räume und Stetigkeit

Bei vielen der in Kapitel 2 behandelten Resultate spielte es in den Beweisen keine wesentliche Rolle, dass es sich bei den betrachteten Objekten um Zahlen handelte. Wichtig war nur, dass eine *Abstandsdefinition* mit „vernünftigen" Eigenschaften zur Verfügung stand.

Da in der weiteren Entwicklung der Analysis auch Vektoren und Funktionen auftreten werden und auch dafür Abstandskonzepte betrachtet werden sollen, ist es sinnvoll, die Grundlagen einer Theorie der „Mengen mit Abstandsbegriff" vorab zu entwickeln.

Erste Definitionen und Ergebnisse werden in *Abschnitt 3.1* behandelt, insbesondere wird der für Zahlen schon bekannte Konvergenzbegriff verallgemeinert. *Abschnitt 3.2* ist einer speziellen Klasse derartiger Räume, den *kompakten metrischen Räumen*, gewidmet. Sie spielen in der Analysis eine wichtige Rolle beim Beweis von Existenzaussagen. Anschließend, in *Abschnitt 3.3*, untersuchen wir *stetige Funktionen*, also Funktionen, bei denen die Bildwerte „nahe beieinander" liegender Punkte wieder „nahe beieinander" liegen. Solche Funktionen sind unverzichtbar, um mathematische Modelle der Welt zu untersuchen. (Hier werden wir uns übrigens auch um die Frage kümmern, wie denn Mathematik auf nichtmathematische Probleme angewendet werden kann.)

Gegen Ende des Kapitels behandeln wir dann eine Gruppe von Sätzen, die später immer und immer wieder gebraucht werden. Es handelt sich um Variationen des gleichen Themas: Welche Aussagen kann man garantieren, wenn stetige Funktionen auf Räumen mit Zusatzeigenschaften gegeben sind?

3.1   Metrische Räume

Wie einleitend bemerkt, werden hier Räume eingeführt, auf denen ein „vernünftiges" Abstandskonzept definiert ist. Was soll das aber bedeuten? Motiviert man „Abstand" an der Alltags-Erfahrung, so ist es mehr oder weniger plausibel, dass

- der „Abstand" zwischen zwei Punkten eine nicht negative reelle Zahl ist.

- „Abstand" unabhängig von der Reihenfolge definiert ist (von A nach B ist es „genauso weit" wie von B nach A).

- es ebenfalls nahe liegend ist zu fordern, dass für drei Punkte A, B und C die Ungleichung

$$\text{Abstand von } A \text{ nach } C \leq$$

$$(\text{Abstand von } A \text{ nach } B) + (\text{Abstand von } B \text{ nach } C)$$

gilt. Kurz: Umwege führen eher zu einer größeren Entfernung.

Diese „Abstands-Erfahrungen" führen direkt zur nachstehenden Definition. Sie sollten dabei allerdings beachten, dass die Auswahl gerade *dieser* Bedingungen nicht zwangsläufig ist, sondern eher – wie üblich – als Kompromiss zwischen den Forderungen nach Häufigkeit der Anwendungen und Reichhaltigkeit der Theorie aufgefasst werden muss.

Metrik

Definition 3.1.1. *Sei M eine Menge und $d : M \times M \to \mathbb{R}$ eine Abbildung. d heißt* Metrik *auf M, wenn gilt:*

(i) Für $x, y \in M$ ist $d(x,y) \geq 0$; $d(x,y) = 0$ gilt genau dann, wenn $x = y$ ist.

(ii) Für $x, y \in M$ ist $d(x,y) = d(y,x)$.

(iii) Für $x, y, z \in M$ ist $d(x,z) \leq d(x,y) + d(y,z)$ (Dreiecksungleichung).

M, zusammen mit einer Metrik d, (also das Paar (M, d)) heißt auch metrischer Raum.

Bemerkungen und Beispiele:

1. Wegen Satz 2.2.2 und Satz 2.2.7 sind $\mathbb{R}$ und $\mathbb{C}$ metrische Räume, wenn man die Metrik auf $\mathbb{R}$ bzw. $\mathbb{C}$ durch

$$d(x,y) := |x - y|$$

definiert. In gewisser Weise ist das schon das für die Analysis wichtigste Beispiel, denn so gut wie alle „konkreten" Metriken machen von den Eigenschaften *dieser* Metrik Gebrauch.

2. Ist (M, d) ein metrischer Raum, so auch jede Teilmenge $N \subset M$ (man schränke d auf $N \times N$ ein). Die so entstehende Metrik heißt die *durch (M, d) induzierte Metrik auf N*. Insbesondere sind also alle Teilmengen von $\mathbb{R}$ und $\mathbb{C}$ metrische Räume.

3. Hier ein Beispiel, das für die Anwendungen in der Analysis so gut wie bedeutungslos ist. Es hat aber den Vorteil, dass es nicht – wie das Abstandskonzept für Zahlen – durch irgendeine Erfahrung vorbelastet ist und sich folglich gut zur zusätzlichen Illustration neu eingeführter Begriffe eignet.

Sei dazu M irgendeine Menge. Wir definieren eine Metrik d (die so genannte *diskrete Metrik*) auf M durch

$$\bigvee_{x,y\in M} d(x,y) := \left\{ \begin{array}{ll} 1 & x \neq y \\ 0 & x = y. \end{array} \right.$$

Können Sie nachweisen, dass dadurch wirklich eine Metrik auf M defniert wird?   **?**

Die meisten der in der Analysis relevanten Metriken entstehen wie die Metrik auf $\mathbb{R}$ bzw. $\mathbb{C}$ über einen Umweg, dass nämlich die Metrik durch Parallelverschiebung aus dem Abstandskonzept für einen Spezialfall, den Abstand zur Null, gewonnen wird (vergleichen Sie dazu noch einmal die Aussagen der Sätze 2.2.2 und 2.2.7). Das lässt sich natürlich nur unter der Voraussetzung algebraischer Bedingungen durchführen, denn was soll „Null" bzw. „Parallelverschiebung" bei einer beliebigen Menge bedeuten? Der Fall eines $\mathbb{K}$-Vektorraums ist für unsere Zwecke genügend allgemein.

Definition 3.1.2. *Sei X ein $\mathbb{K}$-Vektorraum[1], wie üblich ist $\mathbb{K} = \mathbb{R}$ oder $\mathbb{K} = \mathbb{C}$. Eine Abbildung $\| \cdot \| : X \to \mathbb{R}$ heißt* Norm *auf X, wenn die folgenden Bedingungen erfüllt sind. Dabei werden wir $\|x\|$, gesprochen „Norm von x", statt $\| \cdot \|(x)$ schreiben:*   **Norm**

(i) $\|x\| \geq 0$ *für alle $x \in X$, und $\|x\| = 0$ gilt genau dann, wenn $x = 0$ ist.*

(ii) $\|\lambda \cdot x\| = |\lambda| \cdot \|x\|$ *für alle $\lambda \in \mathbb{K}$, $x \in X$.*

(iii) $\|x + y\| \leq \|x\| + \|y\|$ *für alle $x, y \in X$.*

Das Paar $(X, \| \cdot \|)$ heißt dann ein normierter Raum.

Eine wortwörtliche Übertragung des Beweises zu Satz 2.2.2 (2.Teil) zeigt sofort, dass für jeden normierten Raum $(X, \| \cdot \|)$ durch

$$d(x,y) := \|x - y\|$$

eine Metrik auf X (die *der Norm zugeordnete Metrik*, auch die *durch die Norm induzierte Metrik*) definiert wird.

Kurz: Jeder normierte Raum ist ein metrischer Raum. Umgekehrt entsteht natürlich nicht jede Metrik d eines metrischen Raumes (M, d) auf diese Weise, da M nicht einmal notwendig ein Vektorraum sein muss. Trotzdem werden Sie die Erfahrung machen, dass man die wichtigsten metrischen Räume der Analysis als Teilräume geeigneter normierter Räume erhält.

Beispiele normierter Räume:

1. Auf $\mathbb{R}$ bzw. $\mathbb{C}$ ist $x \mapsto |x|$ eine Norm. Das wurde in Satz 2.2.2 und Satz 2.2.7 bewiesen. „Norm" darf also als Verallgemeinerung der Betragsdefinition interpretiert werden.

---

[1] Vgl. Definition 2.5.4 in Abschnitt 2.5.

2. Für $m \in \mathbb{N}$ sei $\mathbb{K}^m$ der Raum aller m-Tupel von Elementen aus $\mathbb{K}$:

$$\mathbb{K}^m := \{(x_1, \ldots, x_m) \mid x_1, \ldots, x_m \in \mathbb{K}\}.^{2)}$$

Durch die Kompositionen

$$(x_1, \ldots, x_m) + (y_1, \ldots, y_m) \quad := \quad (x_1 + y_1, \ldots, x_m + y_m)$$
$$\lambda \cdot (x_1, \ldots, x_m) \quad := \quad (\lambda x_1, \ldots, \lambda x_m)$$

wird die Menge $\mathbb{K}^m$ zu einem $\mathbb{K}$-Vektorraum.
Wir definieren darauf drei Normen, nämlich

$$\|(x_1, \ldots, x_m)\|_1 \quad := \quad |x_1| + \cdots + |x_m|,$$
$$\|(x_1, \ldots, x_m)\|_2 \quad := \quad \sqrt{|x_1|^2 + \cdots + |x_m|^2},$$
$$\|(x_1, \ldots, x_m)\|_\infty \quad := \quad \max\{|x_1|, \ldots, |x_m|\}.$$

Dabei steht „max" für das *Maximum* einer Menge reeller Zahlen, im vorliegenden Fall ist die größte der Zahlen $|x_1|, \ldots, |x_m|$ gemeint.
(Als *Beispiel* zur Illustration betrachten wir den Vektor $(2, 1, 0, 1, 3)$ im $\mathbb{R}^5$. Die Norm dieses Vektors in den drei Normen ist 7 bzw. $\sqrt{15}$ bzw. 3, es können sich also sehr unterschiedliche Werte ergeben.)

Der Nachweis der Normeigenschaften ist unter Ausnutzung der Eigenschaften des Betrages elementar, wir behandeln hier nur den Fall der Norm $\|\cdot\|_1$:

Es ist klar, dass stets $\|(x_1, \ldots, x_m)\|_1 \geq 0$ ist, denn $\|(x_1, \ldots, x_m)\|_1$ ist eine Summe nicht negativer Zahlen. Umgekehrt: Ist irgendein x_i von Null verschieden, so ist $|x_i| > 0$ und folglich $\|(x_1, \ldots, x_m)\|_1 > 0$.

Die zweite Normbedingung ergibt sich ebenfalls fast automatisch:

$$\begin{aligned}
\|\lambda \cdot (x_1, \ldots, x_m)\|_1 &= \|(\lambda x_1, \ldots, \lambda x_m)\|_1 \\
&= |\lambda x_1| + \cdots + |\lambda x_m| \\
&= |\lambda||x_1| + \cdots + |\lambda||x_m| \\
&= |\lambda|(|x_1| + \cdots + |x_m|) \\
&= |\lambda| \, \|(x_1, \ldots, x_m)\|_1.
\end{aligned}$$

Und auch die dritte ist leicht einzusehen, man muss nur die Dreiecksungleichung für den Betrag – also Satz 2.2.7(iii) – ausnutzen.

Die anderen Nachweise sind ähnlich einfach. Am aufwändigsten ist es, die Dreiecksungleichung für die so genannte euklidische Norm $\|\cdot\|_2$ zu beweisen. Dazu ist der Beweis von Satz 2.2.7(iii), dass nämlich $\|\cdot\|_2$ auf dem $\mathbb{R}^2$ der Dreiecksungleichung genügt, auf den Fall des $\mathbb{K}^m$ zu übertragen.

[2)]Ein m-Tupel ist also nichts weiter als eine Zusammenfassung von m Elementen, wobei es auch auf die Reihenfolge ankommt. Den Spezialfall $m = 2$ – da spricht man von *Tupeln* statt von 2-Tupeln – haben wir schon im Abschnitt 1.2 kennen gelernt.
Wer auf eine strengere Definition Wert legt, der definiere durch vollständige Induktion: $\mathbb{K}^1 := \mathbb{K}$, $\mathbb{K}^{m+1} := \mathbb{K}^m \times \mathbb{K}$.

Das Problem bestimmt die geeignete Norm
Für $m > 1$ sind auf dem $\mathbb{K}^m$ neben $\|\cdot\|_1$, $\|\cdot\|_2$ und $\|\cdot\|_\infty$ noch
weitere Normen von Bedeutung. Die Wahl einer geeigneten Norm ist
vom Zusammenhang abhängig, und auch in diesem Fall kann an Ihre
außermathematische Erfahrung angeknüpft werden: Sind zwei Situationen durch die m-Tupel $(x_1, \ldots, x_m)$ und $(y_1, \ldots, y_m)$ charakterisiert, so wird die Entscheidung, welche als die „bessere" einzustufen
ist, vom speziellen Sachverhalt abhängen.
Konkret: Bedeuten etwa $(x_1, \ldots, x_m)$ die erreichten Punktzahlen
eines Schülers in m Fächern, so wird für die Gesamtbeurteilung
$\|(x_1, \ldots, x_m)\|_1$ heranzuziehen sein. Geht es aber darum, besonders
begabte Schüler für eine intensive Förderung zu Leistungskursen zu-
sammenzufassen, so ist $\|(x_1, \ldots, x_m)\|_\infty$ relevant.

3. Es ist bei allen mit Metriken zusammenhängenden Aussagen zu präzisieren,
welche Metrik gemeint ist. Das gilt insbesondere dann, wenn eine Menge verschiedene häufig gebrauchte Metriken zulässt (wie etwa der $\mathbb{K}^m$ für $m > 1$). Im
Zweifelsfall ist immer vom „natürlichsten" Kandidaten auszugehen, so ist etwa
„$\mathbb{R}$ hat die Eigenschaft ..." als „$\mathbb{R}$, versehen mit der Betragsmetrik, hat die
Eigenschaft ..." zu interpretieren.

4. Wir begeben uns zur Erholung kurz in den nichtmathematischen Erfahrungsbereich. M bezeichne die mit dem Auto erreichbaren Punkte in der Stadt X,
und für je zwei dieser Punkte P, Q definieren wir:

$$d(P, Q) := \text{Die Zeit in Minuten, um von } P$$
$$\text{nach } Q \text{ mit dem Auto zu gelan-}$$
$$\text{gen.}$$

Ist das dann eine Metrik? Wenn nein, wo können Schwierigkeiten auftreten? **?**
    Ein weiteres Beispiel: In der Stadt X seien alle Telefonnummern siebenstellig,
M bezeichne die Menge dieser Telefonnummern (d.h. $M \subset \mathbb{R}^7$). Wir versehen
M mit der durch $\|\cdot\|_1$ induzierten Metrik. Wieviele $P \in M$ gibt es dann mit
$d(P_0, P) \leq 1$ (wobei P_0 eine feste Nummer ist)? Was für Konsequenzen ergeben
sich für P, wenn P „nahe bei" P_0 liegt und P_0 eine stark gefragte Telefonnummer
ist? **?**

    Als Erstes übertragen wir einige Begriffe aus Kapitel 2 vom Spezialfall der
reellen oder komplexen Zahlen auf allgemeine metrische Räume. Das ist formal
nicht schwierig, trotzdem ist verstärkte Aufmerksamkeit angesagt, denn einige
vertraute Ergebnisse gelten nun plötzlich nicht mehr.

Definition 3.1.3. *Sei (M, d) ein metrischer Raum und $(x_n)_{n \in \mathbb{N}}$ eine Folge in*
M.

(i) Für $x_0 \in M$ heißt $(x_n)_{n \in \mathbb{N}}$ konvergent gegen x_0, wenn gilt: **konvergent**

$$\bigvee_{\varepsilon > 0} \; \bigexists_{n_0 \in \mathbb{N}} \; \bigvee_{\substack{n \in \mathbb{N} \\ n \geq n_0}} d(x_0, x_n) \leq \varepsilon.$$

Man schreibt dann $\lim x_n = x_0$ oder $x_n \to x_0$, und x_0 wird Limes der Folge $(x_n)_{n \in \mathbb{N}}$ genannt.

(ii) Die Folge (x_n) heißt konvergent, wenn es ein $x_0 \in M$ mit $x_n \to x_0$ gibt.

Cauchy-Folge   (iii) $(x_n)_{n \in \mathbb{N}}$ heißt Cauchy-Folge, wenn

$$\bigvee_{\varepsilon > 0} \; \underset{n_0 \in \mathbb{N}}{\exists} \; \underset{\substack{n,m \in \mathbb{N} \\ n,m \geq n_0}}{\bigvee} \; d(x_n, x_m) \leq \varepsilon.$$

Beispiele:

1. Durch die Betragsmetrik werden $\mathbb{R}$ und $\mathbb{C}$ zu metrischen Räumen. Deswegen können hier alle Beispiele konvergenter Folgen aus dem vorigen Kapitel angeführt werden.

Weitere Beispiele sind leicht dadurch zu gewinnen, dass man zu Teilmengen übergeht: Ist (x_n) eine in $\mathbb{R}$ konvergente Folge und $A \subset \mathbb{R}$ eine Teilmenge, die die Folge und den Grenzwert enthält, so ist diese Folge auch in A konvergent, wenn man die Metrik auf A durch Einschränkung der Betragsmetrik definiert.

Doch Achtung: Ist $A \subset \mathbb{R}$ und (x_n) eine Folge in A, die in $\mathbb{R}$ konvergent ist, so muss sie nicht auch in A konvergent sein. Es könnte nämlich sein, dass $\lim x_n$ – der existiert ja nach Voraussetzung – gar nicht in A liegt. (So ist etwa $(1/n)$ im metrischen Raum $\{x \mid 0 < x \leq 1\}$ nicht konvergent, wohl aber in $\{x \mid 0 \leq x \leq 1\}$.)

2. Sei (x_n) eine Folge in M, die von einer Stelle an konstant ist: Es soll also ein $\tilde{n} \in \mathbb{N}$ und ein $x_0 \in M$ geben, so dass $x_n = x_0$ für alle $n \geq \tilde{n}$ gilt[3]. Dann gilt sicher $x_n \to x_0$. Das kann als Verallgemeinerung des trivialen Beispiels einer Nullfolge auf Seite 108 aufgefasst werden.

Bemerkenswerterweise gibt es metrische Räume, in denen auch die Umkehrung gilt: Versuchen Sie zu begründen, dass in der diskreten Metrik[4] die einzigen konvergenten Folgen die fastkonstanten Folgen sind.

?

Satz 3.1.4. *Es gilt:*

(i) *Konvergente Folgen haben höchstens einen Limes, d.h. aus $x_n \to x_0$ und $x_n \to y_0$ folgt $x_0 = y_0$.*

(ii) *Jede konvergente Folge ist eine Cauchy-Folge, die Umkehrung gilt im Allgemeinen aber nicht.*

Beweis: (i) Wir kopieren einfach den Beweis zu 2.2.10(iv): Wäre $x_0 \neq y_0$, so wäre $d(x_0, y_0) > 0$ (man beachte 3.1.1(i)). Andererseits gibt es, wenn man $\varepsilon := d(x_0, y_0)/3 > 0$ setzt, nach der Konvergenzdefinition $n_0, \tilde{n}_0 \in \mathbb{N}$ mit

$$n \geq n_0 \quad \Rightarrow \quad d(x_n, x_0) \leq \varepsilon,$$
$$n \geq \tilde{n}_0 \quad \Rightarrow \quad d(x_n, y_0) \leq \varepsilon.$$

---

[3] Solche Folgen heißen übrigens *fastkonstant*.
[4] Vgl. Bemerkung 3 auf Seite 176.

Wählt man nun ein $n \in \mathbb{N}$, das gleichzeitig größer als n_0 und $\tilde{n}_0$ ist, so erhält man

$$3\varepsilon = d(x_0, y_0) \le d(x_0, x_n) + d(x_n, y_0) \le \varepsilon + \varepsilon = 2\varepsilon$$

im Widerspruch zu $\varepsilon > 0$.

(ii) Hier ist der Beweis zu Satz 2.3.2(i) zu übertragen: Man wähle zu vorgegebenem $\varepsilon > 0$ ein n_0, so dass $d(x_n, x_0) \le \varepsilon/2$ für $n \ge n_0$. Für beliebige $n, m \ge n_0$ ist dann

$$
\begin{aligned}
d(x_n, x_m) &\le d(x_n, x_0) + d(x_m, x_0) \\
&\le \frac{\varepsilon}{2} + \frac{\varepsilon}{2} \\
&= \varepsilon.
\end{aligned}
$$

Um einzusehen, dass die Umkehrung *nicht* gilt, ist nur noch einmal an die Folge $(1/n)$ im metrischen Raum $A := \{x \mid 0 < x \le 1\}$ (Betragsmetrik) zu erinnern: Die ist offensichtlich eine Cauchy-Folge (das folgt sofort aus dem Archimedesaxiom), sie ist aber in A nicht konvergent. □

Bemerkungen:

1. Wenn man es ganz genau nimmt, ist eigentlich erst nach dem Beweisteil (i) die Schreibweise „$\lim x_n = x_0$" gerechtfertigt.

2. Für metrische Räume, in denen jede Cauchy-Folge konvergent ist, gibt es eine eigene Bezeichnung, sie werden *vollständig* genannt. Wir wissen schon, dass $\mathbb{R}$ und $\mathbb{C}$ vollständig sind, und mit $\{x \mid 0 < x < 1\}$ wurde auch schon ein nicht vollständiger Raum angegeben. **vollständig**

Sei (M, d) ein metrischer Raum. Zwei Arten von Teilmengen von M spielen eine ausgezeichnete Rolle, nämlich:

- *Offene Teilmengen*: Das sind Teilmengen, die mit jedem Punkt x auch all das enthalten, was „genügend nahe" bei x liegt (die präzise Definition wird gleich nachgeliefert).

- *Abgeschlossene Teilmengen*: Hier handelt es sich um Teilmengen, die mit jeder konvergenten Folge auch deren Limes enthalten.

Am einfachsten lassen sich beide Begriffe mit Hilfe von „Kugeln" definieren:

Definition 3.1.5. *Sei (M, d) ein metrischer Raum, $x_0 \in M$ und $r \ge 0$. Unter der* Kugel *um x_0 mit dem Radius r verstehen wir dann die Menge* **Kugel**

$$K_r(x_0) := \{x \mid x \in M, \ d(x, x_0) \le r\},$$

also die Menge derjenigen x, für die der Abstand zu x_0 höchstens gleich r ist.

Die Bezeichnung „Kugel" ist am normierten Raum $(\mathbb{R}^3, \|\cdot\|_2)$ motiviert: Dort sind die $K_r(x_0)$ ganz gewöhnliche Kugeln. In anderen metrischen Räumen dagegen können sie ziemlich ungewöhnlich aussehen:

Beispiele:

1. In $(\mathbb{R}, |\cdot|)$ ist die Kugel um 0 mit dem Radius 1 das Intervall von -1 bis 1, also die Menge $\{x \mid -1 \leq x \leq 1\}$:

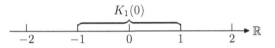

Bild 3.1: $K_1(0)$ in $\mathbb{R}$

2. Im normierten Raum $(\mathbb{R}^2, \|\cdot\|_1)$ sieht die Kugel um $(0,0)$ mit dem Radius 1 so aus:

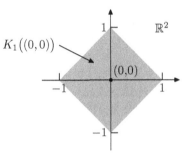

Bild 3.2: $K_1((0,0))$ in $(\mathbb{R}^2, \|\cdot\|_1)$

3. Und hier ist die Kugel um $(0,0)$ mit dem Radius 1 in $(\mathbb{R}^2, \|\cdot\|_\infty)$:

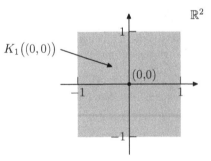

Bild 3.3: $K_1((0,0))$ in $(\mathbb{R}^2, \|\cdot\|_\infty)$

4. Hier noch einige Beispiele für ungewöhnliche Kugeln, die Sie selber finden sollen. Wie sehen die $K_r(x_0)$ in den folgenden Fällen aus (es kann nicht völlig ausgeschlossen werden, dass eine kleine Falle eingebaut ist)?

?

a) (M, d) = die Menge $\{x \mid 0 < x < 10\}$ mit der durch $\mathbb{R}$ induzierten Metrik, $x_0 = 0.5$, $r = 3$.

b) x_0 ist ein beliebiges Element einer mit der diskreten Metrik versehenen Menge. Wie sieht hier die Kugel um x_0 mit dem Radius 0.2 aus, wie die mit dem Radius 222222222?

c) Wir sind in $\mathbb{R}$ mit der Betragsmetrik, und es geht um $x_0 = i$ und $r = 2$.

d) Wie kann man sich *immer* die Kugel $K_0(x_0)$ vorstellen?

e) Wie sehen Kugeln aus, wenn M die leere Menge ist?

f) Für welche metrischen Räume sind alle Kugeln gleich?

g) Sei $(r_n)_{n \in \mathbb{N}}$ eine monoton fallende Folge mit Grenzwert r. Machen Sie sich klar, dass der Schnitt der $K_{r_n}(x)$ gleich $K_r(x)$ ist. Dabei sei x ein beliebiges Element irgendeines metrischen Raumes.

Nach diesen Vorbereitungen können nun die für die Analysis wichtigsten Teilmengen metrischer Räume definiert werden:

Definition 3.1.6. *Sei (M, d) ein metrischer Raum und $A \subset M$.*

  (i) A heißt offen (in M), wenn gilt: Für jedes $x_0 \in A$ gibt es ein $\varepsilon > 0$ mit   **offen**
     $K_\varepsilon(x_0) \subset A$. Als Formel:

$$\underset{x_0 \in A}{\forall} \; \underset{\varepsilon > 0}{\exists} \; K_\varepsilon(x_0) \subset A.$$

  (ii) A heißt abgeschlossen (in M), wenn $M \setminus A := \{x \in M \mid x \notin A\}$ offen   **abgeschlossen**
     ist (d.h. für $x_0 \in M$ mit $x_0 \notin A$ gibt es $\varepsilon > 0$ mit $A \cap K_\varepsilon(x_0) = \emptyset$). Mit
     Quantoren liest sich das so:

$$\underset{x_0 \notin A}{\forall} \; \underset{\varepsilon > 0}{\exists} \; K_\varepsilon(x_0) \cap A = \emptyset.$$

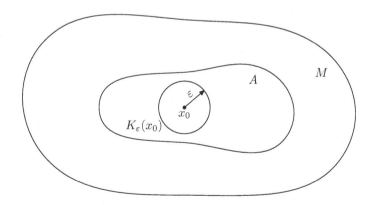

Bild 3.4: Eine offene Menge $A \subset M$

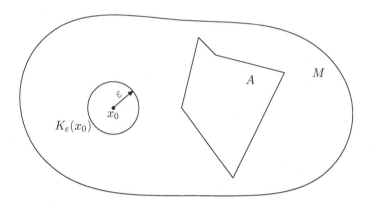

Bild 3.5: Eine abgeschlossene Menge $A \subset M$

Zum Kennenlernen dieser Definition behandeln wir einige

Beispiele:

1. Für jedes $r \geq 0$ ist $K_r(x_0)$ abgeschlossen, insbesondere sind einpunktige Mengen $\{x_0\}$ stets abgeschlossen. (Man beachte, dass $K_0(x_0) = \{x_0\}$.)

> *Beweis dazu:* Sei $y_0 \in M$, $y_0 \notin K_r(x_0)$. Es ist ein $\varepsilon > 0$ zu finden, so dass $K_\varepsilon(y_0) \cap K_r(x_0) = \emptyset$. Die Skizze

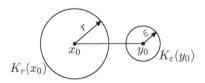

Bild 3.6: Die Kugeln $K_r(x_0)$ sind abgeschlossen

legt den Versuch $\varepsilon := \big(d(x_0, y_0) - r\big)/2$ nahe. Das muss natürlich bewiesen werden. Zunächst ist zu bemerken, dass wirklich $\varepsilon > 0$ gilt, denn es ist nach Voraussetzung $d(x_0, y_0) > r$. Sei nun $x \in K_\varepsilon(y_0)$; es ist zu zeigen, dass $x \notin K_r(x_0)$.

Zunächst ist doch wegen der Dreiecksungleichung:

$$d(x_0, y_0) \leq d(x, x_0) + d(x, y_0) \leq d(x, x_0) + \varepsilon,$$

und daraus folgt wegen $d(x_0, y_0) = 2\varepsilon + r$:

$$d(x, x_0) \geq \varepsilon + r > r.$$

Folglich gilt wirklich $x \notin K_r(x_0)$.

2. Für jedes $r > 0$ ist $A := \{x \mid d(x, x_0) < r\}$ offen. Diese Menge wird die *offene Kugel um x_0 mit Radius r* genannt.

Das zeigt man ähnlich wie im vorstehenden Beispiel: Für $y_0 \in A$ kommt man anhand der Skizze

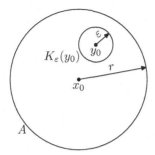

Bild 3.7: Offene Kugeln sind offen

zu der Idee, es mit $\varepsilon := \bigl(r - d(x_0, y_0)\bigr)/2$ zu versuchen, und für dieses ε ist wirklich $K_\varepsilon(y_0) \subset A$.

3. Für $(M, d) = (\mathbb{R}, |\cdot|)$ spielen folgende Teilmengen, die so genannten *Intervalle*, eine wichtige Rolle; dabei seien $a, b \in \mathbb{R}$ mit $a \leq b$: **Intervall**

- $[a, b] := \{x \mid x \in \mathbb{R},\ a \leq x \leq b\}$ (das *abgeschlossene Intervall* zwischen a und b),

- $]a, b[:= \{x \mid x \in \mathbb{R},\ a < x < b\}$ (das *offene Intervall* zwischen a und b),

- $[a, +\infty[:= \{x \mid x \in \mathbb{R},\ a \leq x\}$,

- $]a, +\infty[:= \{x \mid x \in \mathbb{R},\ a < x\}$,

- $]-\infty, a] := \{x \mid x \in \mathbb{R},\ x \leq a\}$,

- $]-\infty, a[:= \{x \mid x \in \mathbb{R},\ x < a\}$,

- $[a, b[:= \{x \mid x \in \mathbb{R},\ a \leq x < b\}$,

- $]a, b] := \{x \mid x \in \mathbb{R},\ a < x \leq b\}$.

(Die Zeichen „$+\infty$" und „$-\infty$" haben vorläufig keine inhaltliche Bedeutung, auf der rechten Seite des Definitionszeichens tauchen sie ja auch nicht auf. Mehr dazu wird am Ende von Abschnitt 3.2 gesagt werden.)
Die Intervalle $[a, b]$, $[a, +\infty[$ und $]-\infty, a]$ sind abgeschlossen, die Intervalle $]a, b[$, $]-\infty, a[$ und $]a, +\infty[$ sind offen.

Hier zwei typische Beweise dazu:

Warum ist zum Beispiel $[a, +\infty[$ abgeschlossen? Weil für ein y_0, das nicht zu dieser Menge gehört, notwendig $y_0 < a$ gelten muss und dann für die Zahl $\varepsilon := (a - y_0)/2$ die Kugel $K_\varepsilon(y_0)$ die Menge $[a, +\infty[$ nicht schneidet.

Und warum ist $]a, +\infty[$ offen? Weil $\varepsilon := (x_0 - a)/2$ für jedes x_0 in dieser Menge positiv ist und die Eigenschaft $K_\varepsilon(x_0) \subset]a, +\infty[$ hat.

Der Beweis der noch fehlenden Aussagen verläuft analog, die Fälle $]\,a,b\,[$ und $[\,a,b\,]$ sind sogar schon erledigt, wenn man die vorstehenden Beispiele 1 und 2 auf den vorliegenden Spezialfall anwendet (warum eigentlich?).

Dagegen sind $[\,a,b\,[$ und $]\,a,b\,]$ weder offen noch abgeschlossen[5]. Können Sie auch das begründen?

4. Machen Sie sich klar, dass in einem metrischen Raum (M,d) die Mengen M und $\emptyset$ stets gleichzeitig offen und abgeschlossen sind[6] und dass in $(M, \text{diskrete Metrik})$ jede Teilmenge von M offen und abgeschlossen ist.

5. „Offen" und „abgeschlossen" sind Begriffe, die nur relativ zum betrachteten Raum sinnvoll sind. So ist die Frage

„Ist $]\,0,1\,]$ abgeschlossen?"

sinnlos. Je nachdem, welchen metrischen Raum M man zu Grunde legt, wird die Antwort verschieden ausfallen. Zum Beispiel ist $]\,0,1\,]$ nicht abgeschlossen in $\mathbb{R}$, wohl aber in $]\,0,+\infty\,[$ und in $]\,0,1\,]$. Warum?

6. Zeigen Sie unter Ausnutzung des Dichtheitssatzes 1.7.4(ii) und der Tatsache, dass irrationale Zahlen existieren, dass $\mathbb{Q}$ in $\mathbb{R}$ weder offen noch abgeschlossen ist.

Nach dem ersten Kennenlernen der Begriffe „offen" und „abgeschlossen" geht es in diesem Abschnitt so weiter:

- Wir zeigen, dass sich abgeschlossene Teilmengen dadurch charakterisieren lassen, dass sie mit jeder konvergenten Folge auch den Grenzwert enthalten. Dieses Ergebnis wird später aus dem folgenden Grund wichtig sein: Hat man ein x_0 besser und besser durch gewisse x_n approximiert und haben alle x_n eine gewisse Eigenschaft E, so wird auch x_0 diese Eigenschaft haben, falls man vorher die Abgeschlossenheit der Menge $\{x \mid x \text{ hat } E\}$ gezeigt hat.

    Zum Beispiel folgt aus der Abgeschlossenheit von $[\,0,+\infty\,[$: Ist (x_n) eine reelle Folge mit $x_n \geq 0$ für alle n, so gilt auch $\lim x_n \geq 0$.

    Man beachte auch: Nach Definition sind offene Mengen die Komplementärmengen abgeschlossener Mengen, jede Charakterisierung von „abgeschlossen" liefert damit auch eine für „offen".

- Wie kann man aus offenen (bzw. abgeschlossenen) Mengen neue Mengen des gleichen Typs gewinnen?

- Im Allgemeinen ist eine vorgegebene Teilmenge A eines metrischen Raumes weder offen noch abgeschlossen. Man kann sich jedoch eine – in gewisser Weise „bestmögliche" – offene Teilmenge von A verschaffen, und ebenso eine „optimale" abgeschlossene Obermenge.

---

[5] Diese Intervalle werden *halboffen* genannt.
[6] Vielleicht ist es dazu hilfreich, vorher noch einmal den Kasten auf Seite 129 zu lesen.

- Zum Ende des Abschnitts wird noch ein weiterer Begriff eingeführt: *dichte Teilmengen*. Das sind Teilmengen von M, deren Elemente „jedem beliebigen Element von M beliebig nahe kommen".

Wir beginnen mit dem folgenden wichtigen Charakterisierungssatz:

Satz 3.1.7. *Sei (M, d) ein metrischer Raum und $A \subset M$. Dann sind äquivalent:*

(i) *A ist abgeschlossen.*

(ii) *Ist $(x_n)_{n \in \mathbb{N}}$ eine Folge in A, für die es ein $x_0 \in M$ mit $x_n \to x_0$ gibt, so ist $x_0 \in A$. In Worten: Folgen in A, die in M konvergent sind, sind bereits in A konvergent.*

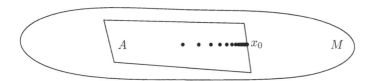

Bild 3.8: Charakterisierung abgeschlossener Mengen durch Folgen

Beweis: (i)$\Rightarrow$(ii): Sei A abgeschlossen und $(x_n)_{n \in \mathbb{N}}$ eine konvergente Folge. Es gibt also irgendwo in M ein x_0 mit $x_n \to x_0$, und wir müssen zeigen, dass x_0 zu A gehört.

Wir zeigen das durch einen indirekten Beweis. Wäre nämlich $x_0 \notin A$, so gäbe es nach Definition der Abgeschlossenheit ein $\varepsilon > 0$ mit $K_\varepsilon(x_0) \cap A = \emptyset$, insbesondere gilt also $d(x_n, x_0) > \varepsilon$ für alle $n \in \mathbb{N}$. Das widerspricht offensichtlich der Voraussetzung $x_n \to x_0$. Damit ist (ii) bewiesen.

(ii)$\Rightarrow$(i): Für den Beweis der Umkehrung ist unter Voraussetzung von (ii) zu zeigen, dass es für jedes x_0, das nicht in A liegt, ein positives ε mit $K_\varepsilon(x_0) \cap A = \emptyset$ gibt. Wir gehen wieder indirekt vor, nehmen also an, dass

$$\underset{\substack{x_0 \in M \\ x_0 \notin A}}{\exists} \underset{\varepsilon > 0}{\forall} K_\varepsilon(x_0) \cap A \neq \emptyset$$

gilt und hoffen auf einen Widerspruch (vgl. Bild 3.9).

Angenommen also, es gäbe ein derartiges x_0. Insbesondere ist dann für jedes $n \in \mathbb{N}$ auch $K_{1/n}(x_0) \cap A \neq \emptyset$, und wir wählen ein $x_n \in K_{1/n}(x_0) \cap A$.

Auf diese Weise erhalten wir eine Folge (x_n) mit $d(x_n, x_0) \leq 1/n$, es gilt also $x_n \to x_0$. Das widerspricht aber (ii), denn x_0 liegt ja nicht in A.

> Hier haben wir erstmals eine Voraussetzung der Form „$\forall \varepsilon > 0$ gibt es ... " durch spezielle Anwendung auf die $\varepsilon = 1/n$, $n \in \mathbb{N}$, zur Konstruktion einer Folge mit geeigneten Eigenschaften verwendet. Dieses Verfahren wird uns noch häufiger begegnen.

Damit ist der Charakterisierungssatz vollständig bewiesen.   □

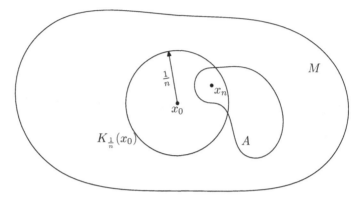

Bild 3.9: Skizze zum Beweis von Satz 3.1.7

Nun zeigen wir einen *Permanenzsatz:* Wie gewinnt man aus abgeschlossenen (bzw. offenen) Teilmengen weitere Teilmengen des gleichen Typs?

Satz 3.1.8. *Es sei (M, d) ein metrischer Raum.*

(i) *Sind $A_1, A_2 \subset M$ abgeschlossene Teilmengen, so ist auch $A_1 \cup A_2$ abgeschlossen.*

(ii) *Allgemeiner gilt: $A_1 \cup \cdots \cup A_n$ ist abgeschlossen, falls $A_1, \ldots, A_n$ abgeschlossene Teilmengen von M sind.*

(iii) *Sei $\mathcal{A}$ eine Teilmenge der Potenzmenge von M. Sind alle Elemente von $\mathcal{A}$ abgeschlossen, so ist $\bigcap \mathcal{A}$ abgeschlossen[7].*

(iv) *Sind $O_1, \ldots, O_n$ offene Teilmengen von M, so ist auch $O_1 \cap \cdots \cap O_n$ offen.*

(v) *Sei $\mathcal{O}$ eine Teilmenge der Potenzmenge von M mit der Eigenschaft, dass jedes Element von $\mathcal{O}$ eine offene Teilmenge von M ist. Dann ist $\bigcup \mathcal{O}$ offen[8].*

(vi) *Die vorstehenden Aussagen sind bestmöglich im folgenden Sinn: Es ist nicht richtig, dass in allen metrischen Räumen beliebige Vereinigungen abgeschlossener Mengen wieder abgeschlossen oder beliebige Schnitte offener Mengen wieder offen sind.*

---

[7] Zur Erinnerung: $\bigcap \mathcal{A}$ – der *Durchschnitt über das Mengensystem $\mathcal{A}$* – besteht nach Definition aus allen $x \in M$, die in allen $A \in \mathcal{A}$ enthalten sind. Diese Definition wurde schon in Abschnitt 1.5 benötigt, um die Menge $\mathbb{N}$ der natürlichen Zahlen ohne Pünktchen einführen zu können.

[8] $\bigcup \mathcal{O}$ – die *Vereinigung über das Mengensystem $\mathcal{O}$* – besteht nach Definition aus allen $x \in M$, die in mindestens einem $O \in \mathcal{O}$ enthalten sind.

(In Kurzfassung besagt der Satz also: Die Vereinigung von endlich vielen und der Durchschnitt von beliebig vielen – also ausdrücklich auch von unendlich vielen – abgeschlossenen Mengen ist abgeschlossen, und endliche Schnitte und beliebige Vereinigungen offener Mengen sind offen.)

> **Noch einmal: Standard-Induktion**
> In sehr vielen Fällen, in denen man eine Aussage für endlich viele Objekte zeigen möchte, reicht es, sich auf den Fall von *zwei* Objekten zu konzentrieren. Das geht immer dann, wenn der Übergang von n zu $n+1$ auf den Fall zweier Elemente zurückgeführt werden kann, dabei spielt fast immer eine Definition durch vollständige Induktion eine Rolle.
> Ein Beispiel: Mal angenommen, für irgendeine Eigenschaft E von Mengen sei schon gezeigt, dass mit A und B auch $A \cup B$ diese Eigenschaft hat. Dann überträgt sich E auch auf endliche Vereinigungen. Begründung: Beim Beweis durch vollständige Induktion ist im Induktionsschritt von „$A_1 \cup \cdots \cup A_n$ hat E" auszugehen und dann $A_1 \cup \cdots \cup A_{n+1}$ zu untersuchen. Und nun muss man nur noch bemerken, dass
> $$A_1 \cup \cdots \cup A_{n+1} = (A_1 \cup \cdots \cup A_n) \cup A_{n+1}$$
> gilt und der Fall zweier Mengen schon erledigt ist.
> Mit einem analogen Argument kann man schließen, dass endliche Durchschnitte E haben, wenn man es schon für den Durchschnitt zweier Mengen weiß.
> Als weiteres Beispiel betrachten wir die Aussage: Sind x_i, y_i reelle Zahlen und gilt $x_i \leq y_i$ für alle i, so gilt auch
> $$x_1 + \cdots + x_n \leq y_1 + \cdots + y_n;$$
> hier wird beim Beweis wichtig, dass man Ungleichungen addieren darf (Satz 1.4.3(ii),(ix)) und dass gilt:
> $$x_1 + \cdots + x_{n+1} = (x_1 + \cdots + x_n) + x_{n+1}.$$

Beweis: (i) Sei x_0 ein Element von M, das nicht in $A_1 \cup A_2$ enthalten ist. Dann gibt es positive $\varepsilon_1, \varepsilon_2$, so dass $K_{\varepsilon_1}(x_0)$ (bzw. $K_{\varepsilon_2}(x_0)$) nicht in A_1 (bzw. A_2) hineinschneidet. Definiert man dann ε als die kleinere der Zahlen $\varepsilon_1, \varepsilon_2$, so gilt $(A_1 \cup A_2) \cap K_\varepsilon(x_0) = \emptyset$. Das zeigt die Abgeschlossenheit von $A_1 \cup A_2$.

(ii) Diese Aussage folgt leicht durch vollständige Induktion nach n. Es handelt sich um einen Spezialfall der im vorstehenden grauen Kästchen beschriebenen allgemeinen Situation:
(iii) Man setze $A_0 := \bigcap \mathcal{A}$. Wir geben ein $x_0 \notin A_0$ vor und müssen ein $\varepsilon > 0$ so finden, dass $K_\varepsilon(x_0) \cap A_0 = \emptyset$.

Nun bedeutet $x_0 \notin A_0$ nach Definition des Durchschnitts, dass es ein $A \in \mathcal{A}$ mit $x_0 \notin A$ gibt. Da alle Elemente von $\mathcal{A}$ abgeschlossen sind, können wir daraus auf die Existenz eines $\varepsilon > 0$ mit $K_\varepsilon(x_0) \cap A = \emptyset$ schließen: Kein $x \in A$ liegt ε-nahe bei x_0. Es folgt $K_\varepsilon(x_0) \cap A_0 = \emptyset$, denn nach Definition des Durchschnitts ist $A_0 \subset A$.

(iv) Dieser Beweis ist ein erstes Beispiel dafür, wie man aus Aussagen über abgeschlossene Mengen Ergebnisse für offene Mengen (oder auch umgekehrt) gewinnt. Faustregel: Man ersetze in den Aussagen „abgeschlossen" durch „offen", „Durchschnitt" durch „Vereinigung" und „Vereinigung" durch „Durchschnitt".

Grund für diese Dualität sind einerseits die de Morganschen Regeln der Mengenlehre (das Komplement des Durchschnitts ist die Vereinigung der Komplemente usw.) und andererseits die Tatsache, dass abgeschlossene Mengen als Komplemente offener Mengen definiert sind.

Nun zum eigentlichen Beweis: Sind $O_1, \dots, O_n$ offen, so sind die Komplementärmengen $A_i := M \setminus O_i$ abgeschlossen. Damit wissen wir nach Teil (ii), dass $A_1 \cup \cdots \cup A_n$ ebenfalls abgeschlossen ist. Nun ist aber

$$A_1 \cup \cdots \cup A_n = M \setminus (O_1 \cap \cdots \cap O_n),$$

und deswegen muss die Komplementärmenge von $A_1 \cup \cdots \cup A_n$, also $O_1 \cap \cdots \cap O_n$, offen sein.

(v) Dieser Beweis kann ebenfalls durch „Umsteigen" auf abgeschlossene Mengen geführt werden: Man betrachte

$$\mathcal{A} := \{ M \setminus O \mid O \in \mathcal{O} \}$$

und wende darauf (iii) an. Dann ist nur noch zu beachten, dass

$$\bigcup \mathcal{O} = M \setminus \bigcap \mathcal{A}.$$

(vi) Am einfachsten lassen sich Beispiele im metrischen Raum $\mathbb{R}$ (Betragsmetrik) finden. Definiert man zum Beispiel A_n als das offene Intervall $]-\infty, \frac{1}{n}[$ für $n \in \mathbb{N}$, so sind zwar alle A_n offen, doch der Durchschnitt – er ist aufgrund des Archimedesaxioms gleich der Menge $]-\infty, 0]$ – ist nicht offen.

Durch Übergang zu den Komplementen erhält man die Mengenfolge $[\frac{1}{n}, +\infty[$, die aus abgeschlossenen Mengen besteht, deren Vereinigung, das ist das Intervall $]0, +\infty[$, aber nicht abgeschlossen ist.

> Man beachte, dass (vi) nicht ausschließt, dass manchmal auch unendliche Schnitte abgeschlossener Mengen abgeschlossen sein können. Das ist zum Beispiel in allen mit der diskreten Metrik versehenen Räumen der Fall, denn da sind *alle* Teilmengen abgeschlossen (und offen).

Damit ist der Satz vollständig bewiesen.   □

Bemerkung: In höheren Semestern werden Sie erfahren, dass der Ansatz, die intuitive Vorstellung von „ist nahe bei ..." durch die Axiome des metrischen

Raumes zu präzisieren, manchmal nicht ausreicht. Der heute übliche allgemeinere Zugang ist der Begriff des topologischen Raums. Ein *topologischer Raum* ist eine Menge T zusammen mit einer Teilmenge $\mathcal{T}$ der Potenzmenge von T, für die die folgenden Eigenschaften erfüllt sind:

- T und $\emptyset$ gehören zu $\mathcal{T}$.

- $\mathcal{T}$ enthält mit je endlich vielen Mengen auch deren Durchschnitt und zu beliebig vielen Mengen auch deren Vereinigung.

Das System $\mathcal{T}$ wird in diesem Fall auch eine *Topologie auf* T genannt. Unser Satz besagt dann unter anderem, dass jeder metrische Raum insbesondere ein topologischer Raum ist, wenn man $\mathcal{T}$ als das System der offenen Mengen definiert. (Einzelheiten lernt man in der Vorlesung „Topologie".)

Im Allgemeinen ist eine Teilmenge eines metrischen Raumes weder offen noch abgeschlossen. Durch Weglassen „störender" (bzw. durch Hinzunahme fehlender) Punkte kann man jedoch eine offene (bzw. abgeschlossene) Teilmenge konstruieren:

Definition 3.1.9. *Sei A Teilmenge eines metrischen Raumes (M, d).*

(i) Der offene Kern *(auch: das Innere) von A ist die Menge* A°, A^-

$$A^\circ := \left\{ x \ \middle| \ x \in M, \ \underset{\varepsilon > 0}{\exists} \ K_\varepsilon(x) \subset A \right\}.$$

Die Menge A° wird auch kurz als „A Null" bezeichnet.

(ii) Unter dem Abschluss von A *(auch* abgeschlossene Hülle*) verstehen wir die Menge*

$$A^- := \left\{ x \ \middle| \ x \in M, \ \underset{\varepsilon > 0}{\forall} \ K_\varepsilon(x) \cap A \neq \emptyset \right\}.$$

Gesprochen wird das als „A quer".

Was ist zum Beispiel $[0, 1[^\circ$ in $\mathbb{R}$? Behauptung: Es ist das Intervall $]0, 1[$. Um das zu zeigen, sind *zwei Beweise* zu führen:
Erstens ist $]0, 1[\subset [0, 1[^\circ$, denn um alle Punkte von $]0, 1[$ lassen sich Kugeln legen, die ganz in $[0, 1[$ liegen. Und *zweitens* gehören Zahlen, die *nicht* in $]0, 1[$ liegen, sicher nicht zu $[0, 1[^\circ$, dazu muss man die $x \leq 0$ und die $x \geq 1$ gesondert diskutieren. Ist etwa $x \geq 1$, so enthält jede Kugel um x mit positivem Radius ein Element, das größer als 1 ist. Solche Kugeln liegen also nicht in $[0, 1[$, und damit liegen diese x nicht in $[0, 1[^\circ$.
Zeigen Sie zur Übung, dass $[0, 1[^- = [0, 1]$ und bestimmen Sie $\mathbb{Q}^\circ$ und $\mathbb{Q}^-$.   ?

Satz 3.1.10. *Sei (M, d) ein metrischer Raum und $A \subset M$. Dann gilt:*

(i) A^- ist die kleinste abgeschlossene Menge, *die A enthält, d.h.*

    (a) $A \subset B \subset M$, B abgeschlossen $\Rightarrow A^- \subset B$.

    (b) A^- ist abgeschlossen, und $A \subset A^-$.

(ii) A° ist die größte offene Menge, die in A enthalten ist, d.h.

    (a) $B \subset A \subset M$, B offen $\Rightarrow B \subset A^\circ$.

    (b) A° ist offen, und $A^\circ \subset A$.

(iii) A ist genau dann abgeschlossen, wenn $A = A^-$.

(iv) A ist genau dann offen, wenn $A = A^\circ$.

(v) $A^- = \{x_0 \in M \mid$ es gibt eine Folge (x_n) in A mit $x_n \to x_0\}$.

Beweis: (i), Teil (a): Sei $A \subset B \subset M$ und B abgeschlossen. Für $x_0 \in M$ mit $x_0 \notin B$ gibt es ein $\varepsilon > 0$ mit $K_\varepsilon(x_0) \cap B = \emptyset$ (Definition 3.1.6(ii)). Dann ist erst recht $K_\varepsilon(x_0) \cap A = \emptyset$, d.h. $x_0 \notin A^-$.

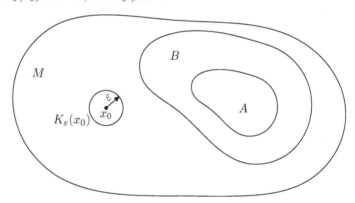

Bild 3.10: Skizze zu 3.1.10(i)a

Damit ist $A^- \subset B$ bewiesen.

(i), Teil (b): Sei $x_0 \in M$, $x_0 \notin A^-$. Es ist zu zeigen, dass es ein $\varepsilon > 0$ mit $K_\varepsilon(x_0) \cap A^- = \emptyset$ gibt. Aufgrund der Definition von A^- gibt es ein $\varepsilon_0 > 0$ mit $K_{\varepsilon_0}(x_0) \cap A = \emptyset$. Wir behaupten, dass $\varepsilon := \varepsilon_0/2$ die gewünschten Eigenschaften hat, dass also $K_{\varepsilon_0/2}(x_0) \cap A^- = \emptyset$ (vgl. Bild 3.11).

    Dazu ist zu verifizieren, dass alle $x \in K_\varepsilon(x_0)$ *nicht* in A^- liegen. Das ist gezeigt, wenn wir für derartige x nachweisen können, dass $K_\varepsilon(x) \cap A = \emptyset$ ist. Der Nachweis ist mit Hilfe der Dreiecksungleichung leicht zu führen: Für $y \in A$ und $x \in K_\varepsilon(x_0)$ ist:

$$\varepsilon_0 < d(y, x_0) \le d(y, x) + d(x, x_0) \le d(y, x) + \varepsilon = d(y, x) + \frac{\varepsilon_0}{2},$$

d.h. $d(y, x_0) > \varepsilon_0/2 = \varepsilon$ und folglich $y \notin K_{\varepsilon_0/2}(x_0)$.
Die Inklusion $A \subset A^-$ ist offensichtlich.

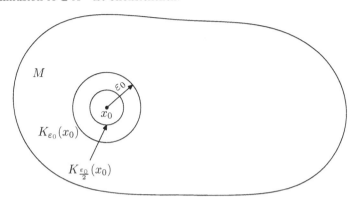

Bild 3.11: Skizze zu 3.1.10(i)b

(ii), Teil (a): Sei B offen und $B \subset A$. Für $x_0 \in B$ gibt es wegen der vorausgesetzten Offenheit von B ein $\varepsilon > 0$ mit $K_\varepsilon(x_0) \subset B$, d.h. insbesondere $K_\varepsilon(x_0) \subset A$ und folglich $x_0 \in A^\circ$.
(ii), Teil (b): Sei $x_0 \in A^\circ$, d.h. $K_{\varepsilon_0}(x_0) \subset A$ für ein geeignetes $\varepsilon_0 > 0$. Mit $\varepsilon := \varepsilon_0/2$ ist dann $K_\varepsilon(x_0) \subset A^\circ$, was wie im Beweis von (i)b sofort aus der Dreiecksungleichung folgt.

(iii) Ist $A = A^-$, so ist A wegen (i)b abgeschlossen.
Umgekehrt: Ist A abgeschlossen, so folgt $A^- \subset A$ aus (i)a, und $A \subset A^-$ gilt stets.

(iv) Das folgt aus (ii) genau so, wie sich vorstehend (iii) aus (i) ergeben hat.

(v) Ist $(x_n)_{n \in \mathbb{N}}$ eine Folge in A, die in M konvergent ist, so ist $(x_n)_{n \in \mathbb{N}}$ insbesondere eine Folge in A^-. Satz 3.1.7 und (i)b garantieren dann $\lim x_n \in A^-$, und das zeigt „$\supset$".
Umgekehrt: Ist $x_0 \in A^-$, so sind insbesondere zu $\varepsilon = 1/n$ Elemente $x_n \in A$ mit $d(x_n, x_0) \le 1/n$ wählbar (da ja $A \cap K_\varepsilon(x_0) \ne \emptyset$ für alle $\varepsilon > 0$). Es ist klar, dass dann $x_n \to x_0$, und das zeigt gerade „$\subset$". (Der Beweis zu Satz 3.1.7 war übrigens ganz ähnlich.) $\qquad\qquad\square$

Durch die folgende Definition werden Teilmengen eines metrischen Raumes (M, d) beschrieben, die „überall in M" zu finden sind:

Definition 3.1.11. *Sei (M, d) ein metrischer Raum. Dann heißt eine Teilmenge D von M dicht in M, falls $D^- = M$.* **dicht**

Es ist nicht schwer, *Beispiele* für dichte Teilmengen zu finden: Stets ist M dicht in M, das Intervall $[a, b[$ ist dicht im Intervall $[a, b]$, $\mathbb{Q}$ ist dicht in $\mathbb{R}$ usw.

Satz 3.1.12. *Die folgenden Aussagen sind für eine Teilmenge D eines metrischen Raumes äquivalent:*

(i) D liegt dicht in M.

(ii) Zu jedem $x_0 \in M$ und jedem $\varepsilon > 0$ gibt es ein $x \in D$ mit $d(x, x_0) \leq \varepsilon$.

(iii) Zu jedem $x_0 \in M$ gibt es eine Folge (x_n) in D mit $x_n \to x_0$.

Beweis: (i) und (iii) sind wegen Satz 3.1.10(v) äquivalent, die Äquivalenz von (i) und (ii) folgt aus der Definition des Abschlusses.   □

separabel

Wenn M eine dichte Teilmenge D enthält, die sogar abzählbar ist, so heißt M *separabel*. Fasst man dann die Elemente von D als Folgenglieder einer Folge auf und interpretiert man diese Folge als Spaziergang, so bedeutet Separabilität gerade: Man kann in M einen Spaziergang so machen, dass man jedem $x_0 \in M$ beliebig nahe kommt.

Separable metrische Räume sind in gewisser Weise „nicht zu groß". Das liegt daran, dass man dann mit etwas Glück Konstruktionen, die ganz M betreffen, nur für die Elemente einer Folge durchführen muss und deswegen vielleicht induktive Verfahren zur Verfügung stehen[9]. So gut wie alle für die Analysis wichtigen metrischen Räume sind separabel. Zum Beispiel folgt aus dem Dichtheitssatz (Satz 1.7.4) in Verbindung mit der Abzählbarkeit von $\mathbb{Q}$ (Satz 1.10.3) sofort, dass $\mathbb{R}$ ein separabler metrischer Raum ist.

Der Vollständigkeit halber ist noch auf eine Definition hinzuweisen, die in der Analysis erst später von Bedeutung sein wird:

Definition 3.1.13. *Sei (M, d) ein metrischer Raum und $A \subset M$. Dann heißt die Menge*
$$\partial A := A^- \setminus A^\circ \ (= \{x \mid x \in A^-, x \notin A^\circ\})$$
der Rand *von A.*

Es ist dann klar, dass der Rand gemäß der vorstehenden Definition für einfache Figuren der Ebene (Kreise, Rechtecke, ...) mit dem übereinstimmt, was man auch naiv als „Rand" bezeichnet hätte. Nun kann man aber *allen* Teilmengen einen Rand zuordnen, der wird allerdings manchmal sehr merkwürdig aussehen. (Was ist der Rand der leeren Menge? Wie sieht der Rand von $\mathbb{Q}$ in $\mathbb{R}$ aus?)

?

---

[9] Für ein Beispiel müssen Sie sich bis zum Beweis des Satzes von Arzelà-Ascoli in Kapitel 5 des zweiten Bandes gedulden. Da wird es eine wichtige Rolle spielen, dass kompakte metrische Räume – die lernen wir gleich anschließend kennen – separabel sind.

3.2 Kompaktheit

In diesem Abschnitt behandeln wir *kompakte Teilmengen metrischer Räume*, das sind Teilmengen, die in gewisser Weise „nicht zu groß" sind. Sie erfreuen sich großer Beliebtheit, denn einerseits gibt es in vielen Fällen einfache Möglichkeiten, Kompaktheit auch wirklich nachzuweisen, und andererseits stehen für solche Mengen eine Reihe tief liegender Existenzaussagen zur Verfügung.

Zunächst geht es um die Definition, zur Motivation möchte ich Sie mit einem **Spiel** bekannt machen. Es wird vorausgesetzt, dass sich die Spieler ganz gut mit metrischen Räumen, Folgen, Teilfolgen[10] und Konvergenz auskennen:

> **Das Kompaktheitsspiel:**
> Zwei Spieler, genannt S_1 und S_2, dürfen mitspielen. Als *Spielmaterial* wird ein metrischer Raum (M, d) benötigt (Anfängern empfehle ich $\mathbb{R}$). Das Spiel beginnt mit der Vorgabe einer Teilmenge A von M, die *Spielregeln* sind einfach: S_1 wählt eine Folge $(x_n)_{n \in \mathbb{N}}$ in A, und S_2 muss versuchen, ein $x_0 \in A$ und eine Teilfolge der $(x_n)_{n \in \mathbb{N}}$ so zu finden, dass diese Teilfolge gegen x_0 konvergiert. Schafft S_2 das, verliert S_1, andernfalls hat S_1 gewonnen.

Stellen Sie sich z.B. vor, dass (M, d) der metrische Raum $\mathbb{R}$ ist und A das Intervall $[-1, 1]$. Erste Spielerfahrungen legen den Verdacht nahe, dass S_2 immer gewinnen wird. Legt S_1 z.B. $(-1, 1, -1, 1, \ldots)$ vor, so antwortet S_2 mit $x_0 = 1$ und der Teilfolge $(1, 1, 1, \ldots)$. Die S_1-Wahl $(-1, 0, 1, -1, \ldots)$ wird mit $x_0 = 0$ und $(0, 0, \ldots)$ beantwortet, die Vorgabe einer sogar konvergenten Folge macht erst recht keine Schwierigkeiten usw. Wirklich, wenn S_2 sich geschickt anstellt, wird S_1 stets verlieren und bald deprimiert sein[11].

In der zweiten Spielrunde wird $A = \mathbb{R}$ in $\mathbb{R}$ vorgelegt. Zunächst versucht es S_1 mit $(1, 0, 2, 0, \ldots)$ und verliert prompt, denn S_2 kontert mit $x_0 = 0$ und der Teilfolge $(0, 0, \ldots)$. Nach längerem Überlegen gibt S_1 in der nächsten Runde $(1, 2, 3, \ldots)$ vor, und nun streckt S_2 die Waffen. *Diese* Folge hat wirklich keine konvergente Teilfolge. (Und zwar nicht, weil S_2 ein zu unerfahrener Spieler ist, es ist eine beweisbare Tatsache: Jede Teilfolge dieser Folge ist unbeschränkt, kann also wegen Lemma 2.2.11 nicht konvergent sein.)

Wollen Sie mitspielen? Wie könnten Sie als Spieler S_2 gewinnen, wenn A eine endliche Teilmenge ist? Warum werden Sie verlieren, wenn in $\mathbb{R}$ die Menge $A = \mathbb{Q}$ vorgegeben wird und sich S_1 geschickt anstellt?

?

Wir kehren vom Spieltisch zurück zur Mathematik und definieren:

Definition 3.2.1. *Sei (M, d) ein metrischer Raum und $K \subset M$. K heißt kompakt, wenn jede Folge in K eine in K konvergente Teilfolge besitzt[12].*

kompakt

---

[10] Zur Erinnerung: Der Begriff „Teilfolge einer Folge" wurde in Definition 2.1.2 eingeführt.

[11] Das wird aus Satz 3.2.3 folgen.

[12] Wir schließen uns ab hier der allgemein üblichen Schreibweise für Teilfolgen an, schreiben also $(x_{n_k})_{k \in \mathbb{N}}$ statt $(x_{\varphi(n)})_{n \in \mathbb{N}}$. $k \mapsto n_k$ ist also gerade die Abbildung φ aus Definition 2.1.2.

Bemerkungen und Beispiele:

1. Achtung, die fragliche Teilfolge muss in K konvergent sein. Wenn man also die Teilmenge $K := \,]\,0,1\,]$ in $\mathbb{R}$ vorgibt und S_1 darin die Folge $(1/n)$ wählt, so kann S_2 durch keine Teilfolgenwahl gewinnen. Zwar ist die 0 ein aussichtsreicher Limes-Kandidat, doch liegt der nicht in K.

2. Aus der Sicht der Spieler S_1, S_2 sind kompakte Teilmengen also gerade die, bei denen S_2 mit Sicherheit gewinnen kann, wenn er sich geschickt anstellt.

3. Nach den vorstehenden Spielen haben wir den Verdacht, dass $[-1,1]$ kompakt ist (ein Beweis dafür folgt gleich), und wir sind sicher, dass $\mathbb{R}$ nicht kompakt ist.

4. Im Gegensatz zu „A ist offen in M" und „A ist abgeschlossen in M" ist „K ist kompakt in M" eine nur von der Metrik und der Teilmenge selbst abhängige Eigenschaft, denn alle für „K ist kompakt" relevanten Aussagen können allein in K nachgeprüft werden.

Weiß man also, dass irgendein $K \subset \mathbb{R}$ kompakt ist, so ist K auch kompakt, wenn man K als Teilmenge von $\mathbb{C}$ auffasst.

Interne und externe Eigenschaften

Werden Teilmengen A metrischer Räume M untersucht, so ist es manchmal möglich, das Vorliegen einer gewissen Eigenschaft allein durch die Kenntnis von A zu entscheiden: Beispiele sind „A enthält mindestens drei Elemente", aber auch „A ist kompakt", wie aufgrund der Definition unmittelbar klar ist. Solche Eigenschaften heißen *intern*.

Oft ist es aber so, dass die Lage von A in M eine wichtige Rolle spielt, wie etwa bei „A ist offen in M". Dann nennt man die Eigenschaft *extern*, man darf dann den Zusatz „... in M" nicht vergessen, sonst ist unklar, was gemeint ist.

---

5. Da alle Eigenschaften, die mit „für alle ..." anfangen, von der leeren Menge erfüllt werden, gilt: Die leere Menge ist kompakt in jedem metrischen Raum.

6. In jedem metrischen Raum (M,d) sind die endlichen Teilmengen kompakt: Ist $K = \{a_1, a_2, \ldots, a_{n_0}\} \subset M$ und $(x_n)_{n \in \mathbb{N}}$ eine Folge in K, so muss es ein $i \in \{1, 2, \ldots, n_0\}$ geben, für das $\mathbb{N}_i := \{n \in \mathbb{N} \mid x_n = a_i\}$ unendlich ist.

Wählt man die Elemente von $\mathbb{N}_i$ als Indizes einer Teilfolge der $(x_n)_{n \in \mathbb{N}}$, so ist diese Teilfolge als konstante Folge gegen $a_i \in K$ konvergent.

7. Sei M eine Menge, versehen mit der diskreten Metrik. Wir haben schon bemerkt, dass eine Folge $(x_n)_{n \in \mathbb{N}}$ in diesem Raum genau dann konvergent ist, wenn sie fastkonstant ist, d.h. wenn es ein $\hat{n} \in \mathbb{N}$ mit $x_{\hat{n}} = x_{\hat{n}+1} = \cdots$ gibt. Es folgt leicht, dass kompakte Teilmengen von M endlich sein müssen: Gibt es unendlich viele Punkte in einer Teilmenge A, so kann man darin eine Folge aus lauter verschiedenen Elementen vorgeben. Aufgrund der Vorbemerkung kann diese keine konvergente Teilfolge enthalten.

Das *weitere Vorgehen* hat eine große formale Ähnlichkeit mit dem im Kapitel über Nullfolgen und Konvergenz. Wir werden nämlich zeigen:

- Man kann aus schon bekannten kompakten Räumen leicht eine Vielzahl weiterer kompakter Räume gewinnen.

- Es gibt einen nichttrivialen kompakten Raum (die endlichen Mengen, bisher unsere einzigen Beispiele, sind leider nicht sehr eindrucksvoll).

Durch Kombination beider Resultate werden wir dann in der Lage sein, die für die Analysis wichtigen kompakten Räume zu charakterisieren.

Damit ist allerdings die Frage noch nicht beantwortet, *warum* ein so großes Interesse an kompakten Räumen besteht. Für die Antwort müssen Sie sich noch bis zum Ende des Abschnitts 3.3 gedulden.

Satz 3.2.2. *Sei* (M, d) *ein metrischer Raum und* $K, K_1, K_2 \subset M$.

(i) Ist K kompakt, so ist K abgeschlossen.

(ii) Kompakte Teilmengen sind beschränkt: Falls K kompakt ist, so gibt es für jedes $x_0 \in M$ ein $R \geq 0$ mit $d(x, x_0) \leq R$ für alle $x \in K$.

(iii) Sind K_1 und K_2 kompakt, so auch $K_1 \cup K_2$.

   (Durch vollständige Induktion folgt daraus sofort, dass die Vereinigung endlich vieler kompakter Mengen wieder kompakt ist.)

(iv) Ist K kompakt, so ist auch jede abgeschlossene Teilmenge A von K kompakt.

Beweis: (i) Wir zeigen, dass die Bedingung aus Satz 3.1.7 erfüllt ist. Sei dazu $(x_n)_{n \in \mathbb{N}}$ eine Folge in K und $x_0 \in M$, so dass $x_n \to x_0$. Es ist zu beweisen, dass x_0 zu K gehört.

Nun gibt es wegen der Kompaktheit von K ein $y_0 \in K$ und eine Teilfolge $(x_{n_k})_{k \in \mathbb{N}}$ mit $x_{n_k} \to y_0$. Da andererseits auch $x_{n_k} \to x_0$ gilt[13] und konvergente Folgen höchstens einen Limes haben (Satz 3.1.4(i)), muss notwendig $x_0 = y_0$ sein, d.h. insbesondere ist $x_0 \in K$.

(ii) Sei $x_0 \in M$ vorgegeben. Gäbe es *kein* $R \geq 0$ mit

$$\bigvee_{x \in K} d(x, x_0) \leq R,$$

so gäbe es insbesondere für jedes $n \in \mathbb{N}$ ein $x_n \in K$ mit $d(x_0, x_n) > n$. Wir behaupten nun, dass $(x_n)_{n \in \mathbb{N}}$ keine konvergente Teilfolge enthalten kann. Für jedes $y_0 \in K$ (sogar für $y_0 \in M$) ist nämlich

$$n < d(x_n, x_0) \leq d(x_n, y_0) + d(y_0, x_0),$$

---

[13] Teilfolgen konvergenter Folgen konvergieren gegen denselben Limes: Das wurde in Satz 2.2.12(viii) gezeigt.

d.h., es gilt $d(x_n, y_0) > n - d(x_0, y_0)$. Ist $n_0 \in \mathbb{N}$ so gewählt, dass n_0 größer als $d(x_0, y_0) + 1$ ist (zum x-ten Mal verwenden wir hier das Archimedesaxiom), so gilt für $n \geq n_0$ die Ungleichung $d(x_n, y_0) \geq 1$, und damit kann y_0 nicht Limes einer Teilfolge der (x_n) sein.

> Man hätte Beschränktheit übrigens auch dadurch definieren können, dass man *für irgendein* $x_0 \in M$ die Existenz eines R mit
>
> $$x \in K \Rightarrow d(x, x_0) \leq R$$
>
> fordert. Mit Hilfe der Dreiecksungleichung lässt sich aber leicht einsehen, dass dadurch die gleichen Mengen als beschränkt definiert sind[14].

(iii) Sei $(x_n)_{n \in \mathbb{N}}$ eine Folge in $K_1 \cup K_2$. Notwendig ist dann eine der Mengen

$$\{n \mid x_n \in K_1\}, \; \{n \mid x_n \in K_2\}$$

unendlich, und daher muss es eine Teilfolge geben, die ganz in K_1 oder in K_2 liegt. Eine Teilfolge dieser Teilfolge ist nach Voraussetzung konvergent, und damit ist alles bewiesen: Der Limes liegt in $K_1 \cup K_2$, und eine Teilfolge einer Teilfolge von (x_n) ist wieder eine Teilfolge.

(iv) Sei $(x_n)_{n \in \mathbb{N}}$ eine Folge in A. Das ist dann auch eine Folge in K, folglich gibt es ein $x_0 \in K$ und eine Teilfolge $(x_{n_k})_{k \in \mathbb{N}}$ mit $x_{n_k} \to x_0$. Wegen Satz 3.1.7 gehört x_0 zu A, und das beweist die Behauptung. $\square$

Es folgen die angekündigten ersten nichttrivialen Beispiele für kompakte Räume:

Satz 3.2.3. *Sei K eine Teilmenge von $\mathbb{R}$. K ist genau dann kompakt, wenn K beschränkt und abgeschlossen ist. Insbesondere sind alle Intervalle $[a, b]$ (mit $a, b \in \mathbb{R}$) kompakt.*

Beweis: Wegen Satz 3.2.2(i) und (ii) sind kompakte Mengen stets abgeschlossen und beschränkt.

Für den Beweis der Umkehrung geben wir $K \subset \mathbb{R}$ vor, wobei K beschränkt und abgeschlossen ist. Sei $(x_n)_{n \in \mathbb{N}}$ eine beliebige Folge in K, wir haben die Existenz einer (in K!) konvergenten Teilfolge zu zeigen.

Bild 3.12: Die Menge K und eine Folge in K

---

[14] Wenn man es ganz, ganz genau nimmt, stimmt das nicht: $K = \emptyset$ in $M = \emptyset$ ist nach der ersten Definition beschränkt, nach der zweiten nicht. Das ist aber auch schon das einzige Gegenbeispiel, auch sehr gründliche Mathematiker könnten diesen Einwand als spitzfindig bezeichnen.

Zunächst gibt es ein $R \geq 0$ mit $K \subset [-R, R]$. Wir teilen $[-R, R]$ auf in $[-R, 0] \cup [0, R]$ und bezeichnen mit $[a_1, b_1]$ irgendeines dieser beiden Intervalle, in dem unendlich viele x_n liegen. n_1 sei ein Index mit $x_{n_1} \in [a_1, b_1]$, *dieses* x_{n_1} wird das erste Element der zu konstruierenden Teilfolge sein.

Im nächsten Schritt zerlegen wir $[a_1, b_1]$ in $\left[a_1, \frac{a_1+b_1}{2}\right] \cup \left[\frac{a_1+b_1}{2}, b_1\right]$. Unter $[a_2, b_2]$ wollen wir wiederum eines dieser beiden Intervalle verstehen, das unendlich viele x_n enthält. Außerdem wählen wir ein $n_2 > n_1$ mit $x_{n_2} \in [a_2, b_2]$.

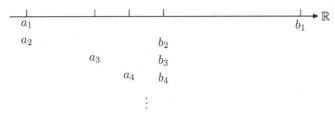

Bild 3.13: Konstruktion einer konvergenten Teilfolge

Diese Konstruktion setzen wir induktiv fort.

Wir erhalten so eine Teilfolge $(x_{n_k})_{k \in \mathbb{N}}$ von $(x_n)_{n \in \mathbb{N}}$ mit $x_{n_k} \in [a_k, b_k]$, die eine Cauchy-Folge in $\mathbb{R}$ bildet. Für $k \geq l$ ist nämlich $x_{n_k} \in [a_l, b_l]$, und somit gilt für $k, r \geq l$:

$$|x_{n_k} - x_{n_r}| \leq b_l - a_l = (2R) \cdot 2^{-l}.$$

Nun ist nur noch zu beachten, dass $2^{-l} \xrightarrow[l \to \infty]{} 0$.

Wegen der Vollständigkeit von $\mathbb{R}$ gibt es ein $x_0 \in \mathbb{R}$ mit $x_{n_k} \to x_0$, und das liegt – da K nach Voraussetzung abgeschlossen ist – wegen Satz 3.1.7 in K. $\square$

Bemerkungen:

1. Den wesentlichen Teil des Beweises bildete die Aussage: „Jede beschränkte Folge in $\mathbb{R}$ besitzt eine konvergente Teilfolge." Dieses Ergebnis heißt auch der *Satz von* BOLZANO-WEIERSTRASS.

2. Unser Verdacht hat sich nun bestätigt: Spieler S_2 kann im Fall $A = [-1, 1]$ stets gewinnen. Der vorstehende Beweis liefert ihm sogar eine Gewinnstrategie (wie nämlich aus $(x_n)_{n \in \mathbb{N}}$ eine konvergente Teilfolge ausgewählt werden kann).

3. Wegen Satz 3.2.3 sind Teilmengen von $\mathbb{R}$ sehr leicht auf Kompaktheit zu überprüfen. Versuchen Sie sich an $\mathbb{R}$, $\mathbb{Q}$, $[0, 1] \cup \{3\}$, $\{\frac{1}{n} \mid n \in \mathbb{N}\} \cup \{0\}$ und $\mathbb{N}$.

?

Das Kompaktheitskriterium für $\mathbb{R}$ aus Satz 3.2.3 soll nun auf den $\mathbb{K}^m$ übertragen werden[15]. Als Vorbereitung benötigen wir das

---

[15] Ausnahmsweise verwenden wir in der Formulierung und im Beweis eine etwas veränderte Schreibweise: Die Elemente des $\mathbb{K}^n$ werden mit $\vec{x}$ usw. bezeichnet, damit man nicht Folgenindizes mit Komponenten eines Vektors verwechselt.

Lemma 3.2.4. *Sei $m \in \mathbb{N}$ und $\mathbb{K}^m$ versehen mit der durch $\| \cdot \|_\infty$ induzierten Metrik[16]. Für jedes $n \in \mathbb{N}$ sei $\vec{x}_n = (x_n^1, \ldots, x_n^m) \in \mathbb{K}^m$ vorgelegt.*

(i) *$(\vec{x}_n)_{n \in \mathbb{N}}$ ist genau dann konvergent, wenn $(x_n^i)_{n \in \mathbb{N}}$ für alle $i \in \{1, \ldots, m\}$ konvergiert.*

(ii) *Gibt es ein $R \geq 0$ mit $\|\vec{x}_n\|_\infty \leq R$ für alle $n \in \mathbb{N}$, so besitzt $(\vec{x}_n)_{n \in \mathbb{N}}$ eine konvergente Teilfolge.*

Beweis: (i) $\vec{x}_0 := (x_0^1, \ldots, x_0^m) \in \mathbb{K}^m$ sei ein beliebiger Vektor. Für jedes i in $\{1, \ldots, m\}$ ist dann

$$\left| x_0^i - x_n^i \right| \leq \max_{j=1,\ldots,m} \left| x_0^j - x_n^j \right| = \|\vec{x}_0 - \vec{x}_n\|_\infty,$$

und das zeigt: $\vec{x}_n \to \vec{x}_0$ impliziert $x_n^i \to x_0^i$ für jedes $i \in \{1, \ldots, m\}$. Umgekehrt gilt:

$$\|\vec{x}_0 - \vec{x}_n\|_\infty = \max_{i=1,\ldots,m} \left| x_0^i - x_n^i \right| \leq \sum_{i=1}^{m} \left| x_0^i - x_n^i \right|.$$

Ist also die Folge $(x_n^i)_{n \in \mathbb{N}}$ für jedes $i = 1, \ldots, m$ gegen x_0^i konvergent, so folgt $\sum_{i=1}^{m} |x_0^i - x_n^i| \to 0$, denn die Summe von m Nullfolgen ist nach Satz 2.2.12 wieder eine Nullfolge. Dann aber ist $\|\vec{x}_0 - \vec{x}_n\|_\infty \to 0$, und das zeigt $\vec{x}_n \to \vec{x}_0$.

(ii) Die Beweisidee kann schon am Fall $m = 1$ und $\mathbb{K} = \mathbb{C}$ verdeutlicht werden. Wir konzentrieren uns also zunächst auf diesen Spezialfall. Dazu sei $(z_n)_{n \in \mathbb{N}}$ eine Folge in $\mathbb{C}$ mit

$$\exists_{R \geq 0} \forall_{n \in \mathbb{N}} \, |z_n| \leq R.$$

Wir schreiben z_n für $n \in \mathbb{N}$ als $z_n = x_n + i y_n$ (mit $x_n, y_n \in \mathbb{R}$) und beachten, dass $|x_n| \leq R$, $|y_n| \leq R$ für alle $n \in \mathbb{N}$ gilt.

Da $(x_n)_{n \in \mathbb{N}}$ somit als beschränkte Folge in $\mathbb{R}$ erkannt ist, garantiert uns Satz 3.2.3 in der Bolzano-Weierstraß-Fassung der Bemerkung 1 die Existenz einer konvergenten Teilfolge $(x_{n_k})_{k \in \mathbb{N}}$.

Achtung, nun kommt die entscheidende Stelle: Wir betrachten die y, aber nicht die ganze Folge $(y_n)_{n \in \mathbb{N}}$, sondern nur die Teilfolge $(y_{n_k})_{k \in \mathbb{N}}$ (die natürlich nicht notwendig konvergent sein muss). Von *dieser* Teilfolge wissen wir, dass sie beschränkt ist, eine nochmalige Anwendung von Satz 3.2.3 liefert uns die Existenz einer konvergenten Teilfolge dieser Teilfolge. Das stürzt uns leider in schreibtechnische Komplikationen, wir müssten $(y_{n_{k_l}})_{l \in \mathbb{N}}$ o.ä. schreiben, schreiben aber der Einfachheit halber nur $(y_{n'_l})_{l \in \mathbb{N}}$.

Es ist dann $(z_{n'_l})_{l \in \mathbb{N}}$ eine konvergente Teilfolge der Ausgangsfolge, denn die $(y_{n'_l})_{l \in \mathbb{N}}$ sind konvergent nach Konstruktion, und die Konvergenz von $(x_{n'_l})_{l \in \mathbb{N}}$ – das ist eine Teilfolge von (x_{n_k}) – ergibt sich aus der Tatsache, dass Teilfolgen konvergenter Folgen wieder konvergent sind.

---

[16]Vgl. die Beispiele zu Definition 3.1.2 auf Seite 178.

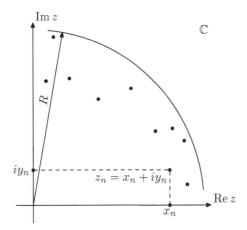

Bild 3.14: Eine beschränkte Folge in $\mathbb{C}$

Da das ziemlich kompliziert war, folgt hier der Versuch, die Beweisstruktur zu veranschaulichen. Es sind die Indizes skizziert, die für die jeweils betrachtete Folge verwendet werden:
So sehen die Indizes der Ausgangsfolge aus:

$\otimes\,\otimes\,\otimes\,\otimes\,\otimes\,\otimes\,\otimes\,\otimes\,\otimes\,\otimes\,\otimes\cdots$

Nun betrachten wir die x-Komponenten und wählen daraus eine konvergente Teilfolge aus:

$\otimes\quad\otimes\quad\otimes\quad\otimes\,\otimes\quad\otimes\quad\otimes\cdots$

Von *dieser* Folge werden die zugehörigen y-Komponenten untersucht, daraus wird eine konvergente Teilfolge gewählt:

$\otimes\quad\otimes\quad\quad\otimes\quad\quad\quad\otimes\cdots$

Hier ein konkretes Beispiel: $(z_n) = (1, i, -1, -i, 1, i, -1, -i, \ldots)$. Die Folge der (x_n) lautet hier: $(1, 0, -1, 0, \ldots)$. Wir wählen als Teilfolge $(0, 0, \ldots)$, lassen also jedes zweite Folgenglied weg. Die (y_{n_k}) sind dann die $(1, -1, \ldots)$, was uns – z.B. – zu $(y_{n'_l}) = (1, 1, \ldots)$ führt. Insgesamt erhält man also die Teilfolge $(z_{n'_l}) = (x_{n'_l} + iy_{n'_l}) = (i, i, \ldots)$ der Ausgangsfolge.

Damit wissen wir sowohl für $\mathbb{K} = \mathbb{R}$ als auch für $\mathbb{K} = \mathbb{C}$: Jede beschränkte Folge in $\mathbb{K}$ enthält eine konvergente Teilfolge. Die Übertragung auf den $\mathbb{K}^m$ ist nun ganz ähnlich wie der vorstehend behandelte Übergang von $\mathbb{R}$ zu $\mathbb{C}$.
Um die Idee nicht durch zu viel Technik zu verschütten, beweisen wir mit „Pünktchen" statt durch vollständige Induktion.
Wir beginnen mit einer Folge $(\vec{x}_n)_{n\in\mathbb{N}}$ des $\mathbb{K}^m$. Diese Folge soll beschränkt sein, es soll also ein $R > 0$ so geben, dass $\|\vec{x}_n\|_\infty \le R$ für alle $n \in \mathbb{N}$.

- 1. Schritt: Wir betrachten die Folge $(x_n^1)_{n\in\mathbb{N}}$ der ersten Komponenten. Es handelt sich wegen $|x_n^1| \leq \|\vec{x}_n\|_\infty$ um eine beschränkte Folge in $\mathbb{K}$, sie enthält also eine konvergente Teilfolge $(x_{n_{k_1}}^1)_{k_1\in\mathbb{N}}$.

- 2. Schritt: Nun wird die Folge $(x_{n_{k_1}}^2)_{k_1\in\mathbb{N}}$ der zweiten Komponenten zu *diesen* Indizes untersucht: Sie ist beschränkt, man kann also eine konvergente Teilfolge $(x_{n_{k_2}}^2)_{k_2\in\mathbb{N}}$ auswählen.

- ...

Verwendet man nun die Indizes der im m-ten Schritt erhaltenen Teilfolge zur Konstruktion einer Teilfolge $(\vec{x}_{n_{k_m}})_{k_m\in\mathbb{N}}$ von $(\vec{x}_n)_{n\in\mathbb{N}}$, so sind wirklich alle Komponentenfolgen (also $(x_{n_{k_m}}^1)$, $(x_{n_{k_m}}^2)$, ...) konvergent als Teilfolgen konvergenter Folgen.

Zusammen mit (i) folgt: $(\vec{x}_n)_{n\in\mathbb{N}}$ enthält wirklich eine konvergente Teilfolge. $\square$

Satz 3.2.5 (Kompaktheit im $\mathbb{K}^m$). *Eine Teilmenge K des $(\mathbb{K}^m, \|\cdot\|_\infty)$ ist genau dann kompakt, wenn sie beschränkt und abgeschlossen ist.*

Beweis: Wegen Satz 3.2.2(i) und (ii) ist klar, dass kompakte Mengen beschränkt und abgeschlossen sind.

Ist umgekehrt K beschränkt und abgeschlossen, so folgt die Kompaktheit leicht aus Lemma 3.2.4 und Satz 3.1.7: Ist $(\vec{x}_n)_{n\in\mathbb{N}}$ eine Folge in K, so gibt es wegen 3.2.4(ii) ein $\vec{x}_0 \in \mathbb{K}^m$ und eine Teilfolge $(\vec{x}_{n_k})_{k\in\mathbb{N}}$ mit $\vec{x}_{n_k} \to \vec{x}_0$. Wegen Satz 3.1.7 muss $\vec{x}_0$ in K liegen. Das beweist die Kompaktheit von K. $\square$

Bemerkungen:

1. Achtung: Dieses wichtige Kriterium für Kompaktheit gilt *nicht allgemein* für metrische Räume. So ist z.B. M in M mit der diskreten Metrik stets beschränkt und abgeschlossen, M ist jedoch nur im Falle endlicher M kompakt.

2. Aufmerksamen Lesern wird aufgefallen sein, dass wir uns auf dem $\mathbb{K}^m$ mit der Betrachtung einer einzigen Norm (nämlich $\|\cdot\|_\infty$) begnügt haben. Es ist aber eine leichte Übungsaufgabe zu zeigen, dass die konvergenten Folgen in allen uns bekannten Normen des $\mathbb{K}^m$ übereinstimmen, d.h. für $(\vec{x}_n)_{n\in\mathbb{N}}$, $\vec{x}_0 \in \mathbb{K}^m$ gilt

$$\|\vec{x}_n - \vec{x}_0\|_\infty \to 0 \iff \|\vec{x}_n - \vec{x}_0\|_1 \to 0 \iff \|\vec{x}_n - \vec{x}_0\|_2 \to 0.$$

Das liegt an einfachen Eigenschaften konvergenter Folgen:
Sind $(a_n^1), \ldots, (a_n^m)$ Folgen positiver Zahlen, so geht $(a_n^1 + \cdots + a_n^m)_{n\in\mathbb{N}}$ genau dann gegen Null, wenn die Folgen $(a_n^1), \ldots, (a_n^m)$ Nullfolgen sind. Und das ist genau dann der Fall, wenn die Folge $\max\{a_n^1, \ldots, a_n^m\}$ gegen Null geht.

Das ist im Wesentlichen schon der Beweis für die Äquivalenz der Konvergenz in $\|\cdot\|_1$ und $\|\cdot\|_\infty$.

Folglich führen alle diese Normen zu den gleichen kompakten Mengen. Man kann sogar zeigen, dass *alle* Normen des $\mathbb{K}^m$ zu den gleichen konvergenten Folgen führen, so dass in allen Normen die gleichen Mengen kompakt sind[17]; vgl. Abschnitt 8.1 in Band 2.

---

[17] Das gilt nur im $\mathbb{K}^m$, auf unendlich-dimensionalen Räumen gibt es viele wirklich verschiedene Normen.

Da auch die beschränkten Mengen für alle Normen übereinstimmen, ergibt sich: Ist $\|\cdot\|$ irgendeine Norm auf dem $\mathbb{K}^m$, so ist $K \subset \mathbb{K}^m$ in $(\mathbb{K}^m, \|\cdot\|)$ genau dann kompakt, wenn K beschränkt und abgeschlossen ist.

Damit ist das Thema „Kompaktheit" fürs Erste beendet. Es gibt aber noch *zwei Ergänzungen.* Erstens soll gezeigt werden, wie man durch Hinzunahme geeigneter Punkte und die „richtige" Definition von Konvergenz die Menge $\mathbb{R}$ der reellen Zahlen zu einem Raum ergänzen kann, der sich wie ein kompakter Raum verhält. Und zweitens wird noch ein alternativer Zugang erläutert, der für die Analysis nur eine untergeordnete Rolle spielt, an dem man aber nicht vorbeikommt, wenn man auch in späteren Semestern Kompaktheitsargumente verwenden möchte.

Die Kompaktifizierung der reellen Zahlen

> „Das Unendliche!" Es durchzuckte Törleß wie mit einem Schlage, dass an diesem Wort etwas furchtbar Beunruhigendes hafte. Etwas über den Verstand Gehendes, Wildes, Vernichtendes schien durch die Arbeit irgendwelcher Erfinder eingeschläfert worden zu sein und war nun plötzlich aufgewacht.
>
> (aus: „Die Verwirrungen des Zöglings Törleß" von Robert Musil.)

Schon bei einfachen theoretischen Untersuchungen zur Längen- oder Flächenmessung ergibt sich das Problem, dass gewisse Längen (z.B. „die Länge von $\mathbb{R}$") oder Flächen (etwa „die Fläche des $\mathbb{R}^2$") sinnvollerweise nur als „unendlich groß" bezeichnet werden können. Um derartige Fragen präzise behandeln zu können, gehen wir wie folgt vor:

Wir wählen zwei Elemente $+\infty$ und $-\infty$, die voneinander verschieden sind und nicht zu $\mathbb{R}$ gehören; anschließend definieren wir: $\pm\infty$

$$\hat{\mathbb{R}} := \{-\infty\} \cup \mathbb{R} \cup \{+\infty\}$$

$\hat{\mathbb{R}}$ (gesprochen „R Dach") heißt die *Zweipunktkompaktifizierung von* $\mathbb{R}$, wir stellen uns $\hat{\mathbb{R}}$ vor als $\hat{\mathbb{R}}$

$-\infty$ $\mathbb{R}$ $+\infty$

Bild 3.15: Skizze von $\hat{\mathbb{R}}$ als „Zahlenstrahl"

Es ist dann möglich, Teile der von $\mathbb{R}$ bekannten Strukturen auf $\hat{\mathbb{R}}$ fortzusetzen:

- *Die Ordnung:* Für $x, y \in \hat{\mathbb{R}}$ definiere man

$$x \leq y \stackrel{\text{Definition}}{\iff} \begin{cases} x, y \in \mathbb{R} \text{ und } x \leq y \\ \text{oder } x = -\infty \\ \text{oder } y = +\infty. \end{cases}$$

„$\leq$" ist dann wirklich eine Ordnungsrelation[18] auf $\hat{\mathbb{R}}$, und diese Ordnung stimmt nach Definition auf $\mathbb{R}$ mit der dort definierten Ordnung überein.

(Beispiele: Es ist $30000 \leq +\infty$, $-\infty \leq +\infty$, und $-3 \leq -2$ gilt nach wie vor.)

- *Die algebraische Struktur:* „$+$" und „$\cdot$" können nicht sinnvoll zu inneren Kompositionen für $\hat{\mathbb{R}}$ fortgesetzt werden. Wir definieren nur:

  ○ $x + (+\infty) := (+\infty) + x := +\infty$ für alle $x \in \mathbb{R}$,

  ○ $x + (-\infty) := (-\infty) + x := -\infty$ für alle $x \in \mathbb{R}$,

  ○ $(+\infty) + (+\infty) := +\infty$,

  ○ $(-\infty) + (-\infty) := -\infty$,

  ○ $x \cdot (+\infty) := (+\infty) \cdot x := +\infty$ für $x \in \mathbb{R}$, $x > 0$,

  ○ $x \cdot (+\infty) := (+\infty) \cdot x := -\infty$ für $x \in \mathbb{R}$, $x < 0$,

  ○ $x \cdot (-\infty) := (-\infty) \cdot x := -\infty$ für $x \in \mathbb{R}$, $x > 0$,

  ○ $x \cdot (-\infty) := (-\infty) \cdot x := +\infty$ für $x \in \mathbb{R}$, $x < 0$,

  ○ $(+\infty) \cdot (+\infty) := (-\infty) \cdot (-\infty) := +\infty$,

  ○ $(+\infty) \cdot (-\infty) := (-\infty) \cdot (+\infty) := -\infty$.

Beachten Sie also, dass weder „$+$" noch „$\cdot$" auf ganz $\hat{\mathbb{R}} \times \hat{\mathbb{R}}$ definiert sind, zum Beispiel ist nicht festgelegt, was $0 \cdot (+\infty)$ sein soll. Die Frage, ob $\hat{\mathbb{R}}$ ein Körper ist, ist folglich sinnlos.

> Man kann die Definitionen nicht einmal so ergänzen, dass ein Körper entsteht. In Körpern darf man nämlich kürzen, und sicher geht das mit $+\infty$ nicht: Es ist $2 \cdot (+\infty) = 3 \cdot (+\infty)$, aber man darf daraus nicht auf $2 = 3$ schließen.

- *Konvergenz:* Ist $(a_n)_{n \in \mathbb{N}}$ eine Folge in $\hat{\mathbb{R}}$ und $a \in \mathbb{R}$, so definieren wir

$$a_n \to a \quad \overset{\text{Def.}}{\Longleftrightarrow} \quad \underset{\varepsilon > 0}{\forall} \ \underset{n_0 \in \mathbb{N}}{\exists} \ \underset{n \geq n_0}{\forall} \ a_n \in \mathbb{R} \text{ und } |a_n - a| \leq \varepsilon,$$

$$a_n \to +\infty \quad \overset{\text{Def.}}{\Longleftrightarrow} \quad \underset{R \in \mathbb{R}}{\forall} \ \underset{n_0 \in \mathbb{N}}{\exists} \ \underset{n \geq n_0}{\forall} \ a_n \geq R,$$

$$a_n \to -\infty \quad \overset{\text{Def.}}{\Longleftrightarrow} \quad \underset{R \in \mathbb{R}}{\forall} \ \underset{n_0 \in \mathbb{N}}{\exists} \ \underset{n \geq n_0}{\forall} \ a_n \leq R.$$

Alle mit „Konvergenz" zusammenhängenden Schreibweisen werden ebenfalls übernommen (so bedeutet etwa $\lim a_n = a$ das Gleiche wie $a_n \to a$, und $\sum_{n=1}^{\infty} a_n = a$ heißt, dass alle Partialsummen definiert sind und gegen a konvergieren).

---

[18] Vgl. die Definition auf Seite 126. Der Nachweis der entsprechenden Eigenschaften ist Routine.

Hier einige *Beispiele:* Die Aussage $\sum_{n=1}^{\infty} \frac{1}{n} = +\infty$ folgt aus der Divergenz der harmonischen Reihe; $\lim n = +\infty$ ist nichts weiter als eine Umformulierung des Archimedesaxioms; die Folge $(+\infty, +\infty, 1, \frac{1}{2}, \frac{1}{3}, \ldots)$ konvergiert gegen Null und ihre Reihensumme ist gleich $+\infty$; $(-n)^n$ ist in $\hat{\mathbb{R}}$ nicht konvergent, ...

Was heißt „divergent"?
Eine Folge oder Reihe heißt bekanntlich *divergent*, wenn sie nicht konvergent ist. Da wir mittlerweile verschiedene Konvergenzbegriffe kennen gelernt haben, sind Missverständnisse nicht ausgeschlossen. So ist zum Beispiel die harmonische Reihe

$$1 + \frac{1}{2} + \frac{1}{3} + \frac{1}{4} + \cdots$$

in $\mathbb{R}$ divergent, in $\hat{\mathbb{R}}$ ist sie aber konvergent, die Reihensumme ist $+\infty$. Statt „in $\hat{\mathbb{R}}$ konvergent" sagen manche Autoren übrigens *uneigentlich konvergent*.

Es ist nun nicht schwer zu zeigen, dass viele der aus $\mathbb{R}$ bekannten Resultate auf $\hat{\mathbb{R}}$ übertragen werden können. Z.B. folgt aus $a_n \to a$ und $b_n \to b$, dass $a_n + b_n \to a + b$, falls alle auftretenden Summen definiert sind.

Der Nachteil, dass $\hat{\mathbb{R}}$ nur Ansätze einer algebraischen Struktur trägt, wird durch die Verbesserung von Ordnungs- und Konvergenzstruktur ausgeglichen:

Satz 3.2.6. *In $\hat{\mathbb{R}}$ gilt:*

(i) Jede Teilmenge hat ein Supremum und ein Infimum.

(ii) Jede Folge enthält eine konvergente Teilfolge.

Beweis: (i) Sei A eine Teilmenge von $\hat{\mathbb{R}}$, wir beweisen die Existenz von $\sup A$. (Für das Infimum ist der Beweis dann analog.)

Ist $A = \emptyset$, so sind wir schnell fertig, denn dann ist $\sup A = -\infty$ (falls das nicht klar ist, sollten Sie zum Kasten auf Seite 129 und die anschließende Diskussion von $\sup \emptyset$ zurückblättern). Wir nehmen nun an, dass A nicht leer ist und betrachten die folgenden Fälle:

- $A = \{-\infty\}$.

- A enthält Elemente aus $\mathbb{R}$, und es gibt ein $R \in \mathbb{R}$ mit der Eigenschaft: $x \leq R$ für alle $x \in A$.

- Es gibt *kein* $R \in \mathbb{R}$ mit $x \leq R$ (alle $x \in A$).

Im ersten Fall ist wieder $\sup A = -\infty$. Im zweiten ist Satz 2.3.6 heranzuziehen, nach dem jede nicht leere, nach oben beschränkte Teilmenge von $\mathbb{R}$ ein Supremum hat: Wir wenden ihn auf die Menge $A \cap \mathbb{R}$ an und müssen nur noch nachrechnen, dass im vorliegenden Fall $\sup A = \sup(A \cap \mathbb{R})$ gilt. Im letzten Fall ist sicher $\sup A = +\infty$, da $+\infty$ die einzige obere Schranke ist.

(ii) Auch dieser Beweis wird durch Fallunterscheidung geführt. Ist (x_n) eine Folge in $\hat{\mathbb{R}}$, so betrachten wir die folgenden Fälle:

- Für unendlich viele Indizes n ist $x_n = -\infty$, oder für unendlich viele n ist $x_n = +\infty$.

- Von einem n_0 an sind alle x_n in $\mathbb{R}$, und diese x_n liegen in einem Intervall $[-R, R]$.

- Die x_n liegen in $\mathbb{R}$ für $n \geq n_0$, und die x_n sind nach oben unbeschränkt.

- Wie vorstehend, aber die x_n sind nach unten unbeschränkt.

Im ersten Fall gibt es eine Teilfolge, die sogar konstant ist und gegen $-\infty$ (oder gegen $+\infty$) konvergiert. Im zweiten Fall findet man eine konvergente Teilfolge aufgrund der Kompaktheit von $[-R, R]$. Im dritten liefert die Unbeschränktheit nach oben eine Teilfolge mit Limes $+\infty$, und im letzten Fall schließlich können wir die Existenz einer Teilfolge garantieren, die gegen $-\infty$ konvergiert.   □

∞, $+\infty$ oder $-\infty$

In diesem Buch wurde versucht, zwischen dem Symbol ∞ und den verallgemeinerten Zahlen $\pm\infty$ zu unterscheiden.

1. Das Zeichen „∞" wird ohne jegliche inhaltliche Bedeutung verwendet, es ist eigentlich entbehrlich. Im Fall „$(a_n)_{n=1,\ldots,\infty}$" soll nur ausgedrückt werden, dass die Indizes n beliebig groß werden können, ganz genauso könnte man „∞" in Ausdrücken der Form „$\lim_{n \to \infty} a_n = a$" oder „$\sum_{n=1}^{\infty} a_n$" einfach weglassen.

Auch in der Definition „f ist unendlich oft differenzierbar, falls ... " ist das „unendlich" nur eine Abkürzung: Für alle n existiert die n-te Ableitung.

2. Im Gegensatz dazu bedeuten die Zeichen $+\infty$ und $-\infty$ wirklich etwas. Es sind verallgemeinerte Zahlen, mit denen man fast genauso rechnen darf wie mit reellen Zahlen.

Ein alternativer Zugang zur Kompaktheit

Es wurde schon betont, dass Beweistechniken, die die Kompaktheit einer Menge ausnutzen, eine ganz wesentliche Rolle spielen werden und dass es dazu vom nächsten Abschnitt an immer wieder Beispiele geben wird. Der Vollständigkeit halber soll hier noch angemerkt werden, dass „unser" Kompaktheitsbegriff nur den Spezialfall einer allgemeineren Definition darstellt. Er ist für die Behandlung metrischer Räume völlig ausreichend, doch werden in weiterführenden Vorlesungen auch andere Konzepte von „Nähe" benötigt. Auf Einzelheiten, die Gegenstand der Vorlesung *Topologie* sind, soll hier nicht eingegangen werden. Nur soviel: Dort wird Kompaktheit statt mit Eigenschaften von Folgen mit Eigenschaften offener Mengen eingeführt. Dass das im Fall metrischer Räume zum gleichen Ergebnis führt, ist die Aussage des folgenden Satzes, dessen Beweis wir den Kollegen aus der Topologie überlassen:

Satz 3.2.7. *Sei (M, d) ein metrischer Raum und $K \subset M$. Dann ist K genau dann kompakt, wenn gilt:*

Ist $\mathcal{O} \subset \mathcal{P}(M)$ eine offene Überdeckung von K (d.h. jedes $O \in \mathcal{O}$ ist offen und es ist $\bigcup \mathcal{O} \supset K$), so existieren $O_1, \ldots, O_n \in \mathcal{O}$ mit $K \subset O_1 \cup \cdots \cup O_n$. Aus jeder offenen Überdeckung von K lässt sich also eine endliche Teilüberdeckung auswählen.

3.3 Stetigkeit

> Die Philosophie steht in diesem großen Buch geschrieben, dem Universum, das unserem Blick ständig offen liegt. Aber das Buch ist nicht zu verstehen, wenn man nicht zuvor die Sprache erlernt und sich mit den Buchstaben vertraut gemacht hat, in denen es geschrieben ist. Es ist in der Sprache der Mathematik geschrieben, und deren Buchstaben sind Kreise, Dreiecke und andere geometrische Figuren, ohne die es dem Menschen unmöglich ist, ein einziges Wort davon zu verstehen; ohne diese irrt man in einem dunklen Labyrinth herum.
>
> (Galileo Galilei, „Il Saggiatore", 1623)

Zunächst diskutieren wir die Frage, wie Mathematik angewendet wird:

Mathematik und Realität

Wie wird Mathematik angewendet? Die Grundidee ist uns allen aus vielen Lebensbereichen vertraut, es handelt sich nämlich um *die Übersetzung in eine dem Problem angemessene Sprache.*

Das kennt jeder: Wenn ich in Paris auf dem Flughafen ankomme und wissen möchte, wo die Taxis sind, übersetze ich das Problem einem Einheimischen ins Französische. Der kann es hoffentlich lösen, und bald bin ich in meinem Hotel.

Mit den Anwendungen von Mathematik verhält es sich genauso. Da gibt es ein Problem der realen Welt, das wird in die Sprache der Mathematik übersetzt, dort gelöst, und die Rückübersetzung der mathematischen Lösung ist dann hoffentlich von Nutzen. Das wird auch schon in der Schule ausgiebig behandelt, da heißt es „Textaufgaben", und die sind – eigentlich zu Unrecht – ziemlich unbeliebt. Schematisch kann man sich das so vorstellen

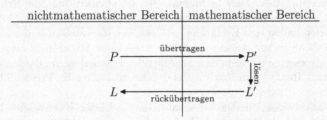

Bild 3.16: Skizze: Lösung eines nichtmathematischen Problems

Es ist klar, dass in diesem Schema nicht alle Aspekte des Themas wiedergegeben sein können. Deswegen gibt es noch einige

Kommentare:

1. Der Schritt vom Ausgangsproblem zum mathematischen Problem ist besonders heikel. Erstens muss man viele Feinheiten weglassen, entweder, weil man es so genau gar nicht wissen will, oder auch um später überhaupt eine Chance zu haben, eine mathematische Lösung anbieten zu können. (Also: keine sphärische Trigonometrie zur Vermessung eines Schrebergartens!) Das beinhaltet schon – teilweise unbewusste – Vorentscheidungen: Welche Aspekte des Problems sind wichtig, welche vernachlässigbar?

Zweitens ist es mit einer bloßen Übersetzung in mathematische Termini nicht getan, es muss immer noch eine *Theorie über die Welt* dazu kommen. Wenn man zum Beispiel den Fall einer Kugel beschreiben will, landet man beim Übersetzen bei einer Funktion der Zeit ($f(t) :=$ zurückgelegter Weg nach t Zeiteinheiten). Erst durch Hinzunahme der Newtonschen Gesetze wird daraus wirklich ein mathematisches Problem: Was lässt sich über eine Funktion aussagen, deren zweite Ableitung konstant ist?

2. Zum Schritt „Vom mathematischen Problem zur Lösung" ist inhaltlich beliebig viel zu sagen, *das* ist das, was man im Mathematikstudium lernt. Alles Mögliche kann zum Einsatz kommen: Lineare Algebra, um Gleichungssysteme zu lösen, Theorie der Differentialgleichungen, Wahrscheinlichkeitstheorie, . . .

Im Grunde kann jedes mathematische Ergebnis bei diesem Schritt irgendwann einmal eine Rolle spielen. Zu beachten ist auch, dass numerische Methoden und der Einsatz von Computern eine große Rolle spielen, besonders dann, wenn exakte Verfahren wegen der Komplexität des Problems nicht eingesetzt werden können.

3. Um die mathematische Lösung zurückzuübersetzen, muss man nur das Lexikon aus dem ersten Schritt rückwärts lesen. Es ist dann aber überhaupt nicht selbstverständlich, dass man das Ausgangsproblem wirklich gelöst hat. Vielleicht waren die Vereinfachungen doch zu grob, vielleicht stimmte die Theorie, die zur mathematischen Präzisierung geführt hat, auch einfach nicht.

Dann heißt es: Noch einmal von vorn mit einem verbesserten Ansatz und/oder einer modifizierten Theorie über die Welt.

4. Warum klappt das? *Dass* es funktioniert, ist offensichtlich, die Erfolge des mathematischen Ansatzes sind überwältigend. Aber warum? Viele philosophische Theorien haben eine Erklärung versucht, der Rationalismus, der Positivismus und etliche andere -ismen. An dieser Stelle kann darauf nicht eingegangen werden, Interessenten finden eine ausführliche Diskussion im Buch „What is Mathematics, Really" von Reuben Hersh (Oxford University Press, 1999).

Die vorstehenden Überlegungen haben eine wichtige Konsequenz: Ist man daran interessiert, Analysis unter Berücksichtigung der Bedürfnisse der Anwendungen zu betreiben, so muss man sich besonders um diejenigen mathematischen Objekte bemühen, die häufig beim Übergang $P \to P'$ auftreten.

Funktionen spielen dabei offenbar eine wichtige Rolle:

- Die Bewegung eines Massenpunktes kann durch eine Funktion $\vec{x} : \mathbb{R} \to \mathbb{R}^3$ beschrieben werden, wo $\vec{x}(t) :=$ der Ort des Teilchens, beschrieben in einem geeigneten festen Koordinatensystem, zum Zeitpunkt t ist.

- Die Temperaturverteilung in einem Körper K gibt Anlass zu einer Funktion $T : K \times \mathbb{R} \to \mathbb{R}$, wo $T(\vec{k}, t) :=$ Temperatur in $\vec{k}$ zur Zeit t.

- ...

Nach diesen Vorbemerkungen beginnen wir nun mit der Untersuchung stetiger Funktionen. Das sind – grob gesagt – Funktionen $f : M \to N$, für die $f(m)$ „nahe bei" $f(m_0)$ liegt, wenn nur m „nahe genug bei" m_0 liegt. Eine präzise Formulierung folgt gleich, zunächst betrachten wir zur Illustration einige nicht-mathematische Beispiele:

- Sei R ein Kuchenrezept, für das die Zutaten $Z_1, \ldots, Z_n$ in den Mengen $m_1, \ldots, m_n$ benötigt werden. Dann wird Ihr Kuchen unter der Verwendung der Mengen $(m'_1, \ldots, m'_n)$ nicht wesentlich anders schmecken, als wenn Sie die vorgeschriebenen $(m_1, \ldots, m_n)$ verwendet hätten, wenn nur die m'_i nahe bei den m_i liegen (Sie also etwa statt 200g Zucker versehentlich nur 199.5g nehmen).

  Kurz: Der Geschmack eines Kuchens ist eine stetige Funktion der Mengen $(m_1, \ldots, m_n)$ der Zutaten, wobei „stetig" noch unpräzise aufgefasst wird.

- Bei einer Mischbatterie ist die Temperatur des ausfließenden Wassers eine stetige Funktion der Stellungen von Kalt- und Warmwasserhahn.

- Betrachten Sie nun eine Ampel und die Funktion

$$
\begin{array}{rcl}
f : \mathbb{R} & \to & \mathbb{R} \\
t & \mapsto & \begin{cases} 0 & \text{falls die Ampel zur Zeit } t \text{ „Rot" zeigt,} \\ 1 & \text{sonst.} \end{cases}
\end{array}
$$

Konzentrieren Sie sich auf einen Zeitpunkt t_0, zu dem die Ampel auf Rot umschaltet. In *diesem* Fall kann nun nicht mehr garantiert werden, dass $f(t)$ für alle t „nahe bei" $f(t_0)$ ist, die „nahe bei" t_0 sind; das stimmt zwar für die t mit $t > t_0$, nicht aber für die $t < t_0$.

Das zeigt, dass dieses f nicht stetig ist.

Versuchen Sie, weitere Situationen aus Ihrem Erfahrungsbereich zu finden, bei denen „kleine" Änderungen der Eingangsparameter auch nur „kleine" Änderungen der Ausgangswerte zur Folge haben.

Nun soll „Stetigkeit" definiert werden. Dazu muss man lediglich wissen, was „Abstand" ist, und deswegen behandeln wir gleich den Fall beliebiger metrischer Räume. Wir gehen von einer Abbildung $f : M \to N$ aus, wobei M und N

metrische Räume sind. Da die Metrik von M mit der von N im Allgemeinen nichts zu tun haben wird, können wir nicht einfach „d" für beide Metriken schreiben: Wir werden mit d_M die Metrik in M und mit d_N die Metrik in N bezeichnen.

Definition 3.3.1. (M, d_M) *und* (N, d_N) *seien metrische Räume und* f *von* M *nach* N *eine Abbildung.*

stetig

(i) *Für* $x_0 \in M$ *heißt* f *stetig bei* x_0, *wenn für jedes positive* ε *ein positives* δ *existiert, so dass für alle* $x \in M$ *mit* $d_M(x, x_0) \leq \delta$ *die Ungleichung* $d_N(f(x), f(x_0)) \leq \varepsilon$ *gilt. Mit Quantoren:*

$$\bigvee_{\varepsilon > 0} \; \bigexists_{\delta > 0} \; \bigvee_{x \in M} \; d_M(x, x_0) \leq \delta \Rightarrow d_N\big(f(x), f(x_0)\big) \leq \varepsilon.$$

(ii) *f heißt stetig auf* M, *wenn* f *stetig bei* x_0 *für alle* $x_0 \in M$ *ist.*

Bemerkungen:

1. Das Gegenteil von „f ist stetig bei x_0" ist offensichtlich

$$\bigexists_{\varepsilon_0 > 0} \; \bigvee_{\delta > 0} \; \bigexists_{\substack{x \in M \\ d_M(x, x_0) \leq \delta}} \; d_N\big(f(x), f(x_0)\big) > \varepsilon_0.$$

Wenn Sie also davon überzeugt sind, dass eine konkret gegebene Funktion bei einem x_0 *nicht* stetig ist, so haben Sie ein $\varepsilon_0 > 0$ mit den entsprechenden Eigenschaften anzugeben. Um ein derartiges ε_0 zu finden, ist – wie im entsprechenden Fall der Aussage „$(x_n)_{n \in \mathbb{N}}$ ist keine Nullfolge" – eine Skizze häufig hilfreich.

?

Welches ε_0 etwa können Sie als „Versager-ε" wählen, um zu zeigen, dass die nachstehend skizzierte Funktion bei $x_0 = 0$ nicht stetig ist?

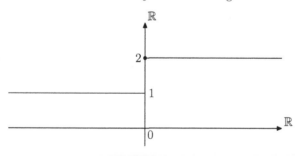

Bild 3.17: Eine unstetige Funktion

2. Viele zum Konvergenzbegriff gemachte Bemerkungen wären hier sinngemäß zu wiederholen, etwa

- Zum Nachweis der Stetigkeit ist ein „aus p folgt q"-Beweis zu führen. Sie haben also bei vorgelegtem $\varepsilon > 0$ ein $\delta > 0$ mit den gewünschten Eigenschaften anzugeben und dürfen – neben den definierenden Eigenschaften von f – nur die Tatsache „$\varepsilon > 0$" dazu heranziehen.

- Falls Ihnen die ε-δ-Definition der Stetigkeit Schwierigkeiten macht, ist für den Anfang Auswendiglernen empfehlenswert: „f heißt stetig bei x_0, wenn ..."

3. In Worten (und einigen mathematisch irrelevanten Zusätzen) bedeutet „f ist stetig bei x_0" gerade: Wie auch immer eine noch so kleine (aber positive) Toleranzgrenze ε um $f(x_0)$ vorgeschrieben wird, so ist es möglich, ein $\delta > 0$ zu finden, dass alle x mit $d_M(x, x_0) \le \delta$ die Bedingung $d_N\big(f(x), f(x_0)\big) \le \varepsilon$ erfüllen.

Je nachdem, wie wir uns M und N vorstellen, gibt es die folgenden Möglichkeiten zur Veranschaulichung der Definition:

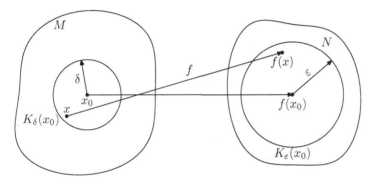

Bild 3.18: Stetige Funktion f, Darstellung im Mengendiagramm

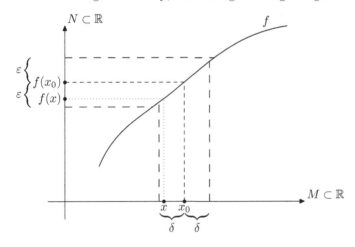

Bild 3.19: Stetige Funktion f: Darstellung im Graphen

4. Als Merkregel zur Stetigkeit findet man in manchen Schulbüchern die „Charakterisierung":

Eine Funktion $f : [a, b] \to \mathbb{R}$ ist stetig, wenn sie sich ohne abzusetzen zeichnen lässt.

Das ist ziemlich *problematisch*, denn erstens ist nicht klar, was das eigentlich genau heißen soll, und zweitens gibt es derart pathologische stetige Funktionen, dass jeder Zeichenversuch in diesen Fällen kläglich scheitern würde.

Trotzdem muss zur Ehrenrettung dieser unter Mathematikern geächteten Merkregel gesagt werden, dass man durch sie in allen praktisch wichtigen Fällen zu einer Vermutung (stetig oder nicht stetig?) geführt wird. Das kann natürlich einen Beweis nie ersetzen.

Lokale und globale Eigenschaften

Mal angenommen, es geht um die Eigenschaften eines Punktes x_0 in einem metrischen Raum. Manchmal kommt es vor, dass man die fragliche Bedingung schon dann nachprüfen kann, wenn man nur die Informationen für die x mit $d(x, x_0) \leq \varepsilon$ für ein beliebig kleines ε hat. (Ein Beispiel dafür ist die Eigenschaft: „Die Funktion f ist stetig bei x_0".) Solche Eigenschaften heißen *lokal*, alle anderen *global* (wie zum Beispiel die Eigenschaft „bei x_0 nimmt f den größten Wert an").

Wenn man es etwas unseriös ausdrücken möchte: Lokale Aussagen können auch von kurzsichtigen Mathematikern untersucht werden.

In diesem Zusammenhang soll noch eine *neue Vokabel* eingeführt werden: Ist (M, d) ein metrischer Raum, $x_0 \in M$ und $A \subset M$, so heißt A eine *Umgebung* von x_0, wenn es ein $\varepsilon > 0$ so gibt, dass $K_\varepsilon(x_0) \subset A$.

Lokale Eigenschaften sind also solche, die auf jeder Umgebung nachgeprüft werden können. Machen Sie sich auch klar, dass man mit Hilfe dieses neuen Begriffs sagen kann: Eine Teilmenge ist genau dann offen, wenn sie Umgebung jedes ihrer Punkte ist.

Umgebung *(Randnotiz zu obigem Absatz)*

5. Wie überall in der Mathematik, können auch in der Abteilung „Stetigkeit" nur sinnvolle Fragen auf „wahr" oder „falsch" hin untersucht werden.

So ist die Aussage

$$\text{„}x \mapsto 1/x \text{ ist bei } x = 0 \text{ unstetig"}$$

weder wahr noch falsch, sondern schlicht sinnlos (denn 0 gehört nicht zum Definitionsbereich dieser Funktion). Richtig ist allerdings: Ist $f : \mathbb{R} \to \mathbb{R}$ irgendeine Funktion mit $f(x) = 1/x$ für $x \neq 0$, so ist f bei 0 unstetig, egal, wie $f(0)$ definiert wurde. (Können Sie das beweisen?)

? *(Randnotiz)*

Wir kommen nun zu *Beispielen für stetige Funktionen*. Zwei Beispielklassen lassen sich für beliebige metrische Räume betrachten, nämlich erstens die *konstanten Funktionen* und zweitens die *identischen Abbildungen*.

Eine Funktion $f : M \to N$ heißt *konstant*, wenn f für ein geeignetes $y_0 \in N$ die Form $x \mapsto y_0$ hat. Es ist leicht zu sehen, dass derartige

Funktionen stetig sind, zu vorgelegtem $\varepsilon > 0$ kann man z.B. $\delta := 1$ oder irgendeine andere positive Zahl wählen.

Unter der *Identität* auf dem metrischen Raum (M, d) versteht man die Abbildung $f : M \to M$, $x \mapsto x$. Auch diese Abbildung ist stetig, man kann zu vorgegebenem $\varepsilon > 0$ als δ die Zahl ε wählen.

(Bemerkenswerterweise gibt es metrische Räume, für die damit schon alle stetigen Abbildungen von M nach M beschrieben sind: Es gibt dort die Identität und die konstanten Abbildungen, aber keine weiteren stetigen Funktionen. Das ist klar für einpunktige Räume, es gibt aber auch ziemlich komplizierte kompakte unendliche Teilmengen von $\mathbb{R}^2$ mit dieser Eigenschaft.)

Wesentlich interessantere Beispiele werden durch die nächste Definition beschrieben (die übrigens die beiden eben betrachteten Klassen als Spezialfall enthält):

Definition 3.3.2. *Eine Funktion $f : M \to N$ heißt* Lipschitzabbildung, *falls es ein $L \geq 0$ gibt, so dass*

**Lipschitz-
abbildung**

$$\bigvee_{x,y \in M} d_N\big(f(x), f(y)\big) \leq L \cdot d_M(x, y).$$

Ein solches L heißt eine Lipschitzkonstante *für f[19]*.

In $\mathbb{R}$ bedeutet die Lipschitzbedingung, dass

$$\left| \frac{f(x) - f(y)}{x - y} \right| \leq L$$

gilt, dass also der Betrag der Sekantensteigungen durch L beschränkt ist. Deswegen kann man sich in diesem Fall das Erfülltsein der Lipschitzbedingung so veranschaulichen:

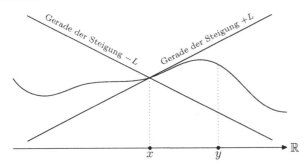

Bild 3.20: Lipschitzbedingung in $\mathbb{R}$: $|f(x) - f(y)| \leq L|x - y|$

---

[19] Achtung: Eine Lipschitzabbildung hat viele Lipschitzkonstanten, mit jedem L ist auch L' Lipschitzkonstante, falls $L \leq L'$.

Satz 3.3.3. *Lipschitzabbildungen sind stetig.*

Beweis: Sei $x_0 \in M$ und $\varepsilon > 0$. Wir haben ein $\delta > 0$ zu finden, so dass $d_N\big(f(x), f(x_0)\big) \leq \varepsilon$ für alle x mit $d_M(x, x_0) \leq \delta$.

Als Vorüberlegung schreiben wir die Lipschitzbedingung noch einmal auf:

$$d_N\big(f(x), f(x_0)\big) \leq L\, d_M(x, x_0).$$

Die linke Seite soll $\leq \varepsilon$ werden, falls $d_M(x, x_0) \leq \delta$ ist, und das legt den Versuch $\delta := \varepsilon/L$ nahe. Um im Fall $L = 0$ keine Probleme zu bekommen, versuchen wir es mit $\delta := \varepsilon/(L+1)$.

Man wähle $\delta := \varepsilon/(L+1)$. Für $x \in M$ mit $d_M(x, x_0) \leq \delta$ ist dann wirklich:

$$d_N\big(f(x), f(x_0)\big) \leq L d_M(x, x_0) \leq L \frac{\varepsilon}{L+1} \leq \varepsilon. \qquad \square$$

Viele der schon früher aufgetretenen Abbildungen sind Lipschitzabbildungen und somit stetig:

- Versieht man den $\mathbb{K}^m$ mit $\|\cdot\|_\infty$, so ist

$$
\begin{aligned}
p_i : \mathbb{K}^m &\to \mathbb{K} \\
(x_1, \ldots, x_m) &\mapsto x_i
\end{aligned}
$$

  für jedes $i \in \{1, \ldots, m\}$ stetig. p_i ist diejenige Abbildung, die einem Vektor $x = (x_1, \ldots, x_m)$ die i-te Komponente zuordnet. Die Stetigkeit ergibt sich so: Wegen

$$|p_i(x) - p_i(y)| = |x_i - y_i| \leq \|x - y\|_\infty$$

  ist p_i eine Lipschitzabbildung mit Lipschitzkonstante 1 und daher nach dem vorstehenden Satz stetig. (Genauso ergibt sich die Stetigkeit der p_i, wenn man den $\mathbb{K}^m$ mit $\|\cdot\|_1$ oder $\|\cdot\|_2$ versieht.)

- Ist $(X, \|\cdot\|)$ irgendein normierter Raum, so gilt für $x, y \in X$ stets:

$$
\begin{aligned}
\|x\| &= \|x - y + y\| \leq \|x - y\| + \|y\| \\
\|y\| &= \|y - x + x\| \leq \|y - x\| + \|x\|
\end{aligned}
$$

  und folglich wegen $\|y - x\| = \|x - y\|$:

$$\big|\|x\| - \|y\|\big| \leq \|x - y\|.$$

Das aber bedeutet gerade, dass $\|\cdot\| : X \to \mathbb{R}$ eine Lipschitzabbildung (mit Lipschitzkonstante 1) und als solche stetig ist[20].

---

[20] Allgemeiner gilt: Ist (M, d) ein metrischer Raum und $x_0 \in M$, so ist die Abstandsfunktion $x \mapsto d(x, x_0)$ eine Lipschitzabbildung mit Lipschitzkonstante 1 und folglich stetig. Die Ungleichung

$$|d(x, x_0) - d(y, x_0)| \leq d(x, y)$$

beweist man wie im vorstehenden Beispiel normierter Räume, sie ergibt sich durch Umstellen der Dreiecksungleichungen $d(x, x_0) \leq d(x, y) + d(y, x_0)$ und $d(y, x_0) \leq d(y, x) + d(x, x_0)$.

- Es seien $x, y > 0$, und $L > 0$ sei so gewählt, dass $x, y \geq 4/L^2$ gilt. Aus der Gleichung

$$(\sqrt{x} - \sqrt{y})(\sqrt{x} + \sqrt{y}) = x - y$$

folgt dann die Abschätzung

$$\left|\sqrt{x} - \sqrt{y}\right| = \left|\frac{1}{\sqrt{x} + \sqrt{y}}\right| |x - y| \leq L|x - y|,$$

und damit ist $x \mapsto \sqrt{x}$ eine Lipschitzabbildung mit Lipschitzkonstante L auf $\left[4/L^2, +\infty\right[$.

Da für den Nachweis der Stetigkeit bei $x_0 > 0$ nur die Werte der Funktion auf irgendeinem Intervall eine Rolle spielen, das x_0 im Inneren enthält, zeigt das, dass $x \mapsto \sqrt{x}$ im Bereich $x > 0$ eine stetige Funktion ist. (Sie ist auch bei 0 stetig: Das zeigt man genauso, wie man $\lim 1/\sqrt{n} = 0$ beweist.)

Nachdem nun hoffentlich hinlänglich klar ist, was Stetigkeit bedeutet und warum wir an diesem Begriff interessiert sind, soll die *Struktur des weiteren Vorgehens* erläutert werden. Als Erstes werden wir *Kriterien* kennen lernen, die zur Stetigkeit äquivalent sind. Von besonderer Bedeutung für die weiteren Untersuchungen wird dabei eine Charakterisierung sein, die Stetigkeit auf Eigenschaften konvergenter Folgen zurückführt. Dadurch werden die Ergebnisse aus Kapitel 2 verfügbar sein. Danach beweisen wir *Permanenzeigenschaften*. Es wird sich zeigen, dass bei allen uns bekannten Verknüpfungen von Funktionen (die überhaupt sinnvoll definiert werden können) aus stetigen Funktionen wieder stetige Funktionen entstehen. Schließlich untersuchen wir *Eigenschaften stetiger Funktionen* für wichtige Spezialfälle. Ist etwa $N = \mathbb{R}$, so impliziert die Stetigkeit von f im Falle $M = [a, b]$ bzw. im allgemeineren Fall kompakter M sehr häufig anzuwendende Existenzaussagen (Zwischenwertsatz, Satz vom Maximum, ...).

Für die Formulierung des nächsten Satzes benötigen wir noch eine Bezeichnung aus der Mengenlehre. Ist $f := M \to N$ eine Abbildung und $A \subset N$, so heißt

$$f^{-1}(A) := \{x \mid x \in M, \ f(x) \in A\}$$

die *Urbildmenge von A unter f*.
(Sei etwa $f : \mathbb{Z} \to \mathbb{Z}$ durch $x \mapsto x^2$ definiert. Dann ist $f^{-1}(\{4\}) = \{-2, 2\}$, $f^{-1}(\mathbb{N}) = \mathbb{Z} \setminus \{0\}$ und $f^{-1}(\{2, 3\}) = \emptyset$.)

Urbildmenge

Satz 3.3.4 (Charakterisierungssatz). *(M, d_M) und (N, d_N) seien metrische Räume und $f : M \to N$ eine Abbildung.*

(i) *Für $x_0 \in M$ ist f bei x_0 genau dann stetig, wenn gilt: Ist $(x_n)_{n \in \mathbb{N}}$ eine Folge in M mit $\lim x_n = x_0$, so gilt $\lim f(x_n) = f(x_0)$.*

Damit ist f genau dann stetig auf M, wenn

$$\lim_{n \to \infty} f(x_n) = f\left(\lim_{n \to \infty} x_n\right)$$

für alle in M konvergenten Folgen $(x_n)_{n \in \mathbb{N}}$ gilt.

(ii) Die folgenden Aussagen sind äquivalent:

    (a) f ist stetig auf M.

    (b) Für jede abgeschlossene Teilmenge A von N ist $f^{-1}(A)$ abgeschlossen in M.

    (c) Für jedes offene $O \subset N$ ist $f^{-1}(O)$ offen in M.

Beweis: (i) Sei zunächst f stetig bei x_0 und $(x_n)_{n \in \mathbb{N}}$ eine Folge in M mit $x_n \to x_0$. Wir haben zu zeigen, dass $f(x_n) \to f(x_0)$. Dazu sei $\varepsilon > 0$ vorgegeben, wir müssen ein $n_0 \in \mathbb{N}$ so finden, dass $d_N\big(f(x_n), f(x_0)\big) \leq \varepsilon$ für $n \geq n_0$.

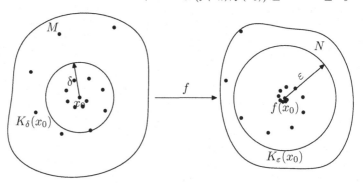

Bild 3.21: Stetigkeit $f : M \to N$ mit Folgen in M und N

Wir wählen $\delta > 0$ gemäß Voraussetzung, also

$$d_M(x, x_0) \leq \delta \Rightarrow d_N\big(f(x), f(x_0)\big) \leq \varepsilon.$$

Da die Folge $(x_n)_{n \in \mathbb{N}}$ gegen x_0 konvergiert, gibt es ein n_0 mit $d_M(x_n, x_0) \leq \delta$ für $n \geq n_0$. Insgesamt heißt das: $d_N\big(f(x_0), f(x_n)\big) \leq \varepsilon$ für alle $n \geq n_0$, und das zeigt $f(x_n) \to f(x_0)$.

    Wir beweisen nun die Umkehrung, der Beweis wird durch logische Kontraposition geführt. Dazu nehmen wir an, dass f bei x_0 *nicht* stetig ist und behaupten, dass dann auch die Folgenbedingung nicht erfüllt sein kann. (Wir zeigen also statt „$p \Rightarrow q$“ gleichwertig „nicht $q \Rightarrow$ nicht p“.) „f ist nicht stetig bei x_0“ bedeutet:

$$\underset{\varepsilon_0 > 0}{\exists} \ \underset{\delta > 0}{\forall} \ \underset{\substack{x \in M \\ d_M(x, x_0) \leq \delta}}{\exists} \ d_N\big(f(x), f(x_0)\big) > \varepsilon_0.$$

Insbesondere können wir zu $\delta = 1/n$ ein Element $x_n \in M$ wählen, für das $d_M(x_n, x_0) \leq 1/n$ und $d_N\big(f(x_0), f(x_n)\big) > \varepsilon_0$ gilt. Offensichtlich ist dann $x_n \to x_0$, aber die Folge $(f(x_n))_{n \in \mathbb{N}}$ konvergiert nicht gegen $f(x_0)$, d.h. die Folgenbedingung ist nicht erfüllt.

(ii) Wir beweisen die Gleichwertigkeit der drei Aussagen durch einen Ringschluss, zeigen also, dass die drei Implikationen „(a)$\Rightarrow$(b)“, „(b)$\Rightarrow$(c)“ und „(c)$\Rightarrow$(a)“ gelten.

„(a)⇒(b)": f sei stetig auf M, wir zeigen (b) unter Verwendung von Satz 3.1.7. Dazu sei A eine abgeschlossene Teilmenge von N und $(x_n)_{n\in\mathbb{N}}$ eine konvergente Folge in M mit $x_n \in f^{-1}(A)$ für alle $n \in \mathbb{N}$. Mit $x_0 := \lim x_n$ gilt einerseits wegen (i): $\lim f(x_n) = f(x_0)$. Andererseits ist $f(x_n) \in A$ nach Definition und damit $f(x_0) \in A$ aufgrund von Satz 3.1.7. Es folgt $x_0 \in f^{-1}(A)$, und Satz 3.1.7 impliziert, dass $f^{-1}(A)$ abgeschlossen ist.

„(b)⇒(c)": Ist O offen in N, so ist $N \setminus O$ abgeschlossen. Wegen (b) ist also $f^{-1}(N \setminus O)$ abgeschlossen in M. Nun ist aber $f^{-1}(N \setminus O) = M \setminus f^{-1}(O)$, und das zeigt, dass $f^{-1}(O)$ offen in M ist.

Die eben benutzte Identität

$$f^{-1}(N \setminus O) = M \setminus f^{-1}(O)$$

ist eine unmittelbare Konsequenz der Definition, die Inklusion „$\subset$" sieht man zum Beispiel so ein: Ist x in $f^{-1}(N \setminus O)$, so liegt $f(x)$ in $N \setminus O$, also *nicht* in O. Damit liegt x auch nicht in $f^{-1}(O)$.

Ähnlich leicht sind andere nützliche Gleichungen zu beweisen, zum Beispiel

$$f^{-1}(A \cap B) = f^{-1}(A) \cap f^{-1}(B), \; f^{-1}(A \cup B) = f^{-1}(A) \cup f^{-1}(B).$$

„(c)⇒(a)": $x_0 \in M$ und $\varepsilon > 0$ seien vorgegeben. Wir müssen ein $\delta > 0$ finden, so dass

$$d_M(x, x_0) \le \delta \Rightarrow d_N\big(f(x), f(x_0)\big) \le \varepsilon.$$

Dazu betrachten wir

$$O := \{y \mid y \in N, \; d_N\big(y, f(x_0)\big) < \varepsilon\}.$$

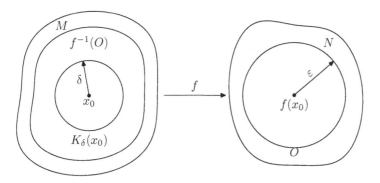

Bild 3.22: Stetigkeit durch offene Mengen

O ist offen[21], nach Voraussetzung ist auch $f^{-1}(O)$ offen. Nun ist x_0 nach Definition offensichtlich Element von $f^{-1}(O)$, es muss also ein $\delta > 0$ so geben, dass

---

[21] Das wurde auf Seite 184 nachgewiesen.

$K_\delta(x_0) \subset f^{-1}(O)$. Das aber bedeutet gerade, dass $d_N\big(f(x), f(x_0)\big) \leq \varepsilon$ (sogar $< \varepsilon$) für alle $x \in M$ mit $d_M(x, x_0) \leq \delta$ gilt. $\square$

Stetigkeit ist eine robuste Eigenschaft, egal, wie man stetige Funktionen zu neuen Funktionen zusammensetzt, immer wieder ergeben sich stetige Funktionen:

Satz 3.3.5 (Permanenzsatz).

(i) Komposita: *Für $i = 1, 2, 3$ seien metrische Räume (M_i, d_i) gegeben, ferner seien $f : M_1 \to M_2$ und $g : M_2 \to M_3$ Abbildungen.*

Für $x_0 \in M_1$ gilt dann: Ist f stetig bei x_0 und g stetig bei $f(x_0)$, so ist $g \circ f$ stetig bei x_0.

Als Folgerung ergibt sich, dass $g \circ f$ stetig ist, falls f und g stetige Funktionen sind.

(ii) Algebraische Verknüpfungen: *(M, d) sei ein metrischer Raum und f, g stetige Funktionen von M nach $\mathbb{K}$. Erklärt man $f + g$, $f \cdot g$, αf ($\alpha \in \mathbb{K}$) und f/g punktweise[22], so sind diese Funktionen stetig bei x_0 (bzw. stetig auf M), wenn f und g beide diese Eigenschaft haben.*

(iii) Ordnungstheoretische Verknüpfungen: *(M, d) sei ein metrischer Raum, $f, g : M \to \mathbb{R}$. Definiert man $\min\{f, g\}$ bzw. $\max\{f, g\}$ durch*

$$x \mapsto \min\{f(x), g(x)\}, \quad x \mapsto \max\{f(x), g(x)\},$$

so sind diese Funktionen im Fall stetiger f, g ebenfalls stetig.

Beweis: (i) Wir wenden Satz 3.3.4(i) an: Um die Stetigkeit von $g \circ f$ bei x_0 zu zeigen, muss aus $x_n \to x_0$ gefolgert werden, dass $(g \circ f)(x_n) \to (g \circ f)(x_0)$.

Nun impliziert $x_n \to x_0$ wegen Satz 3.3.4, dass $f(x_n) \to f(x_0)$, denn f ist nach Voraussetzung stetig. Eine nochmalige Anwendung dieses Satzes, diesmal für die Folge $(f(x_n))_{n \in \mathbb{N}}$ und die Funktion g, liefert $g(f(x_n)) \to g(f(x_0))$, und das ist aufgrund der Definition von „$\circ$" gerade die Behauptung.

(ii) Es ist nur Satz 3.3.4 mit den entsprechenden Ergebnissen über konvergente Folgen zu kombinieren.

Als Beispiel beweisen wir die Stetigkeit von $f + g$ bei x_0, wenn f und g bei x_0 stetig sind:

Gilt $x_n \to x_0$, so kann man aus der Stetigkeit von f und g schließen, dass $f(x_n) \to f(x_0)$ und $g(x_n) \to g(x_0)$. Da konvergente Folgen nach Satz 2.2.12 addiert werden dürfen, ergibt sich daraus $f(x_n) + g(x_n) \to f(x_0) + g(x_0)$, und wenn man sich jetzt noch daran erinnert, dass die Summe zweier Abbildungen punktweise definiert ist, kann man das als $(f+g)(x_n) \to (f+g)(x_0)$ umschreiben.

---

[22] So ist etwa $f + g : M \to \mathbb{K}$ die Abbildung $x \mapsto f(x) + g(x)$. Es ist zu beachten, dass f/g natürlich nur dann definiert werden kann, wenn $g(x) \neq 0$ für alle $x \in M$ ist.

(iii) Vorbereitend bemerken wir, dass für $a, b \in \mathbb{R}$ die Gleichungen

$$\max\{a, b\} = \frac{1}{2}(a + b + |b - a|)$$

$$\min\{a, b\} = \frac{1}{2}(a + b - |b - a|)$$

gelten. Das beweist man durch Fallunterscheidung. (Ist zum Beispiel $a \leq b$, so ist sowohl $\max\{a, b\}$ als auch $\frac{1}{2}(a + b + |b - a|)$ gleich b.)

Folglich ist $\max\{f, g\} = \frac{1}{2}(f + g + |g - f|)$, und die rechte Seite ist stetig aufgrund der vorstehend bewiesenen Ergebnisse. (Für die Stetigkeit von $|g - f|$ beachte man, dass diese Abbildung Komposition der stetigen Funktionen $x \mapsto g(x) - f(x)$ und $a \mapsto |a|$ ist.) Die Stetigkeit des Minimums wird analog gezeigt. $\square$

Aufgrund dieses Satzes sind alle Funktionen stetig, die als geschlossene Ausdrücke unter Verwendung stetiger „Bausteine" mit Hilfe von $\circ, +, \cdot, :, |\cdot|, \|\cdot\|$, $\max\{\cdot, \cdot\}$ und $\min\{\cdot, \cdot\}$ geschrieben werden können.

Der intelligente Weg zu „offen" und „abgeschlossen"
Teil (ii) des vorstehenden Satzes liefert ein häufig gebrauchtes bequemes Hilfsmittel, konkret gegebene Mengen als offen bzw. abgeschlossen zu erkennen. Soll z.B. nachgewiesen werden, dass irgendein $B \subset \mathbb{R}^m$ offen bzw. abgeschlossen ist, so kann man versuchen, B als $f^{-1}(A)$ zu schreiben, wo $f : \mathbb{R}^m \to \mathbb{R}$ eine stetige Funktion und $A \subset \mathbb{R}$ eine „einfache" offene bzw. abgeschlossene Teilmenge (etwa ein Intervall) ist.
Für Teilmengen des $\mathbb{R}^m$ ist noch zu beachten, dass die Komponentenabbildungen $(x_1, \ldots, x_m) \mapsto x_i$ stetig sind. Alle Funktionen, die auf Teilmengen des $\mathbb{R}^m$ definiert und „geschlossen" darstellbar sind, sind also stetig.

Beispiele dazu:

1. $B := \{x \in \mathbb{R} \mid x^4 + x - 10 \geq 0\}$ ist abgeschlossen in $\mathbb{R}$. Man betrachte dazu $f : \mathbb{R} \to \mathbb{R}$, $x \mapsto x^4 + x - 10$. Dann ist f nach dem Permanenzsatz stetig, und B ist das Urbild unter f des abgeschlossenen Intervalls $A := [0, +\infty[$.

2. $B := \{z \in \mathbb{C} \mid |z - 1| > |z|\}$ ist offen in $\mathbb{C}$. Hier definiere man

$$f : \mathbb{C} \to \mathbb{R}, \ z \mapsto |z - 1| - |z|.$$

f ist stetig, die Behauptung folgt damit aus $B = f^{-1}(]0, +\infty[)$ unter Beachtung der Tatsache, dass $]0, +\infty[$ offen ist.

3. Wir schreiben die Vektoren des $\mathbb{R}^4$ als (x, y, z, w). Dann ist

$$f : (x, y, z, w) \mapsto \frac{x^2 + y^3 + w^4 + z^5}{1 + x^6}$$

stetig, und obwohl man sich f nicht gut veranschaulichen kann, weiß man doch sofort, dass zum Beispiel $f^{-1}(\,]\,3,8\,[\,)$ eine offene und $f^{-1}(\,[\,4,+\infty\,[\,)$ eine abgeschlossene Teilmenge des $\mathbb{R}^4$ ist.

4. $B := \{(p,q) \mid p,q \in \mathbb{R} \text{ und } x^2 + px + q = 0 \text{ hat zwei verschiedene Lösungen}\}$ ist offen in $\mathbb{R}^2$. Das sieht man leicht so ein: B ist gerade die Menge aller (p,q) mit $\frac{p^2}{4} - q \neq 0$, ist also schreibbar als $f^{-1}(\mathbb{R} \setminus \{0\})$, wo f die stetige Abbildung $(p,q) \mapsto \frac{p^2}{4} - q$ bezeichnet; beachte noch, dass $\mathbb{R} \setminus \{0\}$ als Komplement der abgeschlossenen Menge $\{0\}$ offen ist.

5. Wir fassen die Menge aller 3×3-Matrizen als $\mathbb{R}^9$ auf und bezeichnen mit φ_{det} die Abbildung $A \mapsto \det A$, die einer Matrix die Determinante zuordnet. Es handelt sich dabei um eine stetige Abbildung von $\mathbb{R}^9$ nach $\mathbb{R}$, das folgt sofort aus der Leibnizformel für die Determinante, nach der $\det A$ aus den Einträgen von A durch Multiplizieren und Addieren entsteht. Folglich ist die Menge aller invertierbaren 3×3-Matrizen als Urbild der offenen Menge $\mathbb{R} \setminus \{0\}$ unter der stetigen Abbildung φ_{det} eine offene Teilmenge des $\mathbb{R}^9$.

Aus den vorstehenden Beispielen können Sie die *Faustregel* ableiten, dass Teilmengen des $\mathbb{R}^m$ dann offen (bzw. abgeschlossen) sind, wenn in der Definition neben algebraischen Zeichen und stetigen Funktionen nur die Symbole $\neq$, $<$, $>$ (bzw. $=$, $\leq$, $\geq$) vorkommen.

Später werden wir die Funktionen $\sin x$, $\cos x$, e^x, $\ldots$ einführen und die Stetigkeit nachweisen. Die damit gebildeten Ausdrücke sind dann ebenfalls stetig, etwa

$$x \mapsto \sin\left(x^2 + 1\right)$$

als Verknüpfung der stetigen Funktionen $x \mapsto x^2 + 1$, $y \mapsto \sin y$. Aus der Stetigkeit von $x \mapsto x$ ergibt sich übrigens unter Verwendung von (ii) sofort die Stetigkeit aller *Polynome* auf $\mathbb{K}$ (das sind Funktionen $P : \mathbb{K} \to \mathbb{K}$ der Form $x \mapsto a_n x^n + \cdots + a_1 x + a_0$ mit $a_n, \ldots, a_0 \in \mathbb{K}$) und aller *rationalen Funktionen* (das sind Quotienten von Polynomen) auf ihrem Definitionsbereich. Die Betrachtung von ε und δ bei Stetigkeitsbeweisen wird von nun an nur noch selten eine Rolle spielen.

Wir kommen nun zu einer *Gruppe von vier Sätzen*, die zu den *wichtigsten Sätzen der Analysis* zählen. Der erste Satz (der Zwischenwertsatz) betrifft einen sehr speziellen Fall, nämlich stetige Funktionen $f : [a,b] \to \mathbb{R}$. Die darauf folgenden drei Sätze sind der Grund für die Bedeutung des Begriffs „Kompaktheit", bei ihnen geht es um stetige Funktionen, die auf kompakten metrischen Räumen definiert sind.

Satz 3.3.6 (Zwischenwertsatz). *Sei* $f : [a, b] \to \mathbb{R}$ *eine stetige Funktion mit*
$f(a) < f(b)$.

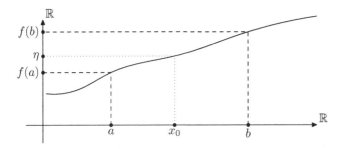

Bild 3.23: Skizze zum Zwischenwertsatz

Dann gibt es für jedes η mit $f(a) < \eta < f(b)$ ein $x_0 \in [a, b]$ mit $f(x_0) = \eta$.

Beweis: Hier eine Skizze zum Beweis:

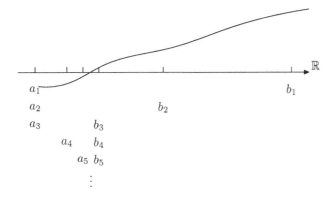

Bild 3.24: Konstruktionsskizze zum Beweis des Zwischenwertsatzes

Wir können der Einfachheit halber annehmen, dass $\eta = 0$ ist (indem wir
nämlich $f - \eta$ anstelle von f betrachten). Induktiv konstruieren wir Folgen
(a_n), (b_n) mit $a_n \le a_{n+1} \le b_{n+1} \le b_n$, $b_n - a_n \to 0$ und $f(a_n) \le 0 \le f(b_n)$.
Dazu verfahren wir ähnlich wie im Beweis von Satz 3.2.3:

- $n = 1$: Wir definieren $a_1 := a$ und $b_1 := b$.

- $n \to n + 1$: Sind a_n, b_n schon konstruiert, so betrachte man $\hat{x} := (a_n + b_n)/2$. Ist $f(\hat{x}) \ge 0$ so definiere $a_{n+1} := a_n$ und $b_{n+1} := \hat{x}$, andernfalls setze $a_{n+1} := \hat{x}$ und $b_{n+1} := b_n$.

Auf diese Weise erhalten wir eine Intervallschachtelung, folglich sind die $(a_n)_{n \in \mathbb{N}}$
und die $(b_n)_{n \in \mathbb{N}}$ gegen ein x_0 konvergent (vgl. Satz 2.3.6(iv)).

Wir behaupten, dass $f(x_0) = 0$ gilt. Wegen $f(a_n) \leq 0$ für alle n und der Stetigkeit von f folgt $f(x_0) = \lim f(a_n) \leq 0$, analog ergibt sich auch $f(x_0) = \lim f(b_n) \geq 0$, zusammen also $f(x_0) = 0$.

Kommentar: Hier spielte also wieder ein ordnungstheoretisches Argument eine Rolle, „$= 0$" wurde durch den Nachweis von „≥ 0 und ≤ 0" gezeigt.

Der zweite Beweisbaustein, dass nämlich aus $y_n \geq 0$ auf $\lim y_n \geq 0$ geschlossen werden darf, folgt einerseits aus Satz 2.2.12, kann aber andererseits auch aus der Abgeschlossenheit von $[\,0, +\infty\,[$ in Verbindung mit dem Charakterisierungssatz 3.1.7 geschlossen werden.

Damit ist der Zwischenwertsatz vollständig bewiesen.   □

Bemerkung: Machen Sie sich klar, dass es möglicherweise mehrere x_0 mit $f(x_0) = \eta$ geben kann und dass der Satz für nicht stetige Funktionen nicht notwendig richtig ist.

?

Als *typisches Anwendungsbeispiel* zeigen wir die Existenz von n-ten Wurzeln. (Erinnern Sie sich noch, welcher Aufwand in Abschnitt 2.2 erforderlich war, um auch nur die Existenz von Quadratwurzeln zu garantieren?)

$\sqrt[n]{a}$, $a^{1/n}$

Korollar 3.3.7. *Sei $n \in \mathbb{N}$. Für $a \geq 0$ gibt es genau ein $b \geq 0$ mit $b^n = a$. b wird die n-te Wurzel aus a (Schreibweise $\sqrt[n]{a}$ oder $a^{1/n}$) genannt.*

Beweis: Zunächst bemerken wir, dass $x \mapsto x^n$ eine streng monoton steigende Funktion auf $[\,0, 1\,]$ ist: Aus $x < y$ folgt $x^n < y^n$. Das impliziert sofort, dass es höchstens ein derartiges b gibt[23].

Die Existenz zeigen wir zunächst für den Fall $0 \leq a \leq 1$. Dazu betrachten wir die offensichtlich stetige Funktion $x \mapsto x^n$ auf dem Intervall $[\,0, 1\,]$. Da 0^n gleich 0 und 1^n gleich 1 ist, muss es nach dem Zwischenwertsatz ein b geben, für das b^n gleich dem „Zwischenwert" a ist. Fertig!

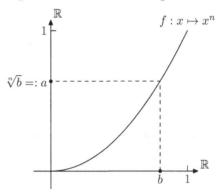

Bild 3.25: Existenz von $\sqrt[n]{\cdot}$ mit Hilfe des Zwischenwertsatzes

---

[23] Sind nämlich b_1 und b_2 zwei *verschiedene* positive Zahlen, so gilt $b_1 < b_2$ oder $b_2 < b_1$. Im ersten Fall wäre $b_1^n < b_2^n$, im zweiten $b_2^n < b_1^n$, es kann also bestimmt nicht $b_1^n = b_2^n = a$ gelten.

Für den Fall $a > 1$ gehen wir zu $1/a$ über, diese Zahl liegt in $[0, 1]$. Nach dem ersten Beweisteil gibt es ein c mit $c^n = 1/a$, und die üblichen Rechengesetze für Potenzen führen dann zu $b^n = a$, wenn wir $b := 1/c$ definieren. $\qquad\square$

Definitionen: pragmatisch oder plausibel?

Als Schüler hat man sich an die Definition der Potenz a^n gewöhnt: a^n bedeutet „a mal a mal ..., solange, bis n Faktoren abgearbeitet sind". Aber warum schreibt man nun die n-te Wurzel als $a^{1/n}$? Es kann ja wohl nicht „a mit sich selbst malgenommen, bis $1/n$ von a verbraucht ist" bedeuten.

Der Grund für diese Schreibweise ist ein pragmatischer: Nur mit dieser Schreibweise ist es möglich, die bekannten Potenz-Rechengesetze (etwa $(a \cdot b)^r = a^r b^r$) einheitlich für Zahlen r zu formulieren, die nicht notwendig in $\mathbb{N}$ liegen müssen.

Es gibt viele vergleichbare Situationen, rund um die Potenzrechnung ist noch an $a^{-n} := 1/a^n$ und $a^0 := 1$ zu erinnern. Auch die Definitionen $0! := 1$ und $3 \cdot (+\infty) := +\infty$ wären hier zu erwähnen: Die erste braucht man, um Fallunterscheidungen beim Arbeiten mit dem Summenzeichen zu vermeiden, die zweite erlaubt einem, die Rechenregeln für den Limes von $\mathbb{R}$ auf $\hat{\mathbb{R}}$ zu erweitern.

In einigen Fällen ist die Konvention vom gerade relevanten Teilgebiet abhängig. Hier in der Analysis haben wir zum Beispiel vermieden, uns auf eine Definition von $0 \cdot (+\infty)$ festzulegen. (Der Grund: Es gibt keine allgemeingültige Formel für $\lim a_n b_n$, wenn $a_n \to 0$ und $b_n \to +\infty$.)

In der Wahrscheinlichkeitstheorie ist es dagegen sinnvoll und üblich, $0 \cdot (+\infty) := 0$ zu setzen.

Aus dem Zwischenwertsatz folgt auch leicht die Stetigkeit von inversen Abbildungen:

Satz 3.3.8. *Sei* $f : [a, b] \to \mathbb{R}$ *eine stetige und streng monoton steigende Funktion.*

(i) *Die Bildmenge* $\{f(x) \mid a \le x \le b\}$ *stimmt mit dem Intervall* $I := [f(a), f(b)]$ *überein, und* $f : [a, b] \to I$ *ist bijektiv.*

(ii) *Die inverse Abbildung* $f^{-1} : I \to [a, b]$ *ist stetig.*

Eine entsprechende Aussage gilt für streng monoton fallende Funktionen.

Bemerkung: Insbesondere ist die Funktion $x \mapsto \sqrt[n]{x}$ eine stetige Funktion von $[0, +\infty[$ nach $[0, +\infty[$.

Beweis: (i) Die Injektivität folgt aus der (strengen) Monotonie, und die Surjektivität ergibt sich sofort aus dem Zwischenwertsatz.

(ii) Sei $x_0 \in [a, b]$ gegeben, wir zeigen die Stetigkeit von f^{-1} bei $f(x_0)$. Sei dazu (y_n) eine Folge in I mit $y_n \to f(x_0) =: y_0$. Wir schreiben y_n als $f(x_n)$, das ist wegen der Bijektivität möglich.

Es ist zu zeigen, dass die $(f^{-1}(y_n))$, also die (x_n), gegen x_0 konvergieren. Wäre das nicht der Fall, so gäbe es ein $\varepsilon > 0$, so dass für unendlich viele n die Ungleichung $x_n \leq x_0 - \varepsilon$ (oder für unendlich viele n die Ungleichung $x_n \geq x_0 + \varepsilon$) gelten würde. Dann aber wäre – wegen der Monotonie von f – auch

$$y_n = f(x_n) \leq f(x_0 - \varepsilon) < f(x_0) = y_0$$

(bzw. $y_n \geq f(x_0 + \varepsilon) > f(x_0) = y_0$) für unendlich viele Indizes, und das würde der vorausgesetzten Konvergenz $y_n \to y_0$ widersprechen. $\square$

Ich darf nun um Ihre besondere Aufmerksamkeit für eine wichtige Gruppe von drei Sätzen bitten. Sie spielen immer dann eine Rolle, wenn „Stetigkeit" und „Kompaktheit" bei einer Problemstellung gleichzeitig vorliegen.

Satz 3.3.9 (Stetige Bilder kompakter Räume sind wieder kompakt). *Sei $f : M \to N$ eine stetige Funktion (wobei (M, d_M) und (N, d_N) metrische Räume sind). Für jede kompakte Teilmenge A von M ist dann auch*

$$f(A) := \{f(x) \mid x \in A\}$$

kompakt; insbesondere ist $f(A)$ dann abgeschlossen.

Beweis: Sei $(y_n)_{n\in\mathbb{N}}$ eine Folge in $f(A)$. Wir wählen $x_n \in A$ mit $f(x_n) = y_n$ und betrachten die Folge $(x_n)_{n\in\mathbb{N}}$. Wegen der Kompaktheit von A gibt es ein $x_0 \in A$ und eine Teilfolge $(x_{n_k})_{k\in\mathbb{N}}$ mit $x_{n_k} \to x_0$. Aufgrund der Stetigkeit von f gilt dann

$$f(x_{n_k}) = y_{n_k} \to y_0 := f(x_0) \in f(A),$$

d.h $(y_n)_{n\in\mathbb{N}}$ besitzt eine in $f(A)$ konvergente Teilfolge. Die Abgeschlossenheit von $f(A)$ folgt aus Satz 3.2.2. $\square$

Der intelligente Weg zur Kompaktheit
Wegen des vorstehenden Satzes reicht es für Kompaktheitsnachweise, die zu untersuchende Menge als stetiges Bild einer schon bekannten kompakten Menge darzustellen.
Als *einfaches Beispiel* betrachte man den Parabelbogen

$$P := \{t + it^2 \mid -1 \leq t \leq 1\}$$

in $\mathbb{C}$. P ist kompakt, denn mit $f(t) := t + it^2$ ist $P = f([-1,1])$, die Funktion f ist stetig und $[-1,1]$ ist kompakt.
Dieser Satz wird häufig auch dann angewandt, wenn lediglich die Abgeschlossenheit einer Menge gezeigt werden soll: Man beweist einfach etwas mehr (die Kompaktheit der Menge), *dafür* gibt es ja vielleicht ein elegantes Ein-Zeilen-Argument.

Als wichtige Folgerung für inverse Abbildungen erhalten wir:

Korollar 3.3.10. (M, d_M) *und* (N, d_N) *seien kompakt, und* $f : M \to N$ *sei eine bijektive stetige Abbildung. Dann ist* $f^{-1} : N \to M$ *stetig.*

Beweis: Sei A abgeschlossen in M, aufgrund von Satz 3.2.2 reicht es zu zeigen, dass $\left(f^{-1}\right)^{-1}(A)$ abgeschlossen ist. Nun ist aber $\left(f^{-1}\right)^{-1}(A) = f(A)$, und diese Menge ist nach dem vorstehenden Satz kompakt, da A nach Satz 3.2.2(iv) kompakt ist. Aufgrund des gleichen Satzes, diesmal wegen Teil (i), ist $f(A)$ dann auch abgeschlossen, und das beweist die Behauptung. □

Satz 3.3.11 (Satz vom Maximum und Minimum)**.** *Sei* (M, d) *ein kompakter metrischer Raum und* $f : M \to \mathbb{R}$ *eine stetige Funktion. Ist dann* $M \neq \emptyset$*, so gibt es Elemente* x_0 *und* y_0 *in* M*, so dass*

$$\bigvee_{x \in M} f(x_0) \leq f(x) \leq f(y_0).$$

Satz vom Maximum

Bei x_0 *bzw.* y_0 *wird der für* f *kleinstmögliche bzw. größtmögliche Wert angenommen, und* $f(x_0)$ *(bzw.* $f(y_0)$*) heißt das* Minimum *(bzw. das* Maximum*) der Funktion* f *auf* M*.*

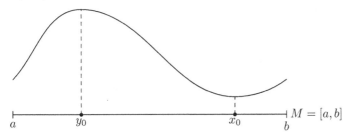

Bild 3.26: Der Satz vom Maximum und Minimum für $M = [a, b]$

Beweis: Wir weisen die Existenz eines $y_0 \in M$ mit

$$\bigvee_{x \in M} f(x) \leq f(y_0)$$

nach. Die Existenz von x_0 ergibt sich dann leicht durch Betrachtung von $-f$. Wegen der Kompaktheit von M und Satz 3.3.9 ist die Menge

$$K := f(M) = \{f(x) \mid x \in M\}$$

in $\mathbb{R}$ kompakt. Es reicht folglich zu zeigen:

Ist $K \subset \mathbb{R}$ kompakt und nicht leer, so gibt es ein $k_0 \in K$ mit $k \leq k_0$ für alle $k \in K$ (also ein k_0, dass „besonders weit rechts" liegt).

Zum Beweis dieser Behauptung definieren wir $k_0 := \sup K$; die Existenz von k_0 ist durch Satz 2.3.6 garantiert[24].

---

[24] Genau genommen ist noch daran zu erinnern, dass kompakte Mengen beschränkt sind.

$$K$$

$$k_0 - \frac{1}{n} \qquad\qquad k_n \qquad k_0$$

Bild 3.27: Kompakte Menge $K \subset \mathbb{R}$ mit Supremum k_0

Um $k_0 \in K$ einzusehen, betrachten wir für $n \in \mathbb{N}$ die Zahl $k_0 - \frac{1}{n}$. Wegen $k_0 - \frac{1}{n} < k_0$ ist $k_0 - \frac{1}{n}$ *nicht* obere Schranke von K, d.h. es existiert $k_n \in K$ mit $k_n > k_0 - \frac{1}{n}$. Die Ungleichungen

$$k_0 - \frac{1}{n} < k_n \le k_0$$

garantieren, dass k_n gegen k_0 konvergiert, und daraus folgt mit Satz 3.1.7 und Satz 3.2.2(i), dass k_0 zu K gehört.

> Unser Beweis zeigt sogar etwas mehr, nämlich: Ist A eine nicht lee-
> re, abgeschlossene und nach oben beschränkte Teilmenge von $\mathbb{R}$, so
> gehört $\sup A$ zu A. Auch wurde gezeigt, dass es eine Folge $(x_n)_{n \in \mathbb{N}}$
> in A mit $x_n \to \sup A$ gibt.

Nach Definition von K heißt das, dass wir ein y_0 mit $f(y_0) = k_0$ finden können, und da k_0 größtmöglich unter allen $k \in K$ ist, muss $f(y_0)$ eine obere Schranke der $f(x)$ sein. $\qquad\qquad\qquad\qquad\qquad\qquad\qquad\qquad\qquad\qquad\qquad$ $\square$

Wir diskutieren nun einige einfache *typische Anwendungsbeispiele* des vorigen Satzes. Vorher sollten Sie sich klar machen, dass die Voraussetzungen wesentlich sind, d.h. der Satz wird falsch, wenn man eine der Voraussetzungen „M ist kompakt" oder „f ist stetig" weglässt.

1. Ist K eine nicht leere kompakte Teilmenge eines metrischen Raumes (M, d) und $x_0 \in M$, so gibt es in K einen Punkt mit „kürzestmöglichem" Abstand zu x_0, d.h. ein $y_0 \in K$ mit $d(x_0, y_0) \le d(x, x_0)$ für alle $x \in K$.

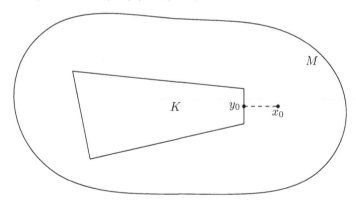

Bild 3.28: Zu $x_0 \in M$ hat ein Punkt $y_0 \in K$ kleinsten Abstand.

Beweis dazu: Man kombiniere die Stetigkeit von $x \mapsto d(x, x_0)$ (vgl. die Beispiele zu 3.3.2) mit Satz 3.3.11.

2. Ist M ein nicht leerer kompakter Raum und $f : M \to \mathbb{R}$ stetig, so gilt: Ist $f(x) > 0$ für alle $x \in M$, so gibt es ein $\eta > 0$ mit $f(x) \geq \eta$ für alle $x \in M$.

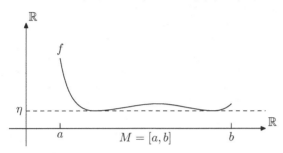

Bild 3.29: Illustration am Beispiel $M = [a, b]$

Beweis dazu: Man setze $\eta := f(x_0)$, wo x_0 gemäß Satz 3.3.11 zu bestimmen ist.

Vor dem nächsten Satz soll noch einmal an die *Stetigkeitsdefinition* erinnert werden: $f : M \to N$ heißt stetig auf M, wenn

$$\bigforall_{\varepsilon > 0} \bigforall_{x_0 \in M} \bigexists_{\delta > 0} \bigforall_{\substack{x \in M \\ d_M(x, x_0) \leq \delta}} d_N\big(f(x), f(x_0)\big) \leq \varepsilon.$$

Da der Quantor „$\forall x_0 \in M$" *vor* dem Quantor „$\exists \delta > 0$" steht, bedeutet das, dass bei vorgegebenem $\varepsilon > 0$ das δ in der Regel für verschiedene x_0 verschieden gewählt werden muss. Ist es möglich, $\delta > 0$ unabhängig von x_0 zu wählen (wenn also die Quantoren „$\forall$" und „$\exists$" die Plätze tauschen dürfen), so soll f *gleichmäßig stetig* genannt werden:

Definition 3.3.12. *(M, d_M) und (N, d_N) seien metrische Räume. Eine Funktion $f : M \to N$ heißt* gleichmäßig stetig*, wenn*

$$\bigforall_{\varepsilon > 0} \bigexists_{\delta > 0} \bigforall_{x_0 \in M} \bigforall_{\substack{x \in M \\ d_M(x, x_0) \leq \delta}} d_N\big(f(x), f(x_0)\big) \leq \varepsilon.$$

gleichmäßig stetig

Es ist klar, dass jede gleichmäßig stetige Abbildung stetig ist[25] und dass jede Lipschitzabbildung gleichmäßig stetig ist: Da kann das δ zu $\varepsilon > 0$ als $\varepsilon/(L+1)$ gewählt werden, und dieser Ausdruck hängt nicht von x_0 ab (vgl. Seite 213).

Interpretiert man „das Stetigkeits-δ zu ε bei x_0 ist klein" als „die Funktion ist steil bei x_0", so bedeutet „f ist *nicht* gleichmäßig stetig", dass „f beliebig steil"

---

[25] Das liegt daran, dass „$\exists \forall$" die Aussage „$\forall \exists$" impliziert.

wird. Folglich sollten z.B. $x \mapsto x^2$ (von $\mathbb{R}$ nach $\mathbb{R}$) oder $x \mapsto 1/x$ (von $]\,0,1\,]$ nach $\mathbb{R}$) *nicht* gleichmäßig stetig sein. Das kann man auch streng beweisen, als Beispiel zeigen wir:

Behauptung: $f :]\,0,1\,] \to \mathbb{R}$, $x \mapsto 1/x$ ist nicht gleichmäßig stetig.

Beweis: Wir müssen zeigen, dass gilt:

$$\underset{\varepsilon_0 > 0}{\exists} \; \underset{\delta > 0}{\forall} \; \underset{\substack{x, x_0 \in \\ |x - x_0| \leq \delta}}{\exists} \; \left| \frac{1}{x} - \frac{1}{x_0} \right| \geq \varepsilon_0.$$

Wir beweisen das für $\varepsilon_0 = 1$, wir geben irgendein $\delta > 0$ vor. Dann sind $x := \delta$ und $x_0 := \delta/2$ Punkte in $]\,0,1\,]$ mit $|x - x_0| \leq \delta$, und

$$\left| \frac{1}{x} - \frac{1}{x_0} \right| = \frac{1}{\delta} \geq 1 = \varepsilon_0.$$

(Dabei haben wir unterstellt, dass $\delta \leq 1$ gilt. Sollte das nicht der Fall sein, wählen wir $x := 1, x_0 := 1/2$.) $\qquad\qquad$ □

Vielleicht ist Ihnen aufgefallen, dass die Definitionsbereiche ($\mathbb{R}$ bzw. $]\,0,1\,]$) der gerade betrachteten stetigen, aber nicht gleichmäßig stetigen Funktionen ($x \mapsto x^2$ bzw. $x \mapsto 1/x$) nicht kompakt waren. Der folgende Satz zeigt, dass das kein Zufall war:

Satz 3.3.13 (Kompaktheit impliziert gleichmäßige Stetigkeit).
(M, d_M) *und* (N, d_N) *seien metrische Räume. Ist M kompakt, so ist jede stetige Funktion $f : M \to N$ sogar gleichmäßig stetig.*

Beweis: $f : M \to N$ sei stetig. Wir haben

$$\underset{\varepsilon > 0}{\forall} \; \underset{\delta > 0}{\exists} \; \underset{\substack{x, x_0 \in M \\ d_M(x, x_0) \leq \delta}}{\forall} \; d_N\big(f(x), f(x_0)\big) \leq \varepsilon$$

zu zeigen. Der Beweis wird indirekt geführt. Wir nehmen also an, dass

$$\underset{\varepsilon_0 > 0}{\exists} \; \underset{\delta > 0}{\forall} \; \underset{\substack{x, x_0 \in M \\ d_M(x, x_0) \leq \delta}}{\exists} \; d_N\big(f(x), f(x_0)\big) > \varepsilon_0 \qquad\qquad (3.1)$$

ist, das müssen wir zu einem Widerspruch führen. Dazu nutzen wir (3.1) insbesondere für die $\delta = 1/n$ aus und erhalten Elemente $x_n, y_n \in M$ mit

$$d_M(x_n, y_n) \leq \frac{1}{n} \text{ und } d_N\big(f(x_n), f(y_n)\big) > \varepsilon_0.$$

Aufgrund der Kompaktheit von M finden wir ein $x_0 \in M$ und eine Teilfolge $(x_{n_k})_{k \in \mathbb{N}}$ mit $x_{n_k} \to x_0$. Wegen $d(x_{n_k}, y_{n_k}) \leq 1/n_k$ ist dann auch $y_{n_k} \to x_0$. Außerdem gilt wegen der Stetigkeit von f:

$$f(x_{n_k}) \to f(x_0), \; f(y_{n_k}) \to f(x_0).$$

Für genügend große k ist insbesondere

$$d_N\big(f(x_{n_k}), f(x_0)\big) \leq \frac{\varepsilon_0}{2}, \ d_N\big(f(y_{n_k}), f(x_0)\big) \leq \frac{\varepsilon_0}{2},$$

und mit der Dreiecksungleichung folgt der Widerspruch

$$\varepsilon_0 < d_N\big(f(x_{n_k}), f(y_{n_k})\big) \leq d_N\big(f(x_{n_k}), f(x_0)\big) + d_N\big(f(y_{n_k}), f(x_0)\big) \leq \varepsilon_0. \ \square$$

Schlussbemerkungen:

1. Die souveräne Beherrschung des Zwischenwertsatzes und der hier bewiesenen Sätze über stetige Funktionen auf kompakten Räumen wird bei jedem die Analysis anwendenden Mathematiker vorausgesetzt. Die Bedeutung dieser Ergebnisse motiviert auch Teile des weiteren Vorgehens, nämlich z.B.:

- Man zeige, dass die für mathematische Modellbildungen wichtigen Funktionen (wie $\sin x$, e^x, ...) stetig sind.

- Man finde Kriterien, um die Kompaktheit von Teilmengen konkreter metrischer Räume nachzuweisen.

2. Die Sätze 3.3.6, 3.3.9, 3.3.11 und 3.3.13 lassen sich als Existenzsätze interpretieren. Satz 3.3.11 und Satz 3.3.13 zeigen, wie Kompaktheit globale Aussagen (Maximalwerte, gleichmäßige Stetigkeit) bei Voraussetzung lokaler Eigenschaften (Stetigkeit) impliziert.

3. Als Nachtrag zum Thema „gleichmäßige Stetigkeit" sollte betont werden, dass es sich um eine Eigenschaft handelt, die nur in Bezug auf einen Definitionsbereich sinnvoll betrachtet werden kann. Z.B. ist die Aussage „Die Funktion $x \mapsto x^2$ ist nicht gleichmäßig stetig" sinnlos. Richtig ist allerdings, dass sie nicht gleichmäßig stetig ist, wenn man sie als Funktion von $\mathbb{R}$ nach $\mathbb{R}$ auffasst. Dagegen ist die Einschränkung auf jedes kompakte Intervall wegen Satz 3.3.13 gleichmäßig stetig.

4. Schließlich ist noch darauf hinzuweisen, dass die hier vorgestellte Analysis Aussagen geliefert hat, die mit den Erwartungen übereinstimmen. So ist es leicht, zahlreiche Beispiele aus dem täglichen Leben zu finden, die an den Zwischenwertsatz bzw. den Satz vom Maximum und Minimum erinnern:

- Ist Ihnen die Dusche bei Stellung S_1 des Warmwasserhahns zu kalt, bei Stellung S_2 aber zu heiß, so erwarten Sie bei einer geeignet zu wählenden Stellung S zwischen S_1 und S_2 eine angenehme Dusch-Temperatur.

- Falls Sie ein neues Rezept ausprobieren und es beim ersten Zubereiten fade (Sie hatten 5 g Salz hinzugegeben) beim zweiten Mal (diesmal waren es 20 g Salz) aber versalzen schmeckt, so sind Sie fest davon überzeugt: Die richtige Salzmenge wird irgendwo zwischen 5 g und 20 g liegen.

- Es ist plausibel anzunehmen, dass zu irgendeinem Zeitpunkt des Jahres die am meteorologischen Institut gemessene Temperatur die höchstmögliche dieses Jahres war. Niemand wird allerdings die Erwartung haben, dass es einen Zeitpunkt t_0 geben muss, zu dem die Temperatur die höchstmögliche überhaupt (d.h. seit Bestehen des Instituts bis in alle Zukunft) sein muss.

Es wäre übrigens verfehlt anzunehmen, dass diese Erwartungen aus den von uns bewiesenen Sätzen in irgendeinem logisch strengen Sinn hergeleitet werden können. Unsere Beobachtungen sind nur ein Indiz dafür, dass die bisher entwickelten Konzepte – wie „Kompaktheit", „Stetigkeit" – gut geeignet sind, zur Mathematisierung nicht-mathematischer Sachverhalte herangezogen zu werden.

3.4   Verständnisfragen

Zu 3.1

Sachfragen

S1: Was ist ein metrischer Raum?

S2: Was versteht man unter der diskreten Metrik auf einer Menge M?

S3: Was ist eine Norm? Inwiefern induziert jeder normierte Raum einen metrischen Raum?

S4: Nennen Sie Beispiele für Normen auf dem $\mathbb{K}^m$.

S5: Wie definiert man „konvergent" bzw. „Cauchy-Folge" in der Thorie der metrischen Räume?

S6: Was bedeutet „A ist offen" bzw. „A ist abgeschlossen" für eine Teilmenge A eines metrischen Raumes?

S7: Wie lässt sich Abgeschlossenheit durch Folgen charakterisieren?

S8: Was versteht man unter dem Inneren bzw. dem Abschluss einer Menge?

Methodenfragen

M1: Nachweisen können, dass eine konkret gegebene Abbildung $d : M \times M \to \mathbb{R}$ eine Metrik ist.

Zum Beispiel:

1. Welche der folgenden Abbildungen definieren Metriken?
   - $d_1(x,y) := x - y$ für $x,y \in \mathbb{R}$.
   - $d_2(x,y) := a|x - y|$ für $x,y \in \mathbb{R}$, dabei ist $a \in \mathbb{R}$ fest.
   - $d_3(x,y) := (x - y)^2$ für $x,y \in \mathbb{R}$.

2. Sei $(a_n)_{n\in\mathbb{N}}$ eine Folge in $\mathbb{R}$. Man finde Bedingungen an diese Folge, dass
$$d\big((x_n)_{n\in\mathbb{N}}, (y_n)_{n\in\mathbb{N}}\big) := \sup_{n\in\mathbb{N}} a_n|x_n - y_n|$$
eine Metrik auf ℓ^∞ definiert.

3. Sei M eine Menge, d_1, d_2 Metriken auf M, $a, b > 0$. Ist dann auch

$$d(x, y) := a \cdot d_1(x, y) + b \cdot d_2(x, y)$$

eine Metrik auf M?

M2: Normeigenschaften nachprüfen können.

Zum Beispiel:

1. $a_1, \ldots, a_m \in \mathbb{C}$ seien vorgegeben. Ist dann

$$\|(x_1, \ldots, x_m)\| := \sum_{i=1}^{m} a_i |x_i|$$

eine Norm auf dem $\mathbb{K}^m$?

2. I sei eine nicht leere Teilmenge von $\mathbb{R}$, $x_0 \in I$. Man betrachte den $\mathbb{K}$-Vektorraum $\mathrm{Abb}(I, \mathbb{K})$ aller Abbildungen von I nach $\mathbb{K}$ (punktweise Operationen) und darauf die Abbildung

$$\|f\| := |f(x_0)|.$$

Unter welchen Bedingungen an I ist das eine Norm?

M3: Konvergenzbeweise in metrischen Räumen führen können.

Zum Beispiel:

1. Sei M eine Menge, d die diskrete Metrik auf M, man beschreibe die konvergenten Folgen (bzw. die Cauchy-Folgen) auf M.

2. $(x_n)_{n \in \mathbb{N}}$ sei eine Folge im $\mathbb{K}^m$. Zeigen Sie, dass sie genau dann $\|\cdot\|_1$-konvergent ist, wenn sie $\|\cdot\|_\infty$-konvergent ist.

3. $(x_n)_{n \in \mathbb{N}}$ sei konvergent in (M, d), $y_0 \in M$, $R \geq 0$. Gilt dann die Ungleichung $d(x_n, y_0) \leq R$ für alle $n \in \mathbb{N}$, so ist auch

$$d\left(\lim_{n \to \infty} x_n, y_0\right) \leq R.$$

M4: Für konkrete Situationen „A ist offen" bzw. „A ist abgeschlossen" nachprüfen können.

Zum Beispiel:

1. Sei $A := \{x \in \mathbb{Q} \mid x \geq 0\}$. Zeigen Sie: A ist abgeschlossen in $\mathbb{Q}$, aber weder offen noch abgeschlossen in $\mathbb{R}$.

2. Sei $A \subset \mathbb{R}$ offen und abgeschlossen, dann ist $A = \emptyset$ oder $A = \mathbb{R}$.

M5: A^o und A^- berechnen können.

Zum Beispiel:

1. Sei $A := \{x \in \mathbb{Q} \mid 1 < x \leq 2\}$. Man bestimme A^- und A^o in $\mathbb{Q}$ sowie in $[1, 2]$ und in $\mathbb{R}$.

2. Man berechne $\mathbb{R}^-$ und $\mathbb{R}^o$ in $\mathbb{C}$.

3. Bestimmen Sie T^o und T^- in $\mathbb{R}$, wo T die Menge der transzendenten Zahlen bezeichnet. (Dabei darf vorausgesetzt werden, dass es transzendente Zahlen gibt.)

4. Zeigen Sie: $\{x + iy \mid x, y \in \mathbb{Q}\} =: \mathbb{Q} + i\mathbb{Q}$ liegt dicht in $\mathbb{C}$.

Zu 3.2

Sachfragen

S1: Was ist eine kompakte Teilmenge eines metrischen Raumes?

S2: Was besagt der Satz von Bolzano-Weierstraß? (Beweisidee?)

S3: Für $K \subset \mathbb{K}^m$ gilt: K kompakt $\Longleftrightarrow$?
(Gilt dieses Kriterium auch in beliebigen metrischen Räumen?)

S4: Welche Teilmengen eines kompakten Raumes sind stets wieder kompakt.

S5: Inwiefern ist Kompaktheit eine interne Eigenschaft?

S6: Was versteht man unter der Zweipunktkompaktifizierung von $\mathbb{R}$? Wie wird dort „Konvergenz" definiert? Wie wird die Ordnung erklärt? Warum sind „+" und „·" keine inneren Kompositionen auf $\hat{\mathbb{R}}$?

Methodenfragen

M1: Kompaktheit vorgegebener Teilmengen nachweisen können, insbesondere im $\mathbb{K}^m$.

Zum Beispiel:

1. Man teste die folgenden Mengen auf Kompaktheit: $[0, 6]$, $\mathbb{Q} \cap [0, 1]$, $\{n + \frac{1}{n} \mid n \in \mathbb{N}\}$, $\{z \in \mathbb{C} \mid \mathrm{Re}(z) \le -1\}$. (Dabei ist $\mathrm{Re}(z) = x$, falls $z = x + iy$ mit $x, y \in \mathbb{R}$.)

2. Für welche $a \in \mathbb{R}$ ist $M_a := \{(x, y) \mid x^2 + ay^2 = 1\}$ kompakt?

3. Man begründe, dass $\mathbb{R}$ und $]0, 1]$ nicht kompakt sind, und zwar
   - unter Verwendung der Folgendefinition für Kompaktheit,
   - unter Verwendung der Überdeckungscharakterisierung.

M2: Beherrschung der Ordnungs- und der Konvergenzstruktur in $\hat{\mathbb{R}}$.

Zum Beispiel:

1. Bestimmen Sie (mit Beweis) $\sup A$ und $\inf A$ in $\hat{\mathbb{R}}$ für
   - $A = \mathbb{Z} \cup [0, +\infty[$
   - $A = \hat{\mathbb{R}}$
   - $A = \{(-n)^n \mid n \in \mathbb{N}\}$.

2. Man zeige: Für $A \subset \hat{\mathbb{R}}$ ist: $-\sup A = \inf(-A)$, dabei ist $-A$ die Menge $\{-a \mid a \in A\}$.

3. Man untersuche die Konvergenz in $\hat{\mathbb{R}}$ von:
   (a) $(n^2)_{n \in \mathbb{N}}$
   (b) $((-1)^{n+1} \cdot n^2)_{n \in \mathbb{N}}$

(c) $(a_n)_{n \in \mathbb{N}}$ mit

$$a_n = \left\{ \begin{array}{ll} n + 1/2 & n \text{ ungerade} \\ +\infty & n \text{ gerade} \end{array} \right.$$

(d) $\sum_{n=0}^{\infty} n!$
(e) $\sum_{n=1}^{\infty} (+\infty)^n$
(f) $\sum_{n=1}^{\infty} (-\infty)^n$.

Zu 3.3

Sachfragen

S1: Was bedeutet „f ist stetig bei $x_0 \in M$" bzw. „f ist stetig auf M" (für $f : M \to N$). Wie kann man sich diese Begriffe veranschaulichen, z.B. für $f : \mathbb{R} \to \mathbb{R}$?

S2: Was ist eine Lipschitzabbildung? Beispiele? Beweis für: Jede Lipschitzabbildung ist gleichmäßig stetig.

S3: Welche Charakterisierungen und Permanenzsätze für stetige Funktionen kennen Sie?

S4: Inwiefern kann man stetige Funktionen zum Nachweis dafür einsetzen, dass konkret gegebene Mengen offen bzw. abgeschlossen sind?

S5: Was besagt der Zwischenwertsatz, welche Sätze gelten für stetige Funktionen auf kompakten Räumen? (Beweisideen?)

S6: Was bedeutet gleichmäßige Stetigkeit? Kennen Sie ein Beispiel für eine stetige, nicht gleichmäßig stetige Funktion (mit Beweis)?

Methodenfragen

M1: Abbildungen als stetig erkennen können, und zwar sowohl direkt (ε-δ-Definition), als auch unter geschickter Anwendung der Permanenzsätze.

Zum Beispiel:

1. Man zeige: $x \mapsto x^2$ ist eine stetige Abbildung auf $\mathbb{R}$ (das soll mit einem direkten ε-δ-Beweis gezeigt werden).

2. Unter Verwendung der Stetigkeit von $x \mapsto \sin x$ begründe man, dass $x \mapsto \sin(1 + \sin^2 x)$ stetig ist.

3. Jede Abbildung $f : \mathbb{N} \to \mathbb{R}$ ist stetig (ε-δ-Beweis), ist jedes derartige f auch gleichmäßig stetig?

4. Ist $f : \mathbb{R} \to \mathbb{R}$ stetig, so auch f^2 (ε-δ-Beweis). Gilt das auch, wenn man „stetig" durch „Lipschitz-Abbildung" oder „gleichmäßig stetig" ersetzt?

M2: Nachweisen können, dass eine vorgelegte Abbildung gleichmäßig stetig ist (und zwar sowohl direkt als auch unter Verwendung der Sätze über stetige Funktionen).

Zum Beispiel:

1. $f, g : \mathbb{R} \to \mathbb{R}$ seien gleichmäßig stetig, $\alpha \in \mathbb{R}$. Sind dann auch $f \cdot g$ bzw. αf gleichmäßig stetig?

2. $x \to 1/x$ ist gleichmäßig stetig auf $[\,1, +\infty\,[$.

3. $p : x \mapsto x^{19} - 3x^6 + 1$ ist gleichmäßig stetig auf $]-3, 712\,]$.

4. Ist die Aussage „$x \mapsto x^2$ ist nicht gleichmäßig stetig" sinnvoll?

M3: Nachweis topologischer Eigenschaften (offen, kompakt, abgeschlossen) unter Verwendung stetiger Funktionen.

Zum Beispiel:

1. Die Menge $\{(x, y, z) \mid x^2 + y^2 + z^2 = 1\}$ ist kompakt im $\mathbb{R}^3$.

2. $B \subset \mathbb{K}^m$ sei beschränkt und abgeschlossen, weiter sei $A \subset B$ eine abgeschlossene Teilmenge und $f : A \to \mathbb{R}$ stetig. Dann ist $f(A)$ kompakt.

3. Kann es eine surjektive stetige Abbildung $f : [\,0, 1\,] \to \mathbb{R}$ geben?

M4: Zwischenwertsatz und Satz vom Maximum anwenden können.

Zum Beispiel:

1. Sei P ein Polynom ungeraden Grades mit reellen Koeffizienten. Dann gibt es ein $x_0 \in \mathbb{R}$ mit $P(x_0) = 0$.

2. $f : \mathbb{R} \to \mathbb{R}$ sei stetig mit $0 \notin f(\mathbb{R})$. Dann ist $f(x)f(y) > 0$ für alle $x, y \in \mathbb{R}$.

3. f und g seien stetige Funktionen von $[\,0, 1\,]$ nach $\mathbb{R}$.

   Gilt dann $f(x) < g(x)$ für alle x, so gibt es ein $\varepsilon > 0$, so dass sogar stets $f(x) + \varepsilon \leq g(x)$ ist.

3.5 Übungsaufgaben

Zu Abschnitt 3.1

3.1.1 Bestimmen Sie den Abschluss, den offenen Kern und den Rand folgender Teilmengen von $\mathbb{R}$ bzw. $\mathbb{R}^2$:

(a) $A = \left\{1, \dfrac{1}{2}, \dfrac{1}{3}, \ldots\right\}$.

(b) $B = \{x \in \mathbb{R} \mid x \text{ ist irrational}\}$.

(c) $C = \{(x, y) \in \mathbb{R}^2 \mid x = y\}$.

(d) $D = \{(x, y) \in \mathbb{R}^2 \mid y > 0\}$.

3.1.2 Sei $(X, \|\cdot\|)$ ein normierter Raum. Zeigen Sie, dass für den Rand der Einheitskugel $B = \{x \in X \mid \|x\| \leq 1\}$ gilt:

$$\partial B = \{x \in X \mid \|x\| = 1\}.$$

3.1.3 Man überprüfe auf Abgeschlossenheit, Offenheit und Kompaktheit:

(a) $A = \{2, 4, 6, 8, \ldots\} \subset \mathbb{R}$,

(b) $B = \{z \in \mathbb{C} \mid |z|^2 \geq 1,\ |z|^3 \leq 3\} \subset \mathbb{C}$.

3.1.4 Welche der folgenden Mengen sind offen, abgeschlossen bzw. weder offen noch abgeschlossen in $\mathbb{R}$ bezüglich der üblichen Metrik?

(a) $A = [-1, 3] \cup [4, 10]$

(b) $B = (]-5, 2[\ \cup\ ]7, 22[) \cap\ ]-3, 15[$

(c) $C = \{1, \frac{1}{2}, \frac{1}{3}, \frac{1}{4}, \ldots\}$

(d) $D = \{0, 1, \frac{1}{2}, \frac{1}{3}, \frac{1}{4}, \ldots\}$.

3.1.5 Für welche $a \geq 1$ ist $]0, 1[$ abgeschlossen in $]0, a[$?

3.1.6 Die Menge

$$\left\{ (a, b, c, d) \ \middle|\ \begin{array}{l} \text{Das Gleichungssystem} \\ \begin{array}{rcl} ax + by & = & 1 \\ cx + dy & = & 2 \end{array} \\ \text{ist eindeutig lösbar.} \end{array} \right\}$$

ist offen im $\mathbb{K}^4$.

Zu Abschnitt 3.2

3.2.1 Sei (M, d) ein metrischer Raum, in dem jede Teilmenge abgeschlossen ist. Was lässt sich dann über die kompakten Teilmengen von M aussagen?

3.2.2 Bestimmen Sie die kompakten Teilmengen des Raumes $\{0\} \cup \{\frac{1}{n} \mid n \in \mathbb{N}\}$, der mit der von $\mathbb{R}$ geerbten Metrik versehen sei.

3.2.3 Kann es einen unendlichen Raum geben, in dem jede Teilmenge kompakt ist?

3.2.4 Man beweise: Ist $(a_n)_{n \in \mathbb{N}}$ eine Folge in $\hat{\mathbb{R}}$ mit $\lim_{n \to \infty} a_n = +\infty$, so gilt $\lim_{n \to \infty} a_n b_n = +\infty$ für jede Folge $(b_n)_{n \in \mathbb{N}}$ mit $\inf_{n \in \mathbb{N}} b_n > 0$.

3.2.5 Zeigen Sie: $\{e_n \mid n \in \mathbb{N}\}$ ist nicht kompakt in ℓ^∞ bzgl. $\|\cdot\|_\infty$. Dabei ist e_n die Folge $(0, 0, \ldots, 0, 1, 0 \ldots)$, die 1 steht an der n-ten Stelle.

Zu Abschnitt 3.3

3.3.1 Es sei $f : [0, 1] \to \mathbb{R}$ eine stetige Funktion mit $f(0) = f(1)$. Zeigen Sie, dass dann ein $c \in [0, \frac{1}{2}]$ existiert mit $f(c) = f(c + \frac{1}{2})$.

3.3.2 Zeigen Sie:

1. $f : \mathbb{R} \setminus \{3\} \to \mathbb{R}$, $f(x) = \frac{1}{x-3}$ ist nicht gleichmäßig stetig.

2. $g : \mathbb{R} \setminus [2, 4] \to \mathbb{R}$, $g(x) = \frac{1}{x-3}$ ist eine Lipschitzabbildung.

3.3.3 Es sei $f : [0, 1] \to [0, 1]$ eine stetige Funktion. Zeigen Sie, dass f dann einen Fixpunkt besitzt. D.h., es gibt ein $x \in [0, 1]$ mit $f(x) = x$.

3.3.4 Ist $f : [0, 1[\to \mathbb{R}$, $f(x) = \sqrt[5]{x}$

1. gleichmäßig stetig,

2. sogar eine Lipschitzabbildung?

3.3.5 Eine Teilmenge I von $\mathbb{R}$ ist genau dann ein Intervall, wenn dafür der Zwischenwertsatz richtig ist, wenn also gilt:

Ist $f : I \to \mathbb{R}$ stetig und $x, y \in I$, so tritt jedes c zwischen $f(x)$ und $f(y)$ als Bildwert auf.

3.3.6 Für eine Teilmenge K von $\mathbb{R}$ sind äquivalent:

- K ist kompakt.
- Jede stetige reellwertige Funktion auf K ist beschränkt.

Ist K ein Intervall, so sind diese beiden Aussagen auch äquivalent dazu, dass jede stetige Funktion auf K gleichmäßig stetig ist.

3.3.7 Für eine Teilmenge K von $\mathbb{R}$ sind äquivalent:

- K ist kompakt.
- Jede stetige reellwertige Funktion nimmt Maximum und Minimum an.
- Für jede auf K definierte stetige Funktion f ist $f(K)$ kompakt.

3.6   Tipps zu den Übungsaufgaben

Tipps zu Abschnitt 3.1

3.1.1 Man muss sich nur an die folgenden beiden Tatsachen erinnern:

- Ein Element x gehört zum Inneren, wenn es eine ganze Kugel mit positivem Radius um x gibt, die auch zur Menge gehört.
- Ein Element x gehört zum Abschluss, wenn es eine Folge in der gerade zu untersuchenden Menge gibt, die gegen x konvergent ist.
- Der Rand ist die Mengendifferenz: Abschluss minus Inneres.

3.1.2 Zeigen Sie vorbereitend, dass das Innere die Menge $\{x \mid \|x\| < 1\}$ ist.

3.1.3 Lesen Sie noch einmal die Tipps zu Aufgabe 3.1.1 und beachten Sie, dass die kompakten Teilmengen des $\mathbb{R}^n$ oder $\mathbb{C}^n$ genau die beschränkten abgeschlossenen Teilmengen sind.

3.1.4 Man sollte wissen:

- Offen ist eine Teilmenge genau dann, wenn sie mit jedem Punkt auch eine Kugel mit positivem Radius um diesen Punkt enthält.
- Abgeschlossen ist eine Teilmenge genau dann, wenn der Limes jeder konvergenten Folge in dieser Teilmenge – dabei kann der Limes irgendwo in der Obermenge liegen – tatsächlich schon in der Teilmenge liegt.

Für Anfänger ist es gewöhnungsbedürftig, dass „offen" und „abgeschlossen" von der Obermenge abhängen. Zum Beispiel ist $[\,0, 1\,]$ offen in $[\,0, 1\,]$, nicht aber in $\mathbb{R}$.

3.1.5 Eigentlich geht es um zwei Teile: Erstens muss $\,]\,0, 1\,[\,$ in $\,]\,0, a\,[\,$ liegen, und zweitens muss diese Menge dort abgeschlossen sein. Sie werden sehen, dass nicht sehr viele a in Frage kommen.

3.1.6 Hier sind Kenntnisse aus der linearen Algebra wichtig. Drücken Sie die fragliche Eigenschaft durch eine Eigenschaft der Determinante des Systems aus und verifizieren Sie dann, dass das zu einer offenen Menge von Koeffizienten a, b, c, d führt.

Tipps zu Abschnitt 3.2

3.2.1 Sie können nicht sehr groß sein ...

3.2.2 Es sind genau diejenigen Teilmengen, die auch in $\mathbb{R}$ kompakt wären, denn Kompaktheit ist eine interne Eigenschaft. Dafür gibt es aber eine Charakterisierung.

3.2.3 Beweisen Sie vorbereitend: Ist (x_n) eine gegen x konvergente Folge und sind alle x_n paarweise verschieden und von x verschieden, so kann $\{x_n \mid n \in \mathbb{N}\}$ nicht kompakt sein.

3.2.4 Insbesondere sind doch alle b_n größer als eine feste positive Zahl. Mit diesem Tipp sollte Ihnen der Beweis nicht schwer fallen.

3.2.5 Wie groß ist denn $\|e_n - e_m\|$, wenn $n \neq m$ gilt?

Tipps zu Abschnitt 3.3

3.3.1 Was weiß man denn über die auf $[\,0, 0.5\,]$ durch $x \mapsto f(x + 1/2) - f(x)$ definierte Funktion? Machen Sie eine Fallunterscheidung nach $f(1/2) \leq f(0)$ bzw. $> f(0)$.

3.3.2 Zu „1.": Die Punkte in der Nähe von 3 sind interessant. Zu „2.": Finden Sie eine Abschätzung von $|g(x) - g(y)|$, in der $|x - y|$ vorkommt.

3.3.3 Das ist ein Fall für den Zwischenwertsatz.

3.3.4 Wenn man f mit gleicher Definition auf $[\,0, 1\,]$ betrachtet, führt in „a" ein Kompaktheitsschluss zum Ziel. Für „b" sollten Sie anhand einer Skizze entscheiden, ab Sie lieber „ja" oder „nein" beweisen wollen.

3.3.5 Eine Richtung ist mit dem Standard-Zwischenwertsatz klar. Für die andere kann man eine sehr einfache stetige Abbildung betrachten.

3.3.6 Erinnern Sie sich an die Charakterisierung kompakter Teilmengen von $\mathbb{R}$. Wenn zum Beispiel K nicht beschränkt ist, so ist die stetige Abbildung $x \mapsto x$ auf K nicht beschränkt. Und wenn K „ein Loch" bei x_0 hat, so hilft die Diskussion der Funktion $x \mapsto 1/(x - x_0)$ weiter.

3.3.7 Lesen Sie die Tipps zur vorstehenden Aufgabe.

Kapitel 4

Differentiation (eine Veränderliche)

Ein Blick auf die lange Geschichte der Anwendungen von Mathematik zeigt, dass dort gewisse ausgezeichnete Funktionen (Exponentialfunktion, trigonometrische Funktionen, ...) immer und immer wieder vorkommen. Es ist eines der Ziele dieses Kapitels, die für die Behandlung dieser „speziellen" Funktionen notwendigen Begriffe bereitzustellen.

Als wichtige Vorbereitung werden wir in *Abschnitt 4.1* definieren, was eine *differenzierbare Funktion* ist. Das ist – naiv ausgedrückt – eine Funktion, die sich „ohne Knick" zeichnen lässt, also eine, die bei genügend hoher Vergrößerung lokal wie eine Gerade aussieht. Wie Stetigkeit ist auch Differenzierbarkeit eine Eigenschaft, die beim Übergang zu zusammengesetzten Funktionen erhalten bleibt. Summen, Produkte usw. sind wieder differenzierbar, und man kann einfache Formeln für die Steigungen finden, die sich dabei ergeben.

Abschnitt 4.2 ist der Behandlung der *Mittelwertsätze* gewidmet. Durch diese Sätze lassen sich Informationen über die Ableitung einer Funktion zur Herleitung von Eigenschaften der Funktion selber verwenden. (Ein typisches Beispiel ist das Ergebnis, dass eine Funktion monoton steigend sein muss, wenn die Ableitung nicht negativ ist.) Der Abschnitt enthält außerdem einige typische Anwendungsbeispiele, u.a. den Nachweis der *l'Hôpitalschen Regeln*[1].

In *Abschnitt 4.3* wird der *Satz von Taylor* bewiesen. Dadurch ist es möglich zu entscheiden, inwieweit eine vorgegebene Funktion näherungsweise durch eine einfache Funktion (ein Polynom) beschrieben werden kann. Es wird danach nicht schwer sein, die für die Behandlung von *Extremwertaufgaben* wichtigsten Resultate zu erhalten.

Aufgrund des Satzes von Taylor ist zu erwarten, dass „gutartige" Funktionen die Form $x \mapsto \sum_{n=0}^{\infty} a_n (x - x_0)^n$ haben. Diese – berechtigte – Erwartung

---

[1] In manchen Büchern heißt es übrigens „l'Hospital" statt „l'Hôpital", in beiden Fällen sollte man diesen französischen Namen als „`loppitall`" (mit der Betonung auf der letzten Silbe) aussprechen.

motiviert unsere ausführliche Beschäftigung mit *Potenzreihen* in *Abschnitt 4.4*.

Danach sind wir in *Abschnitt 4.5* in der Lage, einige der *wichtigsten Funktionen* der Analysis einzuführen und zu untersuchen: Exponentialfunktion, Logarithmus, Sinus, Cosinus, ... Bei dieser Gelegenheit werden auch zwei wichtige Zahlen eingehend studiert, nämlich die Zahl e und die Zahl π.

Das Kapitel schließt in *Abschnitt 4.6* mit einigen für konkrete Anwendungen nützlichen Ergebnissen. Wir werden zunächst den *Fundamentalsatz der Algebra* beweisen. Dieser Satz besagt, dass jedes Polynom $P(z)$ als Produkt von Ausdrücken der Form $z - z_0$ dargestellt werden kann.

Warum das wichtig ist, sollte dann bei der Zusammenstellung einiger Ergebnisse aus der Theorie der *gewöhnlichen Differentialgleichungen* deutlich werden. (Eine gewöhnliche Differentialgleichung ist eine Gleichung, in der eine Funktion, die unabhängige Veränderliche, die erste und/oder auch höhere Ableitungen vorkommen. Typisches Beispiel:
Bestimme eine Funktion f, für die stets $f(x) = xf'(x) - 2f''(x)$ gilt.)

4.1   Differenzierbare Funktionen

Erinnern Sie sich bitte zunächst an die ε-δ-Definition der Stetigkeit. Stark vereinfacht lässt sich doch sagen: Ist f stetig bei x_0, so verhält sich f in der Nähe von x_0 wie die konstante Funktion $x \mapsto f(x_0)$.

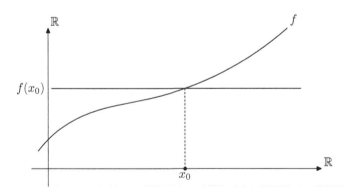

Bild 4.1: Approximation durch eine konstante Funktion

Ganz ähnlich kann man sich dem Differenzierbarkeitsbegriff nähern, der den meisten Lesern bereits aus der Schule bekannt sein dürfte. Wir werden (präzise Definitionen folgen!) f bei x_0 *differenzierbar* nennen, wenn f „in der Nähe" von x_0 „sehr gut" durch eine Gerade approximiert werden kann (das ist natürlich die Tangente aus der Schulmathematik):

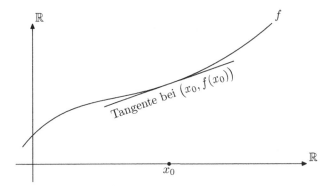

Bild 4.2: Approximation durch eine Gerade

Nun haben Geraden g die Form $x \mapsto \alpha \cdot x + \beta$, wobei α die Steigung ist. Daraus folgt: Geht g durch den Punkt (x_0, y_0), so muss $y_0 = \alpha x_0 + \beta$ gelten, und daraus ergibt sich durch Einsetzen von $x = x_0 + h$ die Formel

$$g(x_0 + h) = y_0 + h \cdot \alpha.$$

Für unsere Zwecke heißt das, dass Differenzierbarkeit die Existenz einer Zahl α bedeutet (die der Steigung der Tangente entspricht), so dass für „kleine" h stets

$$f(x_0 + h) \approx f(x_0) + \alpha h$$

ist. Schon dieser naive Ansatz macht klar, dass wir uns – anders als im Abschnitt Stetigkeit – auf die Untersuchung von Funktionen beschränken müssen, für die in Urbild- und Bildbereich nicht nur ein Abstandskonzept, sondern auch algebraische Strukturen vorgegeben sind. Anders als in Kapitel 3 geht es also hier nicht um beliebige metrische Räume, wir werden in diesem Abschnitt lediglich Funktionen zwischen Teilmengen von $\mathbb{K}$ betrachten, wobei wie üblich $\mathbb{K} = \mathbb{R}$ oder $\mathbb{K} = \mathbb{C}$ ist[2].

Wir betrachten noch einmal den Ausdruck $f(x_0 + h) \approx f(x_0) + \alpha h$. Den kann man doch auch dazu verwenden, das noch unbekannte α zu finden: Wenn die Approximation für „sehr kleine h" wirklich sehr gut ist, muss doch α näherungsweise den Wert

$$\frac{f(x_0 + h) - f(x_0)}{h}$$

haben. Dieser Ausdruck heißt der *Differenzenquotient* und ist gleich der Steigung der Sekante zwischen den Punkten $(x_0, f(x_0))$ und $(x_0 + h, f(x_0 + h))$ des Graphen von f:

---

[2] Das Thema wird am Ende von Band 2 der „Analysis" noch einmal aufgegriffen werden, dann sollen Funktionen behandelt werden, die auf Teilmengen des $\mathbb{R}^m$ definiert sind, die also von mehreren Veränderlichen abhängen.

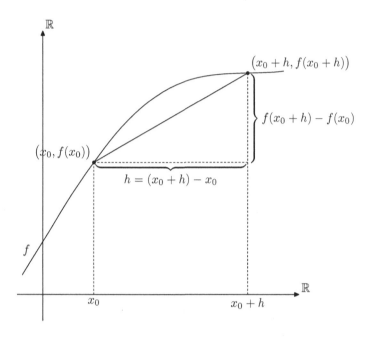

Bild 4.3: Der Differenzenquotient

Damit sind die nächsten Schritte vorgezeichnet: Wir werden zunächst sagen, was

$$\lim_{\substack{h \to 0 \\ h \neq 0}} \frac{f(x_0 + h) - f(x_0)}{h}$$

oder, gleichwertig,

$$\lim_{\substack{x \to x_0 \\ x \neq x_0}} \frac{f(x) - f(x_0)}{x - x_0}$$

bedeutet, um dann mit Hilfe dieser Definition den Begriff „Differenzierbarkeit bei x_0" (d.h., dieser Limes existiert) erklären zu können.

Wir beginnen also mit einem allgemeinen **Exkurs über** $\lim\limits_{\substack{x \to x_0 \\ x \neq x_0}}$:

Definition 4.1.1. *Es sei M ein beliebiges Intervall in $\mathbb{R}$ oder eine offene Teilmenge von $\mathbb{C}$. Weiter sei x_0 ein beliebiger Punkt aus M.*
(Man beachte, dass es dann Folgen in $M \setminus \{x_0\}$ gibt, die gegen x_0 konvergieren.)
Ist dann $g : M \setminus \{x_0\} \to \mathbb{K}$ eine Funktion und $\alpha \in \mathbb{K}$, so sagen wir, dass

$$\lim_{\substack{x \to x_0 \\ x \neq x_0}} g(x) = \alpha$$

gilt[3], falls die Folge $\big(g(x_n)\big)$ für alle Folgen $(x_n)_{n \in \mathbb{N}}$ in $M \setminus \{x_0\}$ mit $x_n \to x_0$ gegen α konvergent ist.

---

[3] In Worten: „Der Limes von $g(x)$ für x gegen x_0, x ungleich x_0, ist gleich α."

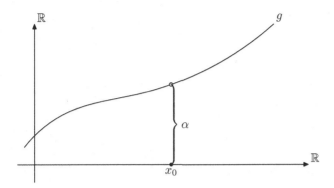

Bild 4.4: $\displaystyle\lim_{x \to x_0,\, x \neq x_0} g(x) = \alpha$ *anschaulich*

Bemerkungen und Beispiele:

1. $\displaystyle\lim_{\substack{x \to x_0 \\ x \neq x_0}} g(x) = \alpha$ bedeutet gerade: Es ist möglich, die Definition von g durch $g(x_0) := \alpha$ so auf ganz M zu erweitern, dass g bei x_0 stetig wird (das folgt sofort aus Satz 3.3.4(i)). Man sagt daher auch, dass g bei x_0 *stetig ergänzt* werden kann, falls $\displaystyle\lim_{\substack{x \to x_0 \\ x \neq x_0}} g(x)$ existiert.

Wegen Satz 3.3.4(i) gilt auch: $\displaystyle\lim_{\substack{x \to x_0 \\ x \neq x_0}} g(x)$ existiert und ist gleich α genau dann, wenn es zu jedem $\varepsilon > 0$ ein $\delta > 0$ so gibt, dass $|g(x) - \alpha| \leq \varepsilon$ für alle $x \in M$ mit $0 < |x - x_0| \leq \delta$.

2. Da konvergente Folgen nur einen Limes haben, ist das α in Definition 4.1.1 eindeutig bestimmt, falls es existiert.

3. In der Definition hatten wir gefordert, dass es eine Zahl α so geben soll, dass $g(x_n) \to \alpha$ für alle gegen x_0 konvergenten Folgen (x_n) gilt, für die $x_n \neq x_0$ für alle n ist. Überraschenderweise ist das äquivalent dazu, dass für solche Folgen (x_n) die Folge $\big(g(x_n)\big)_{n \in \mathbb{N}}$ „irgendwohin" konvergent ist. Man fordert also nicht, dass für alle (x_n) die Limites der $\big(g(x_n)\big)_{n \in \mathbb{N}}$ gleich sind.

Dass das gleichwertig ist, sieht man so ein: Wir wählen *irgendeine* Folge x_n in $M \setminus \{x_0\}$ mit $x_n \to x_0$ und definieren $\alpha := \lim g(x_n)$; dieser Limes soll ja nach Voraussetzung existieren. Nun sei (y_n) eine weitere derartige Folge. Wir wissen, dass $\beta := \lim g(y_n)$ existiert, und wir behaupten, dass $\alpha = \beta$ gilt.

Das kann man durch Betrachtung der „Mischfolge" $(x_1, y_1, x_2, y_2, \ldots)$ einsehen. Sie liegt in $M \setminus \{x_0\}$ und konvergiert gegen x_0, damit muss der Limes von $\big(g(x_1), g(y_1), g(x_2), g(y_2), \ldots\big)$ existieren (wir wollen ihn mit γ bezeichnen). Die Folgen $\big(g(x_n)\big)$ und $\big(g(y_n)\big)$ sind Teilfolgen der Folge $\big(g(x_1), g(y_1), g(x_2), g(y_2), \ldots\big)$, auch sie gehen also gegen γ. Folglich gilt $\alpha = \gamma = \beta$, und damit ist die Behauptung bewiesen.

In diesem Fall liegt also eine der seltenen Situationen vor, in denen doch einmal aus $\forall\exists$ die Aussage $\exists\forall$ folgt[4].

4. Es folgen einige einfache Beispiele:

- Man definiere $g : \mathbb{R} \setminus \{0\} \to \mathbb{R}$ durch $x \mapsto \frac{x}{x}$. Dann ist offensichtlich

$$\lim_{\substack{x\to 0 \\ x\neq 0}} g(x) = 1,$$

denn konstante Folgen sind konvergent.

(Man kann zwar g nicht direkt bei 0 definieren – was sollte denn $0/0$ bedeuten –, aber „eigentlich" ist g die konstante Funktion 1.)

Ganz analog ergibt sich $\lim\limits_{\substack{z\to 0 \\ z\neq 0}} g(z) = 1$, wenn wir $g : \mathbb{C} \setminus \{0\} \to \mathbb{C}$ durch $z \mapsto \frac{z}{z}$ definieren.

- Wieder betrachten wir ein $g : \mathbb{R} \setminus \{0\} \to \mathbb{R}$, diesmal soll g durch die Vorschrift $g(x) := -1$ für $x < 0$ und durch $g(x) := 1$ für $x > 0$ definiert sein. In diesem Fall existiert $\lim\limits_{\substack{x\to 0 \\ x\neq 0}} g(x)$ *nicht*, denn man kann eine gegen 0 konvergente Folge mit abwechselnd positiven und negativen Folgengliedern wählen, und als Bildfolge unter g entsteht dann die Folge $(1, -1, 1, -1, \ldots)$, die nicht konvergent ist.

5. Es gibt einige verwandte Definitionen, die nicht ausführlich erläutert zu werden brauchen, etwa:

- $\lim\limits_{x\to x_0^+} g(x) = \alpha$ bedeutet: Für $x_n \to x_0$ (alle $x_n > x_0$) ist $\lim g(x_n) = \alpha$.

  Als Beispiel für einen einseitigen Limes betrachten wir $M = [\,0, +\infty\,[$ und $x_0 = 0$. Ist dann $g : \,]\,0, +\infty\,[\to \mathbb{R}$ durch $g(x) := x^2/x$ definiert, so geht es in Wirklichkeit um die Abbildung $x \mapsto x$. Deswegen sollte klar sein, dass $\lim\limits_{\substack{x\to 0 \\ x\neq 0}} g(x) = 0$ gilt.

- $\lim\limits_{x\to +\infty} g(x) = \alpha$ bedeutet: Für jede reelle Folge (x_n) mit $x_n \to +\infty$ ist $\lim g(x_n) = \alpha$.

Analog sind Ausdrücke wie $\lim\limits_{x\to x_0^-} g(x)$ und $\lim\limits_{x\to -\infty} g(x)$ zu interpretieren.

6. Falls g auf $M \setminus \{x_0\}$ stetig ist, kann man die stetige Ergänzung einfach so finden: Man suche ein stetiges $G : M \to \mathbb{K}$, das auf $M \setminus \{x_0\}$ mit g übereinstimmt. Aus Satz 3.3.4 folgt dann, dass $\lim\limits_{\substack{x\to x_0 \\ x\neq x_0}} g(x) = G(x_0)$ gelten muss[5].

---

[4] Die umgekehrte Implikation gilt ja stets.

[5] So einfach geht es leider nicht immer. Wir werden aber in Abschnitt 4.2 eine weitere Technik zur Bestimmung von $\lim\limits_{\substack{x\to x_0 \\ x\neq x_0}}$ kennen lernen, die *l'Hôpitalschen Regeln*.

Beispiele dazu:

- $\lim\limits_{\substack{x \to 0 \\ x \neq 0}} \dfrac{x}{x} = 1$ (betrachte $G = 1$, das entspricht unserem ersten Beispiel),

- $\lim\limits_{\substack{x \to 1 \\ x \neq 1}} \dfrac{x^2 - 1}{x - 1} = 2$ (setze $G : x \mapsto x + 1$),

- $\lim\limits_{\substack{z \to 0 \\ z \neq 0}} \dfrac{2wz + z^2}{z} = 2w$ (betrachte $G : z \mapsto 2w + z$).

Wir sind nun in der Lage, den Begriff „Differenzierbarkeit" einzuführen. Da größtmögliche Allgemeinheit nicht angestrebt ist – sie würde eher verwirren, und die interessanteren Ergebnisse über differenzierbare Funktionen gelten sowieso nur in Spezialfällen – beschränken wir uns in der folgenden Definition auf die Betrachtung „schöner" Definitionsbereiche:

Definition 4.1.2. *Es sei* $\mathbb{K} = \mathbb{R}$ *oder* $\mathbb{K} = \mathbb{C}$ *und* M *eine nicht leere Teilmenge von* $\mathbb{K}$. *Im Fall* $\mathbb{K} = \mathbb{C}$ *soll* M *eine offene Teilmenge, im Fall* $\mathbb{K} = \mathbb{R}$ *ein beliebiges Intervall sein. Weiter sei* $f : M \to \mathbb{K}$ *eine Funktion und* $x_0 \in M$.

(i) f *heißt bei* x_0 *differenzierbar, falls*   **differenzierbar**

$$\lim_{\substack{h \to 0 \\ h \neq 0}} \frac{f(x_0 + h) - f(x_0)}{h}$$

existiert, dieser Limes soll dann mit $f'(x_0)$ *bezeichnet werden.* $\boldsymbol{f'(x_0)}$

$f'(x_0)$ *(gesprochen „f Strich von* x_0*") heißt die* Ableitung *von* f *bei* x_0.

(ii) Ist f *bei allen* $x \in M$ *differenzierbar, so heißt* f *auf* M *differenzierbar.*   **Ableitung**
Unter $f' : M \to \mathbb{K}$ *wollen wir dann die Funktion* $x \mapsto f'(x)$ *(die* Ableitung   **von** $\boldsymbol{f}$
von f*) verstehen.*

Diese für die Analysis sehr wichtige Definition soll nun ausführlich erläutert werden:

Bemerkungen und Beispiele:

1. f ist also bei x_0 differenzierbar, und zwar mit Ableitung $f'(x_0)$, falls für jede Folge $(x_n)_{n \in \mathbb{N}}$ in M mit $x_n \neq x_0$ (für alle n) und $x_n \to x_0$ die Folge

$$\left(\frac{f(x_n) - f(x_0)}{x_n - x_0} \right)_{n \in \mathbb{N}}$$

gegen $f'(x_0)$ konvergiert. Um das einzusehen, muss man nur von x-Werten, die nahe bei x_0 liegen, durch $h := x - x_0$ zu h-Werten übergehen, die in der Nähe der Null liegen.

Folglich ist f bei x_0 *nicht* differenzierbar, falls es mindestens eine Folge $(x_n)_{n \in \mathbb{N}}$ gibt, so dass $\left(\dfrac{f(x_n) - f(x_0)}{x_n - x_0} \right)_{n \in \mathbb{N}}$ nicht konvergiert.

Als Beispiel betrachte man $x \mapsto |x|$ bei $x_0 = 0$. Wählt man $x_n = (-1)^n / n$, so ist $\dfrac{f(x_n) - f(x_0)}{x_n - x_0} = (-1)^n$ und diese Folge ist nicht konvergent. Also ist $x \mapsto |x|$ bei $x = 0$ nicht differenzierbar.

2. Differenzierbarkeit bei x_0 bedeutet doch nach Bemerkung 1 auf Seite 243:

$$\underset{f'(x_0)}{\exists} \; \underset{\varepsilon > 0}{\forall} \; \underset{\delta > 0}{\exists} \; \underset{\substack{h \in \mathbb{K} \\ |h| \leq \delta \\ x_0 + h \in M}}{\forall} \; \left| \frac{f(x_0 + h) - f(x_0)}{h} - f'(x_0) \right| \leq \varepsilon.$$

Die letzte Ungleichung kann man nach Multiplikation mit h als

$$f(x_0 + h) = f(x_0) + h f'(x_0) + \text{Fehler}$$

schreiben, wo der Betrag des Fehlers durch $\varepsilon |h|$ abgeschätzt werden kann. In *diesem* Sinne ist Differenzierbarkeit als Approximierbarkeit durch lineare Abbildungen zu verstehen.

Man beachte den Unterschied zur Stetigkeit:

- Ist f stetig bei x_0, so kann man garantieren, dass $f(x_0 + h)$ für „kleine" h bis auf einen Fehler $\leq \varepsilon$ mit $f(x_0)$ übereinstimmt.

- Differenzierbarkeit bedeutet viel mehr. Auch da kann man sich ein $\varepsilon > 0$ wünschen, doch dann weiß man sogar, dass der Unterschied zwischen $f(x_0 + h)$ und $f(x_0) + h f'(x_0)$ für „genügend kleine" h höchstens $\varepsilon |h|$ ist.

3. Man betrachte die konstante Abbildung $f : z \mapsto w_0$, wobei $w_0 \in \mathbb{K}$ eine beliebige Zahl ist. Für jedes $z_0 \in \mathbb{K}$ und jede Folge $h_n \to 0$ (alle $h_n \neq 0$) ist dann

$$\frac{f(z_0 + h_n) - f(z_0)}{h_n} = \frac{w_0 - w_0}{h_n} = 0.$$

Folglich ist $f'(z_0) = 0$ für jedes $z_0 \in \mathbb{K}$.

Ähnlich leicht ergibt sich: Ist $f(z) = az$ (wo $a \in \mathbb{K}$ fest), so ist $f'(z_0) = a$ für jedes $z_0 \in \mathbb{K}$. Etwas mehr aber muss man schon im Fall der Abbildung $z \mapsto f(z) := z^2$ überlegen. Hier ist

$$\frac{f(z_0 + h_n) - f(z_0)}{h_n} = \frac{(z_0 + h_n)^2 - z_0^2}{h_n} = 2z_0 + h_n,$$

und dieser Ausdruck konvergiert für $h_n \to 0$ offensichtlich gegen $2z_0$. Damit ist für jedes $z_0 \in \mathbb{K}$ gezeigt, dass $f'(z_0) = 2z_0$ gilt.

In Kurzschreibweise liest sich das so:

$$\begin{aligned}
(w_0)' &= 0 \\
(az)' &= a \\
(z^2)' &= 2z.
\end{aligned}$$

Unendlich kleine Größen

Wir versetzen uns nun einmal um etwas mehr als 300 Jahre zurück, da wurde die Analysis von NEWTON[6] und LEIBNIZ entwickelt. Sie wurde damals *Infinitesimalrechnung* genannt, man muss wohl davon ausgehen, dass sich die Gründerväter wirklich so etwas wie „unendlich kleine Größen" beim Arbeiten vorgestellt haben. Für Leibniz etwa war die Steigung der Tangente die Steigung der Hypotenuse in einem unendlich kleinen Dreieck, dasjenige, das sich im Grenzfall aus den Sekantendreiecken der vorstehenden Skizzen ergibt.

Sie sind in guter Gesellschaft, wenn Sie mit dieser Interpretation Probleme haben, heute kann man kaum glauben, dass unendlich kleine Größen bis in die Zeit von CAUCHY und WEIERSTRASS[7], also bis in die Mitte des 19. Jahrhunderts, zum Handwerkszeug der Mathematiker gehörten.

Aus der Anfangszeit der Analysis hat noch eine Schreibweise überlebt, der *Differentialquotient:* Früher schrieb man für Funktionen statt f meist y (etwa $y = x^3 - 2x + 1$), und für die Ableitung – die wir y' nennen würden – wurde das Symbol $\frac{dy}{dx}$ verwendet. Vermutlich hat sich Leibniz die Steigung einer Funktion in einem Punkt wirklich als den Quotienten aus Gegenkathete $(= dy)$ und Ankathete $= dx)$ vorgestellt, wobei dy und dx unendlich klein sind.

Sie sollten $\frac{dy}{dx}$ als gleichwertig zur Ableitung auffassen und *niemals (!)* die Ausdrücke dy und dx als eigenständige Größen verwenden. (Jedenfalls so lange, bis beim Thema „Integration durch Substitution" eine praktische Faustregel erläutert wird, die vom Differentialquotienten Gebrauch macht. In der Theorie der *Differentialformen* ist es möglich, für dy und dx eine sinnvolle Interpretation anzugeben. Die hat mit unendlich kleinen Größen allerdings überhaupt nichts zu tun.)

---

[6] Es gibt nur wenige Werke, die einen derartigen Einfluss hatten wie Newtons „Principia mathematica" von 1687. Darin wurde überzeugend nachgewiesen, dass man wichtige Aspekte der Welt durch mathematische Modelle quantitativ beschreiben kann. Um dieses Programm konkretisieren zu können, entwickelte Newton – unabhängig von Leibniz – eine Differential- und Integralrechnung.

[7] Weierstraß arbeitete zunächst als Lehrer, erst spät wurde er Professor an der Berliner Universität. Er veröffentlichte wichtige Beiträge in verschiedenen mathematischen Teilgebieten.

Es wird Sie nicht weiter überraschen: Das weitere Vorgehen gleicht dem der vorhergehenden Kapitel, wann immer wir einen neuen wichtigen Begriff (Konvergenz, Stetigkeit, Kompaktheit, ...) eingeführt haben. Zum einen müssen wir uns darum kümmern, möglichst viele konkrete Funktionen als differenzierbar zu erkennen. Das wird auf spätere Abschnitte vertagt; bis dahin ist unsere Beispielsammlung wirklich recht mager.

Darüber hinaus haben wir zu untersuchen, inwieweit sich aus differenzierbaren Funktionen durch Zusammensetzen neue differenzierbare Funktionen gewinnen lassen. Ein derartiger „Permanenzsatz" soll als Nächstes in Angriff genommen werden. Er besagt, dass so gut wie alle Operationen zulässig sind. (Einzige Ausnahme: Aus „f differenzierbar" folgt *nicht notwendig* „$|f| : x \mapsto |f(x)|$ differenzierbar".) Ist also zum Beispiel die Differenzierbarkeit von $x \mapsto x^2$, $x \mapsto x^3$ und $x \mapsto \sqrt{x}$ bereits gezeigt, so ergibt sich sofort die Differenzierbarkeit von

$$x \mapsto \frac{x^3 + 1}{\sqrt{2 + x^2}}.$$

Allgemeiner können Sie sich schon auf die praktische *Faustregel* freuen, dass alles, was man geschlossen als Formel hinschreiben kann, eine differenzierbare Funktion darstellt. (Aber Achtung: In dieser Formel dürfen keine Betragsstriche vorkommen.)

Als erstes Ergebnis zeigen wir, dass differenzierbare Funktionen spezielle Beispiele für stetige Funktionen sind.

Isaac Newton
1643 – 1727

Satz 4.1.3. *M und f seien wie in Definition 4.1.2. Ist dann f bei $x_0 \in M$ differenzierbar, so ist f bei x_0 stetig.*

Bemerkung: Die Umkehrung gilt nicht, stetige Funktionen sind im Allgemeinen *nicht* differenzierbar. Es reicht, auf die Funktion $x \mapsto |x|$ hinzuweisen, die bei 0 zwar stetig, aber dort nicht differenzierbar ist.

Die ganze Wahrheit ist dramatischer: Es gibt stetige Funktionen f auf $\mathbb{R}$, die *an keiner Stelle* differenzierbar sind.

So ein f kann man sich schwer vorstellen. WEIERSTRASS hat als erster ein Beispiel angegeben: Die Funktion

Karl Theodor
Weierstrass
1815 – 1897

$$f(x) := \sum_{n=0}^{\infty} \frac{\cos(a^n \pi x)}{b^n}$$

hat die geforderten Eigenschaften, falls $b > 1$ und $a/b > 1 + 3\pi/2$ gilt. (Das ist nicht offensichtlich, der ziemlich schwierige Beweis soll hier nicht geführt werden.)

Beweis: Wir wollen zeigen, dass aus $x_n \to x_0$ stets $f(x_n) \to f(x_0)$ folgt (womit wegen Satz 3.3.4(i) alles bewiesen ist). Es reicht offensichtlich, das für solche Folgen $(x_n)_{n \in \mathbb{N}}$ in M zu zeigen, für die zusätzlich $x_n \neq x_0$ (alle $n \in \mathbb{N}$) gilt[8].

---

[8] Das ist deswegen plausibel, weil die x_n mit $x_n = x_0$ für die Frage $f(x_n) \overset{?}{\to} f(x_0)$ unproblematisch sind. Wenn Ihnen das zu unpräzise sein sollte: Der Beweis von 3.3.4(i) zeigt sogar, dass – mit den Bezeichnungen dieses Satzes – f bei x_0 genau dann stetig ist, wenn $f(x_n) \to f(x_0)$ für alle $(x_n)_{n \in \mathbb{N}}$ in M mit $x_n \to x_0$ und $x_n \neq x_0$ (alle $n \in \mathbb{N}$) gilt.

Ist aber $(x_n)_{n\in\mathbb{N}}$ eine derartige Folge, so haben wir nur die konvergenten Folgen

$$\frac{f(x_n) - f(x_0)}{x_n - x_0} \;\rightarrow\; f'(x_0)$$
$$x_n - x_0 \;\rightarrow\; 0$$

miteinander zu multiplizieren, um mit Satz 2.2.12 die Aussage $f(x_n) - f(x_0) \to 0$ zu erhalten. $\qquad\square$

Satz 4.1.4 (Permanenzsatz). *M, M_1 und M_2 seien wie in Definition 4.1.2 gegeben. Dann gilt:*

(i) Sind f und g Abbildungen von M nach $\mathbb{K}$, die beide bei $x_0 \in M$ differenzierbar sind, so ist auch $f + g$ bei x_0 differenzierbar. Es gilt

$$(f + g)'(x_0) = f'(x_0) + g'(x_0).$$

(ii) Aus der Differenzierbarkeit von $f : M \to \mathbb{K}$ bei $x_0 \in M$ folgt, dass auch af bei x_0 differenzierbar ist (für alle $a \in \mathbb{K}$). Es gilt

$$(af)'(x_0) = a \cdot f'(x_0).$$

(iii) Sind $f, g : M \to \mathbb{K}$ bei $x_0 \in M$ differenzierbar, so auch $f \cdot g$. Für die Ableitung gilt die Produktregel: **Produktregel**

$$(f \cdot g)'(x_0) = f'(x_0)g(x_0) + f(x_0)g'(x_0).$$

(iv) $f : M_1 \to M_2$ sei bei $x_0 \in M_1$ und $g : M_2 \to \mathbb{K}$ bei $f(x_0)$ differenzierbar. Dann ist auch $g \circ f : M_1 \to \mathbb{K}$ bei x_0 differenzierbar, und es gilt die Kettenregel: **Kettenregel**

$$(g \circ f)'(x_0) = g'\big(f(x_0)\big) \cdot f'(x_0).$$

(v) $f, g : M \to \mathbb{K}$ seien bei $x_0 \in M$ differenzierbar, und es gelte $g(x) \neq 0$ für alle $x \in M$. Dann ist $f/g : M \to \mathbb{K}$ bei x_0 differenzierbar, und die Ableitung lässt sich nach der Quotientenregel *berechnen:*   **Quotientenregel**

$$\left(\frac{f}{g}\right)'(x_0) = \frac{f'(x_0)g(x_0) - f(x_0)g'(x_0)}{\big[g(x_0)\big]^2}.$$

(vi) Ist $\mathbb{K} = \mathbb{R}$, $M \subset \mathbb{R}$ ein offenes Intervall und $f : M \to \mathbb{R}$ streng monoton steigend[9], so gilt für die inverse Funktion[10] f^{-1}: Falls f bei $x_0 \in M$ differenzierbar ist mit $f'(x_0) \neq 0$, so ist f^{-1} bei $f(x_0)$ differenzierbar. Es gilt dann   **Ableitung von Inversen**

$$(f^{-1})'\big(f(x_0)\big) = \frac{1}{f'(x_0)}.$$

Die gleiche Aussage gilt für streng monoton fallende Abbildungen.

---

[9] D.h., für alle $x_1, x_2 \in M$ mit $x_1 < x_2$ ist $f(x_1) < f(x_2)$. „Streng monoton fallend" ist dadurch definiert, dass aus $x_1 < x_2$ stets $f(x_1) > f(x_2)$ folgt.

[10] Zur Erinnerung: f^{-1} ist diejenige Funktion, für die $(f \circ f^{-1})(x) = x$ und $(f^{-1} \circ f)(x) = x$ (für alle x) gilt. Für $f(x) = x^n$ etwa, aufgefasst als Funktion von $]0, +\infty[$ nach $]0, +\infty[$, ist $f^{-1}(x) = \sqrt[n]{x}$.

Beweis: (i) Sei $(x_n)_{n \in \mathbb{N}}$ eine Folge in M mit $x_n \to x_0$ (sowie $x_n \neq x_0$ für alle $n \in \mathbb{N}$). Es ist zu zeigen, dass

$$\frac{(f+g)(x_n) - (f+g)(x_0)}{x_n - x_0} \to f'(x_0) + g'(x_0).$$

Nun gilt aber

$$\frac{f(x_n) - f(x_0)}{x_n - x_0} \to f'(x_0) \text{ und } \frac{g(x_n) - g(x_0)}{x_n - x_0} \to g'(x_0)$$

nach Voraussetzung, und daraus folgt die Behauptung sofort unter Beachtung von Satz 2.2.12 (Rechenregel für konvergente Folgen) und der Gleichung

$$\frac{(f+g)(x_n) - (f+g)(x_0)}{x_n - x_0} = \frac{f(x_n) - f(x_0)}{x_n - x_0} + \frac{g(x_n) - g(x_0)}{x_n - x_0}.$$

(ii) Das folgt wie in (i) aus bekannten Resultaten über konvergente Folgen. Man beachte hier, dass

$$\frac{(af)(x_n) - (af)(x_0)}{x_n - x_0} = a \cdot \frac{f(x_n) - f(x_0)}{x_n - x_0}.$$

(iii) Wir müssen die Differenzenquotienten der Funktion $f \cdot g$ untersuchen, für $x_n \to x_0$ sollen sie gegen $f'(x_0)g(x_0) + f(x_0)g'(x_0)$ konvergieren. Es ist aber

$$\begin{aligned}
\frac{(f \cdot g)(x_n) - (f \cdot g)(x_0)}{x_n - x_0} &= \frac{(f \cdot g)(x_n) - f(x_n)g(x_0)}{x_n - x_0} + \\
&\quad + \frac{f(x_n)g(x_0) - (f \cdot g)(x_0)}{x_n - x_0} \\
&= f(x_n)\frac{g(x_n) - g(x_0)}{x_n - x_0} + g(x_0)\frac{f(x_n) - f(x_0)}{x_n - x_0},
\end{aligned}$$

und diese Folge konvergiert gegen $f'(x_0)g(x_0) + f(x_0)g'(x_0)$. Hier wurde Satz 4.1.3 angewandt, nach diesem Satz ist f bei x_0 stetig, und deswegen konvergiert die Folge $\big(f(x_n)\big)_{n \in \mathbb{N}}$ gegen $f(x_0)$.

(iv) Wieder ist von einer Folge $(x_n)_{n \in \mathbb{N}}$ mit $x_n \to x_0$ und $x_n \neq x_0$ für alle n auszugehen. Es soll

$$\frac{g\big(f(x_n)\big) - g\big(f(x_0)\big)}{x_n - x_0} \to g'\big(f(x_0)\big) \cdot f'(x_0)$$

gezeigt werden. Die *Idee* dazu ist einfach. Man schreibt (versuchsweise)

$$\frac{g\big(f(x_n)\big) - g\big(f(x_0)\big)}{x_n - x_0} = \frac{g\big(f(x_n)\big) - g\big(f(x_0)\big)}{f(x_n) - f(x_0)} \cdot \frac{f(x_n) - f(x_0)}{x_n - x_0}, \tag{4.1}$$

und dann ist man wegen $f(x_n) \to f(x_0)$ – das folgt wieder aus Satz 4.1.3 – fertig. Doch leider ist diese Argumentation *lückenhaft*, denn es muss nicht notwendig $f(x_n) \neq f(x_0)$ sein, so dass man vielleicht gar nicht durch $f(x_n) - f(x_0)$ teilen dürfte.

Der nun folgende Beweis besteht darin, diese Lücke durch einen kleinen Umweg zu schließen: Wir definieren eine neue Funktion $\Phi_g : M_2 \to \mathbb{K}$ durch

$$\Phi_g(y) := \begin{cases} \dfrac{g(y) - g(f(x_0))}{y - f(x_0)} & y \neq f(x_0) \\[2mm] g'\big(f(x_0)\big) & y = f(x_0). \end{cases}$$

Φ_g ist stetig bei $f(x_0)$ nach Voraussetzung, und für jedes $x \in M_1$ ist

$$(g \circ f)(x) - (g \circ f)(x_0) = \big(f(x) - f(x_0)\big) \cdot (\Phi_g \circ f)(x).$$

(Das zeigt man durch Fallunterscheidung nach $f(x) = f(x_0)$ bzw. $\neq f(x_0)$ durch Nachrechnen. Der zweite Fall entspricht Gleichung (4.1).) Folglich ist

$$\frac{g\big(f(x_n)\big) - g\big(f(x_0)\big)}{x_n - x_0} = \frac{f(x_n) - f(x_0)}{x_n - x_0} \cdot \Phi_g\big(f(x_n)\big),$$

und die rechte Seite konvergiert für $n \to \infty$ gegen $g'\big(f(x_0)\big)f'(x_0)$. Man beachte dabei, dass wegen Satz 4.1.3 und Satz 3.3.5 mit Φ_g auch $\Phi_g \circ f$ stetig ist.

(v) Wir behandeln zunächst den Spezialfall $f = 1$. Es ist

$$\frac{(1/g)(x_n) - (1/g)(x_0)}{x_n - x_0} = \frac{1}{g(x_n)g(x_0)} \cdot \left(-\frac{g(x_n) - g(x_0)}{x_n - x_0} \right),$$

und die rechte Seite konvergiert mit $x_n \to x_0$ gegen

$$-\frac{g'(x_0)}{\big(g(x_0)\big)^2}.$$

Zum Beweis der Behauptung für beliebige f schreiben wir f/g als $f \cdot (1/g)$ und wenden (iii) an:

$$\begin{aligned} \left(\frac{f}{g}\right)'(x_0) &= f'(x_0) \cdot \left(\frac{1}{g}\right)(x_0) - f(x_0) \cdot \frac{g'(x_0)}{\big(g(x_0)\big)^2} \\[2mm] &= \frac{f'(x_0)g(x_0) - f(x_0)g'(x_0)}{\big(g(x_0)\big)^2}, \end{aligned}$$

und das war gerade die Behauptung.

(vi) Sei etwa f streng monoton steigend.

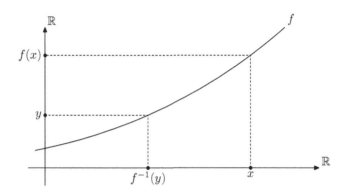

Bild 4.5: Eine streng monoton steigende Funktion f

Wir gehen von einer Folge $(y_n)_{n\in\mathbb{N}}$ im Bildbereich von f mit $y_n \to f(x_0)$ aus, so dass alle y_n von $f(x_0)$ verschieden sind. Es ist

$$\frac{f^{-1}(y_n) - f^{-1}\big(f(x_0)\big)}{y_n - f(x_0)} \to \frac{1}{f'(x_0)}$$

zu zeigen. Dazu schreiben wir y_n als $y_n = f(x_n)$ für geeignete $x_n \in M$. Wegen $y_n \neq f(x_0)$ gilt $x_n \neq x_0$ für alle $n \in \mathbb{N}$. Wenn wir beweisen könnten, dass $x_n \to x_0$ gilt, wäre wie folgt weiterzuschließen:

$$\frac{f^{-1}(y_n) - f^{-1}\big(f(x_0)\big)}{y_n - f(x_0)} = \frac{x_n - x_0}{f(x_n) - f(x_0)} = 1 \left/ \frac{f(x_n) - f(x_0)}{x_n - x_0} \right. ,$$

und die rechte Seite konvergiert wegen der Differenzierbarkeit von f gegen $1/f'(x_0)$. Wir müssen also nur noch zeigen, dass $\lim_{n\to\infty} x_n = x_0$ gilt.

Wäre das nicht der Fall, so gäbe es ein $\varepsilon > 0$ und unendlich viele Indizes n mit $x_n \leq x_0 - \varepsilon$ (oder unendlich viele Indizes n mit $x_n \geq x_0 + \varepsilon$). Dann aber wäre für diese n wegen der Monotonie von f auch

$$y_n = f(x_n) \leq f(x_0 - \varepsilon) < f(x_0) \text{ bzw. } y_n \geq f(x_0 + \varepsilon) > f(x_0)$$

im Widerspruch dazu, dass wir $y_n \to f(x_0)$ vorausgesetzt hatten.   □

Bemerkungen:

1. Wenn wir die Produktregel (Satz 4.1.4(iii)) mit der schon bewiesenen Aussage $x' = 1$ kombinieren, so erhalten wir

$$(x^2)' = x' \cdot x + x \cdot x' = 2x,$$

und daraus ergibt sich

$$(x^3)' = (x \cdot x^2)' = x' \cdot x^2 + x \cdot (x^2)' = 3x^2.$$

Durch vollständige Induktion kann mit diesem Verfahren leicht die allgemeine Regel $(x^n)' = nx^{n-1}$ hergeleitet werden, das einzige, was zum Beweis noch fehlt, ist der Induktionsschritt:

$$(x^{n+1})' = (x \cdot x^n)' = x' \cdot x^n + x \cdot (x^n)' = x^n + x \cdot n \cdot x^{n-1} = (n+1)x^n.$$

Verwendet man dieses Ergebnis zusammen mit Satz 4.1.4(i),(ii), so lassen sich sofort die Ableitungen beliebiger Polynome[11] berechnen. Zum Beispiel gilt:

$$(3 - 6x + 2x^4)' = -6 + 8x^3$$
$$(3x^9 - 200x^{1001})' = 27x^8 - 200200x^{1000}.$$

2. Hier sind die Formeln aus Satz 4.1.4 noch einmal in Kurzform zusammengestellt:

$$
\begin{aligned}
(f+g)' &= f'+g' \\
(af)' &= af' \\
(f \cdot g)' &= f'g + fg' \quad \text{(Produktregel)} \\
(g \circ f)' &= (g' \circ f) \cdot f' \quad \text{(Kettenregel)} \\
\left(\frac{f}{g}\right)' &= \frac{f'g - fg'}{g^2} \quad \text{(Quotientenregel)} \\
(f^{-1})'(f(x)) &= \frac{1}{f'(x)} \quad \text{(Inverse)}
\end{aligned}
$$

In Verbindung mit schon bekannten oder später zu beweisenden Formeln für die Ableitung spezieller Funktionen ermöglichen die Regeln dieser Tabelle die Berechnung von f' für alle f, die in „geschlossener Form" aus einfachen „Bausteinen" zusammengesetzt werden können.

3. Die Formel für $(f^{-1})'$ in (vi) brauchen Sie nicht auswendig zu lernen. Man erhält sie, wenn man unter Anwendung der Kettenregel die Identität

$$(f^{-1} \circ f)(x) = x$$

differenziert: Die rechte Seite ergibt als Ableitung die 1, die linke wird zu

$$(f^{-1})'(f(x)) \cdot f'(x),$$

und dann muss nur noch durch $f'(x)$ geteilt werden.

Diese Beobachtung hätte uns den Beweis von (vi) jedoch nicht erspart, denn die Kettenregel ist ja erst anwendbar, wenn die Differenzierbarkeit von f^{-1} gesichert ist.

---

[11] Zur Erinnerung: Das sind Funktionen der Form $a_0 + a_1x + \cdots + a_{n-1}x^{n-1} + a_nx^n$, wobei die $a_0, \ldots, a_n$ beliebige Elemente aus $\mathbb{K}$ sind.

4. Die Aussage in (vi) muss in der Regel noch umgeschrieben werden, um zu einer für die Anwendungen bequemen Form zu führen. Als Beispiel betrachten wir $f(x) := x^n$ (definiert für $x > 0$). f^{-1} ist hier die Funktion $y \mapsto g(y) := \sqrt[n]{y}$. Aufgrund von (vi) wissen wir, dass

$$g'(x^n) = \frac{1}{nx^{n-1}}$$

gilt, doch liefert das noch keine Formel für $(\sqrt[n]{x})'$. Drückt man aber x^{n-1} durch x^n aus, so wird daraus

$$g'(x^n) = \frac{1}{n(x^n)^{\frac{n-1}{n}}},$$

und wenn man noch den Variablennamen dadurch abändert, dass man x^n durch y ersetzt, so folgt

$$g'(y) = \frac{1}{ny^{1-\frac{1}{n}}}.$$

In Kurzform (und jetzt schreiben wir wieder x statt y):

$$(\sqrt[n]{x})' = (x^{\frac{1}{n}})' = \frac{1}{n} \cdot x^{\frac{1}{n}-1}.$$

(Kombiniert man dieses Ergebnis mit der Regel $(x^m)' = mx^{m-1}$ für natürliche Zahlen m, so folgt daraus mit der Kettenregel sofort

$$(x^{m/n})' = \frac{m}{n} \cdot x^{(m/n)-1}.$$

Auch der Fall negativer m kann so behandelt werden, insgesamt ist damit die Ableitungsregel

$$(x^r)' = r \cdot x^{r-1}$$

für alle rationalen Zahlen r bewiesen. Mehr zu diesem Thema finden Sie in Korollar 4.5.8.)

Ableitungen inverser Funktionen
Das eben beschriebene Verfahren lässt sich immer anwenden, um eine Formel für die Ableitung von f^{-1} zu finden:
1. Schritt: Berechne $1/f'(x)$.
2. Schritt: Schreibe diese Funktion von x als Funktion von $y := f(x)$. Jedes x ist also durch den Ausdruck $f^{-1}(y)$ zu ersetzen. Vereinfache so weit wie möglich. Damit ist $(f^{-1})'(f(x)) = (f^{-1})'(y)$ als Funktion von y bekannt.
3. Schritt: Ersetze noch alle y durch x.

Hier ein *weiteres Beispiel* dazu: In Abschnitt 4.5 werden wir die trigonometrischen Funktionen einführen. Bezeichnet man mit arcsin die inverse Funktion zur Sinusfunktion $\sin x$, so folgt aus $(\sin x)' = \cos x$ mit (vi):

$$\arcsin'(\sin x) = \frac{1}{\cos x}.$$

Beachtet man nun noch, dass $\cos x = \sqrt{1 - \sin^2 x}$, so ergibt sich die Formel:

$$(\arcsin x)' = \frac{1}{\sqrt{1 - x^2}}.$$

4.2   Mittelwertsätze

Stellen Sie sich vor, dass Sie mit Ihrem Wagen einen Tagesausflug in eine sehr gebirgige Gegend machen. Ist dann der Zielort genauso hoch über dem Meeresspiegel wie der Ausgangsort, so kann es nicht „immer nur bergauf" oder „immer nur bergab" gehen, mindestens einmal wird Ihr Wagen genau waagerecht stehen. Der folgende Satz kann als abstrakte Formulierung dieser Erfahrungstatsache angesehen werden. (Wobei Bemerkung 3 am Ende von Kapitel 3 sinngemäß zu wiederholen ist: Die Gültigkeit dieses Satzes zeigt einmal mehr, dass wir einen im Hinblick auf die Anwendungen sinnvollen Weg der Axiomatisierung gewählt haben.)

Satz 4.2.1 (Satz von ROLLE[12]). *Sei* $f : [a, b] \to \mathbb{R}$ *eine Funktion. Gilt dann*   **Satz von Rolle**

- *f ist differenzierbar auf* $]a, b[$,

- *f ist stetig auf* $[a, b]$,

- *$f(a) = f(b)$,*

so gibt es ein $x_0 \in]a, b[$ *mit* $f'(x_0) = 0$.

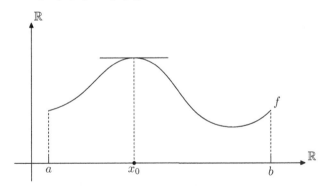

Bild 4.6: Skizze zum Satz von ROLLE

Beweis: Die Beweisidee kann an der vorstehenden Skizze leicht erläutert werden: Man hat die Erwartung, dass ein x_0 dann geeignet sein wird, wenn f dort „so groß wie möglich" ist (bzw. „so klein wie möglich"). Es ist ja auch im vorstehend beschriebenen Gebirgsfahrtbeispiel „klar", dass Ihr Wagen waagerecht

---

[12] Der Herr war Franzose. Wer es also mit der Aussprache ganz genau nehmen möchte, sollte „Roll" sagen.

stehen wird, wenn Sie den höchsten bzw. den niedrigsten Punkt Ihres Ausflugs erreicht haben. Dann ist noch zu überlegen, ob diese Erwartung berechtigt ist und ob man ein derartiges x_0 auch wirklich finden kann.

So wird sich der Beweis auch führen lassen, doch sind einige Sonderfälle zu berücksichtigen:

Fall 1: Es gibt ein x_1 mit $f(x_1) > f(a)$.

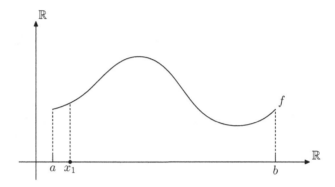

Bild 4.7: Fall 1: x_1 mit $f(x_1) > f(a)$

Wir wählen dann ein $x_0 \in [a, b]$, so dass $f(x) \leq f(x_0)$ für alle $x \in [a, b]$ gilt. Ein derartiges x_0 existiert nach Satz 3.3.11, denn f ist nach Voraussetzung stetig und $[a, b]$ ist kompakt. Es wird gleich wichtig sein zu wissen, dass x_0 sogar im Innern des Intervalls liegt: Zur Begründung ist nur zu bemerken, dass

$$f(x_0) \geq f(x_1) > f(a) = f(b)$$

gilt, und deswegen kann $x_0 = a$ oder $x_0 = b$ ausgeschlossen werden.

Es bleibt $f'(x_0) = 0$ zu zeigen. Dazu wählen wir Folgen $(x_n)_{n \in \mathbb{N}}$, $(y_n)_{n \in \mathbb{N}}$ in $[a, b]$ mit $x_n < x_0 < y_n$ für alle $n \in \mathbb{N}$ und $\lim x_n = \lim y_n = x_0$. (*Hier* ist es wichtig zu wissen, dass x_0 im Innern liegt, andernfalls könnten wir eventuell nur von einer Seite approximieren.) Nach Voraussetzung gilt:

$$\frac{f(x_n) - f(x_0)}{x_n - x_0} \to f'(x_0) \text{ und } \frac{f(y_n) - f(x_0)}{y_n - x_0} \to f'(x_0);$$

dabei ist wegen $f(x_0) \geq f(x_n)$ und $f(x_0) \geq f(y_n)$ für alle $n \in \mathbb{N}$ auch

$$\frac{f(x_n) - f(x_0)}{x_n - x_0} \geq 0 \text{ und } \frac{f(y_n) - f(x_0)}{y_n - x_0} \leq 0.$$

Erinnert man sich nun noch daran, dass für eine konvergente Folge (a_n) reeller Zahlen notwendig $\lim a_n \geq 0$ (bzw. $\lim a_n \leq 0$) gilt, falls $a_n \geq 0$ (bzw. $a_n \leq 0$) für alle n (Satz 2.2.12), so erhalten wir $f'(x_0) \geq 0$ und gleichzeitig $f'(x_0) \leq 0$. Also muss $f'(x_0) = 0$ sein.

Fall 2: f ist die konstante Funktion $x \mapsto f(a)$.

Dann ist f' die konstante Funktion $x \mapsto 0$, und *jedes* $x_0 \in {]}\, a, b\, {[}$ hat die geforderte Eigenschaft.

Falls nun für f weder Fall 1 noch Fall 2 vorliegt, bleibt nur noch

Fall 3: Es gibt ein x_1 mit $f(x_1) < f(a)$.

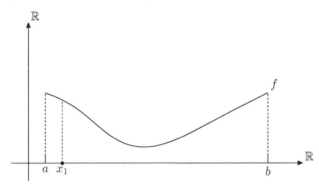

Bild 4.8: Fall 3: x_1 mit $f(x_1) < f(a)$

Man könnte nun analog zu Fall 1 weitermachen, wobei man sich diesmal auf einen *Minimalwert* konzentrieren würde. Leichter ist es jedoch, $-f$ statt f zu betrachten. Für $-f$ sind alle Voraussetzungen erfüllt, und für $-f$ kann Fall 1 angewendet werden. Es gibt also ein $x_0 \in {]}\, a, b\, {[}$ mit $(-f)'(x_0) = 0$, und wegen $(-f)'(x_0) = -f'(x_0)$ ist alles gezeigt. $\qquad\square$

Bemerkungen:

1. Auf zwei Feinheiten im Beweis des Satzes von ROLLE soll besonders hingewiesen werden. Erstens haben wir erstmals den Satz aus Abschnitt 3.3 verwendet, dass zu stetigen Funktionen auf kompakten metrischen Räumen ein Punkt gefunden werden kann, an dem die Funktion größtmöglich wird. Und zweitens sollte man beachten, dass wir die Aussage $f'(x_0) = 0$ am Ende durch *ein ordnungstheoretisches Argument* bewiesen haben. Für komplexwertige Funktionen wäre dieser Beweis also nicht zu übertragen.

> Da ist der Satz im Übrigen auch falsch. Wenn man im Vorgriff schon einmal die Exponentialfunktion im Komplexen benutzt, die wir erst am Ende dieses Kapitels kennen lernen werden, ist ein Gegenbeispiel leicht anzugeben: Man betrachte einfach die durch $x \mapsto \exp(ix)$ definierte Funktion $f : [0, 2\pi] \to \mathbb{C}$. Sie ist differenzierbar, es gilt $f(0) = f(2\pi) = 1$, und trotzdem existiert kein x_0 mit $f'(x_0) = 0$, da $f'(x) = i\exp(ix)$ gilt und die Exponentialfunktion nirgendwo verschwindet.

2. Da die Funktion f nach Voraussetzung auf $]\, a, b\, [$ differenzierbar sein soll, ist sie da auch stetig. Die geforderte Stetigkeit von f auf $[\, a, b\,]$ betrifft damit in Wirklichkeit nur die Stetigkeit bei a und bei b.

Hätte man allerdings die ersten beiden Voraussetzungen durch „f ist differenzierbar auf $[a,b]$" ersetzt, so hätte man den Gültigkeitsbereich des Satzes unnötig eingeschränkt. (Er wäre dann nicht mehr für Funktionen anwendbar, die – wie z.B. ein Kreisbogen – am Rand des Intervalls zwar stetig sind, aber dort keine Ableitung besitzen.)

?

3. Machen Sie sich klar, dass *alle* Voraussetzungen wesentlich sind. Finden Sie Beispiele für

$f : [a,b] \to \mathbb{R}$, f ist differenzierbar auf $]a,b[$, es gilt $f(a) = f(b)$, doch für kein $x_0 \in \,]a,b[$ ist $f'(x_0) = 0$.

$f : [a,b] \to \mathbb{R}$ ist differenzierbar, doch für kein $x_0 \in \,]a,b[$ gilt $f'(x_0) = 0$.

$f : [a,b] \to \mathbb{R}$ ist stetig, es gilt $f(a) = f(b)$, aber für kein x_0 ist $f'(x_0) = 0$.

Es ist nicht schwer, zwei scheinbar weit allgemeinere Resultate auf den Satz von Rolle zurückzuführen:

Mittelwertsätze

Satz 4.2.2 (Mittelwertsätze).

(i) Sei $f : [a,b] \to \mathbb{R}$ stetig und auf $]a,b[$ differenzierbar. Dann gibt es ein $x_0 \in \,]a,b[$ mit

$$\frac{f(b) - f(a)}{b - a} = f'(x_0) \qquad \text{(erster Mittelwertsatz).}$$

(ii) Ist f wie in (i) und $g : [a,b] \to \mathbb{R}$ eine stetige und auf $]a,b[$ differenzierbare Funktion mit $g'(x) \neq 0$ für alle $x \in \,]a,b[$, so gibt es ein $x_0 \in \,]a,b[$ mit

$$\frac{f(b) - f(a)}{g(b) - g(a)} = \frac{f'(x_0)}{g'(x_0)} \qquad \text{(zweiter Mittelwertsatz).}$$

Beweis: (i) Wir betrachten statt f die „heruntergeklappte Funktion"

$$h : x \mapsto f(x) - cx.$$

Dabei muss c so geschickt gewählt werden, dass für die neue Funktion h die Voraussetzungen des Satzes von Rolle erfüllt sind.

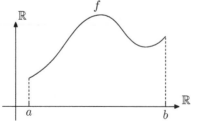

Bild 4.9: Die Funktion f

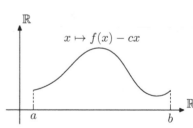

Bild 4.10: Die Funktion h

Mit f ist auch h für beliebiges $c \in \mathbb{R}$ auf $[a,b]$ stetig und auf $]a,b[$ differenzierbar, so dass nur

$$f(a) - ca = h(a) = h(b) = f(b) - cb$$

sichergestellt werden muss. Das führt auf $c = \big(f(b) - f(a)\big)/(b - a)$. Zusammen also: Wir wenden den Satz von Rolle auf

$$x \mapsto h(x) := f(x) - \frac{f(b) - f(a)}{b - a} \cdot x$$

an und erhalten dadurch ein $x_0 \in \,]a,b[$ mit $h'(x_0) = 0$. Nun ist

$$h'(x) = \left(f(x) - \frac{f(b) - f(a)}{b - a} \cdot x\right)' = f'(x) - \frac{f(b) - f(a)}{b - a},$$

und folglich ist $h'(x_0) = 0$ äquivalent zur Behauptung.

(ii) Wendet man den ersten Mittelwertsatz auf die Funktion g an, so folgt $\dfrac{g(b) - g(a)}{b - a} = g'(x_0) \neq 0$ für ein geeignetes x_0, es muss also insbesondere $g(b) \neq g(a)$ sein . Nach dieser notwendigen Vorbereitung (erst jetzt ist die Aussage von (ii) sinnvoll) verläuft der Beweis analog zum Beweis von (i): Man wende den Satz von Rolle auf die Funktion

$$h : x \mapsto h(x) := f(x) - \frac{f(b) - f(a)}{g(b) - g(a)} \cdot g(x)$$

an.   □

Es ist didaktisch fragwürdig, aber die Versuchung ist groß: Ich möchte Ihnen noch einen *falschen Beweis* zum zweiten Mittelwertsatz anbieten.

Bei diesem „Beweis" wird der erste Mittelwertsatz zweimal angewendet. Zunächst für f, das liefert ein x_0 mit

$$f'(x_0) = \frac{f(b) - f(a)}{b - a}.$$

Und nun ein zweites Mal, diesmal für g: Wir erhalten das x_0 nun mit der Eigenschaft

$$g'(x_0) = \frac{g(b) - g(a)}{b - a}.$$

Teilt man noch beide Gleichungen durcheinander, so steht die Behauptung da.

Und wo, bitte, sollte sich da ein Fehler versteckt haben?!   ?

Bemerkung: Der erste Mittelwertsatz besagt anschaulich, dass die Sekantensteigung zwischen den Funktionswerten bei a und b mindestens einmal als Tangentensteigung auftritt:

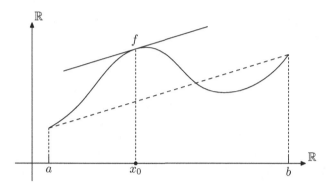

Bild 4.11: Skizze zum ersten Mittelwertsatz

Leider ist es im Allgemeinen völlig unbekannt, wo das x_0 denn nun genau liegt, und deswegen wird der Satz auch in fast allen Fällen nur für Abschätzungen verwendet: Ist bekannt, dass für eine Zahl R die Abschätzung $|f'(x_0)| \leq R$ für alle $x_0 \in \,]\,a, b\,[$ gilt, so ermöglicht der Mittelwertsatz die Aussage $|f(b) - f(a)| \leq R|b - a|$. Oder umgekehrt gelesen: Ist $|f(b) - f(a)| > R|b - a|$, so muss für irgendein x_0 die Abschätzung $|f'(x_0)| > R$ gelten. (Vgl. auch Teil (vi) des nachstehenden Korollars.)

Die Polizei und der erste Mittelwertsatz
Stellen Sie sich eine 100 km lange Autobahn vor, auf der als Höchstgeschwindigkeit 100 Stundenkilometer erlaubt sind. Am Anfang der Strecke bekommt man an einem Abfertigungsschalter so etwas wie eine Eintrittskarte, auf der auch die Zeit vermerkt wird. Wenn nun jemand am Ausgang um 9 Uhr 50 seine Karte vorlegt, auf der „Beginn der Fahrt: 9.00 Uhr" notiert ist, so ist das offensichtlich ein Fall für die Polizei, denn es muss irgendwo unterwegs eine Geschwindigkeitsübertretung gegeben haben. (Niemand kann allerdings aus diesen Informationen schließen, wo genau zu schnell gefahren wurde.)
Dass das etwas mit dem ersten Mittelwertsatz zu tun hat, sieht man so ein: Wenn man auf dem Intervall von 9.00 bis 9.50 eine Funktion f dadurch definiert, dass sie jeweils die zurückgelegte Strecke angibt, so ist die Steigung an einer Stelle die momentane Geschwindigkeit und die Sekantensteigung zwischen den Intervallenden die Durchschnittsgeschwindigkeit.

Der zweite Mittelwertsatz kann geometrisch so interpretiert werden: Wenn die linke Seite gleich Eins ist (insbesondere dann, wenn $f(a) = g(a)$ und $f(b) = g(b)$ gilt), so gibt es ein x_0 mit $f'(x_0) = g'(x_0)$.

Im Folgenden sind einige einfache Folgerungen aus dem ersten Mittelwertsatz zusammengestellt. Es handelt sich dabei um Aussagen, durch die aus *lokalen* Forderungen an die Funktion (nämlich Eigenschaften der Ableitung) Rückschlüsse auf das *globale* Verhalten gezogen werden.

Korollar 4.2.3. $f : [a, b] \to \mathbb{R}$ *sei eine differenzierbare Funktion.*

(i) Ist $f'(x) = 0$ für alle x, so ist f konstant.

(ii) Ist $f'(x) \geq 0$ für alle x, so ist f monoton steigend.

(iii) Ist $f'(x) \leq 0$ für alle x, so ist f monoton fallend.

(iv) Ist $f'(x) > 0$ für alle x, so ist f streng monoton steigend.

(v) Ist $f'(x) < 0$ für alle x, so ist f streng monoton fallend.

(vi) Ist $|f'|$ durch eine Konstante R beschränkt, so ist f eine Lipschitzabbildung[13] mit Lipschitzkonstante R.

Beweis: (i) $x \in\,]a, b]$ sei beliebig. Die Anwendung des ersten Mittelwertsatzes auf die Einschränkung von f auf das Intervall $[a, x]$ – dafür schreibt man übrigens $f|_{[a,x]}$ – liefert ein x_0 zwischen a und x, so dass $f'(x_0) = \dfrac{f(x) - f(a)}{x - a}$. Da $f'(x_0)$ nach Voraussetzung gleich Null ist, gilt $f(a) = f(x)$, und deswegen hat f überall den Wert $f(a)$.

(ii) Für $x, y \in [a, b]$ mit $x < y$ wenden wir den ersten Mittelwertsatz auf die Funktion $f|_{[x,y]} : [x, y] \to \mathbb{R}$ an. Es folgt $\dfrac{f(x) - f(y)}{x - y} = f'(x_0)$ für ein geeignetes $x_0 \in\,]x, y[$. Da $f'(x_0) \geq 0$ ist, impliziert das $f(x) \leq f(y)$.

Analog folgen (iii), (iv) und (v).

(vi) Es sei $|f'(x)| \leq R$ für alle $x \in [a, b]$. Man betrachte beliebige $x, y \in [a, b]$ mit $x \neq y$, wir wollen $x < y$ annehmen. (Der Fall $y < x$ wird völlig analog behandelt[14].) Wegen des ersten Mittelwertsatzes gilt dann mit einem geeigneten $x_0 \in\,]x, y[$

$$\left| \frac{f(x) - f(y)}{x - y} \right| = |f'(x_0)|,$$

und daraus folgt

$$|f(x) - f(y)| = |x - y| \cdot |f'(x_0)| \leq R \cdot |x - y|.$$

Also ist f Lipschitzabbildung mit Lipschitzkonstante R. $\square$

Bemerkungen:

1. Bei den ersten fünf Aussagen des Korollars handelt es sich übrigens um Tatsachen, die auch Nichtmathematikern plausibel sind. Die erste zum Beispiel kann so übersetzt werden: Wenn jemand eine Radtour macht und die Strecke während des gesamten Ausflugs waagerecht ist, so wird am Ende die Höhe über dem Meeresspiegel die gleiche sein wie am Anfang.

---

[13] Zur Definition vgl. 3.3.2.
[14] Um sich solche Zusätze zu ersparen, sagt man auch kurz: „*Ohne Einschränkung* ist $x < y$."

2. Die Aussage in Teil (vi) ist insbesondere dann anwendbar, wenn f' eine *stetige* Funktion ist. Dann ist nämlich auch $x \mapsto |f'(x)|$ als Komposition der stetigen Funktionen f' und $|\cdot|$ stetig, und stetige Funktionen auf kompaken Intervallen sind nach Satz 3.3.11 beschränkt.

3. Wie sieht es mit der *Umkehrung* der Implikationen aus? Offensichtlich ist die Ableitung f' einer Funktion gleich Null, wenn f eine konstante Funktion ist. Man kann auch leicht einsehen, dass $f' \geq 0$ sein muss, wenn f monoton steigt, denn dann sind alle Differenzenquotienten $\dfrac{f(x_0) - f(x_n)}{x_0 - x_n}$ nicht negativ, für den Limes $f'(x_0)$ muss also $f'(x_0) \geq 0$ gelten.

Mit einem analogen Argument zeigt man, dass die Umkehrung von (iii) gilt, doch nun gibt es eine *kleine Überraschung*: (iv) und (v) lassen sich *nicht* umkehren. Die einfachsten Gegenbeispiele sind die Funktionen $x \mapsto x^3$ und $x \mapsto -x^3$. Sie sind streng monoton steigend bzw. fallend, trotzdem verschwindet die Ableitung bei Null.

Es bleibt noch die Aussage (vi), die lässt sich wieder umkehren: Wenn f eine differenzierbare Lipschitzfunktion mit Lipschitzkonstante R ist, so sind die Beträge der Differenzenquotienten durch R beschränkt. Da diese Beschränktheit im Limes erhalten bleibt, erhält man wirklich $|f'(x_0)| \leq R$ für alle x_0.

GUILLAUME L'HÔPITAL
1661 – 1704

Wir wollen uns nun einer etwas anspruchsvolleren Folgerung aus den Mittelwertsätzen zuwenden, den *l'Hôpitalschen Regeln*[15]. Zunächst soll an den Anfang von Abschnitt 4.2 erinnert werden, dort hatten wir als Vorbereitung der Definition „Differenzierbarkeit" Limites der Form

$$\lim_{\substack{x \to x_0 \\ x \neq x_0}} g(x) \ , \quad \lim_{x \to x_0^+} g(x) \ \text{oder} \ \lim_{x \to x_0^-} g(x)$$

untersucht. Manchmal war es möglich, diesen Limes durch Angabe einer auch bei x_0 definierten, stetigen Funktion leicht zu berechnen (siehe Bemerkung 6 auf Seite 244), doch in manchen Fällen führt dieser Ansatz nicht zum Ziel.

Wir werden eine etwas allgemeinere Situation als vorher betrachten, Konvergenz wird nämlich für den Rest dieses Abschnitts als *Konvergenz in der Zweipunktkompaktifizierung* $\hat{\mathbb{R}}$ aufgefasst (vgl. das Ende von Abschnitt 3.2). Damit ist es möglich, für x_0 und α in Definition 4.1.1 auch die Werte $+\infty$ und $-\infty$ zuzulassen. So soll etwa $\lim_{x \to +\infty} g(x) = -\infty$ bedeuten, dass $g(x_n) \to -\infty$ für jede reelle Folge (x_n) mit $x_n \to +\infty$ gilt. Hier einige einfache Beispiele:

$$\lim_{x \to +\infty} x^2 = +\infty, \quad \lim_{x \to -\infty} x^3 = -\infty, \quad \lim_{\substack{x \to 0 \\ x \neq 0}} \frac{1}{x^2} = +\infty,$$

aber $\lim\limits_{\substack{x \to 0 \\ x \neq 0}} 1/x$ existiert nicht.

---

[15] L'Hôpital war ein begüterter Adliger, der sich die Mathematik im Wesentlichen selbst beibrachte, weil er von dem Gebiet fasziniert war. Nach ihm sind die l'Hôpitalschen Regeln benannt, die, wenn man es genau nimmt, eigentlich von Johann Bernoulli bewiesen wurden. L'Hôpital schrieb auch das erste Lehrbuch der Analysis: „Analyse des infiniments petits", 1696.

Wir betrachten nun den Spezialfall, dass die Funktion $g(x)$ der *Quotient von zwei Funktionen* ist, wir gehen also von $g(x)$ zu $f(x)/g(x)$ über. Dabei setzen wir voraus, dass die Nennerfunktion g für alle x positiv[16] ist und dass man $\lim\limits_{\substack{x \to x_0 \\ x \neq x_0}} f(x)$ und $\lim\limits_{\substack{x \to x_0 \\ x \neq x_0}} g(x)$ leicht berechnen kann.

Nehmen wir zum Beispiel an, dass $\lim\limits_{\substack{x \to x_0 \\ x \neq x_0}} f(x) = 3$ und $\lim\limits_{\substack{x \to x_0 \\ x \neq x_0}} g(x) = 7$. Aus den Rechenregeln für konvergente Folgen ergibt sich dann sofort, dass $\lim\limits_{\substack{x \to x_0 \\ x \neq x_0}} f(x)/g(x) = 3/7$.

> Geht nämlich (x_n) gegen x_0, so gilt nach Voraussetzung $f(x_n) \to 3$ und $g(x_n) \to 7$. Also geht $\big(f(x_n)/g(x_n)\big)$ gegen $3/7$. Und das zeigt, dass $\lim\limits_{\substack{x \to x_0 \\ x \neq x_0}} f(x)/g(x) = 3/7$.

Ähnlich einfach ist es im Fall $\lim\limits_{\substack{x \to x_0 \\ x \neq x_0}} f(x) = 3$ und $\lim\limits_{\substack{x \to x_0 \\ x \neq x_0}} g(x) = +\infty$: Aus $a_n \to 3$ und $b_n \to +\infty$ folgt doch $a_n/b_n \to 0$, und deswegen muss $\lim\limits_{\substack{x \to x_0 \\ x \neq x_0}} f(x)/g(x) = 0$ gelten. Auch der Fall $\lim\limits_{\substack{x \to x_0 \\ x \neq x_0}} f(x) = +\infty$, $\lim\limits_{\substack{x \to x_0 \\ x \neq x_0}} g(x) = 7$ macht keine Schwierigkeiten, denn offensichtlich ist dann $\lim\limits_{\substack{x \to x_0 \\ x \neq x_0}} f(x)/g(x) = +\infty$.

Fassen wir zusammen:

Es sei $\lim\limits_{\substack{x \to x_0 \\ x \neq x_0}} f(x) = a$ und $\lim\limits_{\substack{x \to x_0 \\ x \neq x_0}} g(x) = b$, wobei $a, b \in \hat{\mathbb{R}}$. Dann folgt direkt aus den Rechenregeln für den Limes von Quotienten von Folgen in $\hat{\mathbb{R}}$:

- Ist $b \neq 0$ und $a \notin \{-\infty, +\infty\}$, so ist $\lim\limits_{\substack{x \to x_0 \\ x \neq x_0}} f(x)/g(x) = a/b$.

- Ist $b = 0$ und $a > 0$ (bzw. < 0), so ist $\lim\limits_{\substack{x \to x_0 \\ x \neq x_0}} f(x)/g(x) = +\infty$ (bzw. $= -\infty$).

Völlig offen ist es allerdings, was passiert, wenn $a = b = +\infty$ oder $a = b = 0$ gilt. Im ersten Fall wird es davon abhängen, *wie schnell* f und g gegen $+\infty$ gehen:

- Beide können „etwa gleich schnell" gegen Unendlich gehen, dann wird im Fall der Konvergenz als Limes eine Zahl herauskommen, die von 0 und $\pm\infty$ verschieden ist.

  Beispiel: $\lim_{x \to +\infty}(1 + 6x)/(3 + 2x) = 3$.

---

[16] Für negative g gelten natürlich analoge Ergebnisse.

- f kann schneller als g gegen plus oder minus Unendlich gehen, dann wird $\lim\limits_{\substack{x\to x_0 \\ x\neq x_0}} f(x)/g(x) = +\infty$ (oder gleich $-\infty$) sein.

  Beispiel: $\lim_{x\to+\infty} x^3/(13+x) = +\infty$.

- Wenn g schneller gegen Unendlich geht, so ist $\lim\limits_{\substack{x\to x_0 \\ x\neq x_0}} f(x)/g(x) = 0$ zu erwarten.

  Beispiel: $\lim_{x\to+\infty}(1 + 2x + 5x^4)/(3 + x^{12}) = 0$.

Um zu entscheiden, welche dieser Möglichkeiten im konkreten Einzelfall vorliegt, lassen sich fast immer die *l'Hôpitalschen Regeln* verwenden. Wir formulieren sie für den Fall einseitiger Limites, beidseitige können damit auch behandelt werden, indem man sowohl links- als auch rechtsseitige Konvergenz untersucht.

l'Hôpital
0/0

Satz 4.2.4 (Die l'Hôpitalschen Regeln, der Fall 0/0).
Es seien $a, b \in \mathbb{R}$ und $a < b$.

(i) *$f, g : [a, b[\to \mathbb{R}$ seien differenzierbar. Es gelte $g'(x) \neq 0$ für alle $x \in [a, b[$ sowie*
$$\lim_{x\to b^-} f(x) = \lim_{x\to b^-} g(x) = 0.$$
Falls dann $\lim\limits_{x\to b^-} \dfrac{f'(x)}{g'(x)}$ existiert, so auch $\lim\limits_{x\to b^-} \dfrac{f(x)}{g(x)}$, und es gilt
$$\lim_{x\to b^-} \frac{f(x)}{g(x)} = \lim_{x\to b^-} \frac{f'(x)}{g'(x)}.$$

(i)' *Analog für Funktionen $f, g :]a, b] \to \mathbb{R}$ und den rechtsseitigen Limes $\lim_{x\to a^+} f(x)/g(x)$.*

(ii) *$f, g : [a, +\infty[\to \mathbb{R}$ seien differenzierbar. Es gelte $g'(x) \neq 0$ für alle x in $[a, +\infty[$ sowie*
$$\lim_{x\to+\infty} f(x) = \lim_{x\to+\infty} g(x) = 0.$$
Falls dann $\lim\limits_{x\to+\infty} \dfrac{f'(x)}{g'(x)}$ existiert, so auch $\lim\limits_{x\to+\infty} \dfrac{f(x)}{g(x)}$, und es gilt
$$\lim_{x\to+\infty} \frac{f(x)}{g(x)} = \lim_{x\to+\infty} \frac{f'(x)}{g'(x)}.$$

(ii)' *Analog für Funktionen $f, g :]-\infty, b] \to \mathbb{R}$ und $\lim_{x\to-\infty} f(x)/g(x)$.*

Beweis: (i) Durch $f(b) := g(b) := 0$ setzen wir f und g zu Funktionen auf $[a, b]$ fort. Man beachte, dass beide Funktionen bei b stetig sind.

Sei nun $(x_n)_{n\in\mathbb{N}}$ eine Folge in $[a, b[$ mit $x_n \to b$. Eine Anwendung des zweiten Mittelwertsatzes auf $f, g : [x_n, b] \to \mathbb{R}$ verschafft uns $\xi_n \in]x_n, b[$ mit
$$\frac{f'(\xi_n)}{g'(\xi_n)} = \frac{f(b) - f(x_n)}{g(b) - g(x_n)} = \frac{f(x_n)}{g(x_n)}.$$

Wegen $|\xi_n - b| \leq |x_n - b| \to 0$ ist $\lim \xi_n = b$. Also gilt

$$\frac{f'(\xi_n)}{g'(\xi_n)} \xrightarrow{n \to \infty} \lim_{x \to b^-} \frac{f'(x)}{g'(x)},$$

und damit ist schon alles gezeigt.

Der Beweis von (i)' verläuft völlig analog zu dem von (i).

(ii) Die Aussage soll durch Übergang zu den beiden Funktionen $x \mapsto f(\frac{1}{x})$ und $x \mapsto g(\frac{1}{x})$ auf (i)' zurückgeführt werden. Wir setzen $c := \max\{1, a\}$ und definieren $\tilde{f}, \tilde{g} : \,]\,0, 1/c\,] \to \mathbb{R}$ durch $\tilde{f}(x) := f(\frac{1}{x})$ und $\tilde{g}(x) := g(\frac{1}{x})$. Für $x_n \to 0$ mit $x_n > 0$ geht dann $1/x_n$ gegen $+\infty$; also gilt

$$\lim_{x \to 0^+} \tilde{f}(x) = \lim_{x \to +\infty} f(x) \text{ und } \lim_{x \to 0^+} \tilde{g}(x) = \lim_{x \to +\infty} g(x),$$

und $\lim_{x \to 0^+} f'(\frac{1}{x})/g'(\frac{1}{x})$ existiert. Nun ist wegen der Kettenregel

$$\tilde{f}'(x) = \left(-\frac{1}{x^2}\right) f'\left(\frac{1}{x}\right) \text{ und } \tilde{g}'(x) = \left(-\frac{1}{x^2}\right) g'\left(\frac{1}{x}\right),$$

und damit ergibt sich

$$\frac{\tilde{f}'(x_n)}{\tilde{g}'(x_n)} \to \lim_{x \to +\infty} \frac{f'(x)}{g'(x)}.$$

Folglich sind für $\tilde{f}$ und $\tilde{g}$ die Voraussetzungen von (i)' erfüllt, und wir erhalten

$$\lim_{x \to 0^+} \frac{\tilde{f}(x)}{\tilde{g}(x)} = \lim_{x \to 0^+} \frac{\tilde{f}'(x)}{\tilde{g}'(x)} \left(= \lim_{x \to +\infty} \frac{f'(x)}{g'(x)} \right).$$

Da für eine Folge $(x_n)_{n \in \mathbb{N}}$ in $[\,a, +\infty\,[$ genau dann $x_n \to +\infty$ gilt, wenn $(1/x_n)$ eine Nullfolge ist, wissen wir auch, dass

$$\lim_{x \to 0^+} \frac{\tilde{f}(x)}{\tilde{g}(x)} = \lim_{x \to +\infty} \frac{f(x)}{g(x)},$$

und damit ist (ii) bewiesen.

(ii)' kann analog zu (ii) gezeigt werden. □

Satz 4.2.5 (Die l'Hôpitalschen Regeln, der Fall ∞/∞).
Es seien a und b reelle Zahlen, $a < b$.

l'Hôpital
∞/∞

(i) $f, g : [\,a, b\,[\to \mathbb{R}$ seien differenzierbar. Es gelte $g'(x) \neq 0$ für alle $x \in [\,a, b\,[$ sowie

$$\lim_{x \to b^-} f(x) = \lim_{x \to b^-} g(x) = +\infty.$$

Falls dann $\lim_{x \to b^-} \dfrac{f'(x)}{g'(x)}$ existiert, so auch $\lim_{x \to b^-} \dfrac{f(x)}{g(x)}$, und es gilt

$$\lim_{x \to b^-} \frac{f(x)}{g(x)} = \lim_{x \to b^-} \frac{f'(x)}{g'(x)}.$$

(ii) Analoge Aussagen erhält man – wie im Fall der l'Hôpitalschen Regeln im Fall 0/0 – für Limites von Funktionen, die auf $]a, b]$, $[a, +\infty[$ oder $]-\infty, b]$ definiert sind.

Beweis: (i) Wegen $f(x) \to +\infty$ und $g(x) \to +\infty$ für $x \to b^-$ dürfen wir annehmen, dass f und g strikt positiv sind. (Das ist durch Übergang zu einem Intervall $[a', b[$ mit $a \leq a' < b$ leicht zu erreichen, für die Berechnung der Limites reicht es, die Funktionen bei den x mit $x \geq a'$ zu betrachten.) Wir setzen

$$\alpha := \lim_{x \to b^-} \frac{f'(x)}{g'(x)},$$

gehen von einer Folge $(x_n)_{n \in \mathbb{N}}$ in $[a, b[$ mit $x_n \to b$ aus und haben zu zeigen, dass $f(x_n)/g(x_n) \to \alpha$.

Vorbereitend zeigen wir, dass α nicht negativ sein kann:

> Zunächst beweisen wir, dass $g'(x) > 0$ für alle x gilt. Angenommen, es gäbe ein $x_1 < b$ mit $g'(x_1) < 0$. Für genügend kleine positive h ist dann $g(x_1 + h) < g(x_1)$, wir wählen irgendein $c \in]x_1, b[$ mit $g(c) < g(x_1)$. Da wir vorausgesetzt hatten, dass $\lim_{x \to b^-} g(x) = +\infty$, muss es ein $d \in [c, b[$ geben, für das $g(d) > g(x_1)$ ist. Nun wenden wir den Zwischenwertsatz an, der garantiert uns die Existenz eines x_2 zwischen c und d, so dass $g(x_2) = g(x_1)$. Und jetzt kann endlich ein Widerspruch hergeleitet werden: Durch den Satz von Rolle, angewandt auf die Einschränkung von g auf das Intervall $[x_1, x_2]$, erhalten wir ein x_0 mit $g'(x_0) = 0$, und das widerspricht der Voraussetzung, dass $g'(x)$ überall von Null verschieden sein soll.

> Angenommen nun, es wäre $\alpha < 0$. Dann wäre, für eine geeignete Zahl $\delta > 0$, der Quotient $f'(x)/g'(x)$ für alle x in $]b - \delta, b[$ negativ. Da wir schon $g'(x) > 0$ bewiesen haben, folgt daraus, dass $f'(x)$ für diese x negativ sein muss. f ist also aufgrund von Teil (v) des vorstehenden Korollars auf $[b - \delta, b[$ monoton fallend, und deswegen gilt bestimmt nicht $\lim_{x \to b^-} f(x) = +\infty$. Dieser Widerspruch zu unserer Voraussetzung beweist, dass $\alpha \geq 0$ sein muss.

Wir kommen nun zum eigentlichen Beweis, es werden zwei Fälle unterschieden:

Fall 1: $\alpha = +\infty$

Sei (x_n) eine Folge in $[a, b[$ mit $x_n \to b$ und $K > 0$ beliebig. Wir müssen ein n_0 finden, so dass $|f(x_n)/g(x_n)| \geq K$ für alle n mit $n \geq n_0$ gilt. Wegen $f'(x)/g'(x) \to +\infty$ gibt es ein $\delta > 0$ mit

$$x \geq b - \delta \;\Rightarrow\; \frac{f'(x)}{g'(x)} \geq 2K;$$

die Begründung wurde in Bemerkung 1 auf Seite 243 gegeben. Man wähle irgendein n_1 mit $x_{n_1} \geq b - \delta$. Für alle x_n, die größer als x_{n_1} sind (d.h. für alle x_n von einem geeigneten Index n_2 an) lässt sich der zweite Mittelwertsatz auf die

Einschränkungen von f und g auf das Intervall $[x_{n_1}, x_n]$ anwenden. Wir erhalten so ξ_n mit $x_{n_1} < \xi_n < x_n$ und

$$\frac{f(x_n) - f(x_{n_1})}{g(x_n) - g(x_{n_1})} = \frac{f'(\xi_n)}{g'(\xi_n)}.$$

Insbesondere ist

$$2K \leq \frac{f'(\xi_n)}{g'(\xi_n)} = \frac{f(x_n) - f(x_{n_1})}{g(x_n) - g(x_{n_1})} = \frac{f(x_n)}{g(x_n)} \cdot \left(\frac{1 - \frac{f(x_{n_1})}{f(x_n)}}{1 - \frac{g(x_{n_1})}{g(x_n)}} \right).$$

Nun beachten wir, dass $f(x_n), g(x_n) \to +\infty$. Deswegen gilt

$$\frac{f(x_{n_1})}{f(x_n)} \to 0, \quad \frac{g(x_{n_1})}{g(x_n)} \to 0$$

mit $n \to \infty$, und daher gibt es ein $n_0 \in \mathbb{N}$, so dass

$$\frac{f(x_n)}{g(x_n)} \geq K \text{ für alle } n \geq n_0$$

ist[17]. Das zeigt $f(x_n)/g(x_n) \to \alpha = +\infty$.

Fall 2: $\alpha \in [0, +\infty[$

Wieder sei $(x_n)_{n \in \mathbb{N}}$ eine Folge in $[a, b[$ mit $x_n \to b$. Diesmal müssen wir für vorgegebenes $\varepsilon > 0$ ein n_0 finden, so dass $\alpha - \varepsilon \leq f(x_n)/g(x_n) \leq \alpha + \varepsilon$ für $n \geq n_0$. Nun lässt sich wegen $\lim_{x \to b^-} f'(x)/g'(x) = \alpha$ ein $\delta > 0$ angeben, so dass

$$\alpha - \varepsilon \leq \frac{f'(x)}{g'(x)} \leq \alpha + \varepsilon$$

für $b - \delta \leq x < b$ gilt (vgl. wieder Bemerkung 1 auf Seite 243). Wählt man nun irgendein x_{n_1} mit $x_{n_1} \geq b - \delta$, so ergibt sich wie in Fall 1:

$$\alpha - \varepsilon \leq \frac{f(x_n) - f(x_{n_1})}{g(x_n) - g(x_{n_1})} \leq \alpha + \varepsilon \tag{4.2}$$

für alle $x_n > x_{n_1}$. Schreibt man noch wie eben

$$\frac{f(x_n) - f(x_{n_1})}{g(x_n) - g(x_{n_1})} = \frac{f(x_n)}{g(x_n)} \cdot \left(\frac{1 - \frac{f(x_{n_1})}{f(x_n)}}{1 - \frac{g(x_{n_1})}{g(x_n)}} \right),$$

so folgt mit (4.2) aus $f(x_n), g(x_n) \to +\infty$ die Existenz eines $n_0 \in \mathbb{N}$ mit

$$\alpha - 2\varepsilon \leq \frac{f(x_n)}{g(x_n)} \leq \alpha + 2\varepsilon \text{ für alle } n \geq n_0.$$

---

[17] Es reicht, dafür zu sorgen, dass $\left(\frac{1 - \frac{f(x_{n_1})}{f(x_n)}}{1 - \frac{g(x_{n_1})}{g(x_n)}} \right) \leq 2$ ist.

Man muss die n nur so groß werden lassen, dass

$$\alpha - 2\varepsilon \le (\alpha - \varepsilon)\left(\frac{1 - \frac{g(x_{n_1})}{g(x_n)}}{1 - \frac{f(x_{n_1})}{f(x_n)}}\right), \ (\alpha + \varepsilon)\left(\frac{1 - \frac{g(x_{n_1})}{g(x_n)}}{1 - \frac{f(x_{n_1})}{f(x_n)}}\right) \le \alpha + 2\varepsilon$$

gilt. Dass es so ein n_0 gibt, folgt aus

$$\left(\frac{1 - \frac{g(x_{n_1})}{g(x_n)}}{1 - \frac{f(x_{n_1})}{f(x_n)}}\right) \to 1.$$

Damit ist $\lim_{x \to b-} f(x)/g(x) = \alpha$ gezeigt, und der Beweis von (i) ist vollständig geführt.

(ii) Diese Aussagen werden analog bzw. durch Übergang zu den Funktionen $x \mapsto f(1/x)$, $x \mapsto g(1/x)$ bewiesen. (Vgl. den entsprechenden Beweis zu Satz 4.2.4.) $\qquad\qquad\qquad\qquad\qquad\qquad\qquad\qquad\qquad\qquad\qquad\qquad\quad$ $\square$

Bemerkungen und Beispiele:

1. Vor einem allzu mechanischen Anwenden der l'Hôpitalschen Regeln muss *dringend gewarnt* werden. Formales Ableiten in $\lim f(x)/g(x)$ kann leicht zu Fehlern führen. So ist etwa $\lim_{x \to 0+}(1 + x)/x = +\infty$, aber eine reflexartige l'Hôpital-Anwendung hätte wegen $\lim_{x \to 0+}(1 + x)' = \lim_{x \to 0+} x' = 1$ zu $\lim_{x \to 0+}(1 + x)'/x' = 1$ geführt. Wichtig ist also, sich stets zu vergewissern, dass tatsächlich einer der Fälle $0/0$ oder ∞/∞ vorliegt.

2. Durch mehrfache Anwendung der l'Hôpitalschen Regeln kann der Gültigkeitsbereich leicht erweitert werden. So ist etwa

$$\lim \frac{f(x)}{g(x)} = \lim \frac{f''(x)}{g''(x)},$$

falls für $\lim f'(x)/g'(x)$ die l'Hôpitalschen Regeln ebenfalls anwendbar sind; dabei steht f'' für $(f')'$. Ein Beispiel dazu folgt gleich.

Außerdem kann man die Fälle $-\infty/+\infty$ usw. mit den Regeln genauso behandeln, man muss im Beweis nur f durch $-f$ (und/oder g durch $-g$) ersetzen.

3. Limites der Form $\lim f(x)g(x)$ können ebenfalls mit Satz 4.2.4 und Satz 4.2.5 berechnet werden, falls $\lim f(x) = 0$, $\lim g(x) = +\infty$. Man schreibe nur

$$f(x)g(x) = \frac{f(x)}{1/g(x)}.$$

(s.u., das letzte Beispiel).

4. Wirklich interessante Beispiele können eigentlich erst nach Behandlung der speziellen Funktionen in Abschnitt 4.5 diskutiert werden. Wir werden sie hier im Vorgriff benutzen.

- $\displaystyle\lim_{x\to 0^+}\frac{\sin x}{x}=?$

  Mit $f(x)=\sin x$ und $g(x)=x$ sind die Voraussetzungen von Satz 4.2.4(i')
  erfüllt. Wir erhalten so

  $$\lim_{x\to 0^+}\frac{\sin x}{x}=\lim_{x\to 0^+}\frac{\cos x}{1}=1.$$

  (Der rechts stehende Limes ist deswegen gleich 1, weil die Cosinusfunktion
  bei 0 stetig ist und dort den Wert 1 hat.)

- $\displaystyle\lim_{x\to 0^+}\frac{\sin ax}{\sin bx}=?$ (Mit $a,b\in\mathbb{R}$, $b\neq 0$.)

  Das führt wieder auf den Fall $0/0$. Es ergibt sich mit Satz 4.2.4:

  $$\lim_{x\to 0^+}\frac{\sin ax}{\sin bx}=\lim_{x\to 0^+}\frac{a\cos ax}{b\cos bx}=\frac{a}{b}.$$

- $\displaystyle\lim_{x\to +\infty}\frac{2x^3+2x^2}{x^2-4}=?$

  Es liegt der Fall ∞/∞ vor, doch führt eine einmalige Anwendung der
  l'Hôpitalschen Regeln nicht zum Ziel, da die Limites der Ableitungen im
  Zähler und im Nenner wieder unendlich sind. Es muss noch einmal abgeleitet werden, man erhält

  $$\lim_{x\to +\infty}\frac{2x^3+2x^2}{x^2-4}=\lim_{x\to +\infty}\frac{6x^2+4x}{2x}=\lim_{x\to +\infty}\frac{12x+4}{2}=+\infty.$$

  Ganz analog kann man die Limites beliebiger Quotienten von Polynomen
  für $x\to +\infty$ und $x\to -\infty$ behandeln.

- $\displaystyle\lim_{x\to 0^+}\frac{e^x-e^{-x}}{x}=?$

  Das ist wieder eine $0/0$-Situation, einmaliges Ableiten führt zum Ziel:

  $$\lim_{x\to 0^+}\frac{e^x-e^{-x}}{x}=\lim_{x\to 0^+}\frac{e^x+e^{-x}}{1}=2.$$

- $\displaystyle\lim_{x\to +\infty}\frac{e^x}{x}=?$

  Diesmal liegt der Fall ∞/∞ vor. Man erhält mit Satz 4.2.5:

  $$\lim_{x\to +\infty}\frac{e^x}{x}=\lim_{x\to +\infty}\frac{e^x}{1}=+\infty.$$

- $\displaystyle\lim_{x\to +\infty}\frac{e^x}{x^2}=?$

Wieder sind wir im ∞/∞-Fall, Satz 4.2.5 ist allerdings zweimal anzuwenden:

$$\lim_{x \to +\infty} \frac{\mathrm{e}^x}{x^2} = \lim_{x \to +\infty} \frac{(\mathrm{e}^x)''}{(x^2)''} = \lim_{x \to +\infty} \frac{\mathrm{e}^x}{2} = +\infty.$$

Das Ergebnis bedeutet: e^x geht für $x \to +\infty$ stärker gegen Unendlich als x^2. Ganz analog kann man auch einsehen, dass e^x sogar stärker gegen Unendlich geht als x^n für beliebig großes n.

- $\lim\limits_{x \to 0^+} x \log x = ?$

   (Auch die Logarithmusfunktion log benutzen wir hier im Vorgriff, sie wird erst in Abschnitt 4.5 eingeführt.) Schreibt man das Produkt als $\log x / (1/x)$, so liegt der Fall $-\infty/+\infty$ vor. Folglich ist

$$\lim_{x \to 0^+} x \log x = \lim_{x \to 0^+} \frac{1/x}{-1/x^2} = 0.$$

   x geht also für $x \to 0$ stärker gegen 0 als der Logarithmus $\log x$ gegen $-\infty$ geht.

4.3   Taylorpolynome

Polynome tauchten in den vergangenen Abschnitten schon mehrfach auf. Zur Erinnerung: Ein *Polynom* ist eine Funktion P von $\mathbb{R}$ nach $\mathbb{R}$, die die Form

$$P(x) = a_0 + a_1 x + \cdots + a_{n-1} x^{n-1} + a_n x^n$$

hat. Dabei ist $n \in \{0, 1, 2, \ldots\}$, und die $a_0, \ldots, a_n$, die *Koeffizienten des Polynoms*, sind irgendwelche reellen Zahlen, wobei man üblicherweise verlangt, dass $a_n \neq 0$ gilt. Dann nennt man n den *Grad* von P. (Da man auch die Nullfunktion als Polynom auffassen möchte, muss man dafür eine Sonderregelung vereinbaren: Für dieses Polynom soll der Grad gleich $-\infty$ sein.) Die Funktionen $-3 + x$, 0, $0.3x^9 - 3x^{222}$ sind also Polynome, $1/x$ jedoch nicht. (Warum eigentlich?)

Ersetzt man überall „reell" durch „komplex", so erhält man komplexe Polynome, diese Verallgemeinerung wird aber in diesem Abschnitt keine Rolle spielen.

Es ist leicht zu sehen, dass Vielfache, Summen und Produkte von Polynomen wieder Polynome sind, und für die Vielfachen λP und die Produkte PQ kann man auch leicht den Grad berechnen, wenn die Grade von P und Q bekannt sind[18].

Ist P ein Polynom und $x_0 \in \mathbb{R}$, so ist auch

$$P(x - x_0) = a_0 + a_1(x - x_0) + \cdots + a_{n-1}(x - x_0)^{n-1} + a_n(x - x_0)^n$$

?

---

[18] Der Grad des Produktes $P \cdot Q$ ist die Summe der Grade von P und Q. Damit diese Formel auch dann gilt, wenn P oder Q das Nullpolynom ist, musste der zugehörige Grad als $-\infty$ definiert werden.

ein Polynom, wie man leicht durch Ausrechnen der $(x-x_0)^n, (x-x_0)^{n-1}, \ldots$
nachprüfen kann. Umgekehrt gilt das auch, man kann für jedes Polynom P und
jedes x_0 ein Polynom Q finden, so dass $P(x) = Q(x-x_0)$ für alle x gilt.

> *Beweis:* Man schreibe $P(x)$ als $P(x_0+(x-x_0))$ und sortiere nach Potenzen
> von $x - x_0$.
>
> Ein Beispiel: $P(x) = -1 + 2x + x^2$ und $x_0 = 5$. Es ist
>
> $$P(x) = P(5+(x-5)) = -1+2(5+(x-5))+(5+(x-5))^2 = 34+12(x-5)+(x-5)^2.$$
>
> Für $Q(y) := 34 + 12y + y^2$ gilt also $P(x) = Q(x-5)$.
>
> (Eine weitere Möglichkeit, P auf diese Weise umzuschreiben, werden wir
> weiter unten kennen lernen, vgl. Seite 273.)

Diese Bemerkung ist dann wichtig, wenn man an den Werten des Polynoms „in
der Nähe" einer Stelle x_0 interessiert ist. In der Darstellung in Potenzen von
$x - x_0$ werden dann nämlich nur „sehr kleine" Werte auftreten.

Polynome waren unsere ersten Beispiele für stetige und auch für differenzierbare Funktionen. Sie sind sogar beliebig oft differenzierbar, und alle Ableitungen
sind leicht berechenbar.

Polynome sind schließlich dadurch bemerkenswert, dass man außer Addieren
und Multiplizieren nichts können muss, um sie zu berechnen, das zeichnet sie
vor den komplizierteren Funktionen (Wurzelfunktion, Sinus, Cosinus, Exponentialfunktion, ...) aus. Sie eignen sich damit hervorragend dazu, auf Computern
schnell berechnet zu werden.

In diesem Abschnitt sollen die Mittelwertsätze angewendet werden, um differenzierbare Funktionen „so gut wie möglich" durch Polynome zu beschreiben.
Dabei werden wir uns auf Funktionen beschränken, die auf $\mathbb{R}$ oder einem Teilintervall definiert sind und deren Werte in $\mathbb{R}$ liegen[19].

Die genauere Formulierung des Problems lautet: Eine Funktion $f : [a,b] \to$
$\mathbb{R}$ und ein $x_0 \in [a,b]$ seien vorgegeben. Man versuche, f „in der Nähe" von x_0
möglichst gut durch ein Polynom zu approximieren.

Diese Aufgabe kann als Verallgemeinerung der in der Einleitung zu Abschnitt 4.1 behandelten Problemstellung aufgefasst werden:

- *Stetigkeit:* f ist bei x_0 durch eine Konstante (= ein Polynom höchstens
  nullten Grades) approximierbar.

- *Differenzierbarkeit:* f ist bei x_0 durch eine Gerade (= ein Polynom höchstens *ersten* Grades) approximierbar.

- *Hier* geht es um Approximationen bei x_0 durch Polynome *beliebigen* Grades.

---

[19] Diese Einschränkung ist notwendig, denn für allgemeinere Situationen, z.B. für komplexwertige Funktionen, stehen keine Mittelwertsätze zur Verfügung.

Dabei kann man erwarten, dass die Beschreibung der vorgelegten Funktion mit wachsendem Grad der zugelassenen Polynome besser und besser wird. Diese Erwartung wird jedoch nur teilweise erfüllt: Es ist zwar richtig, dass jede stetige Funktion auf einem kompakten Intervall beliebig genau durch Polynome approximierbar ist[20]. Der in diesem Abschnitt behandelte Weg führt aber *nicht notwendig* zu einer Folge von Polynomen, die ein vorgelegtes f besser und besser annähert.

Bevor wir das Approximationsproblem weiter behandeln, treffen wir eine Vereinbarung:

Ist eine Funktion f auf einer Menge M differenzierbar und ist die Ableitung f' ebenfalls eine differenzierbare Funktion, so werden wir f'' (lies: „zweite Ableitung von f", „f Zweistrich") statt $(f')'$ schreiben. In diesem Fall heißt f *zweimal differenzierbar*. Es dürfte dann klar sein, was z.B. eine viermal differenzierbare Funktion ist und was f'''' (wofür man meist $f^{(4)}$ schreibt) bedeutet. Sollten sogar alle $f^{(n)}$ (für $n \in \mathbb{N}$) existieren, so heißt f *beliebig oft* (oder: unendlich oft) *differenzierbar*.

Sei nun $f : [a, b] \to \mathbb{R}$ eine Funktion und $x_0 \in [a, b]$. Um f in der Nähe von x_0 durch ein Polynom n-ten Grades zu beschreiben, d.h. um $f(x)$ für die x mit $x \approx x_0$ näherungsweise durch

$$\sum_{i=0}^{n} a_i (x - x_0)^i = a_0 + a_1 (x - x_0) + \cdots + a_n (x - x_0)^n$$

zu ersetzen, verfahren wir in zwei Schritten:

1. Wir suchen einen nahe liegenden Kandidaten für ein approximierendes Polynom (das führt uns zur *Definition des n-ten Taylorpolynoms*).

2. Wir prüfen, wie gut die Approximation durch das Taylorpolynom ist (dazu werden wir eine so genannte *Restgliedformel* beweisen).

Sei also $n \in \mathbb{N}$ vorgelegt. Um zu Zahlen $a_0, \ldots, a_n$ zu kommen, für die die Approximation

$$f(x) \approx a_0 + a_1 (x - x_0) + \cdots + a_n (x - x_0)^n$$

möglichst gut ist, ersetzen wir versuchsweise $f(x)$ durch $\sum_{i=0}^{n} a_i (x - x_0)^i$ und haben nun allein aus den Funktionswerten von f die $a_0, \ldots, a_n$ zu ermitteln. Es stellt sich also das

Problem: Die Werte $P(x) = a_0 + a_1 (x - x_0) + \cdots + a_n (x - x_0)^n$ seien für alle x (oder wenigstens für die x in einer Umgebung von x_0) bekannt. Man bestimme die Koeffizienten $a_0, \ldots, a_n$.

---

[20] Das ist der Approximationssatz von WEIERSTRASS, die genaue Formulierung lautet: Ist $[a, b]$ ein kompaktes Intervall, $f : [a, b] \to \mathbb{R}$ eine stetige Funktion und $\varepsilon > 0$, so gibt es ein reelles Polynom P, so dass $|f(x) - P(x)| \le \varepsilon$ für alle x gilt. Wir werden diesen Satz erst in Abschnitt 7.1 im zweiten Band beweisen können.

a_0 ist leicht zu berechnen, nämlich als $P(x_0)$. Ganz analog erhält man die anderen Koeffizienten, man beachte nur, dass

$$
\begin{aligned}
P'(x) &= a_1 + 2a_2(x - x_0)^1 + 3a_3(x - x_0)^2 + \ldots + na_n(x - x_0)^{n-1} \\
P''(x) &= 2a_2 + 2 \cdot 3a_3(x - x_0)^1 + \ldots + n(n-1)a_n(x - x_0)^{n-2} \\
&\vdots \\
P^{(n)}(x) &= n!\,a_n.
\end{aligned}
$$

Folglich ist $P^{(k)}(x_0) = k!\,a_k$, d.h. $a_k = P^{(k)}(x_0)/k!$ (für $k = 0, \ldots, n)$[21].

Nach dieser Vorüberlegung haben wir einen nahe liegenden Kandidaten für das die Funktion f approximierende Polynom[22]:

Definition 4.3.1. $f : [a, b] \to \mathbb{R}$ *sei n-mal differenzierbar, $x_0 \in [a, b]$. Unter dem n-ten Taylorpolynom bei x_0 verstehen wir dann das Polynom*

**Taylor-
polynom**

$$
P_n(x) = \sum_{k=0}^{n} \frac{f^{(k)}(x_0)}{k!}(x - x_0)^k = f(x_0) + \frac{f'(x_0)}{1!}(x - x_0) + \cdots + \frac{f^{(n)}(x_0)}{n!}(x - x_0)^n.
$$

Bemerkungen und Beispiele:

1. Es gibt also ein nulltes Taylorpolynom (die konstante Funktion $f(x_0)$), ein erstes Taylorpolynom (die Gerade $x \mapsto f(x_0) + f'(x_0)(x - x_0)$, das ist die Tangente bei x_0) usw. Man beachte, dass das n-te Taylorpolynom nicht notwendig den Grad n haben muss, das gilt nur dann, wenn $f^{(n)}$ bei x_0 nicht verschwindet.

2. Man bestimme das zweite Taylorpolynom zu $f(x) = x^2 + 1$ bei $x_0 = 1$:
Das geht am übersichtlichsten mit einer kleinen Tabelle:

k	$f^{(k)}$	$f^{(k)}(1)$
0	$x^2 + 1$	2
1	$2x$	2
2	2	2

Damit ist

$$
P_2(x) = 2 + \frac{2}{1!}(x - 1) + \frac{2}{2!}(x - 1)^2 = 2 + 2(x - 1) + (x - 1)^2.
$$

---

[21] Damit diese Formel auch für $k = 0$ gilt, muss man $f^{(0)} := f$ und $0! := 1$ definieren.
[22] Diese Definition stammt aus der Frühzeit der modernen Analysis. Die von Taylor 1712 gefundene *Taylorreihe* spielt eine fundamentale Rolle bei der konkreten numerischen Berechnung vorgegebener Funktionen.

Taylorpolynome von Polyomen
Es ist übrigens $P_2 = f$. Allgemeiner ist $P_n = f$, falls f ein Polynom höchstens n-ten Grades ist, das folgt aus der Restgliedformel, die wir gleich beweisen werden. Damit haben wir eine weitere Möglichkeit zur Verfügung, vorlegte Polynome $a_0 + a_1 x + \cdots + a_n x^n$ als

$$b_0 + b_1(x - x_0) + \cdots + b_n(x - x_0)^n$$

umzuschreiben.

3. Wie sieht P_4 für $f(x) = x^6 - x$ bei $x_0 = -1$ aus?:

k	$f^{(k)}$	$f^{(k)}(-1)$
0	$x^6 - x$	2
1	$6x^5 - 1$	-7
2	$30x^4$	30
3	$120x^3$	-120
4	$360x^2$	360

Also ist

$$
\begin{aligned}
P_4(x) &= 2 + \frac{-7}{1!}(x+1) + \frac{30}{2!}(x+1)^2 + \frac{-120}{3!}(x+1)^3 + \frac{360}{4!}(x+1)^4 \\
&= 2 - 7(x+1) + 15(x+1)^2 - 20(x+1)^3 + 15(x+1)^4.
\end{aligned}
$$

4. Man bestimme P_2 für $f(x) = \sqrt{1+x}$ bei $x_0 = 0$:

k	$f^{(k)}$	$f^{(k)}(0)$
0	$\sqrt{1+x}$	1
1	$\frac{1}{2\sqrt{1+x}}$	$1/2$
2	$-\frac{1}{4\sqrt{(1+x)^3}}$	$-1/4$

Daraus folgt:

$$P_2(x) = 1 + \frac{1}{2}x - \frac{1}{8}x^2.$$

Achtung: Naiv hätte man doch hoffen können, dass die Taylorpolynome P_n die Funktion f mit wachsendem n auf dem *ganzen* Definitionsbereich besser und besser beschreiben. Die nachstehende Abbildung zeigt, dass die Approximation in der Regel wirklich nur *in der Nähe von* x_0 (hier also nahe bei 0) zu befriedigenden Ergebnissen führt.

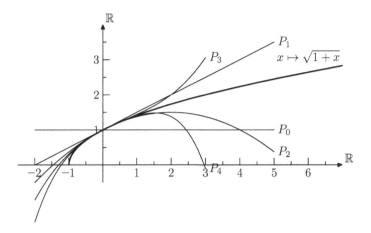

Bild 4.12: Die Funktion $x \mapsto \sqrt{1+x}$ und ihre Taylorapproximationen

Wir kommen nun zum *zweiten Schritt*. Dazu definieren wir – mit den Bezeichnungen der vorstehenden Definition 4.3.1 –

$$R_n(x) := f(x) - P_n(x).$$

$R_n(x)$ misst also den Fehler, der bei der Approximation von f durch P_n gemacht wird, nach Definition gilt

$$f(x) = f(x_0) + \frac{f'(x_0)}{1!}(x - x_0) + \cdots + \frac{f^{(n)}(x_0)}{n!}(x - x_0)^n + R_n(x).$$

Die Funktion $R_n(x)$ heißt das *n-te Restglied* (oder das *Restglied n-ter Ordnung*). Beachten Sie bitte, dass unsere bisherigen Definitionen (von P_n und R_n) absolut *keine Aussagen über die Approximierbarkeit von f durch P_n* implizieren, im Allgemeinen lässt sich dazu auch nichts sagen. Der Ansatz wird sich erst dann als sinnvoll erweisen, wenn wir R_n weiter behandeln können, wenn wir also aus Informationen über f und die Ableitungen folgern dürfen, dass $R_n(x)$ „klein" ist. Dafür gibt es mehrere Möglichkeiten, eine davon wird im nachstehenden Satz vorgestellt[23]:

Restglied

Satz 4.3.2 (Satz von Taylor, Restgliedformel).
Die Funktion $f : [x_0, x] \to \mathbb{R}$ sei $(n + 1)$-mal differenzierbar. Dann gibt es ein $\xi \in \,]x_0, x\,[$ mit

$$R_n(x) = \frac{f^{(n+1)}(\xi)}{(n+1)!}(x - x_0)^{n+1},$$

d.h. dann gilt:

$$f(x) = f(x_0) + \frac{f'(x_0)}{1!}(x - x_0) + \cdots + \frac{f^{(n)}(x_0)}{n!}(x - x_0)^n + \frac{f^{(n+1)}(\xi)}{(n+1)!}(x - x_0)^{n+1}.$$

---

[23] Genau genommen ist es die Restgliedformel nach LAGRANGE. Eine weitere Formel werden wir später auf Seite 299 kennen lernen.

Beweis: Der Beweis ist leider recht unanschaulich. Wir fixieren x und definieren zwei neue Funktionen $F, G : [\, x_0, x \,] \to \mathbb{R}$ durch

$$
\begin{aligned}
F(y) &:= \sum_{k=0}^{n} \frac{f^{(k)}(y)}{k!}(x-y)^k = f(y) + \frac{f'(y)}{1!}(x-y) + \cdots + \frac{f^{(n)}(y)}{n!}(x-y)^n \\
G(y) &:= (x-y)^{n+1}.
\end{aligned}
$$

(Beachten Sie, insbesondere beim Differenzieren, dass x und x_0 fest sind und y die Veränderliche ist.) Es macht keine Mühe einzusehen, dass für F und G die Voraussetzungen des zweiten Mittelwertsatzes erfüllt sind. Es gibt also ein $\xi \in \,]\, x_0, x \,[$ mit

$$
\frac{F(x) - F(x_0)}{G(x) - G(x_0)} = \frac{F'(\xi)}{G'(\xi)}.
$$

Das ist (überraschenderweise) schon die behauptete Formel. Man muss nur etwas rechnen:

$$
\begin{aligned}
F(x) &= f(x) \\
F(x_0) &= P_n(x) \\
G(x) &= 0 \\
G(x_0) &= (x-x_0)^{n+1} \\
F'(\xi) &= \frac{f^{(n+1)}(\xi)}{n!}(x-\xi)^n \\
G'(\xi) &= -(n+1)(x-\xi)^n.
\end{aligned}
$$

(Um zu den letzten beiden Formeln zu kommen, muss man die Funktionen F und G *nach y* ableiten und dann $y = \xi$ einsetzen. Es ist zu beachten, dass x in diesem Beweis ein fester Wert ist. Bei der Berechnung von F' muss man Produkt- und Kettenregel anwenden, bemerkenswerterweise heben sich dadurch fast alle Summanden weg.)
Man erhält den Ausdruck

$$
\frac{f(x) - P_n(x)}{-(x-x_0)^{n+1}} = \frac{\frac{f^{(n+1)}(\xi)(x-\xi)^n}{n!}}{-(n+1)(x-\xi)^n},
$$

den man leicht zu

$$
f(x) = P_n(x) + \frac{f^{(n+1)}(\xi)}{(n+1)!}(x-x_0)^{n+1}
$$

umsortieren kann. Und genau das war zu zeigen. □

Bemerkungen, Anwendungen der Restgliedformel:

1. Wenn man die Formel für das n-te Taylorpolynom verstanden hat, kann man sich dadurch auch leicht die Restgliedformel merken: Man muss nur den

nächsten Summanden – den mit $n+1$ – hinschreiben, und als einzige Änderung die Auswertung von $f^{(n+1)}$ nicht bei x_0, sondern bei einer Zwischenstelle ξ zwischen x_0 und x vornehmen.

2. Angenommen, n ist „ziemlich groß" und $x - x_0$ ist „sehr klein". Dann sind die letzten beiden der drei Bausteine $f^{(n+1)}(\xi)$, $1/(n+1)!$, $(x-x_0)^{n+1}$, aus denen das Restglied aufgebaut ist, „sehr klein". Anders ausgedrückt: Außer, wenn $f^{(n+1)}$ zwischen x_0 und x sehr groß werden kann, wird $R_n(x)$ voraussichtlich „sehr klein" sein.

3. Falls $x < x_0$ ist, erhält man die gleiche Formel für Funktionen $f : [\,x, x_0\,] \to \mathbb{R}$.

4. Nun können wir die Behauptung beweisen, die in Beispiel 1 zu Definition 4.3.1 aufgestellt wurde, dass nämlich für Polynome f höchstens n-ten Grades stets $f = P_n$ ist. In diesem Fall ist nämlich $f^{(n+1)} = 0$, und deswegen muss das Restglied verschwinden.

   Diese Überlegung lässt sich auch umkehren. Ist nämlich $f : [\,a, b\,] \to \mathbb{R}$ eine Funktion, für die $f^{(n+1)}$ existiert und auf ganz $[\,a, b\,]$ verschwindet, so ist f notwendig ein Polynom höchstens n-ten Grades, da dann f mit dem n-ten Taylorpolynom, z.B. dem bei $x_0 = 0$, übereinstimmen muss.

5. Die Restgliedformel liefert bei vorgegebenen f, x_0, n Aussagen der folgenden Gestalt:

   > Ersetzt man $f(x)$ für $|x - x_0| \leq \delta$ durch $P_n(x)$, so ist der Fehler höchstens soundso groß.

Dazu ist lediglich $R_n(x)$ mit Satz 4.3.2 für die x mit $|x - x_0| \leq \delta$ abzuschätzen. Da über das ξ nichts bekannt ist, wird man für $\left| f^{(n+1)}(\xi) \right|$ nur recht grobe Abschätzungen erhalten.

Beispiel: Wir betrachten $f(x) = \sqrt{1+x}$; wie gut ist die erste Taylorapproximation für $|x| \leq 0.01$?

Das erste Taylorpolynom kennen wir schon, es lautet $1 + \frac{x}{2}$. Die zweite Ableitung ist gleich $f''(x) = -1/\big(4\sqrt{(1+x)^3}\big)$, und deswegen ist der Approximationsfehler $f''(\xi)(x-x_0)^2/2!$ hier gleich $-x^2/\big(8\sqrt{(1+\xi)^3}\big)$. Dabei liegt ξ zwischen 0 und x.

Wie groß kann das schlimmstenfalls werden, wenn $|x| \leq 0.01$ ist? Der Ausdruck $1 + \xi$ ist mindestens 0.99, also kann $1/\big(8\sqrt{(1+\xi)^3}\big)$ durch den Ausdruck $1/\big(8\sqrt{0.99^3}\big) \approx 0.127$ nach oben abgeschätzt werden.

Es folgt: Im Bereich $|x| \leq 0.01$ ist der Fehler von der Größenordnung 10^{-5}, ein Unterschied zwischen $\sqrt{1+x}$ und $1 + \frac{x}{2}$ tritt also erst in der fünften Stelle nach dem Komma auf.

   Zum Vergleich: Es ist $\sqrt{1.01} = 1.0049876\ldots$, die Approximation liefert 1.005. Für $x = -0.006$ ist der exakte Wert $0.9969954\ldots$, unsere Näherungslösung lautet $1 - 0.006/2 = 0.997$.

6. Falls $f^{(n+1)}$ im Intervall zwischen x_0 und x das Vorzeichen nicht wechselt, so kann angegeben werden, ob $P_n(x)$ den Wert von $f(x)$ übertrifft bzw. unterschreitet. So ist z.B. klar, dass die Näherung $P_1(x)$ für $\sqrt{1+x}$ im vorstehenden Beispiel stets zu groß ausfällt, denn

$$x^2 \cdot \frac{f''(\xi)}{2!} = \frac{-x^2}{8\sqrt{(1+\xi)^3}}$$

ist negativ.

Newton-verfahren

7. Als weitere einfache Anwendung skizzieren wir hier kurz das für die Numerik wichtige NEWTON*verfahren*. Gegeben sei eine zweimal differenzierbare Funktion $f : [a,b] \to \mathbb{R}$ mit der Eigenschaft $f(a) < 0 < f(b)$, und es soll ein x_0 mit $f(x_0) = 0$ gefunden werden. So ein x existiert nach dem Zwischenwertsatz 3.3.6.

   Dabei gehen wir davon aus, dass wir schon (z.B. durch eine grobe Skizze) ein x_1 gefunden haben, für das $|f(x_1)|$ „klein" ist. Die *Idee* besteht nun darin, statt f diejenige Gerade zu betrachten, die f bei x_1 approximiert. Das ist gerade das erste Taylorpolynom P_1 von f bei x_1, also die Tangente von f im Punkt $(x_1, f(x_1))$:

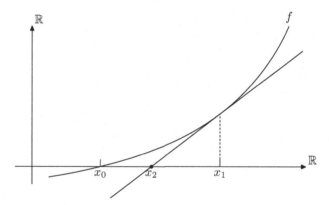

Bild 4.13: Erster Schritt des Newtonverfahrens

Es ist zu hoffen, dass die Nullstelle von P_1 eine weitaus bessere Näherung für eine Nullstelle von f als die grobe Schätzung x_1 ist.
Um nachzuprüfen, ob diese Hoffnung berechtigt ist, berechnen wir P_1:

$$P_1(x) = f(x_1) + f'(x_1)(x - x_1).$$

Falls $f'(x_1) \neq 0$ gilt (das wollen wir hier voraussetzen), hat P_1 genau eine Nullstelle. Wir finden sie durch Auflösen der Gleichung $P_1(x) = 0$ nach x, die eindeutig bestimmte Lösung soll x_2 heißen:

$$x_2 = x_1 - \frac{f(x_1)}{f'(x_1)}.$$

x_2 ist unser Kandidat für eine bessere Nullstellennäherung. Aufgrund der Restgliedformel gilt (mit einem geeigneten ξ zwischen x_1 und x_2):

$$
\begin{aligned}
f(x_2) &= \underbrace{f(x_1) + f'(x_1)(x_2 - x_1)}_{= \, 0} + \frac{f''(\xi)}{2!}(x_2 - x_1)^2 \\
&= \frac{f''(\xi)}{2} \cdot \left(\frac{-f(x_1)}{f'(x_1)} \right)^2 \\
&= \frac{f''(\xi)}{2} \cdot \left(\frac{f(x_1)}{f'(x_1)} \right)^2,
\end{aligned}
$$

und daraus lässt sich – wenn Abschätzungen für f'' und f' bekannt sind – ermitteln, inwiefern x_2 eine bessere Näherung an die Nullstelle ist als es x_1 war.

Qualitativ sieht man: Ist f' „nicht zu klein" und f'' „nicht zu groß", so wird $f(x_2)$ doppelt so viele Nullen nach dem Komma haben wie $f(x_1)$. Einzelheiten hierzu werden in der Vorlesung „Numerische Mathematik" besprochen. Hier soll nur darauf hingewiesen werden, wie man durch die vorstehenden Überlegungen ein induktives Verfahren gewinnt, durch das die gesuchte Nullstelle sehr schnell ermittelt werden kann:

- Wähle x_1 so, dass $|f(x_1)|$ „klein" ist.

- Definiere $x_{n+1} := x_n - \dfrac{f(x_n)}{f'(x_n)}$ für $n \in \mathbb{N}$.

Als *Beispiel* diskutieren wir die Berechnung von $\sqrt{a}$ für $a > 0$.

$\sqrt{a}$ ist Nullstelle von $f(x) = x^2 - a$, das Newtonverfahren wird hier so angewendet. Zunächst wird x_1 grob geraten, es soll nur $x_1^2 \approx a$ sein. Die Rekursionsvorschrift lautet hier

$$
x_{n+1} = x_n - \frac{x_n^2 - a}{2x_n} = \frac{x_n^2 + a}{2x_n} = \frac{x_n}{2} + \frac{a}{2x_n}.
$$

Ist etwa $a = 2$ und beginnt man mit $x_1 = 1.5$, so erhält man

$$
\begin{aligned}
x_2 &= 1.416666667 \\
x_3 &= 1.414215686 \\
x_4 &= 1.414213562,
\end{aligned}
$$

und x_4 stimmt schon auf 8 Stellen mit $\sqrt{2}$ überein.

Zum Abschluss wollen wir uns kurz damit beschäftigen, welche Folgerungen man aus Satz 4.3.2 für *Extremwertaufgaben* ziehen kann.

Gegeben sei eine Funktion $f : [a,b] \to \mathbb{R}$ (oder $f : \mathbb{R} \to \mathbb{R}$). Die Formel, durch die f definiert ist, wird in der Regel nicht ausreichend sein, um die für f

wesentlichen Gesichtspunkte zu ermitteln (Maxima, Minima, Nullstellen, Intervalle, auf denen f monoton steigt, ...). Unter *Kurvendiskussion* versteht man die Bestimmung derartiger für f charakteristischer Werte bzw. Intervalle (vgl. dazu Korollar 4.2.3). Eine erschöpfende Behandlung wird hier nicht angestrebt. Wir beschränken uns auf die Charakterisierung von Extremwerten.

Satz 4.3.3. $f : [a, b] \to \mathbb{R}$ *sei differenzierbar.*

(i) *Ist $x_0 \in\ ]a, b[$ ein lokales Maximum (d.h. gibt es ein $\delta > 0$, so dass für $|x - x_0| \le \delta$ stets $f(x) \le f(x_0)$ gilt), so ist $f'(x_0) = 0$. Ebenso ist $f'(x_0) = 0$, falls $x_0 \in\ ]a, b[$ ein lokales Minimum ist.*

(ii) *Sei $x_0 \in\ ]a, b[$ mit $f'(x_0) = 0$ vorgelegt, x_0 ist dann nicht notwendig ein Extremwert (d.h. lokales Maximum oder Minimum). Falls f genügend oft differenzierbar ist, lassen sich aber hinreichende Bedingungen angeben:*

Angenommen, f ist auf $[a, b]$ eine $(n+1)$-mal differenzierbare Funktion, und $f^{(n+1)}$ ist stetig bei x_0. Wir setzen voraus, dass

$$f'(x_0) = f''(x_0) = \cdots = f^{(n)}(x_0) = 0, \ f^{(n+1)}(x_0) \neq 0.$$

Ist dabei n ungerade (und damit $n + 1$ gerade), so ist x_0 ein lokales Extremum, und zwar ein lokales Maximum für $f^{(n+1)}(x_0) < 0$ und ein lokales Minimum im Fall $f^{(n+1)}(x_0) > 0$.

Ist n gerade, so ist x_0 weder ein lokales Maximum noch ein lokales Minimum[24].

Beweis: (i) Das ist im Beweis des Satzes von Rolle (Satz 4.2.1) (im Wesentlichen) schon einmal gezeigt worden: Man wähle x_n, y_n in $]a, b[$ mit $x_n < x_0 < y_n$ sowie $x_n \to x_0$, $y_n \to x_0$. Dann ist, falls zum Beispiel x_0 lokales Minimum ist,

$$\frac{f(x_n) - f(x_0)}{x_n - x_0} \le 0 \text{ und } \frac{f(y_n) - f(x_0)}{y_n - x_0} \ge 0$$

für genügend große n, und beide Ausdrücke konvergieren gegen $f'(x_0)$. Es ist also notwendig $f'(x_0) \ge 0$ und $f'(x_0) \le 0$, also $f'(x_0) = 0$.

(ii) Sei zunächst n ungerade, wir betrachten den Fall $f^{(n+1)}(x_0) < 0$. Aufgrund der Stetigkeit von $f^{(n+1)}$ gibt es dann ein $\delta > 0$ mit

$$f^{(n+1)}(x) < 0 \text{ für } x \in\ ]x_0 - \delta, x_0 + \delta[.$$

Für jedes $x \in\ ]x_0 - \delta, x_0 + \delta[$ gilt dann mit geeignetem ξ zwischen x und x_0:

$$f(x) = \sum_{k=0}^{n} \frac{f^{(k)}(x_0)}{k!}(x - x_0)^k + \frac{f^{(n+1)}(\xi)}{(n+1)!}(x - x_0)^{n+1}.$$

---

[24] x_0 heißt dann ein *Sattelpunkt*: Die Tangente ist zwar waagerecht, aber es gibt für jedes $\varepsilon > 0$ Punkte x, y mit $|x - x_0|, |y - x_0| \le \varepsilon$ und $f(x) < f(x_0) < f(y)$.

Da nach Voraussetzung $f'(x_0) = \cdots = f^{(n)}(x_0) = 0$ gilt, folgt

$$
\begin{aligned}
f(x) &= f(x_0) + \frac{f^{(n+1)}(\xi)}{(n+1)!}(x - x_0)^{n+1} \\
&\leq f(x_0).
\end{aligned}
$$

Im Fall $x \neq x_0$ gilt sogar „$<$" statt „$\leq$", das liegt daran, dass $f^{(n+1)}(\xi)$ negativ und $(x-x_0)^{n+1}$ positiv ist. Hier ist wichtig, dass wir n als ungerade vorausgesetzt haben, dadurch ist $n+1$ gerade, und gerade Potenzen von Zahlen sind immer positiv.

Die Begründung dafür, dass x_0 im Fall $f^{(n+1)}(x_0) > 0$ bei ungeradem n ein lokales Minimum ist, ist ganz ähnlich. Es bleibt nur noch, den Fall zu diskutieren, dass n gerade ist, die erste nichtverschwindende Ableitung also bei einer ungeraden Ableitungsordnung auftritt.

Wieder ist $f(x) = f(x_0) + f^{(n+1)}(\xi)(x - x_0)^{n+1}/(n+1)!$, aber nun ist $n+1$ ungerade. Folglich ist $(x - x_0)^{n+1}$ positiv für $x > x_0$ und negativ für $x < x_0$. Ist also $f^{(n+1)}(x_0) > 0$, so wird $f(x)$ für die $x \in\,]x_0, x_0 + \delta]$ größer als $f(x_0)$ und für die $x \in [x_0 - \delta, x_0[$ kleiner als $f(x_0)$ sein[25]. Folglich ist x_0 weder lokales Maximum noch lokales Minimum. □

Bemerkungen:

1. Eine Standardanwendung des Satzes sieht so aus:

> Man betrachte $f(x) := x^3 - 2x + 1$ auf $\mathbb{R}$. Es ist $f'(x) = 3x^2 - 2$, die Nullstellen dieser Funktion, also die Zahlen $x_1 := \sqrt{2/3}$ und $x_2 := -\sqrt{2/3}$, sind also Kandidaten für ein lokales Extremum. Nun ist $f''(x) = 6x$, und diese Funktion ist bei x_1 positiv und bei x_2 negativ. Folglich ist x_1 ein lokales Minimum und x_2 ein lokales Maximum. (Das sieht man im Fall dieser einfachen Funktion auch an einer groben Skizze.)

2. Alle Möglichkeiten, die vorkommen können, lassen sich an den Funktionen $\pm x^m$, $m = 2, 3, \ldots$ und $x_0 = 0$ veranschaulichen:

– Ist m gerade, so ist 0 ein lokales Minimum (bzw. Maximum) der Funktion x^m (bzw. $-x^m$). Die erste bei Null nicht verschwindende Ableitung ist die m-te Ableitung, der vorstehende Satz ist mit $n = m - 1$ anwendbar.

– Für ungerade m ist 0 ein Sattelpunkt, auch das folgt aus Satz 4.3.3.

3. Teil (i) des Satzes ist – obwohl nicht gerade besonders tief liegend – von kaum zu überschätzender Wichtigkeit für die Anwendungen. Dort kommt es nämlich häufig vor, dass für eine Funktion $f : [a, b] \to \mathbb{R}$ der Wert $\sup_{a \leq x \leq b} f(x)$ von Interesse ist. Wegen 4.3.3(i) kann man im Fall differenzierbarer f so vorgehen:

a) Man bestimme alle $x \in\,]a, b[$ mit $f'(x) = 0$. In der Regel werden das nur endlich viele Werte $x_1, \ldots, x_n$ sein.

---

[25] Im Fall $f^{(n+1)}(x_0) < 0$ ist es genau umgekehrt.

b) Man bestimme dann die größte der Zahlen $f(x_1), \ldots, f(x_n), f(a), f(b)$.

Diese Zahl ist dann der Maximalwert[26], denn er muss ja wegen Satz 3.3.11 bei einem $x_0 \in [a, b]$ angenommen werden. Der Fall $x_0 \in \{a, b\}$ ist durch Berücksichtigung der $f(a)$ und $f(b)$ erledigt, und im Falle $x_0 \in {]a, b[}$ ist x_0 eine der Stellen $x_1, \ldots, x_n$.

Kurz: Das Problem, die größte unter den unendlich vielen Zahlen $f(x)$ mit $x \in [a, b]$, zu finden, kann wegen (i) häufig auf die Bestimmung der Nullstellen einer Funktion (nämlich f') und die Berechnung endlich vieler Funktionswerte zurückgeführt werden.

4. Die vorstehend beschriebene Strategie führt nur dann mit Sicherheit zum Ziel, wenn es sich wirkich um ein *kompaktes* Intervall handelt: Im nichtkompakten Fall muss es gar keine lokalen, geschweige denn globale Extremwerte geben.

5. In den allermeisten Fällen treten bei der Anwendung des Satzes Situationen auf, bei denen man für ein x_0 mit $f'(x_0) = 0$ den Extremwerttest des vorstehenden Satzes bereits mit $n = 1$ durchführen kann, da schon $f''(x_0)$ von Null verschieden ist. Man muss sich nur merken:

- Ist $f''(x_0)$ *positiv*, so liegt ein *lokales Minimum* vor.

- Ist dagegen $f''(x_0)$ *negativ*, so handelt es sich um ein *lokales Maximum*.

(Das ist, wohlgemerkt, nicht immer erfüllt. Sollte $f''(x_0) = 0$ sein, so muss man so lange die Zahlen $f'''(x_0)$, $f^{(4)}(x_0)$ ausrechnen, bis – hoffentlich – einmal eine von Null verschiedene Zahl auftritt. Erst dann kann man den Satz anwenden.)

4.4   Potenzreihen

Dieser Abschnitt ist wie folgt aufgebaut. Zunächst wird motiviert, warum Potenzreihen überhaupt betrachtet werden. Nach der Definition wird dann recht schnell klar, dass der natürliche Definitionsbereich derartiger Funktionen im Wesentlichen ein Kreis (im Fall der komplexen Zahlen) bzw. ein Intervall (im Fall reeller Zahlen) ist. Dann ist ein kleiner *Exkurs* über „die wesentliche Größe reeller Folgen" fällig, wir werden uns um den *Limes superior* kümmern. Mit dieser Definition kann dann leicht unter Verwendung des Wurzelkriteriums eine Formel für die Größe des Definitionsbereichs hergeleitet werden. Am Ende soll gezeigt werden, dass Potenzreihen zu den analytisch gutartigsten Funktionen überhaupt gehören – man kann fast so wie mit Polynomen rechnen.

Um Potenzreihen zu motivieren, betrachten wir eine beliebig oft differenzierbare Funktion $f : [a, b] \to \mathbb{R}$. Wegen Satz 4.3.2 gilt dann für $x_0, x \in {]a, b[}$ und $n \in \mathbb{N}$:

$$f(x) = \sum_{k=0}^{n} \frac{f^{(k)}(x_0)}{k!} (x - x_0)^k + \frac{f^{(n+1)}(\xi)}{(n+1)!} (x - x_0)^{n+1}.$$

---

[26] Manchmal sind auch Minimalwerte von Interesse, die erhält man ganz ähnlich. Unter einem *Extremwert* von f versteht man einen Maximalwert oder einen Minimalwert.

Dabei liegt ξ zwischen x_0 und x, für unterschiedliche n kann es verschiedene ξ-Werte geben. Falls nun gezeigt werden kann, dass

$$\frac{f^{(n+1)}(\xi)}{(n+1)!}(x-x_0)^{n+1} \xrightarrow[n\to\infty]{} 0,$$

so ist nach Definition der Reihenkonvergenz

$$f(x) = \sum_{n=0}^{\infty} \frac{f^{(n)}(x_0)}{n!}(x-x_0)^n.$$

Diese Vorbemerkung sollte hinreichend motivieren, warum wir uns in diesem Abschnitt auf die folgenden beiden Ziele konzentrieren wollen:

- Was lässt sich über Funktionen aussagen, die für geeignete Zahlen $a_0, a_1, \ldots$ von der Form

$$x \mapsto a_0 + a_1(x-x_0) + a_2(x-x_0)^2 + \cdots$$

sind?

- Welche konkreten Funktionen lassen sich so darstellen?

Obwohl die vorstehende Motivation nur den Fall reeller Funktionen betraf, werden wir wieder $\mathbb{K} = \mathbb{C}$ und $\mathbb{K} = \mathbb{R}$ zulassen. Auch werden wir uns im Folgenden, um die Schreibweise übersichtlich zu halten, fast ausschließlich auf den Spezialfall $x_0 = 0$ beschränken. Bei beliebigem x_0 führt die Variablentransformation $x \mapsto x - x_0$ auf den Spezialfall $x_0 = 0$.

Wir beginnen mit einer grundlegenden Definition: Was ist eine *Potenzreihe*? Dazu sind völlig beliebige Zahlen $a_0, a_1, \ldots$ vorgegeben, wir kürzen die Folge $(a_0, a_1, \ldots)$ aus schreibtechnischen Gründen durch das Symbol a ab. Man kann a zur Definition einer durch eine Reihe zu berechnenden Funktion verwenden:

Definition 4.4.1. *Sei $a = (a_0, a_1, \ldots)$ eine Folge in $\mathbb{K}$. Wir setzen*

$$D_a := \left\{ z \;\middle|\; z \in \mathbb{K}, \sum_{n=0}^{\infty} a_n z^n \text{ konvergiert in } \mathbb{K} \right\}.$$

Diese Menge ist der nahe liegende Definitionsbereich der Funktion

$$\begin{aligned} f_a : D_a \;&\to\; \mathbb{K} \\ z \;&\mapsto\; \sum_{n=0}^{\infty} a_n z^n = a_0 + a_1 z + a_2 z^2 + \cdots, \end{aligned}$$

f_a heißt die zu a gehörige Potenzreihe.   **Potenzreihe**

Kurz: Es ist $f_a(z) = \sum_{n=0}^{\infty} a_n z^n$, wo immer in $\mathbb{K}$ sich das sinnvoll definieren lässt.

Beispiele:

1. Ist $a = (a_0, \ldots, a_n, 0, 0, \ldots)$ eine abbrechende Folge, so ist offenbar $D_a = \mathbb{K}$, und f_a ist das Polynom $a_0 + a_1 z + \cdots + a_n z^n$.

2. Auch im Fall unendlich vieler nicht verschwindender a_n kann $D_a = \mathbb{K}$ sein.

> Hier eine qualitative Vorüberlegung: Damit $\sum a_n z^n$ konvergiert, muss doch die Folge $(a_n z^n)$ genügend schnell gegen Null gehen. Und damit das auch für z-Werte mit beliebig großem $|z|$ garantiert werden kann, muss die Folge (a_n) selbst „sehr, sehr schnell" gegen Null konvergieren.
>
> Genau das leistet das jetzt folgende Beispiel.

Man betrachte $a := (1/n!)_{n \in \mathbb{N}_0}$, es geht also um die Potenzreihe

$$\sum_{n=0}^{\infty} \frac{z^n}{n!} = 1 + z + \frac{z^2}{2!} + \frac{z^3}{3!} + \cdots.$$

(Um die rechts stehende Reihe übersichtlicher mit dem Summenzeichen schreiben zu können, müssen wir $0! := 1$ definieren. Und da nicht ausgeschlossen werden soll dass wir $z = 0$ einsetzen, muss $0^0 := 1$ gesetzt werden, damit die Formel auch in diesem Fall stimmt.)

Für jedes beliebige $z \in \mathbb{K} \setminus \{0\}$ kann dann so argumentiert werden: Der Betrag des Quotienten zweier aufeinander folgender Terme in $\sum a_n z^n$ ist gleich

$$\frac{|a_{n+1} z^{n+1}|}{|a_n z^n|} = \frac{|z^{n+1}| / (n+1)!}{|z^n| / n!} = \frac{|z|}{n+1}.$$

Wählt man ein n_0 mit $n_0 \geq |z|$, so kann man diese Abschätzung für die $n \geq n_0$ durch

$$\frac{|z|}{n+1} \leq \frac{|z|}{n_0 + 1} =: q < 1$$

fortsetzen, nach dem Quotientenkriterium liegt also Konvergenz vor.

3. Es kann auch passieren, dass D_a nur die Null enthält (die ist natürlich stets ein Element von D_a).

> Hier führt eine qualitative Vorüberlegung darauf, dass das Phänomen bei solchen (a_n) auftreten wird, die „sehr, sehr schnell gegen Unendlich" gehen. Und wirklich:

Wir setzen $(a_n)_{n \in \mathbb{N}_0} := (n!)_{n \in \mathbb{N}_0}$. Für „noch so kleines" (aber von Null verschiedenes) z ist der Quotient zweier Reihenglieder in $\sum a_n z^n$ gleich $(n+1)z$. Für genügend große n wird der Betrag dieses Quotienten also größer als 1 sein, von da ab wachsen also die Beträge. Insbesondere kann $(a_n z^n)$ keine Nullfolge sein, die Reihe ist also bestimmt nicht konvergent. Folglich liegt z *nicht* in D_a.

4. Sei $a = (1, 1, \ldots)$. Da $\sum_{n=0}^{\infty} z^n$ genau dann konvergent ist, wenn $|z| < 1$ gilt[27], ist $D_a = \{z \mid |z| < 1\}$. Außerdem ist $f_a(z) = 1/(1-z)$ für $z \in D_a$, denn es handelt sich gerade um die geometrische Reihe.

[27] Zur Begründung kann man sowohl das Quotientenkriterium als auch das Wurzelkriterium heranziehen; s. Satz 2.4.3.

5. Im Falle $a = (0, 1, \frac{1}{2}, \frac{1}{3}, \ldots)$ ist das Konvergenzverhalten von

$$\sum_{n=1}^{\infty} \frac{z^n}{n} = z + \frac{z^2}{2} + \frac{z^3}{3} + \cdots$$

zu untersuchen. Diese Reihe

- konvergiert für $|z| < 1$ (nach dem Quotientenkriterium),

- divergiert für $|z| > 1$ (dann ist (z^n/n) nicht einmal eine Nullfolge),

- konvergiert für $z = -1$ (nach dem Leibnizkriterium),

- divergiert für $z = 1$ (da $\sum_{n=1}^{\infty} 1/n = +\infty$).

Also gilt

$$\{z \mid |z| < 1\} \cup \{-1\} \subset D_a \subset \{z \mid |z| \leq 1\} \setminus \{1\}.$$

Damit ist D_a im Fall $\mathbb{K} = \mathbb{R}$ charakterisiert: $D_a = [-1, 1[$. Im komplexen Fall wissen wir nur, dass D_a zwischen der offenen und der abgeschlossenen Kreisscheibe mit Mittelpunkt 0 und Radius 1 liegt.

Der nächste Satz zeigt, dass die Menge D_a wie in den Beispielen *immer* gleich $\mathbb{K}$ oder „im Wesentlichen" eine Kreisscheibe ist. Zur Vorbereitung benötigen wir das

Lemma 4.4.2. *Ist $z \in D_a$ und $|w| < |z|$, so ist auch $w \in D_a$. Die Reihe $\sum_{n=0}^{\infty} a_n w^n$ ist sogar absolut konvergent.*

Beweis: Da $\sum_{n=0}^{\infty} a_n z^n$ konvergent ist, gilt $a_n z^n \to 0$. Wir wählen ein $M \in \mathbb{R}$ mit $|a_n z^n| \leq M$ für alle $n \in \mathbb{N}$ (das ist wegen Lemma 2.2.11 möglich). Weiter ist $q := |w/z| < 1$, und daraus ergibt sich wegen

$$|a_n w^n| = |a_n z^n| \cdot \left| \frac{w}{z} \right|^n \leq M q^n$$

die absolute Konvergenz von $\sum_{n=0}^{\infty} a_n w^n$ mit Hilfe von Satz 2.4.2. $\quad\square$

Satz 4.4.3. *Sei $a = (a_0, a_1, \ldots)$ vorgelegt. Dann gibt es zwei Möglichkeiten:*

Konvergenz-radius

- *Entweder ist $D_a = \mathbb{K}$, dann definieren wir die Zahl R_a durch $R_a := +\infty$.*

- *Oder es gibt ein eindeutig bestimmtes $R_a \in [0, +\infty[$ mit*

$$\{z \mid |z| < R_a\} \subset D_a \subset \{z \mid |z| \leq R_a\}.$$

R_a *heißt der* Konvergenzradius *der Potenzreihe* f_a.

Bemerkung: Es ist im Fall $R_a < +\infty$ ein schwieriges Problem, Aussagen über das Konvergenzverhalten bei den z mit $|z| = R_a$ zu machen. Es kann alles Mögliche passieren: Konvergenz für kein derartiges z, Konvergenz für alle z mit $|z| = R_a$. In der Regel wird nur ein Teil des Randes der Kreisscheibe mit dem Radius R_a zu D_a gehören.

Beweis: Sei $D_a \neq \mathbb{K}$. Wir haben ein $R_a \in [0, +\infty[$ mit den Eigenschaften

$$\{z \mid |z| < R_a\} \subset D_a \subset \{z \mid |z| \leq R_a\}$$

anzugeben; dass R_a dann eindeutig bestimmt ist, ist klar.

Dazu wählen wir ein $z_0 \in \mathbb{K}$, $z_0 \notin D_a$. Aufgrund des vorstehenden Lemmas ist dann $|z| \leq |z_0|$ für $z \in D_a$, denn im Fall $|z| > |z_0|$ würde der Widerspruch $z_0 \in D_a$ folgen. Damit können wir $R_a := \sup_{z \in D_a} |z|$ definieren. (Man beachte, dass stets $0 \in D_a$, d.h. das Supremum wird wirklich über eine nach oben beschränkte, nicht leere Teilmenge von $\mathbb{R}$ gebildet.)
Nach Definition ist dann

$$D_a \subset \{z \mid |z| \leq R_a\},$$

das ist schon die Hälfte der Behauptung. Ist andererseits $z_1 \in \mathbb{K}$ mit $|z_1| < R_a$ vorgegeben, so gibt es nach Definition von R_a ein $z_2 \in D_a$ mit $|z_2| > |z_1|$ (s. Kasten). Lemma 4.4.2 impliziert dann $z_1 \in D_a$. $\square$

Bemerkung: Der Beweis zeigt, dass die Reihe $\sum_{n=1}^{\infty} a_n z^n$ für die z mit $|z| < R_a$ sogar absolut konvergent ist.

Das Supremum: Die wichtigsten Fakten
Immer wieder werden in diesem Buch Supremumstechniken eine Rolle spielen. Deswegen stellen wir die wichtigsten drei Punkte (die alle im vorstehenden Beweis eine Rolle spielten) noch einmal zusammen. *Ist A eine nicht leere Teilmenge von $\mathbb{R}$, die nach oben beschränkt ist, so gilt:*

- $\sup A$ *existiert.*
- *Für $a \in A$ gilt $a \leq \sup A$.*
- *Ist $b < \sup A$, so muss es ein $a \in A$ mit $b < a$ geben.*

Können Sie diese drei Aussagen begründen?

?

Wenn D_a bekannt ist, ist R_a leicht zu ermitteln (z.B. ist $R_a = +\infty$ in den vorstehenden Beispielen 1 und 2, es gilt $R_a = 0$ in Beispiel 3 und $R_a = 1$ in den beiden anderen Beispielen).

Wir werden nun eine Möglichkeit herleiten, R_a *direkt aus den $a_0, a_1, \ldots$ zu ermitteln.* Dazu erinnern wir noch einmal an das *Wurzelkriterium* der Reihenkonvergenz (Satz 2.4.3):

Ist $(b_n)_{n \in \mathbb{N}}$ eine Folge in $\mathbb{K}$ mit $\sqrt[n]{|b_n|} \leq q < 1$ (alle b_n mit $n \geq n_0$, n_0 geeignet), so existiert $\sum_{n=1}^{\infty} b_n$.   (4.3)

Umgekehrt gilt wegen Satz 2.4.2(v):

> Ist $(b_n)_{n\in\mathbb{N}}$ eine Folge in $\mathbb{K}$ mit $|b_n| \geq 1$ für unendlich viele n, so existiert $\sum_{n=1}^{\infty} b_n$ nicht. $\qquad$ (4.4)

Das ist hier mit $b_n = a_n z^n$ anzuwenden, d.h.:

> Es ist $z \in D_a$, falls $|z| \sqrt[n]{|a_n|} \leq q < 1$ (alle $n \geq n_0$, wo n_0 geeignet). $\qquad$ (4.3)

> Es ist $z \notin D_a$, falls $|z| \sqrt[n]{|a_n|} \geq 1$ für unendlich viele n. $\qquad$ (4.4)

Daraus können wir für die Zahl R_a zweierlei ableiten:

1. Ist α eine positive Zahl mit der Eigenschaft

$$\underset{\varepsilon>0}{\exists}\ \underset{n_0\in\mathbb{N}}{\exists}\ \underset{n\geq n_0}{\forall}\ \sqrt[n]{|a_n|} \leq \alpha - \varepsilon,$$

so ist $\sqrt[n]{|a_n|}/\alpha \leq 1 - \varepsilon/\alpha$. Wegen (4.3) gilt dann $1/\alpha \in D_a$ und folglich ist $1/\alpha \leq R_a$.

2. Sei α eine positive Zahl mit der Eigenschaft:

> Es gibt unendlich viele n mit $\sqrt[n]{|a_n|} \geq \alpha$.

Dann ist $\sqrt[n]{|a_n|}/\alpha \geq 1$ für unendlich viele n, und (4.4) impliziert, dass $1/\alpha \notin D_a$. Folglich ist $1/R_a \geq \alpha$.

Diese Rechnungen zeigen, dass es um so etwas wie die „wesentliche Größe" der Folge $(\sqrt[n]{a_n})$ geht. Zu dieser Frage gibt es den folgenden

---

| **Exkurs: Der Limes superior einer Folge** |

Sei $b = (b_n)$ irgendeine Folge in $\mathbb{R}$. Wie kann man präzise fassen, was „die wesentliche Größe" von (b_n) ist? Um auch $\pm\infty$ zur Verfügung zu haben, werden wir in $\hat{\mathbb{R}}$ arbeiten (vgl. Abschnitt 3.3).
Die in der folgenden Definition eingeführte Zahl $\limsup b_n$ hat sich als geeignetes Maß erwiesen: **lim sup**

Definition 4.4.4.

(i) *Eine Zahl $t \in \hat{\mathbb{R}}$ heißt ein* Häufungspunkt *von (b_n), wenn t Limes einer* **Häufungspunkt** *geeignet gewählten Teilfolge (b_{n_k}) ist. Wir bezeichnen mit Δ_b die Menge aller Häufungspunkte von (b_n).*

Man beachte, dass Δ_b nicht leer ist, denn nach Satz 3.2.6 hat jede Folge in $\hat{\mathbb{R}}$ eine konvergente Teilfolge.

(ii) Der Limes superior *von* (b_n) *wird als*

$$\limsup b_n := \sup \Delta_b \in \hat{\mathbb{R}}$$

definiert[28]. *Möchte man hervorheben, wie die Folgenindizes heißen, schreibt man* $\limsup_{n \to \infty} b_n$.

lim inf

(iii) Der Vollständigkeit halber definieren wir noch: Der Limes inferior *von* (b_n) *ist die Zahl*[29]

$$\liminf b_n := \inf \Delta_b \in \hat{\mathbb{R}}.$$

Bemerkungen und Beispiele:

1. Gleichberechtigt zu „lim sup" bzw. „lim inf" werden in der Literatur die Bezeichnungen „$\overline{\lim}$" und „$\underline{\lim}$" verwendet.

2. Wir betrachten zunächst die Folge $(b_n) := (0, 1, 0, 1, 0, 1, \ldots)$. Offensichtlich sind die Zahlen 0 und 1 Häufungspunkte, und weitere kann es nicht geben (warum eigentlich?). Deswegen ist in diesem Fall $\Delta_b = \{0, 1\}$ und folglich

?

$$\limsup b_n = 1, \quad \liminf b_n = 0.$$

3. Ist (b_n) eine in $\hat{\mathbb{R}}$ *konvergente* Folge, so ist jede Teilfolge gegen den gleichen Limes konvergent. D.h., dass Δ_b nur ein einziges Element – nämlich $\lim b_n$ – enthält, und deswegen muss

$$\limsup b_n = \liminf b_n = \lim b_n$$

gelten. (Auch die Umkehrung ist richtig: Vgl. Satz 4.4.5, er wird gleich anschließend bewiesen werden.)

4. In der Regel ist es nicht schwer, $\limsup b_n$ und $\liminf b_n$ zu finden. Stellen Sie sich das Problem am besten als Spiel vor: Derjenige gewinnt, der eine konvergente Teilfolge mit einem möglichst großen (bzw. möglichst kleinen) Limes findet, dieser optimale Limes ist dann der Limes superior bzw. der Limes inferior[30]. Mit dieser Bemerkung sollte klar sein:

- Für $(b_n) = (1, 0, 2, 0, 3, 0, 4, 0, \ldots)$ ist

$$\limsup b_n = +\infty, \quad \liminf b_n = 0.$$

- $\limsup -n = \liminf -n = -\infty.$

---

[28] Hier ist ein weiteres Mal an Satz 3.2.6 zu erinnern, danach hat *jede* Teilmenge von $\hat{\mathbb{R}}$ ein Supremum.

[29] Auch $\pm\infty$ sollen hier als „Zahlen" bezeichnet werden, eigentlich sind es ja „verallgemeinerte" oder „uneigentliche" Zahlen.

[30] Grundlage für diese Faustregel ist die Tatsache, dass $\limsup b_n$ zu Δ_b gehört. Das wird gleich in Satz 4.4.5 gezeigt werden.

- (b_n) sei irgendeine Aufzählung aller rationalen Zahlen in $[\,0,1\,]$. Dann gilt

$$\limsup b_n = 1, \quad \liminf b_n = 0.$$

Begründung: Wir behaupten, dass in diesem Fall $\Delta_b = [\,0,1\,]$ gilt; daraus ergibt sich dann die Behauptung unmittelbar.

Die Inklusion „$\subset$" folgt aus der Abgeschlossenheit von $[\,0,1\,]$: Für konvergente Teilfolgen von (b_n) kann der Limes nicht außerhalb liegen. Ist umgekehrt eine Zahl $x_0 \in [\,0,1\,]$ vorgegeben, so wähle man zu $k \in \mathbb{N}$ ein b_{n_k} mit $|x_0 - b_{n_k}| \le 1/k$. Außerdem soll $n_1 < n_2 < \cdots$ gelten. Beide Forderungen sind zu erfüllen, denn in dem Intervall $\{x \mid 0 \le x \le 1, \; |x - x_0| \le \varepsilon\}$ liegen nach dem Dichtheitssatz 1.7.4 unendlich viele rationale Zahlen[31], die alle irgendwo in der Folge (b_n) vorkommen.

5. Warum haben wir uns hier eigentlich auf *reelle* Folgen beschränkt? Warum traten keine komplexen Folgen oder Folgen in einem beliebigen metrischen Raum auf?

?

Im folgenden Satz steht alles, was wir über den Limes superior wissen müssen:

Satz 4.4.5. (b_n) *sei eine reelle Folge.*

(i) $\limsup b_n$ *gehört zu* Δ_b, *d.h., es gibt eine Teilfolge von* (b_n), *die gegen den Limes superior konvergiert.*

Anders ausgedrückt: $\limsup b_n$ *ist der größte Häufungspunkt der Folge* (b_n).

(ii) *Wir definieren* $c := \limsup b_n$ *und nehmen an, dass* $c \in \mathbb{R}$. *Dann gilt: Für jedes* $\varepsilon > 0$ *gibt es nur endlich viele Indizes* n *mit* $b_n \ge c + \varepsilon$, *aber für unendlich viele Indizes* n *ist* $b_n \ge c - \varepsilon$.

(iii) *Es sei* $\limsup b_n = +\infty$. *Für jedes reelle* R *sind dann unendlich viele* b_n *größer oder gleich* R.

(iv) *Ist* $\limsup b_n = -\infty$, *so sind – für jedes reelle* R *– nur endlich viele* b_n *größer oder gleich* R.

(v) *Die vorstehenden Aussagen charakterisieren den Limes superior: Hat eine reelle Zahl* c *die in (ii) beschriebenen Eigenschaften, so ist* $c = \limsup b_n$. *Entsprechend gelten die Umkehrungen von (iii) und (iv).*

(vi) *Eine Folge* (b_n) *ist in* $\hat{\mathbb{R}}$ *genau dann konvergent, wenn* $\limsup b_n = \liminf b_n$ *gilt.*

Zu (i) bis (v) analoge Charakterisierungen gibt es für den Limes inferior.

---

[31] Genau genommen, garantiert der Satz nur die Existenz von *einer* rationalen Zahl in diesem Intervall. Man muss ihn wiederholt anwenden, um nach und nach unendlich viele zu produzieren.

Beweis: (i) Sei zunächst $c := \limsup b_n \in \mathbb{R}$. Wir setzen $\varepsilon_1 := 1$ und betrachten $c - \varepsilon_1$. Diese Zahl ist kleiner als c, und deswegen muss es nach Definition des Supremums ein $d \in \Delta_b$ mit $c \geq d > c - \varepsilon_1$ geben. Es existiert also eine Teilfolge b_{n_k} von (b_n), die gegen d konvergent ist, wegen $d > c - \varepsilon_1$ und $d < c + \varepsilon_1$ gibt es Elemente dieser Teilfolge, die größer als $c - \varepsilon_1$ und gleichzeitig kleiner als $c + \varepsilon_1$ sind. Sei b_{m_1} so ein Element. (m_1 ist also ein n_k, für das n_k „genügend groß" ist.)

Als Nächstes setzen wir $\varepsilon_2 := 1/2$ und wiederholen dafür die vorstehenden Überlegungen. Als einzige Modifikation sorgen wir dafür, dass für das b_{m_2} mit $c - \varepsilon_2 < b_{m_2} < c + \varepsilon_2$, das wir auf diese Weise finden, die Bedingung $m_2 > m_1$ erfüllt ist. Das ist leicht zu schaffen, da wir ja unendlich viele b_n zur Auswahl haben.

Es sollte klar sein, wie es weitergeht: Wir betrachten $\varepsilon_3 := 1/3$, $\varepsilon_4 := 1/4$ usw. Auf diese Weise erhält man Indizes mit $m_1 < m_2 < \cdots$ und

$$c - \frac{1}{r} < b_{m_r} < c + \frac{1}{r}$$

für alle $r \in \mathbb{N}$. Nach Konstruktion geht *diese* Teilfolge $(b_{m_1}, b_{m_2}, \ldots)$ gegen c, und das bedeutet $c \in \Delta_b$.

Falls $c = +\infty$ ist, wird ganz ähnlich argumentiert. Wir beginnen mit $R_1 := 1$ und suchen ein $R \in \Delta_b$ mit $R > R_1$. (Es kann sein, dass man nur $R = +\infty$ wählen kann.) Eine Teilfolge konvergiert gegen R, es gibt also ein Folgenelement b_{m_1} mit $b_{m_1} > R_1$. Es geht dann weiter wie im ersten Teil dieses Beweises: Man wiederhole die Konstruktion mit $R_2 := 2$, $R_3 := 3$, ..., schließlich erhält man eine Teilfolge $(b_{m_1}, b_{m_2}, \ldots)$ mit $b_{m_r} > r$ für alle $r \in \mathbb{N}$. Das bedeutet aber $b_{m_r} \to +\infty$, also $+\infty \in \Delta_b$.

Sollte schließlich $c = -\infty$ sein, führt folgende Abwandlung des Arguments zum Ziel. Wir betrachten zunächst $R_1 := -1$. Wir behaupten, dass nur endlich viele b_n größer oder gleich R_1 sein können: Andernfalls gäbe es eine Teilfolge der Folge (b_n) in $[R_1, +\infty]$, und da dieses Intervall nach Satz 3.2.6 als abgeschlossene Teilmenge von $\hat{\mathbb{R}}$ kompakt ist, lässt sich sogar eine konvergente Teilfolge finden. Zusammen: In $[R_1, +\infty]$ gäbe es einen Punkt aus Δ_b, was sicher der vorausgesetzten Gleichung $\sup \Delta_b = -\infty$ widerspricht.

Insbesondere gibt es mindestens ein b_n mit $b_n < R_1$, wir nennen es b_{m_1}. Für $R_2 = -2$, $R_3 = -3$, ... geht alles ganz genauso, man hat nur dafür zu sorgen, dass für die b_{m_r} mit $b_{m_r} < R_r$, die man so findet, die Beziehung $m_1 < m_2 < \cdots$ gilt. Das ist aber wieder kein Problem, da man die Wahl zwischen unendlich vielen Folgengliedern hat.

Wir haben auf diese Weise eine Teilfolge mit Limes $-\infty$ konstruiert, und das heißt $-\infty \in \Delta_b$.

(ii) Wieder geht es um einfache Supremumseigenschaften, die zusätzlich erforderlichen Techniken haben wir im vorigen Beweis schon kennen gelernt.

Sei also $\varepsilon > 0$. Mal angenommen, es wären unendlich viele b_n in dem (in $\hat{\mathbb{R}}$) kompakten Intervall $[c + \varepsilon, +\infty]$. Dann hätten wir auch eine in diesem Intervall konvergente Teilfolge, d.h., dort läge ein Element von Δ_b. Das kann aber nicht sein, da c obere Schranke von Δ_b ist.

Umgekehrt: Lägen nur endlich viele b_n rechts von $c - \varepsilon$, so könnte keine konvergente Teilfolge einen Limes haben, der größer als $c - \varepsilon$ wäre. Damit wäre $c - \varepsilon$ eine obere Schranke von Δ_b im Widerspruch dazu, dass c die beste obere Schranke sein sollte.

(iii) und (iv) werden ganz ähnlich bewiesen.

(v) Sei c mit den entsprechenden Eigenschaften gegeben, wir zeigen die Aussage für den Fall $c \in \mathbb{R}$. (Für $c = \pm\infty$ sind die Beweise analog.)
Für c gilt doch:

> Für jedes $\varepsilon > 0$ gibt es ein $d \in \Delta_b$ mit $c - \varepsilon < d$, und $c + \varepsilon$ ist eine obere Schranke von Δ_b. (Wie das aus „unendlich viele b_n sind größer als $c - \varepsilon$" und „nur endlich viele b_n sind größer als $c + \varepsilon$" folgt, ist in den vorigen Beweisteilen gezeigt worden.)

Die erste Eigenschaft impliziert, dass kein $c - \varepsilon$ obere Schranke von Δ_b ist, d.h., es muss $c \leq \sup \Delta_b$ gelten. Und wegen der zweiten sind alle $c + \varepsilon$ obere Schranken, und daraus können wir $\sup \Delta_b \leq c$ schließen.
Zusammen heißt das: $c = \sup \Delta_b = \limsup b_n$.

(vi) Ist (b_n) konvergent mit Limes c, so konvergiert auch jede Teilfolge gegen c. Also ist $\Delta_b = \{c\}$, und wir erhalten $\limsup b_n = \liminf b_n = c$.

Umgekehrt: Gilt $\limsup b_n = \liminf b_n =: c$, so liegen aufgrund der vorstehend bewiesenen Resultate[32] für jedes positive ε nur jeweils endlich viele b_n links von $c - \varepsilon$ bzw. rechts von $c + \varepsilon$. Also lässt sich ein n_0 angeben, so dass $|c - b_n| \leq \varepsilon$ für $n \geq n_0$.   □

(Ende des Exkurses zum Limes superior)

Nun wenden wir uns wieder Potenzreihen zu. Angesichts der zur Definition des Limes superior führenden Vorüberlegungen ist der erste Teil des nachstehenden Satzes nicht überraschend. Zum zweiten Teil gelangt man in analoger Weise, wenn man anstelle des Wurzelkriteriums das Quotientenkriterium zur Diskussion des Konvergenzverhaltens von $\sum_{n=0}^{\infty} a_n z^n$ ausnutzt.

Satz 4.4.6. $a := (a_0, a_1, \ldots)$ *sei eine Folge in* $\mathbb{K}$*,* f_a *die zugehörige Potenzreihe und* R_a *deren Konvergenzradius.*

(i) Es ist

$$R_a = \frac{1}{\limsup \sqrt[n]{|a_n|}}.$$

Wir vereinbaren dabei: $1/0 := +\infty$ *und* $1/{+\infty} := 0$*.*

---

[32] Wir brauchen natürlich ein entsprechendes Ergebnis für den Limes inferior. Außerdem gilt der Beweis nur für $c \in \mathbb{R}$, es sollte klar sein, wie im Fall $c = \pm\infty$ zu argumentieren ist.

(ii) Sind alle $a_n \neq 0$ und existiert $\lim_{n \to \infty} |a_n/a_{n+1}|$ in $\hat{\mathbb{R}}$, so ist

$$R_a = \lim_{n \to \infty} \left| \frac{a_n}{a_{n+1}} \right|.$$

Beweis: Zunächst bemerken wir, dass aufgrund der Definition des Konvergenzradius R_a diejenige Zahl R ist, für die gilt

(a) $|z| < R \Rightarrow \sum_{n=0}^{\infty} a_n z^n$ ist konvergent.

(b) $|z| > R \Rightarrow \sum_{n=0}^{\infty} a_n z^n$ ist divergent.

(Wobei im Falle $R = 0$ nur (b) und im Fall $R = +\infty$ nur (a) zu zeigen ist.)

(i) Aufgrund der Vorbemerkung sind zwei Beweise zu führen. Wir beginnen mit der Vorgabe einer Zahl z mit $|z| < 1/\limsup \sqrt[n]{|a_n|}$. Zu zeigen ist die Konvergenz von $\sum_{n=0}^{\infty} a_n z^n$, wobei wir ohne Einschränkung $z \neq 0$ annehmen dürfen. Es ist dann $|1/z| > \limsup \sqrt[n]{|a_n|}$. Wir wählen uns ein positives ε, so dass auch noch

$$\left| \frac{1}{z} \right| - \varepsilon > \limsup \sqrt[n]{|a_n|}.$$

Satz 4.4.5(ii) garantiert die Existenz eines $n_0 \in \mathbb{N}$, so dass für $n \geq n_0$ stets $\sqrt[n]{|a_n|} \leq |1/z| - \varepsilon$ ist.
Es folgt

$$|z| \sqrt[n]{|a_n|} = \sqrt[n]{|a_n z^n|} \leq 1 - \varepsilon |z| < 1,$$

d.h. $\sum_{n=0}^{\infty} a_n z^n$ ist wegen des Wurzelkriteriums (sogar absolut) konvergent.

Nun sei $|z| > 1/\limsup \sqrt[n]{|a_n|}$. Damit gilt $|1/z| < \limsup \sqrt[n]{|a_n|}$, und wegen Satz 4.4.5 muss es unendlich viele n mit $1/|z| \leq \sqrt[n]{|a_n|}$ geben. Für diese n ist dann aber $|a_n z^n| \geq 1$, d.h. $\sum_{n=0}^{\infty} a_n z^n$ kann nicht konvergent sein.

(ii) Wieder sind zwei Beweise erforderlich, sei zunächst ein z mit

$$|z| < \lim_{n \to \infty} \left| \frac{a_n}{a_{n+1}} \right|$$

gegeben. Wir wählen M_1, M_2 mit

$$|z| < M_1 < M_2 < \lim_{n \to \infty} \left| \frac{a_n}{a_{n+1}} \right|$$

und anschließend ein $n_0 \in \mathbb{N}$, so dass $|a_n/a_{n+1}| \geq M_2$ für alle $n \geq n_0$ ist. Für diese n gilt dann:

$$
\begin{aligned}
\left| \frac{a_{n+1} z^{n+1}}{a_n z^n} \right| &= \left| \frac{a_{n+1}}{a_n} \right| |z| \\
&\leq \left| \frac{a_{n+1}}{a_n} \right| M_1 \\
&\leq \frac{M_1}{M_2} < 1,
\end{aligned}
$$

d.h. die Voraussetzungen des Quotientenkriteriums sind erfüllt. Folglich ist die Reihe $\sum_{n=0}^{\infty} a_n z^n$ konvergent.

Schließlich sei $|z| > \lim |a_n/a_{n+1}|$. Dann gibt es ein $n_0 \in \mathbb{N}$, so dass für alle $n \geq n_0$ die Ungleichung $|a_n/a_{n+1}| \leq |z|$ gilt. Für diese n ist dann auch $|a_n z^n| \leq |a_{n+1} z^{n+1}|$, insbesondere sind die $a_n z^n$ durch die positive Zahl $|a_{n_0} z^{n_0}|$ nach unten beschränkt und können damit nicht gegen Null konvergieren. Es folgt: Für solche z ist die Potenzreihe nicht konvergent. $\qquad \square$

Bemerkungen und Beispiele:

1. Es ist hervorzuheben, dass die Formel für R_a in (i) *stets* anwendbar ist, wogegen (ii) nur unter besonderen Voraussetzungen an die Folge (a_n) herangezogen werden darf (die allerdings für so gut wie alle wichtigen Potenzreihen erfüllt sind).

2. Hier zwei Beispiele, bei denen der Konvergenzradius mit Teil (i) des Satzes berechnet wird:

Sei $c \neq 0$. Für $a = (c^n)$, also für die Potenzreihe $1 + cx + c^2 x^2 + \cdots$, ist $\sqrt[n]{|a_n|} = |c|$, und der Limes superior der konstanten Folge $(|c|)$ ist natürlich gleich $|c|$. Es folgt $R_a = 1/|c|$ (womit insbesondere klar wird, dass alle positiven Zahlen als Konvergenzradius vorkommen können).

Man betrachte die Folge $(a_n) = (n^n) = (1, 1, 4, 27, \ldots)$, dazu gehört die Potenzreihe $1 + z + 4z^2 + 27z^3 + \ldots$ Diesmal ist $\sqrt[n]{|a_n|} = n$, das Inverse des Limes superior dieser Folge ist Null. Die zu a gehörige Potenzreihe konvergiert also nur für $z = 0$.

3. Meist geht es mit Teil (ii) des Satzes einfacher:

Beim ersten der vorstehenden Beispiele, also bei der Folge $a = (c^n)$, ist $|a_n/a_{n+1}| = 1/|c|$. Wir erhalten noch einmal $R_a = 1/|c|$.

Sei $a = (1/n)$, diesmal lassen wir in der Reihe $\sum a_n z^n$ das n von 1 bis Unendlich laufen. Wegen $\lim |a_n/a_{n+1}| = \lim(1+\frac{1}{n}) = 1$ ist $R_a = 1$.

Im Fall $a = (1/n!)$ ist $\lim |a_n/a_{n+1}| = \lim(n+1) = +\infty$, die Reihe $\sum z^n/n!$ ist also für alle z konvergent.

4. Aus den zwei Möglichkeiten zur Berechnung von R_a lassen sich manchmal interessante Folgerungen ziehen. Als Beispiel betrachten wir die Potenzreihe $\sum n z^n$. Mit Teil (ii) des Satzes folgt sofort, dass der Konvergenzradius gleich 1 ist, deswegen muss $\limsup \sqrt[n]{n} = 1/R_a$ ebenfalls gleich 1 sein. Und daraus folgt die bemerkenswerte Gleichung

$$\lim \sqrt[n]{n} = 1$$

(die in Kapitel 2 schon einmal bewiesen wurde).

Wir zeigen nun, dass Potenzreihen besonders gutartige Funktionen sind: Potenzreihen dürfen beliebig oft differenziert werden, man darf sogar gliedweise ableiten, und die Ableitung ist wieder eine Potenzreihe mit dem gleichen Konvergenzradius. Dabei verstehen wir unter „gliedweise ableiten" die Aussage, dass die folgende Rechnung (die wir bisher nur für Polynome bewiesen haben) für Potenzreihen legitim ist:

$$\left(a_0 + a_1 z + a_2 z^2 + a_3 z^3 + \cdots\right)' = a_1 + 2a_2 z + 3a_3 z^2 + \cdots. \qquad (4.5)$$

Als Vorbereitung zeigen wir im nachstehenden Lemma, dass die rechte Seite in (4.5) sinnvoll ist:

Lemma 4.4.7. *Es gilt:*

(i) $\sqrt[n]{n} \to 1$.

(ii) Ist $(b_n)_{n \in \mathbb{N}}$ eine Folge in $\hat{\mathbb{R}}$ und $(\alpha_n)_{n \in \mathbb{N}}$ eine gegen 1 konvergente reelle Folge, so ist

$$\limsup_{n \to \infty} \alpha_n b_n = \limsup_{n \to \infty} b_n.$$

(iii) Die Konvergenzradien der Potenzreihen $\sum_{n=0}^{\infty} a_n z^n$ und $\sum_{n=0}^{\infty} n a_n z^{n-1}$ sind gleich.

Beweis: (i) Das haben wir eben in Bemerkung 4 bewiesen, eine elementare Begründung gab es auch schon in Abschnitt 2.2 (s. Seite 121).

(ii) Wegen $\alpha_n \to 1$ sind die Limites der Teilfolgen von $(\alpha_n b_n)$ die gleichen wie die von (b_n). Das beweist die Behauptung, denn der Limes superior ist das Supremum dieser Limites.

(iii) Der Konvergenzradius von $\sum_{n=0}^{\infty} a_n z^n$ ist $1/\limsup \sqrt[n]{|a_n|}$, und wegen (i) und (ii) gilt

$$\frac{1}{\limsup \sqrt[n]{|a_n|}} = \frac{1}{\limsup \sqrt[n]{n} \sqrt[n]{|a_n|}} = \frac{1}{\limsup \sqrt[n]{|n a_n|}}.$$

Die rechte Seite ist aber nach Satz 4.4.6 gerade der Konvergenzradius von $\sum_{n=0}^{\infty} n a_n z^n$, der wegen $\sum_{n=0}^{\infty} n a_n z^n = z \sum_{n=0}^{\infty} n a_n z^{n-1}$ mit dem Konvergenzradius von $\sum_{n=0}^{\infty} n a_n z^{n-1}$ übereinstimmt. $\square$

Satz 4.4.8. *$f_a(z) = a_0 + a_1 z + a_2 z^2 + \cdots$ sei eine Potenzreihe mit positivem Konvergenzradius R_a. Dann ist f_a bei allen z mit $|z| < R_a$ (also im Innern des Konvergenzkreises) differenzierbar mit*

$$f_a'(z) = a_1 + 2a_2 z + 3a_3 z^2 + \cdots.$$

Insbesondere ist f_a' ebenfalls eine Potenzreihe mit Konvergenzradius R_a, und eine mehrfache Anwendung dieses Ergebnisses zeigt, dass f_a in $\{z \mid |z| < R_a\}$ beliebig oft differenzierbar ist.

Bemerkung: Obwohl die Konvergenzradien gleich sind, können die Definitionsbereiche der beiden Potenzreihen f_a und f_a' verschieden sein. Es kann nämlich sein, dass für gewisse $z \in D_a$ mit $|z| = R_a$ die zur Ableitung gehörige Reihe nicht konvergiert. Z.B. ist $f_a(z) = \sum_{n=1}^{\infty} z^n/n$ bei $z = -1$ nach dem Leibnizkriterium konvergent, die Ableitung $1 + z + z^2 + \cdots$ divergiert aber an dieser Stelle.

Beweis: Sei $|z_0| < R_a$ und $(z_k)_{k \in \mathbb{N}}$ eine Folge im Definitionsbereich von f_a mit $z_k \to z_0$, $z_k \neq z_0$ für alle k. Wir haben zu zeigen, dass

$$\lim_{k \to \infty} \frac{f_a(z_k) - f_a(z_0)}{z_k - z_0} = \sum_{n=1}^{\infty} n a_n z_0^{n-1}$$

bzw. – nach Ausrechnen und Sortieren –

$$\forall_{\varepsilon > 0} \exists_{k_0 \in \mathbb{N}} \forall_{k \geq k_0} \left| \sum_{n=1}^{\infty} a_n \left(\frac{z_k^n - z_0^n}{z_k - z_0} - n z_0^{n-1} \right) \right| \leq \varepsilon$$

gilt. Sei also $\varepsilon > 0$ vorgegeben. Die Strategie des Beweises ist wie folgt:

(i) Wir wählen ein $n_0 \in \mathbb{N}$, so dass für alle k gilt:

$$\sum_{n=n_0+1}^{\infty} \left| a_n \left(\frac{z_k^n - z_0^n}{z_k - z_0} - n z_0^{n-1} \right) \right| \leq \frac{\varepsilon}{2}.$$

(ii) Wir suchen ein $k_0 \in \mathbb{N}$, so dass

$$\sum_{n=1}^{n_0} \left| a_n \left(\frac{z_k^n - z_0^n}{z_k - z_0} - n z_0^{n-1} \right) \right| \leq \frac{\varepsilon}{2}$$

   für $k \geq k_0$.

Damit wäre alles gezeigt, denn für $k \geq k_0$ wäre dann wirklich

$$\left| \sum_{n=1}^{\infty} a_n \left(\frac{z_k^n - z_0^n}{z_k - z_0} - n z_0^{n-1} \right) \right| \leq \varepsilon.$$

Man beachte dabei, dass für beliebige Reihen $|\sum_{n=1}^{\infty} b_n| \leq \sum_{n=1}^{\infty} |b_n|$ gilt. Es fehlt noch der Nachweis von (i) und (ii).

(i) Da wir nur am Konvergenzverhalten für $k \to \infty$ interessiert sind, dürfen wir ohne Einschränkung annehmen, dass für alle k

$$|z_k| \leq \beta := \frac{|z_0| + R_a}{2} \quad (\beta := |z_0| + 1, \text{ falls } R_a = +\infty)$$

gilt. Die z_k konvergieren ja gegen z_0, und die geforderte Ungleichung gilt, wenn $|z - z_0| \leq (R_a - z_0)/2$. Für $|z| \leq \beta$ ist aber

$$\left| \frac{z^n - z_0^n}{z - z_0} - n z_0^{n-1} \right| \leq 2n\beta^{n-1}.$$

Im Fall $z_0 = 0$ ist das klar. Falls $z_0 \neq 0$ gilt, nutzen wir die Formel

$$1 + q + \cdots + q^n = \frac{1 - q^{n+1}}{1 - q}$$

aus (s.S. 136). Wir rechnen so:

$$
\begin{aligned}
\left| \frac{z^n - z_0^n}{z - z_0} - nz_0^{n-1} \right| &= |z_0^{n-1}| \cdot \left| \frac{\left(\frac{z}{z_0}\right)^n - 1}{\frac{z}{z_0} - 1} - n \right| \\[2ex]
&= |z_0^{n-1}| \cdot \left| \sum_{\nu=0}^{n-1} \left(\frac{z}{z_0} \right)^\nu - n \right| \\[2ex]
&\leq |z_0^{n-1}| \cdot \left(\sum_{\nu=0}^{n-1} \left(\frac{|z|}{|z_0|} \right)^\nu + n \right) \\[2ex]
&\leq |z_0^{n-1}| \cdot \left(\sum_{\nu=0}^{n-1} \left(\frac{\beta}{|z_0|} \right)^\nu + n \right) \\[2ex]
&\leq |z_0^{n-1}| \cdot \left(2n \left(\frac{\beta}{|z_0|} \right)^{n-1} \right) \\[2ex]
&= 2n\beta^{n-1}.
\end{aligned}
$$

Nun liegt β nach Definition im Innern des Konvergenzkreises von f_a, und da nach Lemma 4.4.7(iii) die Potenzreihe $\sum a_n n z^{n-1}$ den gleichen Konvergenzradius wie f_a hat, ist $\sum_{n=1}^{\infty} |2na_n\beta^{n-1}|$ konvergent. Es gibt also wegen Satz 2.2.12(vii) ein $n_0 \in \mathbb{N}$ mit

$$\sum_{n=n_0+1}^{\infty} |2na_n\beta^{n-1}| \leq \frac{\varepsilon}{2},$$

und daher ist für dieses n_0 auch

$$\sum_{n=n_0+1}^{\infty} \left| a_n \left(\frac{z_k^n - z_0^n}{z_k - z_0} - nz_0^{n-1} \right) \right| \leq \frac{\varepsilon}{2}$$

für alle $k \in \mathbb{N}$.

(ii) Wegen $(z^n)' = nz^{n-1}$ gilt

$$\frac{z_k^n - z_0^n}{z_k - z_0} - nz_0^{n-1} \xrightarrow[k \to \infty]{} 0$$

für alle $n \in \mathbb{N}$. Folglich gilt auch

$$\sum_{n=1}^{n_0} \left| a_n \left(\frac{z_k^n - z_0^n}{z_k - z_0} - nz_0^{n-1} \right) \right| \xrightarrow[k \to \infty]{} 0,$$

denn eine Summe endlich vieler Nullfolgen ist wieder Nullfolge. Damit kann ein k_0 mit den geforderten Eigenschaften gefunden werden. □

Beispiele:

1. Wir betrachten zunächst die Potenzreihe $\sum_{n=0}^{\infty} z^n/n!$. Diese Reihe hat einen unendlichen Konvergenzradius, und für alle z gilt

$$\left(1 + z + \frac{z^2}{2!} + \frac{z^3}{3!} + \cdots\right)' = 1 + 2\frac{z^1}{2!} + 3\frac{z^2}{3!} + \cdots = 1 + z + \frac{z^2}{2!} + \frac{z^3}{3!} + \cdots.$$

Für die Funktion f_a gilt also die bemerkenswerte Identität $f_a' = f_a$.

2. Für $|z| < 1$ ist

$$\left(\sum_{n=1}^{\infty} z^n\right)' = \sum_{n=1}^{\infty} n z^{n-1}.$$

Wegen $\sum_{n=1}^{\infty} z^n = 1/(1-z)$ lässt sich die Ableitung auch direkt berechnen, und wir erhalten eine neue Summenformel:

$$\text{Für } |z| < 1 \text{ ist } \sum_{n=1}^{\infty} n z^{n-1} = \frac{1}{(1-z)^2}.$$

Welche Formel ergibt sich, wenn man noch einmal ableitet? **?**

Es folgen einige direkte Anwendungen von Satz 4.4.8:

Korollar 4.4.9. *Identitätssatz*

(i) *Ist $f_a(z) = \sum_{n=0}^{\infty} a_n z^n = a_0 + a_1 z + a_2 z^2 + \cdots$ eine Potenzreihe mit positivem Konvergenzradius, so lassen sich die Koeffizienten $a_0, a_1, \ldots$ aus der Funktion $z \mapsto f_a(z)$ ermitteln: Es gilt*

$$a_n = \frac{f_a^{(n)}(0)}{n!}$$

für alle $n \in \mathbb{N}$.

(ii) *Sind f_a, f_b Potenzreihen mit positivem Konvergenzradius, so gilt: Gibt es eine Nullfolge (z_k), so dass $z_k \neq 0$ und $f_a(z_k) = f_b(z_k)$ für alle k gilt, so ist $a_n = b_n$ für alle n. (Wir setzen dabei natürlich voraus, dass alle $f_a(z_k)$, $f_b(z_k)$ definiert sind.)*

Insbesondere gilt: Ist für irgendein positives ε, das kleiner als R_a und kleiner als R_b ist, $\sum a_n z^n = \sum b_n z^n$ für alle z mit $|z| \leq \varepsilon$, so ist $a_n = b_n$ für alle n.
(Identitätssatz für Potenzreihen[33])

(iii) *$f_a(z) = \sum_{n=0}^{\infty} a_n z^n$ sei eine Potenzreihe mit positivem Konvergenzradius. Dann ist f_a symmetrisch (bzw. schiefsymmetrisch), genau dann, wenn $a_1 = a_3 = \cdots = 0$ (bzw. $a_0 = a_2 = \cdots = 0$). Dabei heißt eine Funktion f*

---

[33] Machen Sie sich klar, dass damit für noch so winzige ε alle Informationen über f_a durch die Werte von f_a auf $\{z \mid |z| \leq \varepsilon\}$ determiniert sind.

symmetrisch (bzw. schiefsymmetrisch) auf einer Menge Δ, wenn Δ eine Teilmenge des Definitionsbereichs von f ist, mit $z \in \Delta$ stets auch $-z \in \Delta$ gilt und die Gleichung $f(-z) = f(z)$ (bzw. $f(-z) = -f(z)$) für alle $z \in \Delta$ erfüllt ist.

Beweis: (i) Die Potenzreihe $f_a^{(n)}$ beginnt offensichtlich mit

$$n!a_n + [(n+1)n \cdots 2]z + [(n+2)(n+1)n \cdots 3]z^2 + \cdots.$$

Wenn man $z = 0$ einsetzt, erhält man den Wert $n!a_n$.

(ii) Wir geben zunächst einen kurzen direkten Beweis des Zusatzes: Stimmen f_a und f_b auf $\{z \mid |z| \le \varepsilon\}$ überein, so müssen für f_a und f_b alle Ableitungen bei Null identisch sein. Wegen Teil (i) bedeutet das, dass alle Koeffizienten übereinstimmen müssen.

Es folgt der Beweis für den allgemeinen Fall, da wird nur die Übereinstimmung auf einer Nullfolge vorausgesetzt. f_a und f_b sind – als differenzierbare Funktionen – stetig bei 0. Aus $f_a(z_k) = f_b(z_k)$ für alle k folgt also $f_a(0) = f_b(0)$, d.h. $a_0 = b_0$.

Daher gilt auch

$$a_1 z_k + a_2 z_k^2 + \cdots = b_1 z_k + b_2 z_k^2 + \cdots$$

für alle k, und da die z_k von 0 verschieden sind, dürfen wir durch z_k teilen und daraus

$$a_1 + a_2 z_k + a_3 z_k^2 + \cdots = b_1 + b_2 z_k + b_3 z_k^2 + \cdots$$

schließen (für alle z_k).

Da diese Potenzreihen den gleichen – insbesondere einen positiven – Konvergenzradius haben wie die Ausgangsreihen, sichert die Stetigkeit bei 0 die Identität $a_1 = b_1$, und die nahe liegende Fortsetzung dieses Verfahrens führt zu $a_n = b_n$ für alle n.

(iii) f_a sei symmetrisch (bzw. schiefsymmetrisch). Dann verschwindet die Potenzreihe $f_a(z) - f_a(-z) = 2a_1 z + 2a_3 z^3 + \cdots$ (bzw. die Reihe $f_a(z) + f_a(-z) = 2a_0 + 2a_2 z^2 + \cdots$) auf ihrem Definitionsbereich, alle Koeffizienten müssen demnach aufgrund des Identitätssatzes gleich Null sein. $\square$

Wir kommen nun zum Ausgangspunkt dieses Abschnitts zurück, nämlich zu der Frage, inwieweit eine vorgelegte, beliebig oft differenzierbare Funktion als Potenzreihe geschrieben werden kann.

Definition 4.4.10. *Sei $M \subset \mathbb{K}$ und $z_0 \in M$; M sei offen oder (im Fall $\mathbb{K} = \mathbb{R}$) ein Intervall. Eine beliebig oft differenzierbare Funktion $f : M \to \mathbb{K}$ heißt bei z_0 lokal in eine Potenzreihe entwickelbar, wenn es ein $\delta > 0$ und eine Potenzreihe $\sum_{n=0}^{\infty} a_n (z - z_0)^n$ gibt, so dass $R_a > \delta$ ist und f wie folgt dargestellt werden kann:*

$$f(z) = \sum_{n=0}^{\infty} a_n (z - z_0)^n \text{ für alle } z \text{ mit } |z - z_0| \le \delta.$$

Bemerkungen, Beispiele und eine Warnung:

1. Falls f bei z_0 lokal in eine Potenzreihe entwickelbar ist, sind die a_n leicht bestimmbar. Wegen 4.4.9(i) gilt nämlich

$$a_n = \frac{f^{(n)}(z_0)}{n!}.$$

2. Für $|z| < 1$ ist doch $1/(1-z) = \sum_{n=0}^{\infty} z^n$. Also ist $z \mapsto 1/(1-z)$ (definiert auf $\mathbb{C} \setminus \{1\}$) bei $z_0 = 0$ lokal in eine Potenzreihe entwickelbar.

3. Als etwas schwierigeres Beispiel betrachten wir

$$f :]-1, +\infty[\to \mathbb{R}, \quad x \mapsto \sqrt{1+x}$$

bei $x_0 = 0$.

f ist beliebig oft differenzierbar, und ein nahe liegender Kandidat für eine Potenzreihenentwicklung von f bei x_0 liegt ebenfalls vor:

$$f(x) = \sum_{n=0}^{\infty} \frac{f^{(n)}(0)}{n!} x^n$$

(die so genannte *Taylorreihe* von f; wegen Bemerkung 1 ist dies der einzig sinnvolle Ansatz).

Taylorreihe

Wir werden zeigen, dass diese Reihe für $|x| < 1$ gegen $f(x)$ konvergent ist, d.h., dass für diese x das Restglied in der Taylorentwicklung für $n \to \infty$ gegen 0 geht.

Sei also $|x| < 1$ und $R_n(x)$ durch

$$f(x) = \sum_{k=0}^{n} \frac{f^{(k)}(0)}{k!} x^k + R_n(x)$$

definiert. Die in Satz 4.3.2 beschriebene Form von $R_n(x)$ führt hier nicht zum Ziel. Analog zum Beweis von Satz 4.3.2 lässt sich jedoch eine *alternative Form des Restglieds* herleiten, die für diesen speziellen Fall günstiger ist. Wenn man diesmal nicht $G(y) = (x-y)^{n+1}$ sondern $G(y) = x - y$ betrachtet, so folgt: Es gibt ein ξ zwischen x und x_0 (hier also zwischen x und 0) mit

$$R_n(x) = \frac{f^{(n+1)}(\xi)}{n!} (x - x_0)(x - \xi)^n.$$

Für $f(x) = \sqrt{1+x} = (1+x)^{\frac{1}{2}}$ ergibt sich

$$f^{(n+1)}(\xi) = (-1)^n \cdot \frac{1 \cdot 3 \cdot 5 \cdots (2n-1)}{2^{n+1}} (1+\xi)^{-\frac{2n+1}{2}}$$

und folglich

$$
\begin{aligned}
|R_n(x)| &= \frac{1 \cdot 3 \cdot 5 \cdots (2n-1)}{n! \cdot 2^{n+1}} \cdot \frac{|x|}{\sqrt{1+\xi}} \cdot \left(\frac{|x-\xi|}{|1+\xi|}\right)^n \\
&\leq \frac{2 \cdot 4 \cdot 6 \cdots 2n}{n! \cdot 2^{n+1}} \cdot \frac{|x|}{\sqrt{1-|x|}} \cdot \left(\frac{|x-\xi|}{|1+\xi|}\right)^n \\
&\leq \frac{2^n n!}{n! \cdot 2^{n+1}} \cdot \frac{|x|}{\sqrt{1-|x|}} \cdot \left(\frac{|x-\xi|}{|1+\xi|}\right)^n \\
&= \frac{|x|}{2\sqrt{1-|x|}} \cdot \left(\frac{|x-\xi|}{|1+\xi|}\right)^n .
\end{aligned}
$$

Damit ist $R_n(x) \to 0$ gezeigt, denn es ist

$$
\left|\frac{x-\xi}{1+\xi}\right| \leq |x| \text{ (für alle } \xi \text{ zwischen } 0 \text{ und } x\text{)},
$$

und nach Voraussetzung ist $|x| < 1$.
Zusammen: $\sqrt{1+x}$ ist für $|x| < 1$ in eine Potenzreihe entwickelbar, es gilt:

$$
\sqrt{1+x} = 1 + \frac{1}{2} \cdot x + \frac{\frac{1}{2} \cdot \left(-\frac{1}{2}\right)}{2!} \cdot x^2 + \frac{\frac{1}{2} \cdot \left(-\frac{1}{2}\right) \cdot \left(-\frac{3}{2}\right)}{3!} \cdot x^3 + \cdots .
$$

Ganz analog zeigt man übrigens: Für $k \in \mathbb{N}$ und $|x| < 1$ ist

$$
\sqrt[k]{1+x} = 1 + \frac{1}{k} \cdot x + \frac{\frac{1}{k} \cdot \left(\frac{1}{k}-1\right)}{2!} \cdot x^2 + \frac{\frac{1}{k} \cdot \left(\frac{1}{k}-1\right) \cdot \left(\frac{1}{k}-2\right)}{3!} \cdot x^3 + \cdots .
$$

4. **Warnung:** Es ist *nicht* richtig, dass jede beliebig oft differenzierbare Funktion lokal in eine Potenzreihe entwickelbar ist. Von dem französischen Mathematiker AUGUSTIN-LOUIS CAUCHY (1789-1857) stammt das folgende berühmte *Gegenbeispiel.*
Die Idee ist leicht zu verstehen:

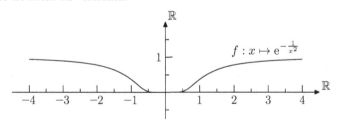

Bild 4.14: Das Gegenbeispiel

Man wählt eine Funktion f, die bei 0 so schnell gegen Null geht, dass alle Ableitungen bei 0 verschwinden: $f(0) = f'(0) = f''(0) = \cdots = 0$. Wenn dann f in jeder Umgebung von 0 von Null verschiedene Werte annimmt, kann f bei 0 nicht lokal in eine Potenzreihe entwickelbar sein (im Falle der Entwickelbarkeit ist nämlich $f(x) = \sum_{n=0}^{\infty} \frac{f^{(n)}(0)}{n!} x^n = 0$ in einer Umgebung von 0).

Hier ist eine Funktion $f : \mathbb{R} \to \mathbb{R}$, die das Gewünschte leistet:

$$f(x) := \begin{cases} 0 & x = 0 \\ e^{-1/x^2} & x \neq 0 \end{cases}$$

(dabei benutzen wir die Exponentialfunktion im Vorgriff). Es ist dann nicht besonders schwierig nachzuweisen, dass f beliebig oft differenzierbar ist und dass $f^{(n)}(0) = 0$ für alle $n \in \mathbb{N}$ gilt (vgl. Übung 4.4.2). Das liegt im Wesentlichen daran, dass $\lim_{x \to \infty} x^k e^{-x} = 0$ für alle k, ein Ergebnis, das wir in Abschnitt 4.2 schon kennen gelernt haben (s. Seite 269). Da f in keiner Umgebung der Null gleich der Nullfunktion ist, erfüllt f die geforderten Bedingungen.

Wo bleibt das Positive? Es steht im folgenden

Satz 4.4.11. *Es sei* $]a,b[$ *ein Intervall in* $\mathbb{R}$*, und eine beliebig oft differenzierbare Funktion* $f :]a,b[\to \mathbb{R}$ *sei vorgegeben. Weiter sei* $x_0 \in]a,b[$.

(i) *Falls es positive* K *und* δ *gibt, so dass* $|f^{(n)}(\xi)| \leq K$ *für alle* n *und alle* ξ *mit* $|\xi - x_0| \leq \delta$*, so ist* f *ist bei* x_0 *lokal in eine Potenzreihe entwickelbar, für die der Konvergenzradius* $\geq \delta$ *ist.*

Kurz: Gleichmäßig beschränkte Ableitungen garantieren Entwickelbarkeit.

(ii) *Es gebe ein* r*, so dass* $f^{(r)} = f$*. Dann ist* f *bei* x_0 *lokal in eine Potenzreihe entwickelbar.*

(iii) *Allgemeiner gilt: Es gebe ein* $r \in \mathbb{N}$ *und reelle Zahlen* $a_0, \ldots, a_{r-1}$*, so dass*

$$f^{(r)} = a_0 f + a_1 f' + \cdots + a_{r-1} f^{(r-1)}.$$

Auch dann ist f *lokal bei* x_0 *in eine Potenzreihe entwickelbar.*

Beweis: (i) Für das Restglied in der Taylorentwicklung gilt für $|x - x_0| \leq \delta$:

$$\begin{aligned} |R_n(x)| &= \left| \frac{f^{(n+1)}(\xi)}{(n+1)!} (x - x_0)^{n+1} \right| \\ &\leq K \cdot \frac{\delta^{n+1}}{(n+1)!}. \end{aligned}$$

Dabei gilt $\delta^n/n! \to 0$, denn die Reihe $\sum_{n=0}^{\infty} \delta^n/n!$ ist konvergent[34].

(ii) Aufgrund der Voraussetzung ist es egal, ob man *alle* Ableitungen $f, f', f'', \ldots$ oder nur die endlich vielen Ableitungen $f, f', \ldots, f^{(r-1)}$ untersucht; zum Beispiel ist $f^{(r+3)} = f'''$. Man braucht nun nur noch ein kompaktes Intervall

---

[34] Das folgt zum Beispiel daraus, dass die Potenzreihe $\sum z^n/n!$ einen unendlichen Konvergenzradius hat.

$[x_0 - \delta, x_0 + \delta]$ in $]a, b[$ zu wählen und sich daran zu erinnern, dass stetige Funktionen auf kompakten Intervallen nach Satz 3.3.11 beschränkt sind. (Dieses Ergebnis wenden wir hier auf die Funktionen $f, f', \ldots, f^{(r-1)}$ an.)

(iii) Eine Modifikation des vorigen Beweises führt zum Ziel. Wir wählen wieder ein kompaktes Intervall $I := [x_0 - \delta, x_0 + \delta]$ und betrachten darauf die Funktionen $f, f', \ldots, f^{(r-1)}$. Diese r Funktionen sind beschränkt, es gibt also ein $M \geq 1$ mit der Eigenschaft:

$$\left| f^{(j)}(x) \right| \leq M \text{ für } j = 0, \ldots, r-1, \; x \in I.$$

Sei noch A eine Zahl, so dass $A \geq 1$ und $A \geq |a_0|, \ldots, |a_{r-1}|$, wir behaupten, dass

$$\left| f^{(j)}(x) \right| \leq (r \cdot A \cdot M)^{j+1} \text{ für alle } j \text{ und alle } x \in I. \tag{4.6}$$

Das ist für $j = 0, \ldots, r-1$ klar, denn dann ist $\left| f^{(j)}(x) \right| \leq M \leq (r \cdot A \cdot M)^{j+1}$ (die zweite Ungleichung gilt, weil wir $A \geq 1$ und $M \geq 1$ vorausgesetzt haben). Für die größeren j beweisen wir (4.6) durch vollständige Induktion, der Beweis des Induktionsschritts für $j \geq r$ beginnt damit, dass wir die vorausgesetzte Identität $f^{(r)} = a_0 f + a_1 f' + \cdots + a_{r-1} f^{(r-1)}$ genügend oft, nämlich $j - r$ mal ableiten:

$$f^{(j)} = a_0 f^{(j-r)}(x) + a_1 f^{(j-r+1)} + \cdots + a_{r-1} f^{(j-1)}.$$

Wir können dann für $x \in I$ wie folgt abschätzen:

$$
\begin{aligned}
\left| f^{(j)}(x) \right| &= \left| a_0 f^{(j-r)}(x) + a_1 f^{(j-r+1)}(x) + \cdots + a_{r-1} f^{(j-1)}(x) \right| \\
&\leq \left| a_0 f^{(j-r)}(x) \right| + \left| a_1 f^{(j-r+1)}(x) \right| + \cdots + \left| a_{r-1} f^{(j-1)}(x) \right| \\
&\leq A(rAM)^{j-r+1} + A(rAM)^{j-r+2} + \cdots + A(rAM)^{j} \\
&\leq A(rAM)^{j} + A(rAM)^{j} + \cdots + A(rAM)^{j} \\
&= rA(rAM)^{j} \\
&\leq (rAM)(rAM)^{j} \\
&= (rAM)^{j+1}.
\end{aligned}
$$

Wegen (4.6) lässt sich das Restglied durch

$$
\begin{aligned}
|R_n(x)| &= \left| \frac{f^{(n+1)}(\xi)}{(n+1)!}(x - x_0)^{n+1} \right| \\
&\leq (rAM)^{n+2} \cdot \frac{\delta^{n+1}}{(n+1)!} \\
&= (rAM) \cdot \frac{(rAM\delta)^{n+1}}{(n+1)!}
\end{aligned}
$$

abschätzen, und aus $(rAM\delta)^{n+1}/(n+1)! \to 0$ folgt die Behauptung. $\qquad \square$

Bemerkung: Der Satz garantiert zum Beispiel, dass die später zu besprechenden Funktionen $\sin x$, $\cos x$ und e^x entwickelbar sind.

4.5   Spezielle Funktionen

Bisher kennen wir erst wenige konkrete Funktionen (Polynome, Wurzelfunktionen, ...), in diesem Abschnitt wird es darum gehen, weitere wichtige Klassen zu behandeln. Der Aufbau ist wie folgt:

- Zunächst gibt es eine *Motivation*: Es wird gezeigt, wie ein einfaches Wachstumsmodell und die mathematische Modellierung eines schwingenden Massenpunktes zu der Notwendigkeit führen, Funktionen zu finden, für die ganz bestimmte Beziehungen zwischen der Funktion und den Ableitungen erfüllt sind.

- Das erste der beiden Probleme wird durch die *Exponentialfunktion* gelöst, wir zeigen Existenz und Eindeutigkeit. Mit schon bekannten Sätzen ist es dann leicht, Aussagen über die inverse Funktion, die *Logarithmusfunktion*, zu erhalten.

- Wir werden dann mit Hilfe der Exponentialfunktion *Potenzen zu beliebigen Exponenten* definieren. Bis jetzt wissen wir zwar, was 3^7 und $3^{1/5}$ ist, aber nicht, was z.B. $3^{\sqrt{2}}$ bedeutet. Das wird in diesem Unterabschnitt erklärt werden.

- Dann wird es um die *trigonometrischen Funktionen* gehen, die sich bei der Lösung des Schwingungsproblems ergeben. Existenz und Eindeutigkeit sind leicht zu beweisen. Für eine detaillierte Diskussion ist es jedoch erforderlich, sich erst einmal um die *Kreiszahl* π zu kümmern, die hier allerdings nicht geometrisch, sondern über die Periodizität von Sinus und Cosinus eingeführt wird.

- Da die Exponentialfunktion, Sinus und Cosinus eine Potenzreihenentwicklung haben, kann man sie auch als Funktionen von $\mathbb{C}$ nach $\mathbb{C}$ auffassen. Das führt uns erstens zu einer neuen, manchmal sehr nützlichen Darstellung von komplexen Zahlen (*Polardarstellung*) und zweitens zu einer bemerkenswerten, fast schon mysteriösen Formel:

$$0 = 1 + e^{\pi i}.$$

Motivation

Zur Motivation des weiteren Vorgehens betrachten wir zwei Probleme aus den Anwendungen.

1. $P(t)$ beschreibe für $t \geq 0$ die Anzahl der Mitglieder einer Population zur Zeit t: Anzahl der Menschen in Europa, Anzahl der Makrelen im Mittelmeer, Anzahl der Bakterien in einer Nährlösung, ... Dann ist P eine Funktion, die eigentlich von einem Intervall nach $\mathbb{N}$ geht und jedesmal springt, wenn sich die Anzahl verändert. Wir glätten sie aber ein bisschen, um zu einer differenzierbaren Funktion mit Werten in $\mathbb{R}$ zu kommen.

Wir wollen eine plausible Eigenschaft von P herleiten, dazu betrachten wir die Werte von P bei zwei Zeitpunkten t und $t + h$ mit „kleinem" positiven h. Dann ist $P(t + h) - P(t)$ die Veränderung der Bevölkerung zwischen den Zeitpunkten t und $t + h$. Es ist nahe liegend anzunehmen, dass diese Veränderung proportional zu zwei Einflussgrößen ist, nämlich erstens zu h (viel Zeit verstrichen $\Rightarrow$ viele Nachkommen) und zweitens zu $P(t)$ (viele vermehrungswillige und -fähige Bevölkerungsmitglieder bedeuten viel Nachwuchs). Anders ausgedrückt: In guter Näherung sollte, wenigstens für kleine h,

$$P(t + h) - P(t) = c \cdot h \cdot P(t)$$

sein, wobei die Konstante c so etwas wie die Netto-Fruchtbarkeitsrate pro Zeiteinheit ist. (Übersteigt die Anzahl der Geburten die Anzahl der Sterbefälle, sollte c positiv sein, negative c werden bei Situationen auftreten, wo es umgekehrt ist.)

Wenn man diese Gleichung durch h teilt und zum Grenzwert $h \to 0$ übergeht, erhält man folgende analytische Bedingung für P:

$$P'(t) = c \cdot P(t),$$

wobei die Konstante c und die Zahl $P(0)$ (die Anzahl der Individuen bei Beginn der Messung) als bekannt vorausgesetzt werden dürfen.

Im allereinfachsten Fall, wenn $c = P(0) = 1$ gilt, ergibt sich das folgende *Problem*:

> Man bestimme eine differenzierbare Funktion
> $f : \mathbb{R} \to \mathbb{R}$ mit $f' = f$ und $f(0) = 1$.

Bisher kennen wir keine derartige Funktion, gibt es überhaupt eine? Eine positive Antwort wird gleich gegeben werden.

Gibt es halbe Bakterien?
Manchen wird die Herleitung der vorstehenden Differentialgleichung etwas unseriös vorkommen, da wir eine $\mathbb{N}$-wertige Funktion recht gewaltsam in eine differenzierbare Funktion verwandelt haben. Das Vorgehen ist aber typisch: In fast allen Fällen, in denen man die Wirklichkeit beschreibt, muss man die tatsächliche Situation idealisieren und vereinfachen, um Mathematik anwenden zu können.
Die Rechtfertigung besteht im Erfolg: Mit dem so hergeleiteten Bevölkerungsmodell kann man Prognosen berechnen, die mit den dann später gezählten Menschen-, Makrelen- und Bakterienanzahlen recht gut übereinstimmen.

2. $x(t)$ beschreibe die Auslenkung eines Massenpunktes aus der Ruhelage zur Zeit t. (Diese Notation ist in der Physik üblich, für Mathematiker ist sie etwas gewöhnungsbedürftig.)

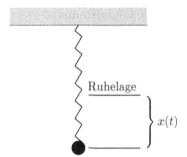

Bild 4.15: Masse an einer Feder

Es wird angenommen, dass die rücktreibende Kraft proportional zur Auslenkung ist (man denke etwa an eine Feder). Aufgrund des Newtonschen Gesetzes (Kraft = Masse mal Beschleunigung) führt das auf

$$m \cdot x''(t) = -\gamma \cdot x(t),$$

wo m die Masse ist und γ eine Konstante (die Federkonstante) bezeichnet.

Nimmt man an, dass $x(0)$ und $x'(0)$ bekannt sind, so führt die physikalische Situation auf das folgende mathematische Problem:

Man bestimme $t \mapsto x(t)$ so, dass

$$m \cdot x''(t) = -\gamma \cdot x, \ x(0) = x_0, \ x'(0) = x_1.$$

Dabei sind x_0 und x_1 vorgegebene Größen, sie entsprechen der Auslenkung und der Geschwindigkeit bei Beginn der Messung.

Sinnvollerweise wird man sich zunächst mit einfachen Spezialfällen auseinander setzen, und das führt uns zum *zweiten Problem*:

Man bestimme Funktionen $s, c : \mathbb{R} \to \mathbb{R}$, die zweimal differenzierbar sind und für die gilt:

$$s'' + s = 0, \ s(0) = 0, \ s'(0) = 1,$$

$$c'' + c = 0, \ c(0) = 1, \ c'(0) = 0.$$

Die Funktion s wird dann gebraucht werden, wenn sich der Massenpunkt zur Zeit $t = 0$ in der Ruhelage befindet und sich mit Geschwindigkeit 1 in positiver Richtung bewegt, c tritt auf, wenn er bei $t = 0$ ausgelenkt ist und zu diesem Zeitpunkt ruht.

Wir werden diese Probleme nun in Angriff nehmen und als Lösungen die Exponentialfunktion bzw. Sinus und Cosinus erhalten. Damit ist die *Bedeutung* dieser Funktionen klar: Sie treten als *Lösung* besonders einfacher und typischer *Differentialgleichungsprobleme* auf, nämlich als Lösung einer Wachstumsgleichung und einer Schwingungsgleichung.

Exponentialfunktion und Logarithmus

Hier behandeln wir das Wachstumsproblem: Gibt es eine differenzierbare Funktion $f : \mathbb{R} \to \mathbb{R}$ mit $f' = f$ und $f(0) = 1$?

Satz 4.5.1. *Es gibt genau eine Funktion f mit den geforderten Eigenschaften. Sie ist beliebig oft differenzierbar und bei 0 in eine Potenzreihe mit unendlichem Konvergenzradius entwickelbar. Es gilt*

$$f(x) = \sum_{n=0}^{\infty} \frac{x^n}{n!} = 1 + x + \frac{x^2}{2!} + \frac{x^3}{3!} + \cdots .$$

Beweis: Zum Nachweis der *Existenz* definieren wir einfach

$$f_0(x) := 1 + x + \frac{x^2}{2!} + \cdots .$$

Das ist eine Potenzreihe mit unendlichem Konvergenzradius (vgl. Seite 293). Sie ist wegen Satz 4.4.8 beliebig oft differenzierbar, und dass $f_0' = f_0$ gilt, lässt sich durch gliedweises Differenzieren sofort nachweisen[35].

Um zu zeigen, dass die gesuchte Funktion *eindeutig bestimmt* ist, gehen wir von einem $f : \mathbb{R} \to \mathbb{R}$ mit $f' = f$ und $f(0) = 1$ aus. Diese Bedingungen implizieren, dass f sogar beliebig oft differenzierbar ist und dass alle $f^{(n)}(0)$ gleich 1 sind. Wegen Satz 4.4.11 ist f in eine Potenzreihe mit unendlichem Konvergenzradius entwickelbar, und da der n-te Koeffizient der Taylorentwicklung um Null gleich

$$\frac{f^{(n)}(0)}{n!} = \frac{1}{n!}$$

ist, stimmt f mit f_0 überein. f_0 ist also die einzige Lösung des Problems. $\square$

Der Satz führt zu

exp(x)

Definition 4.5.2. *Die wegen Satz 4.5.1 eindeutig bestimmte Funktion f mit $f' = f$ und $f(0) = 1$ wird mit* exp *(Exponentialfunktion) bezeichnet.*

Wir stellen nun die wichtigsten Eigenschaften der Funktion exp zusammen. Überraschenderweise ist es viel erfolgreicher, direkt mit den Eigenschaften

$$\begin{aligned} \exp' &= \exp \\ \exp(0) &= 1 \end{aligned} \tag{4.7}$$

zu arbeiten, als die konkrete Darstellung als Potenzreihe auszunutzen. Beim Beweisen werden wir häufig von Korollar 4.2.3 Gebrauch machen: Ist $g : \mathbb{R} \to \mathbb{R}$ differenzierbar mit $g' = 0$, so ist $g(x) = g(0)$ für alle x.

Exponential-funktion

Satz 4.5.3. *Für die Exponentialfunktion* exp $: \mathbb{R} \to \mathbb{R}$ *gilt:*

(i) $\exp(x)\exp(-x) = 1$ *für alle x.*

---

[35] Diese Rechnung wurde auf Seite 297 auch schon durchgeführt.

(ii) $\exp(x) \neq 0$ *für alle* x.

(iii) $\exp(x) > 0$ *für alle* x.

(iv) $\exp(x + y) = \exp(x) \cdot \exp(y)$ *für alle* x, y.

(v) $\exp$ *ist streng monoton steigend (und folglich injektiv), und für jedes* $y > 0$ *gibt es ein* $x \in \mathbb{R}$ *mit* $\exp(x) = y$ *(d.h.,* $\exp$ *ist eine surjektive Abbildung von* $\mathbb{R}$ *nach* $]\,0, +\infty\,[\,)$.

Damit ist $\exp : \mathbb{R} \to\,]\,0, +\infty\,[$ *eine bijektive Abbildung*[36].

Beweis: (i) Wir definieren $g(x) := \exp(x)\exp(-x)$. g ist offensichtlich differenzierbar, mit Produkt- und Kettenregel folgt leicht, dass $g' = 0$ gilt. Folglich ist $g(x) = g(0) = 1$ für alle x (vgl. Korollar 4.2.3(i)).

(ii) Das folgt aus (i).

(iii) Gäbe es ein x_0 mit $\exp(x_0) < 0$, so müsste es wegen $\exp(0) = 1 > 0$ nach dem Zwischenwertsatz (Satz 3.3.6) auch ein x mit $\exp(x) = 0$ geben. Das aber widerspräche (ii).

(iv) Sei $y \in \mathbb{R}$ fest gewählt. Man betrachte die Funktion

$$g : x \mapsto \frac{\exp(x + y)}{\exp(y)}.$$

g ist differenzierbar mit $g' = g$, außerdem ist $g(0) = 1$. Nach Satz 4.5.1 muss dann $g(x) = \exp(x)$ für alle x sein.

(v) $\exp' = \exp$ ist strikt positiv, damit folgt aus Korollar 4.2.3 der erste Teil der Behauptung.

Sei nun $y \in\,]\,0, +\infty\,[$. Wir setzen $e := \exp(1)$ und wählen n so groß, dass $e^{-n} \leq y \leq e^n$.

Um einzusehen, dass das geht, zeigen wir als Erstes, dass e größer als 1 ist: Nach dem Mittelwertsatz können wir ein ξ mit

$$e - 1 = \frac{\exp(1) - \exp(0)}{1 - 0} = \exp'(\xi) > 0$$

wählen, und das impliziert schon e > 1.

Nun beachten wir, dass für alle n die Formel $\exp(\pm n) = e^{\pm n}$ gilt, das folgt aus (i) und (iv) durch vollständige Induktion. Kombiniert man diese Ergebnisse, so folgt $\exp(n) = e^n \to +\infty$ sowie $\exp(-n) = e^{-n} \to 0$.

Egal, wie groß oder klein das y also ist, die Bedingung $e^{-n} \leq y \leq e^n$ ist für große n immer zu erfüllen.

---

[36] Fasst man $\mathbb{R}$, versehen mit der Addition, und $]\,0, +\infty\,[$, versehen mit der Multiplikation, als kommutative Gruppen auf, so bedeutet das wegen (iv) gerade: $\exp$ ist ein bijektiver Gruppenhomomorphismus zwischen diesen Gruppen, also ein *Gruppenisomorphismus*. Insbesondere folgt, dass diese beiden Gruppen im Rahmen der Gruppentheorie nicht unterscheidbar sind.

Nun wenden wir noch den Zwischenwertsatz für die Einschränkung der Funktion exp auf das Intervall $[-n, n]$ an. Dieser Satz verschafft uns ein x mit $\exp(x) = y$, und damit ist die Surjektivität gezeigt.   □

Da $\exp : \mathbb{R} \to {]}0, \infty{[}$ bijektiv ist, besitzt exp eine Umkehrabbildung.

Definition 4.5.4. *Die Umkehrabbildung zu* exp *bezeichnen wir mit*

$$\log : {]}0, +\infty{[} \to \mathbb{R}$$

log x

(Logarithmus). Nach Definition ist also – für $y > 0$ – die Zahl $\log y$ das eindeutig bestimmte x, für das $\exp(x) = y$ gilt[37].

Logarithmus

Korollar 4.5.5. *Für die Logarithmusfunktion* log *gilt:*

(i) $\log(a \cdot b) = \log(a) + \log(b)$ *für alle $a, b > 0$.*

(ii) log *ist differenzierbar, und es gilt* $\log'(x) = 1/x$ *für alle $x > 0$.*

Beweis: (i) Positive a und b seien vorgegeben. Wir wählen reelle x, y mit $\exp(x) = a$ und $\exp(y) = b$, es ist also $\log a = x$ und $\log b = y$.

Wir erhalten $\exp(x + y) = \exp(x) \exp(y) = ab$, die Zahl $\log(ab)$ muss also mit $x + y$ übereinstimmen.

(ii) Aus Satz 4.1.4(vi) folgt, dass log differenzierbar ist. Durch Differentiation der Gleichung $x = \exp(\log x)$ ergibt sich

$$1 = \exp(\log x) \cdot (\log x)' = x \cdot (\log x)'$$

und folglich $(\log x)' = 1/x$.   □

Bemerkungen:

1. Aufgrund der bisherigen Ergebnisse lassen sich exp und log bereits gut skizzieren.

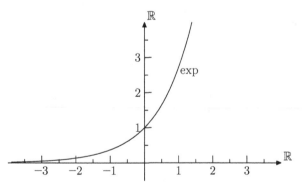

Bild 4.16: Die Exponentialfunktion

---

[37] So ist zum Beispiel $\log 1 = 0$, $\log(1/e) = -1$, $\log(e^{12}) = 12$.

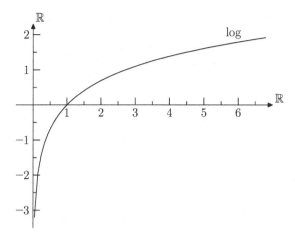

Bild 4.17: Die Logarithmusfunktion

Man beachte, dass für $x > 0$ stets $(\log x)' = 1/x > 0$ ist, und deswegen ist log eine streng monoton steigende Funktion. Weiter folgt, dass log beliebig oft differenzierbar ist.

2. Mit den bisher bewiesenen Ergebnissen kann man schon das Geheimnis der *Logarithmenrechnung* verstehen. Die war für vorige Generationen ein fast unerlässliches Hilfsmittel beim Rechnen. Heute, wo sich jeder einen Computer leisten kann, ist die Bedeutung stark zurückgegangen.

Die Wichtigkeit beruht auf der Tatsache, dass *Addieren leichter als Multiplizieren* ist und man deswegen einen Vorteil hat, wenn man ein multiplikatives Problem in ein additives übersetzen kann. Stellen Sie sich zum Beispiel vor, Sie sollten das Produkt $y = 3.01 \cdot 4.12$ berechnen. Leider haben Sie von Multiplikation überhaupt keine Ahnung, Sie können aber trotzdem mit Hilfe der Logarithmenrechnung zum Ziel kommen. y kennen Sie zwar nicht, Sie wissen aber, dass

$$\log y = \log(3.01 \cdot 4.12) = \log 3.01 + \log 4.12$$

gilt. Die Zahlen $\log 3.01 = 1.101940\ldots$ und $\log 4.12 = 1.415853\ldots$ entnehmen Sie einer Logarithmentafel, nun kennen Sie schon

$$\log y = 1.101940\ldots + 1.415853\ldots = 2.517793\ldots$$

Ein weiterer Blick in die Logarithmentafel – sie muss jetzt von rechts nach links gelesen werden – verschafft Ihnen den Wert von y, er ist gleich

$$\exp(\log y) = \exp(2.517793\ldots) = 12.401197\ldots$$

Das ist zwar nicht ganz exakt (der genaue Wert ist 12.4012), aber der Fehler ist so winzig, dass es niemand merken wird.

Mal angenommen, irgendwo im fernen Weltall gäbe es eine Spezies, die sehr gut im Multiplizieren ist, aber gewaltige Schwierigkeiten beim Addieren hat. Die können sich mit einem ähnlichen Trick helfen, sie brauchen statt einer Logarithmentafel eine *Exponentialtafel*. Will da jemand $s = 5 + 9$ ausrechnen, so muss die Identität $\exp(s) = \exp(5)\exp(9)$ ausgenutzt werden:

$$\begin{aligned} \exp(s) &= (148.41\ldots)\cdot(8103.08\ldots) \\ &= 1202578.1\ldots \end{aligned}$$

Vom Endergebnis muss nun nur noch der Logarithmus nachgeschlagen werden: $13.9999\ldots$ Das ist doch gar nicht so schlecht!

Die allgemeine Potenz

Zunächst wollen wir zusammenfassen, was wir über das Potenzieren schon wissen:

a) Für beliebige $a \in \mathbb{K}$ und beliebige $n \in \mathbb{N}$ wurde a^n als das n-fache Produkt von a mit sich selber erklärt. Das ist natürlich ein Fall für eine Definition durch vollständige Induktion, wenn man es präzise machen möchte.

b) Dann beweist man ohne große Mühe – durch Pünktchenbeweise oder durch Induktion – dass die aus der Schule vertrauten Rechenregeln gelten:

$$\begin{aligned} a^{n+m} &= a^n a^m \\ (a^n)^m &= a^{nm} \\ (ab)^n &= a^n b^n \end{aligned}$$

für alle $a, b \in \mathbb{K}$ und alle $n, m \in \mathbb{N}$.

c) Ab hier soll a von Null verschieden sein, wir wollen auch $1/a^n$ als Potenz schreiben. Man definiert

$$a^{-n} := \frac{1}{a^n}$$

für $n \in \mathbb{N}$, so ist zum Beispiel $10^{-3} = 1/1000$. Damit ist a^m für alle ganzen Zahlen $m \neq 0$ definiert. Und bemerkenswerterweise hat man dann wieder die gleichen Rechenregeln wie vorher. Wenn man die beweisen möchte, stößt man allerdings auf die Schwierigkeit, dass man mit Ausdrücken der Form a^0 noch nichts anfangen kann, dass man aber zu den üblichen Regeln kommt, wenn man $a^0 := 1$ setzt.

Achtung: Dass $a^0 = 1$ ist, kann niemand *beweisen*. Es ist eine Definition, die deswegen sinnvoll ist, weil dann die gewohnten Potenz-Rechengesetze für beliebige ganzzahlige Exponenten richtig sind.

(Hier ein Geständnis des Autors: Während der Schulzeit „bewies" er $a^0 = 1$ so: Die Zahl a^0 ist, bei beliebigem $a \neq 0$, doch als a^{1-1} schreibbar, und das stimmt nach den Potenzgesetzen mit $a^1 \cdot a^{-1}$, also mit $a \cdot (1/a) = 1$ überein. Das ist leider eine recht fragwürdige Argumentation, umgekehrt ist es richtig: Nur wenn man $a^0 := 1$ setzt, gilt das Gesetz $a^{n+m} = a^n a^m$ auch im Fall $m = -n$.)

c) Später haben wir für die n-te Wurzel aus a auch $a^{1/n}$ geschrieben (dabei sollte a eine positive Zahl sein), und etwas allgemeiner kann man für $n \in \mathbb{N}$ und $m \in \mathbb{Z}$ die Zahl $a^{m/n}$ als $(a^{1/n})^m$ festsetzen[38]. Damit ist wirklich a^r für beliebige rationale r erklärt, und immer noch gelten alle Potenz-Rechengesetze. *Das ist der Grund, warum es sinnvoll ist, für die n-te Wurzel $a^{1/n}$ zu schreiben.*

d) Und mehr können wir zurzeit noch nicht, z.B. ist $a^{\sqrt{2}}$ noch nicht definiert. Man könnte a^x für beliebige reelle x durch ein Stetigkeitsargument festsetzen:

Sei (x_n) eine Folge rationaler Zahlen, die gegen x konvergiert. Man setzt dann

$$a^x := \lim a^{x_n}.$$

Das geht wirklich, allerdings müsste man recht mühsam nachweisen, dass die Folge (a^{x_n}) wirklich konvergent ist und dass a^x dadurch wohldefiniert ist: Wenn sich zwei Mathematiker verschiedene Folgen (x_n) und (y_n) rationaler Zahlen mit $\lim x_n = \lim y_n = x$ aussuchen, so sollte doch $\lim a^{x_n} = \lim a^{y_n}$ gelten. Ist diese Schwierigkeit überwunden, muss man noch eine Menge Arbeit investieren, um die Stetigkeit und die Differenzierbarkeit der Funktion $x \mapsto a^x$ zu beweisen.

Diesen schwerfälligen Weg können wir durch den nachstehend beschriebenen Zugang vermeiden.

Definition 4.5.6. *Es sei $x \in \mathbb{R}$ und $a > 0$. Wir setzen* $\qquad\qquad a^x$

$$a^x := \exp(x \cdot \log a).$$

Es stellt sich sofort die Frage, ob man das so machen darf. Nach der vorstehenden Definition gibt es nämlich *zwei Möglichkeiten*, den Ausdruck a^r im Fall rationaler Zahlen $r = m/n$ zu interpretieren, nämlich erstens als $(\sqrt[n]{a})^m$ und zweitens als $\exp(r \log a)$. Wenn das nicht die gleiche Zahl ergibt, weiß keiner, was mit a^r eigentlich gemeint ist.

Nach dem nächsten Satz kann aber eine Entwarnung gegeben werden, denn die neue Definition ist mit der alten verträglich[39]:

Satz 4.5.7. *Es sei $a > 0$, $n \in \mathbb{N}$ und $m \in \mathbb{Z}$. Dann gilt*

$$\exp\left(\frac{m}{n} \log a\right) = (\sqrt[n]{a})^m.$$

Anders ausgedrückt: Beide Definitionsmöglichkeiten für $a^{m/n}$ führen zum gleichen Ergebnis.

---

[38] Wer es hier ganz genau nimmt, sollte sich *die Wohldefiniertheit* überlegen: Warum ist, z.B., $a^{3/4} = a^{30/40}$? Das folgt natürlich aus den Gesetzen für das Wurzelziehen und das Rechnen mit ganzzahligen Potenzen.

[39] Dieses Problem begegnet einem übrigens öfter. Immer, wenn eine Definition auf einen neuen Bereich erweitert wird, ist zu begründen, dass der neue Ansatz im Spezialfall zum schon bekannten Ergebnis führt. So war es zum Beispiel bei der Definition von „$a_n \to 0$". Das bedeutete ja zunächst auch zweierlei, nämlich einerseits „(a_n) ist Nullfolge" und andererseits „$(a_n - 0)$ ist Nullfolge". Leider ist nicht in allen Fällen so schnell wie hier zu sehen, dass man nichts falsch gemacht hat.

Beweis: Sei zunächst m eine natürliche Zahl. Dann ist

$$
\begin{aligned}
a^m \ (\text{gemäß } 4.5.6) \quad &= \quad \exp(m \cdot \log a) \\
&= \quad \exp(\underbrace{\log a + \log a + \cdots + \log a}_{m\text{-mal}}) \\
&\overset{4.5.3(\mathrm{iv})}{=} \quad (\exp \log a)(\exp \log a) \cdots (\exp \log a) \\
&= \quad a \cdot a \cdots a.
\end{aligned}
$$

Kurz: Für a^m ist es egal, ob wir naiv a m-mal mit sich selbst multiplizieren oder die Potenz mit Definition 4.5.6 ausrechnen.

Wegen $\exp(0) = 1$ und $\exp(-x) = 1/\exp(x)$ erhalten wir das gleiche Ergebnis auch für beliebige $m \in \mathbb{Z}$.

Nun zu Wurzeln. Für beliebiges reelles x und $n \in \mathbb{N}$ ist

$$
\begin{aligned}
\left(a^{1/n}\right)^n \ (\text{gemäß } 4.5.6) \quad &= \quad \big(\exp((1/n)\log a)\big)^n \\
&\overset{4.5.3(\mathrm{iv})}{=} \quad \exp(n \cdot (1/n)\log a) \\
&= \quad \exp \log a \\
&= \quad a,
\end{aligned}
$$

und deswegen muss $a^{1/n}$ auch nach der neuen Definition gleich $\sqrt[n]{a}$ sein.

Zusammen erhalten wir: $a^{m/n}$ gemäß Definition 4.5.6 ist gleich

$$
\begin{aligned}
\exp\!\left(\frac{m}{n}\log a\right) \quad &= \quad \left(\exp(\tfrac{1}{n}\log a)\right)^m \\
&= \quad \left(\sqrt[n]{\exp(\log a)}\right)^m \\
&= \quad \left(\sqrt[n]{a}\right)^m. \qquad \square
\end{aligned}
$$

Vor dem nächsten Satz gibt es noch eine kleine *Ergänzung zur Logarithmusdefinition*. Manchmal wird der hier eingeführte Logarithmus der *Logarithmus naturalis* genannt (und mit $\ln x$ bezeichnet), um ihn von anderen Logarithmen zu unterscheiden. Man kann nämlich das, was wir hier für die Funktion e^x gemacht haben, genauso gut für alle Funktionen a^x wiederholen, falls a eine positive und von 1 verschiedene Zahl ist. Dann ist nämlich $x \mapsto a^x$ wieder eine bijektive Abbildung von $\mathbb{R}$ nach $]\,0, +\infty\,[$, die Umkehrabbildung wird *Logarithmusfunktion zur Basis a* genannt. Für den Wert dieser Funktion an einer Stelle $y > 0$ schreibt man $\log_a y$, diese Zahl ist also nach Definition das eindeutig bestimmte $x \in \mathbb{R}$ mit $a^x = y$. Hier einige Beispiele:

$$
\log_{1001} 1001 = 1, \ \log_{10} 1/100000 = -5, \ \log_{0.5} 4 = -2, \ \log_{0.3332} 1 = 0.
$$

Wegen $a^x = e^{x\log a}$ gilt $(\log_a y)(\log a) = \log y$, es ist also $\log_a y = \log y / \log a$. Deswegen muss man auch keine neuen Sätze beweisen. Alles, was wir für den Spezialfall $a = e$ gezeigt haben, lässt sich leicht übertragen.

Andere Basen als $a = e$ spielen praktisch keine Rolle, wenn man von den zwei Fällen $a = 10$ und $a = 2$ vielleicht einmal absieht. Logarithmen zur Basis 10 (auch: *dekadische Logarithmen*) werden manchmal in der Schule betrachtet, und die Bedeutung der Basis 2 folgt daraus, dass Computer im Dualsystem rechnen.

Aus den schon bewiesenen Eigenschaften von exp und log ergeben sich sofort die bekannten Rechenregeln für die allgemeine Potenz:

Korollar 4.5.8. *Für $a, b > 0$ und $x, y \in \mathbb{R}$ gilt:*

(i) $a^{x+y} = a^x \cdot a^y$.

(ii) $(ab)^x = a^x \cdot b^x$.

(iii) *Die Funktion $x \mapsto a^x$ ist differenzierbar, und es gilt $(a^x)' = \log a \cdot a^x$.*

(iv) *Sei $c \in \mathbb{R}$. Dann ist die Funktion $x \mapsto x^c$ differenzierbar, und es gilt $(x^c)' = c \cdot x^{c-1}$.*

(v) *Für positives a, $a \neq 1$, ist $\log_a x$ differenzierbar. Es gilt $(\log_a x)' = \dfrac{1}{x \log a}$.*

Beweis: (i) Es ist

$$a^{x+y} = \exp\big((x+y) \cdot \log a\big) \overset{4.5.3(iv)}{=} \exp(x \log a) \cdot \exp(y \log a) = a^x \cdot a^y.$$

(ii) Es gilt

$$
\begin{aligned}
(ab)^x &= \exp\big(x \cdot \log(ab)\big) \\
&= \exp\big(x(\log a + \log b)\big) \\
&= \exp(x \log a) \cdot \exp(x \log b) \\
&= a^x \cdot b^x.
\end{aligned}
$$

(iii) Es ist $a^x = \exp(x \log a)$ nach Definition. Differentiation liefert

$$(a^x)' = \big(\exp(x \log a)\big)' = \log a \cdot \exp(x \log a) = \log a \cdot a^x.$$

(iv) Nach Definition gilt $x^c = \exp(c \cdot \log x)$, man erhält

$$(x^c)' = \exp(c \cdot \log x) \cdot c \cdot \frac{1}{x} = \frac{x^c}{x} \cdot c \overset{(i)}{=} c \cdot x^{c-1}.$$

(v) Das folgt durch Differenzieren aus $\log_a x = \log x / \log a$. $\qquad \square$

Auf einen *wichtigen Spezialfall* ist besonders hinzuweisen. Wir hatten schon $e := \exp(1)$ definiert, es ist also

$$e^x = \exp(x \log e) = \exp(x)$$

für alle x. Die Zahl e spielt eine wichtige Rolle in der Mathematik, wegen Satz 4.5.1 ist

$$e = \sum_{n=0}^{\infty} \frac{1}{n!} = 1 + 1 + \frac{1}{2} + \frac{1}{3!} + \cdots.$$

Die ersten Ziffern der Dezimalbruchentwicklung lauten e $\approx 2.7182818\ldots$

Man kann zeigen, dass e eine *transzendente* Zahl ist, d.h. e ist nicht Nullstelle eines Polynoms mit ganzzahligen Koeffizienten[40]. Wir zeigen hier nur die schwächere Aussage

Satz 4.5.9. e *ist irrational.*

Beweis: Angenommen, es wäre e $\in \mathbb{Q}$, also e $= m/n$ mit $m \in \mathbb{Z}$, $n \in \mathbb{N}$. Ohne Einschränkung darf angenommen werden, dass $n > 2$ ist (das lässt sich durch Erweitern von m/n leicht erreichen). Nach Satz 4.3.2 (Restgliedformel, angewandt auf exp mit $x_0 = 0$ und $x = 1$) gäbe es dann ein $\xi \in \,]\,0, 1\,[$ mit

$$
\begin{aligned}
\frac{m}{n} &= \text{e} \\
&= \exp(1) \\
&= \sum_{k=0}^{n} \frac{\exp^{(k)}(0)}{k!} 1^k + \frac{\exp^{(n+1)}(\xi)}{(n+1)!} 1^{n+1} \\
&= \sum_{k=0}^{n} \frac{1}{k!} + \frac{\exp(\xi)}{(n+1)!},
\end{aligned}
$$

durch Multiplikation mit $n!$ würde dann

$$\frac{m}{n} \cdot n! = \sum_{k=0}^{n} \frac{n!}{k!} + \frac{\exp(\xi)}{n+1}$$

und daraus

$$\frac{\exp(\xi)}{n+1} = m \cdot (n-1)! - \sum_{k=0}^{n} \frac{n!}{k!}$$

folgen. Damit müsste $\exp(\xi)/(n+1)$ eine ganze Zahl sein, denn auf der rechten Seite treten nur Summen und Differenzen natürlicher Zahlen auf. Das ist aber wegen

$$0 < \exp \xi \leq \exp 1 < 3$$

und $n + 1 \geq 3$ nicht möglich, denn zwischen 0 und 1 gibt es keine ganze Zahl. Also ist e $\notin \mathbb{Q}$. □

---

[40] Dieser Beweis soll in Abschnitt 7.5 in Band 2 geführt werden.

Sinus und Cosinus

> „Und er machte das Meer, ..., zehn Ellen weit rundherum, und eine
> Schnur von dreißig Ellen war das Maß ringsherum."
>
> (1. Könige, Vers 7.23)

In der Schule haben Sie gelernt: „Der Sinus eines Winkels ist das Verhältnis
von Gegenkathete zu Hypotenuse", viel später wurde der Sinus als Funktion eingeführt. In der Analysis geht man umgekehrt vor, man beginnt mit der Funktion,
und erst einige Abschnitte später wird nach und nach klar, dass der Funktions-
zugang gleichwertig zum geometrischen Weg ist. Der Grund liegt darin, dass
man die geometrischen Konzepte in der Analysis nicht zur Verfügung hat, was
soll z.B. ein Winkel sein, warum hängt das fragliche Verhältnis nicht von der
Größe der betrachteten Dreiecke ab?

In diesem Unterabschnitt werden wir Sinus und Cosinus über das Differentialgleichungsproblem einführen, das sich aus der Modellierung von Schwingungen
ergeben hat:

Man bestimme zweimal differenzierbare Funktionen $s, c : \mathbb{R} \to \mathbb{R}$
mit
$$s'' + s = 0, \ s(0) = 0, \ s'(0) = 1, \text{ und}$$
$$c'' + c = 0, \ c(0) = 1, \ c'(0) = 0.$$

Satz 4.5.10. *Es gibt genau eine Funktion s und genau eine Funktion c, die das
Problem lösen. Beide Funktionen sind bei 0 in eine Potenzreihe mit unendlichem
Konvergenzradius entwickelbar, und für alle $x \in \mathbb{R}$ ist*

$$s(x) = \sum_{n=0}^{\infty} (-1)^n \frac{x^{2n+1}}{(2n+1)!} = x - \frac{x^3}{3!} + \frac{x^5}{5!} - + \cdots,$$
$$c(x) = \sum_{n=0}^{\infty} (-1)^n \frac{x^{2n}}{(2n)!} = 1 - \frac{x^2}{2!} + \frac{x^4}{4!} - + \cdots.$$

Beweis: *Zur Existenz:* Definiert man s und c durch die im Satz angegebenen
Potenzreihen, so sind diese Funktionen offensichtlich Lösungen des Problems:
Man muss nur $x = 0$ einsetzen bzw. zweimal gliedweise ableiten. Außerdem ist
der Konvergenzradius nach dem Quotientenkriterium gleich unendlich.
Zur Eindeutigkeit: Um die Eindeutigkeit von s zu zeigen, müssen wir von einer
zweimal differenzierbaren Funktion f mit $f'' = -f$, $f(0) = 0$ und $f'(0) = 1$
ausgehen und zeigen, dass $f = s$ gilt.

Aus diesen Voraussetzungen folgt sofort, dass f beliebig oft differenzierbar
ist, zum Beispiel ist $f''' = -f'$. Außerdem können wir die Werte aller Ableitungen bei Null berechnen: $0, 1, 0, -1, 0, 1, \ldots$: Es ist zum Beispiel $f'''(0) = -1$,
weil $f''' = -f'$ ist und $f'(0) = 1$ gilt.

Wieder wird Satz 4.4.11 wichtig, danach hat f eine überall konvergente Taylorentwicklung. Und da wir die $f^{(n)}(0)$ kennen, kann man f rekonstruieren: Es

muss

$$f(x) = \sum_{n=0}^{\infty} \frac{f^{(n)}(0)}{n!} x^n = x - \frac{x^3}{3!} + \frac{x^5}{5!} \pm \cdots$$

sein, d.h. f muss mit s übereinstimmen.
Der Beweis für die Eindeutigkeit der Funktion c verläuft analog.   □

Aufgrund der Bemerkungen zu Beginn dieses Unterabschnitts kommt die folgende Definition nicht überraschend. Die Bezeichnungen „s" und „c" für die hier wichtigen Funktionen waren nicht ohne Hintergedanken gewählt:

sin, cos   **Definition 4.5.11.** *Die eindeutig bestimmten Lösungen s und c des Problems der Schwingungs-Differentialgleichung bezeichnen wir mit* sin *(Sinus) und* cos *(Cosinus).*

In Analogie zum Vorgehen bei der Exponentialfunktion werden wir nun nach und nach für sin und cos die wichtigsten Eigenschaften nachweisen. Wieder wird die Potenzreihenentwicklung nur eine untergeordnete Rolle spielen, die meisten Beweise gelingen leichter unter Verwendung der zugehörigen Differentialgleichungen.

Satz 4.5.12. *Für alle $x, y \in \mathbb{R}$ gilt:*

(i) $\sin' x = \cos x$, $\cos' x = -\sin x$.

(ii) $\sin^2 x + \cos^2 x = 1$.

(iii) $\sin(-x) = -\sin x$, $\cos(-x) = \cos x$.

(iv) $\sin(x + y) = \sin x \cos y + \cos x \sin y$,
$\cos(x + y) = \cos x \cos y - \sin x \sin y$.

Beweis: (i) Diese Aussage ergibt sich durch gliedweises Ableiten der Potenzreihen für Sinus und Cosinus aus Satz 4.5.10. Eleganter ist die folgende Beweisvariante: Definiert man Funktionen $\tilde{s}$ und $\tilde{c}$ durch $\tilde{c} := \sin'$ und $\tilde{s} := -\cos'$, so sind diese Funktionen Lösung des Differentialgleichungsproblems: $\tilde{s}'' = -\tilde{s}$ usw. Wegen der Eindeutigkeit der Lösung (Satz 4.5.10) folgt daraus die Behauptung.

(ii) Wir betrachten die Funktion $\varphi(x) := \sin^2 x + \cos^2 x$. Diese Funktion ist bei 0 gleich 1, und für die Ableitung gilt aufgrund der Produktregel:

$$\begin{aligned} \varphi'(x) &= 2 \cdot (\sin x) \cdot (\sin x)' + 2 \cdot (\cos x) \cdot (\cos x)' \\ &= 2 \cdot (\sin x) \cdot (\cos x) + 2 \cdot (\cos x) \cdot (-\sin x) \\ &= 0. \end{aligned}$$

Damit ist φ nach Korollar 4.2.3(i) gleich der konstanten Funktion 1, und das beweist die Behauptung.

(iii) Wieder haben wir die Wahl zwischen zwei Beweisen. Zum einen sieht man das Ergebnis direkt aus der Potenzreihendarstellung von Sinus und Cosinus, denn beim Sinus kommen nur ungerade, beim Cosinus nur gerade Potenzen vor.

Eleganter ist das folgende Argument: Die Funktionen $\tilde{s}(x) := -\sin(-x)$ und $\tilde{c}(x) := \cos(-x)$ lösen das Differentialgleichungsproblem, und nach dem Eindeutigkeitssatz muss $\tilde{s}(x) = \sin x$ und $\tilde{c}(x) = \cos x$ gelten.

(iv) Wir fixieren ein $y \in \mathbb{R}$ und definieren zwei Funktion f und g durch

$$
\begin{aligned}
f(x) &:= \sin x \cdot \cos(x + y) - \cos x \cdot \sin(x + y), \\
g(x) &:= \cos x \cdot \cos(x + y) + \sin x \cdot \sin(x + y).
\end{aligned}
$$

Aus den schon bewiesenen Eigenschaften von sin und cos folgt dann sofort, dass f und g die Ableitung 0 haben und folglich mit ihrem Wert bei 0 übereinstimmen müssen. Das bedeutet, da $f(0) = -\sin y$ und $g(0) = \cos y$ ist, dass

$$
\begin{aligned}
\sin x \cdot \cos(x + y) - \cos x \cdot \sin(x + y) &= -\sin y, \\
\cos x \cdot \cos(x + y) + \sin x \cdot \sin(x + y) &= \cos y
\end{aligned}
$$

für alle x gilt. Löst man dieses Gleichungssystem nach $\sin(x + y)$, $\cos(x + y)$ auf (das ist möglich, da die Determinante gleich $\sin^2 x + \cos^2 x = 1$ ist), so erhält man die Behauptung. $\qquad\square$

Um sin und cos besser kennen zu lernen, werden wir eine Zahl untersuchen, die für diese Funktionen eine besondere Rolle spielt: Es geht um die Kreiszahl π. Sie wird hier allerdings nicht geometrisch, sondern durch eine Eigenschaft der Sinusfunktion eingeführt. Dass wir wirklich die Zahl π aus der Schulmathematik erhalten, kann erst dann begründet werden, wenn wir Flächen und Bogenlängen messen können. Bis dahin – also bis nach Behandlung des Themas „Integration" in Band 2 – müssen Sie das einfach glauben.

Satz 4.5.13. *Es gibt eine kleinste positive reelle Zahl γ_0 mit $\sin \gamma_0 = 1$.*

Beweis: Es reicht zu zeigen, dass es *überhaupt ein* $\gamma > 0$ mit $\sin \gamma = 1$ gibt. Dann nämlich können wir

$$
\gamma_0 := \inf\{\gamma > 0 \mid \sin \gamma = 1\}
$$

setzen, und aus Stetigkeitsgründen ist $\sin \gamma_0 = 1$.

Etwas genauer: Sei Δ die Menge der positiven γ mit $\sin \gamma = 1$, wir setzen schon voraus, dass Δ nicht leer ist. Also ist Δ eine nach unten beschränkte nicht leere Teilmenge von $\mathbb{R}$, wir können γ_0 daher wirklich definieren.

Für $n \in \mathbb{N}$ betrachten wir die Zahl $\gamma_0 + \frac{1}{n}$. Da sie größer als γ_0 ist, kann sie keine untere Schranke von Δ sein, es muss also ein $\gamma_n \in \Delta$ mit $\gamma_n < \gamma_0 + 1/n$ geben.

γ_0 ist aber eine untere Schranke, wir haben damit insgesamt die Ungleichungen

$$
\gamma_0 \leq \gamma_n < \gamma_0 + \frac{1}{n}.
$$

Wenn man γ_n für alle n konstruiert hat, hat man eine Folge (γ_n) in Δ mit $\gamma_n \to \gamma_0$ erhalten, und *nun* kommt die Stetigkeit der Sinusfunktion ins Spiel:

$$\sin \gamma_0 = \sin \lim \gamma_n = \lim \sin \gamma_n = \lim 1 = 1.$$

Hier war natürlich auch wichtig, dass die γ_n in Δ liegen. So können wir schließen, dass $\sin \gamma_n = 1$ gilt.

In einem *ersten Schritt* beweisen wir, dass es ein $\gamma > 0$ mit $\sin^2 \gamma = 1$ gibt. Wegen $\sin^2 x + \cos^2 x = 1$ ist das gleichbedeutend mit der Existenz eines $\gamma > 0$ mit $\cos \gamma = 0$. Aufgrund des Zwischenwertsatzes gäbe es ein solches γ, wenn $\cos$ auf $]0, +\infty[$ irgendwo negativ wird (man beachte, dass $\cos 0 = 1 > 0$). Nun ist aber

$$\cos 2 = 1 - \frac{2^2}{2!} + \frac{2^4}{4!} - \frac{2^6}{6!} + - \cdots < 1 - \frac{2^2}{2!} + \frac{2^4}{4!} = -\frac{1}{3} < 0.$$

Hier wurde ausgenutzt, dass die Vorzeichen alternieren und die Beträge vom zweiten Summanden an immer kleiner werden. Damit ist die Existenz eines $\gamma \in \,]0, 2[$ mit $\sin^2 \gamma = 1$ bewiesen, für dieses γ ist also $\sin \gamma = 1$ oder $\sin \gamma = -1$.

Nun zum *zweiten Schritt*. Wir wissen schon, dass es ein γ mit $\sin \gamma \in \{-1, 1\}$ gibt. Falls $\sin \gamma$ gleich 1 ist, sind wir fertig, wir müssen noch den Fall $\sin \gamma = -1$ behandeln.

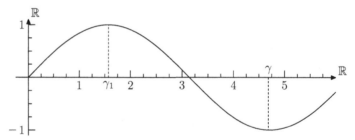

Bild 4.18: Lage von γ und γ_1

Wir wählen ein γ_1 in $[0, \gamma]$, für das $\sin \gamma_1$ maximal wird, also

$$\sin \gamma_1 = \max_{x \in [0, \gamma]} \sin x.$$

Das geht wegen der Kompaktheit dieses Intervalls und der Stetigkeit der Sinusfunktion. Da $\sin' 0 = \cos 0 = 1 > 0$ gilt, gibt es rechts von der Null x-Werte mit $\sin x > 0$, und deswegen kann das fragliche γ_1 nicht gleich 0 sein. Vielmehr muss es im Innern des Intervalls $[0, \gamma]$ liegen, und deswegen muss die Ableitung von $\sin$ an dieser Stelle verschwinden: $\cos \gamma_1 = 0$ (vgl. Satz 4.3.3).

Ein Blick auf die Beziehung $\sin^2 x + \cos^2 x = 1$ führt zu $\sin \gamma_1 = 1$, denn $\sin \gamma_1$ ist eine positive Zahl mit Quadrat 1. Damit ist der Beweis vollständig geführt. $\qquad \square$

Definition 4.5.14. *Es sei c_0 die kleinste positive Zahl mit* $\sin c_0 = 1$ *(vgl. Bild 4.19). Wir definieren* $\pi := 2c_0$.
π hat ungefähr den Wert $3.14\ldots$, eine etwas genauere Approximation findet man am Beginn von Kapitel 2.

π

π: Ein Kurzporträt

Die Zahl π wurde hier über die Sinusfunktion eingeführt. Es handelt sich natürlich um die gleiche Zahl, die jeder in der Schule im Zusammenhang mit der Kreisberechnung kennen gelernt hat: *Umfang der Kreislinie* $= 2$ mal π mal Radius, *Fläche des Kreises* $= \pi$ mal Radius zum Quadrat. Da die Konzepte „Länge einer Kurve" und „Fläche" hier noch nicht zur Verfügung stehen, kann das erst später in Band 2 diskutiert werden.

Man sollte wissen:

- Näherungswerte für π wurden schon vor mehreren Jahrtausenden vorgeschlagen. Die Ägypter rechneten mit $\pi = 22/7$, in der Bibel findet sich eine Stelle, aus der man auf $\pi = 3$ schließen kann.

  > Im ersten Buch der Könige, Vers 7.23, heißt es bei der Beschreibung des Weihwasserbeckens im Tempel Salomons nämlich: „Und er machte das Meer, ..., zehn Ellen weit rundherum, und eine Schnur von dreißig Ellen war das Maß ringsherum."

- Heute ist π bis auf viele Milliarden (!) Stellen bekannt, für so gut wie alle praktischen Anwendungen reichen allerdings die ersten acht Stellen nach dem Komma, wie sie in jedem Taschenrechner zur Verfügung stehen: $\pi = 3.14159265\ldots$.

- π ist Kult: Es gibt ein π-Parfum (von Givenchy), einen π-Film, π-Fanklubs, ...

- Es ist immer noch ein offenes Problem, ob die Ziffern in der Dezimalbruchentwicklung von π wirklich so zufällig sind wie es aussieht. Haben sie alle Eigenschaften einer zufälligen Zahlenfolge? Hat der liebe Gott gewürfelt, als er π erschuf?

- Für alle, die sich für weitere Einzelheiten interessieren, kann das Buch von J. Arndt und Ch. Haenel mit dem schlichten Titel „π" (Springer Verlag, 1998) empfohlen werden.

- Im Internet ist der Besuch der Seite `http://www.cecm.sfu.ca/pi/` für alle π-Fans empfehlenswert.

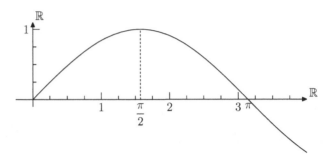

Bild 4.19: Lage von $\pi/2$

Aus dem vorstehenden Existenzbeweis für π ergeben sich wichtige Folgerungen für die Struktur von sin und cos:

Korollar 4.5.15. *Es gilt* $\cos(\pi/2) = 0$ *sowie* $\cos\pi = -1$ *und* $\sin\pi = 0$. *Außerdem ist für alle* $x \in \mathbb{R}$:

(i) $\sin(\pi + x) = -\sin x,\ \sin(2\pi + x) = \sin x,$

(ii) $\cos(\pi + x) = -\cos x,\ \cos(2\pi + x) = \cos x,$

(iii) $\sin(\pi/2 + x) = \cos x,\ \cos(\pi/2 + x) = -\sin x.$

Bemerkung: sin und cos sind also 2π-periodische Funktionen und gehen durch Verschieben um $\pi/2$ auseinander hervor[41]:

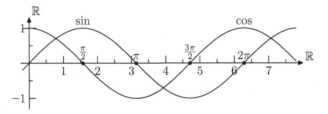

Bild 4.20: Sinus- und Cosinusfunktion

Beweis: Es ist $\sin^2(\pi/2) + \cos^2(\pi/2) = 1$, und aus $\sin(\pi/2) = 1$ folgt die erste Behauptung. Nun wenden wir die Additionstheoreme (Satz 4.5.12(iv)) an:

$$\sin\pi = \sin\left(\frac{\pi}{2} + \frac{\pi}{2}\right) = 2\sin\frac{\pi}{2}\cos\frac{\pi}{2} = 2 \cdot 1 \cdot 0 = 0,$$

$$\cos\pi = \cos\left(\frac{\pi}{2} + \frac{\pi}{2}\right) = \cos^2\frac{\pi}{2} - \sin^2\frac{\pi}{2} = -1.$$

---

[41] Das sollte man sich allgemein klar gemacht haben: Ist $f : \mathbb{R} \to \mathbb{R}$ eine Funktion und a eine positive Zahl, so hat die Funktion $x \mapsto f(x + a)$ im Wesentlichen den gleichen Graphen wie f. Man muss den Graphen von f nur um a Einheiten *nach links* verschieben.

Mit der gleichen Idee geht es weiter:

(i) $\sin(\pi + x) = \sin \pi \cos x + \cos \pi \sin x = -\sin x$, durch zweimalige Anwendung folgt $\sin(2\pi + x) = \sin x$.

(ii) Es ist $\cos(\pi + x) = \cos \pi \cos x - \sin \pi \sin x = -\cos x$, zweimal angewendet ergibt das $\cos(2\pi + x) = \cos x$.

(iii) Das folgt leicht aus Satz 4.5.12:

$$\sin\left(\frac{\pi}{2} + x\right) = \sin \frac{\pi}{2} \cos x + \cos \frac{\pi}{2} \sin x = -\sin x.$$

Die Rechnung für den Cosinus verläuft analog. □

Es ist noch völlig offen, was die Funktionen sin und cos mit „Sinus" und „Cosinus" der Schulmathematik zu tun haben, wo es also *Zusammenhänge zur Winkelmessung* gibt. Wie schon gesagt, werden wir dieses Problem nach Behandlung der Integralrechnung in Abschnitt 7.3 wieder aufgreifen. Hier kümmern wir uns nur um die Tatsache, dass man mit den Tupeln $(\cos x, \sin x)$ alle Punkte des Einheitskreises[42] darstellen kann.

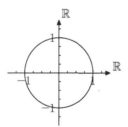

Bild 4.21: Der Einheitskreis $\{(a,b) \mid a, b \in \mathbb{R}, \ a^2 + b^2 = 1\}$

Eine Richtung ist klar: Wegen $\sin^2 x + \cos^2 x = 1$ liegen alle Tupel $(\cos x, \sin x)$ auf dem Einheitskreis. Es gilt aber mehr, *alle* Punkte des Einheitskreises entstehen auf diese Weise:

Satz 4.5.16. *Zu jedem Punkt (a,b) auf dem Einheitskreis existiert genau ein $x \in [\,0, 2\pi\,[$ mit $a = \cos x$, $b = \sin x$, d.h.*

$$\bigvee_{\substack{a,b \in \mathbb{R} \\ a^2 + b^2 = 1}} \ \bigexists_{x \in [\,0, 2\pi\,[} \ a = \cos x, \ b = \sin x.$$

Beweis: Seien zunächst $a, b \in [\,0, 1\,]$ mit $a^2 + b^2 = 1$ vorgelegt. Wir wählen nach dem Zwischenwertsatz ein $x \in [\,0, \pi/2\,]$ mit $\sin x = b$:

---

[42] Das ist nach Definition die Menge aller (a, b) mit reellen a, b, für die $a^2 + b^2 = 1$ gilt, also die Menge derjenigen Punkte des $\mathbb{R}^2$, für die der Abstand zum Nullpunkt in der euklidischen Metrik genau gleich 1 ist.

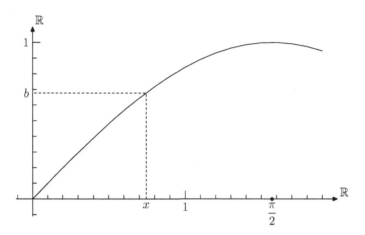

Bild 4.22: Lage von b und x

Notwendig ist dann $\cos x \geq 0$. (Denn $\cos x < 0$ würde mit dem Zwischenwertsatz zu einem $x_1 \in [0, x]$ mit $\cos x_1 = 0$ führen. Es folgte $\sin x_1 = 1$ im Widerspruch dazu, dass $\pi/2$ kleinstmöglich gewählt war.) Es ist also

$$a = \sqrt{1 - b^2} = \sqrt{1 - \sin^2 x} = \sqrt{\cos^2 x} = \cos x.$$

Alle anderen Möglichkeiten für die Vorzeichen von a und b können darauf zurückgeführt werden. Man beachte nur: Ist $a, b \in [0, 1]$ und $x \in [0, \pi/2]$ mit $(\cos x, \sin x) = (a, b)$ gewählt, so ist

$$
\begin{aligned}
\big(\cos(2\pi - x), \sin(2\pi - x)\big) &= (a, -b) \\
\big(\cos(\pi + x), \sin(\pi + x)\big) &= (-a, -b) \\
\big(\cos(\pi - x), \sin(\pi - x)\big) &= (-a, b).
\end{aligned}
$$

Die Eindeutigkeit ergibt sich durch ein Monotonieargument, als Beispiel betrachten wir a, b mit $a, b > 0$. Nur auf dem Teilintervall $[0, \pi/2]$ sind sowohl Sinus als auch Cosinus nicht negativ, wir brauchen das x also nur dort zu suchen. Nun ist aber der Cosinus im Innern dieses Intervalls strikt positiv, also hat der Sinus dort eine positive Ableitung und ist – nach dem Mittelwertsatz – folglich streng monoton steigend und damit injektiv. Anders ausgedrückt: Das x vom Beginn des Beweises ist eindeutig bestimmt. $\square$

Neben sin und cos spielen noch weitere daraus abgeleitete Funktionen eine Rolle. Besonders hinzuweisen ist auf

Definition 4.5.17. *Die* Tangens-*Funktion* tan cot *und die* Cotangens-*Funktion*   **tan, cot**
sind definiert durch

$$\tan : \{x \mid x \in \mathbb{R},\ \cos x \neq 0\} \ \to \ \mathbb{R}$$
$$x \ \mapsto \ \frac{\sin x}{\cos x},$$

$$\cot : \{x \mid x \in \mathbb{R},\ \sin x \neq 0\} \ \to \ \mathbb{R}$$
$$x \ \mapsto \ \frac{\cos x}{\sin x}.$$

Aus den schon bewiesenen Eigenschaften für Sinus und Cosinus lässt sich
alles, was man über diese Funktionen wissen muss, leicht herleiten, zum Beispiel:

- Tangens und Cotangens sind auf ihrem Definitionsbereich beliebig oft differenzierbar.

- Es ist

$$(\tan x)' = \frac{\cos x \sin' x - \sin x \cos' x}{\cos^2 x} = \frac{\cos^2 x + \sin^2 x}{\cos^2 x} = \frac{1}{\cos^2 x}.$$

  Die Ableitung ist also überall da, wo $\tan x$ definiert ist, positiv, und deswegen ist der Tangens auf jedem Teilintervall des Definitionsbereichs eine streng monoton steigende Funktion.

- Analog zeigt man $(\cot x)' = -1/\sin^2 x$: Der Cotangens fällt auf jedem Teilintervall des Definitionsbereichs.

- usw.

Am Ende dieses Unterabschnitts ist noch auf die *Arcusfunktionen* hinzuweisen, darunter versteht man die Umkehrfunktionen der trigonometrischen Funktionen. Als Beispiel betrachten wir die arcsin-Funktion.

Zunächst fixieren wir ein Intervall, auf dem die Sinusfunktion streng monoton
steigt, etwa das Intervall $\,]-\pi/2, \pi/2\,[$. Die Einschränkung der Sinusfunktion ist
wegen Satz 3.3.8 eine bijektive Abbildung von $\,]-\pi/2, \pi/2\,[$ nach $\,]-1, 1\,[$, und
die inverse Funktion – sie wird die *Arcussinus-Funktion* genannt und mit arcsin
abgekürzt – ist sogar stetig.

> Für $-1 < y < 1$ ist $\arcsin y$ damit die eindeutig bestimmte Zahl
> $x \in \,]-\pi/2, \pi/2\,[$, für die $\sin x = y$ gilt. Zum Beispiel ist $\arcsin 0 = 0$,
> $\arcsin(1/\sqrt{2}) = \pi/4$ usw.

Wir wissen sogar mehr: Da die Sinusfunktion differenzierbar ist, ist auch der
Arcussinus eine differenzierbare Funktion. Wie man die Ableitung konkret ausrechnet, wurde auf Seite 254 vorgemacht. Wir fassen zusammen, die fehlenden
Rechnungen verlaufen analog:

- Die inverse Funktion zum Sinus ist die Arcussinus-Funktion arcsin. Sie ist eine bijektive differenzierbare Abbildung von $]-1,1[$ nach $]-\pi/2,\pi/2[$, es gilt

$$(\arcsin x)' = \frac{1}{\sqrt{1-x^2}} \ .$$

- Die inverse Funktion zum Cosinus ist die Arcuscosinus-Funktion arccos. Sie ist eine bijektive differenzierbare Abbildung von $]-1,1[$ nach $]0,\pi[$, es gilt

$$(\arccos x)' = -\frac{1}{\sqrt{1-x^2}} \ .$$

- Die inverse Funktion zum Tangens ist die Arcustangens-Funktion arctan. Sie ist eine bijektive differenzierbare Abbildung von $\mathbb{R}$ nach $]-\pi/2,\pi/2[$, es gilt

$$(\arctan x)' = \frac{1}{1+x^2} \ .$$

$\boxed{\textbf{exp, sin und cos im Komplexen}}$

Wir haben die Funktionen exp, sin und cos als Funktionen von $\mathbb{R}$ nach $\mathbb{R}$ eingeführt. Aufgrund der bekannten Potenzreihenentwicklung gibt es jedoch nahe liegende Kandidaten für die Erweiterung zu Funktionen von $\mathbb{C}$ nach $\mathbb{C}$:

Definition 4.5.18. *Wir definieren für $z \in \mathbb{C}$:*

$$\exp z \ := \ \sum_{n=0}^{\infty} \frac{z^n}{n!} = 1 + z + \frac{z^2}{2!} + \frac{z^3}{3!} + \cdots,$$

$$\sin z \ := \ \sum_{n=0}^{\infty} (-1)^n \frac{z^{2n+1}}{(2n+1)!} = z - \frac{z^3}{3!} + \frac{z^5}{5!} - + \cdots,$$

$$\cos z \ := \ \sum_{n=0}^{\infty} (-1)^n \frac{z^{2n}}{(2n)!} = 1 - \frac{z^2}{2!} + \frac{z^4}{4!} \mp \cdots.$$

Diese Funktionen sind dann wirklich auf ganz $\mathbb{C}$ definiert, denn die jeweiligen Konvergenzradien sind gleich $+\infty$. Offensichtlich stimmen sie auf $\mathbb{R}$ mit den schon bekannten Funktionen überein.

Da wir Potenzen der Form a^x für $a > 0$ und $x \in \mathbb{R}$ durch die Exponentialfunktion eingeführt haben, liegt es nahe, auch diese Definition ins Komplexe zu erweitern:

Definition 4.5.19. *Es sei $a > 0$ und $z \in \mathbb{C}$. Dann soll a^z durch*

$$a^z := \exp(z \log a)$$

definiert sein.

Fast alles, was wir im reellen Fall hergeleitet haben, gilt nun auch im Komplexen. Zusätzlich gibt es Überraschungen:

Satz 4.5.20. *Für alle* $z, w \in \mathbb{C}$ *gilt:*

(i) $\exp' z = \exp z$, $\sin'' z = -\sin z$, *und* $\cos'' z = -\cos z$,
 die Funktionen $\exp$, $\sin$ *und* $\cos$ *genügen also den gleichen Differential-gleichungen wie im Fall reeller Skalare.*

(ii) $\exp(z + w) = \exp z \cdot \exp w$.

(iii) $\exp iz = \cos z + i \sin z$ (EULERsche Formel).

Eulersche
Formel

(iv) $\exp(z + 2\pi i) = \exp z$ *für jedes* $z \in \mathbb{C}$.

(v) z *kann* $z = |z| e^{ix}$ *mit einem* $x \in [0, 2\pi[$ *geschrieben werden. Ist* $z \neq 0$, *so ist dieses* x *eindeutig bestimmt*[43].

(vi) *Für die Potenz im Komplexen gelten die folgenden Rechenregeln (dabei sind* a *und* b *positive Zahlen):*

$$(ab)^z = a^z b^z, \ a^z a^w = a^{z+w}.$$

Beweis: (i) Diese Gleichungen sind eine unmittelbare Konsequenz aus den Potenzreihenentwicklungen und der Tatsache, dass Potenzreihen gliedweise abgeleitet werden dürfen.

(ii) Der Beweis dieses Ergebnisses ist eine der wichtigsten Anwendungen des Multiplikationssatzes für absolut konvergente Reihen (Satz 2.4.6), nach dem wie bei endlichen Summen ausmultipliziert werden darf. Die Voraussetzungen sind wirklich erfüllt, denn die auftretenden Reihen sind (als Potenzreihen im Innern des Konvergenzkreises) absolut konvergent. Wir erhalten:

$$
\begin{aligned}
\exp z \cdot \exp w &= \left(\sum_{n=0}^{\infty} \frac{z^n}{n!} \right) \cdot \left(\sum_{n=0}^{\infty} \frac{w^n}{n!} \right) \\
&= \left(1 + z + \frac{z^2}{2!} + \frac{z^3}{3!} + \cdots \right) \left(1 + w + \frac{w^2}{2!} + \frac{w^3}{3!} + \cdots \right) \\
&\overset{2.4.6}{=} 1 + (z + w) + \frac{1}{2!}(z^2 + 2wz + w^2) + \cdots \\
&= 1 + (z + w) + \frac{(z + w)^2}{2!} + \cdots \\
&= \exp(z + w).
\end{aligned}
$$

Dabei haben wir ausgenutzt, dass sich die Terme der Potenzsumme n wirklich zu $(z + w)^n / n!$ summieren, dass also für alle $n \in \mathbb{N}$ stets

$$\sum_{k=0}^{n} \frac{z^{n-k}}{(n-k)!} \cdot \frac{w^k}{k!} = \frac{(z + w)^n}{n!}$$

---

[43] Für $z = 0$ ist Eindeutigkeit natürlich nicht zu erwarten, man darf *alle* x einsetzen.

ist. Das folgt aber aus der binomischen Formel für $(a+b)^n$ (s. Übungsaufgabe 1.5.7).

(iii) Auch hier ist es günstig, die Funktionen durch Potenzreihen darzustellen, man muss nur an der richtigen Stelle i^2 durch -1 ersetzen:

$$
\begin{aligned}
\exp(iz) &= 1 + iz + \frac{(iz)^2}{2!} + \frac{(iz)^3}{3!} + \cdots \\
&= 1 + iz - \frac{z^2}{2!} - i\frac{z^3}{3!} + \frac{z^4}{4!} \pm \cdots \\
&= \left(1 - \frac{z^2}{2!} + \frac{z^4}{4!} \mp \cdots\right) + i\left(z - \frac{z^3}{3!} \pm \cdots\right) \\
&= \cos z + i \sin z.
\end{aligned}
$$

(iv) Das folgt aus den beiden vorigen Beweisteilen, wenn man $\cos 2\pi = 1$ und $\sin 2\pi = 0$ beachtet.

(v) Sei zunächst $|z| = 1$. Wir schreiben $z = a + ib$ mit $a, b \in \mathbb{R}$.

Wegen $a^2 + b^2 = |z|^2 = 1$ gibt es nach Satz 4.5.16 ein eindeutig bestimmtes $x \in [0, 2\pi[$ mit $a + ib = \cos x + i \sin x = \mathrm{e}^{ix}$.

Die Aussage ist im Fall $z = 0$ klar, und der allgemeine Fall $z \neq 0$ kann durch Betrachtung von $z/|z|$ auf den Fall $|z| = 1$ zurückgeführt werden.

(vi) Das ist wegen der schon bewiesenen Formeln leicht:

$$
\begin{aligned}
(ab)^z &= \exp(z \log ab) \\
&= \exp\big(z(\log a + \log b)\big) \\
&= \exp(z \log a)\exp(z \log b) \\
&= a^z b^z.
\end{aligned}
$$

Die andere Gleichung ergibt sich genauso. □

Bemerkungen:

1. Man beachte, dass nach dieser Definition auch im Komplexen $\exp z = \mathrm{e}^z$ gilt.

2. Die Formeln können eingesetzt werden, wenn man die Additionstheoreme für Sinus und Cosinus vergessen hat, sich aber noch an die Potenzgesetze erinnert. Wir betrachten als Beispiel zwei reelle x, y und rechnen die Zahl $\exp i(x+y)$ auf zwei verschiedene Weisen aus.

Einerseits ist diese Zahl doch gleich $\cos(x+y) + i \sin(x+y)$, andererseits ist

$$
\begin{aligned}
\exp i(x+y) &= \exp ix \exp iy \\
&= (\cos x + i \sin x)(\cos y + i \sin y) \\
&= (\cos x \cos y - \sin x \sin y) + i(\cos x \sin y + \sin x \cos y).
\end{aligned}
$$

Vergleicht man Real- und Imaginärteil dieser zwei Darstellungen, so folgt

$$
\begin{aligned}
\cos(x+y) &= \cos x \cos y - \sin x \sin y, \\
\sin(x+y) &= \cos x \sin y + \sin x \cos y.
\end{aligned}
$$

Die gleiche Idee kann man auch verwenden, um kompliziertere Additionstheoreme herzuleiten. Mal angenommen, man braucht eine Formel für $\cos 3x$. Dann startet man mit $\exp(3ix) = \cos 3x + i\sin 3x$ und rechnet das als

$$
\begin{aligned}
\cos 3x + i\sin 3x &= \exp(3ix) \\
&= (\exp ix)^3 \\
&= (\cos x + i\sin x)^3 \\
&= (\cos^3 x - 3\cos x \sin^2 x) + i(3\cos^2 x \sin x - \sin^3 x)
\end{aligned}
$$

aus. Es folgen die Formeln

$$
\cos 3x = \cos^3 x - 3\cos x \sin^2 x, \ \sin 3x = \sin^3 x + 3\cos^2 x \sin x,
$$

die man unter Ausnutzung von $\cos^2 x + \sin^2 x = 1$ noch zu

$$
\cos 3x = 4\cos^3 x - 3\cos x, \ \sin 3x = 3\sin x - 4\sin^3 x
$$

vereinfachen kann.

3. Wieder ist $\exp z \cdot \exp(-z) = \exp(z + (-z)) = \exp 0 = 1$, insbesondere ist also $\exp z$ für alle komplexen z von Null verschieden.

4. Im Fall reeller x folgt aus

$$
e^{ix} = \cos x + i\sin x,
$$

dass e^{ix} eine Zahl mit Betrag 1 sein muss, denn $\cos^2 x + \sin^2 x = 1$. Wenn man insbesondere $x = \pi$ einsetzt, erhält man wegen $\cos \pi = -1$ und $\sin \pi = 0$ die folgende, erstmals von EULER[44] bewiesene Formel:

LEONHARD EULER
1707 – 1783

$0 = 1 + e^{i\pi}$

Das ist sehr bemerkenswert, denn die wichtigsten Zahlen der Analysis (0, 1, e, i und π) scheinen auf eine fast schon mysteriöse Weise zusammenzuhängen. Niemand hätte doch zum Beispiel erwartet, dass man irgendwann einmal auf eine Verbindung zwischen e – der für Wachstumsprozesse wichtigen Zahl – und π – der Zahl, die man bei Schwingungen braucht – stoßen würde.
Es ist daher nicht verwunderlich, dass diese Formel vor einigen Jahren bei einer Umfrage unter Mathematikern zur *schönsten Formel* gekürt wurde.

5. Haben Sie bei den Potenzregeln die Formel $\left(a^z\right)^w = a^{zw}$ vermisst? Die kann hier nicht sinnvoll formuliert werden, da wir a^z nur für *reelle und positive a* erklärt haben, in der Formel aber mit a^z eine komplexe Basis auftreten würde.

Der Abschnitt schließt damit, dass wir die im vorigen Satz nachgewiesene Darstellungsmöglichkeit für komplexe Zahlen zum Wurzelziehen ausnutzen.

---

[44] Euler war einer der produktivsten Mathematiker aller Zeiten, er wirkte hauptsächlich in Berlin und St. Petersburg. Von ihm gibt es wichtige Beiträge zur Analysis, zur mathematischen Physik, zur Zahlentheorie und anderen Gebieten. Neben den Ergebnissen verdankt ihm die Mathematik viele noch heute verwendete Symbole: e, $f(x)$, $\sum$, ...

Definition 4.5.21. *Sei* $z \in \mathbb{C}$, *die nach Satz 4.5.20(v) existierende Darstellung* $z = |z|e^{ix}$ *mit* $x \in [0, 2\pi[$ *wird die* Polardarstellung *von* z *genannt. Dabei heißt die Zahl* x *das* Argument *von* z.

Bemerkungen und Beispiele:

1. Es wird gleich wichtig werden, dass wir für konkrete z die Polardarstellung finden. Das muss man nur für Zahlen mit Betrag 1 können, da man ja z nur als $z = |z| \cdot (z/|z|)$ schreiben und sich dann um $z/|z|$ kümmern muss. Die heimliche Faustregel: Ist w mit $|w| = 1$ vorgelegt, so ist das gesuchte x mit $e^{ix} = w$ der Winkel im Bogenmaß[45], den w mit der positiven Richtung der x-Achse einschließt.

- Ist $w = 1$, so ist dieser Winkel 0. Damit hat 1 die Darstellung $1 = e^{0i}$.

- Bei -1 kommen wir auf 180 Grad, also π im Bogenmaß. Das bedeutet: $-1 = e^{i\pi}$.

- Wir betrachten nun $z = 1 + i$. Es ist $|z| = \sqrt{2}$, und z schließt einen Winkel von 45 Grad ($= \pi/4$ im Bogenmaß) mit der x-Achse ein. Es folgt für die Polardarstellung:
$$1 + i = \sqrt{2}\, e^{i\pi/4}.$$

2. Mit Hilfe der Polardarstellung komplexer Zahlen ist es leicht möglich, einfache algebraische Gleichungen in $\mathbb{C}$ zu lösen.

Sollen etwa alle $z \in \mathbb{C}$ mit $z^n = z_0$ bestimmt werden (bei vorgegebenen $n \in \mathbb{N}$, $z_0 \in \mathbb{C}$), berechne man zunächst die Polardarstellung von z_0:
$$z_0 = |z_0|e^{ix_0}.$$

Die fraglichen z erhält man unter Beachtung von Satz 4.5.20(iv) als
$$z = \sqrt[n]{|z_0|} \cdot e^{i(x_0 + 2k\pi)/n}, \quad k = 0, 1, \ldots, n-1.$$

Ein Beispiel: Es ist $1 + i = \sqrt{2}e^{i\pi/4}$. Folglich sind die z mit $z^4 = 1 + i$ gerade
$$z_1 = \sqrt[8]{2}e^{i\pi/16}, \ z_2 = \sqrt[8]{2}e^{9i\pi/16}, \ z_3 = \sqrt[8]{2}e^{17i\pi/16}, \ z_4 = \sqrt[8]{2}e^{25i\pi/16}.$$

3. Man sollte sich merken: Für *additive Probleme* ist es günstig, wenn man komplexe Zahlen als $a + ib$ mit reellen a, b darstellt, für *multiplikative Probleme* ist dagegen die Polardarstellung geeigneter. Weiß man zum Beispiel, dass z die Polardarstellung $r_1 e^{i\varphi_1}$ und w die Darstellung $r_2 e^{i\varphi_2}$ hat, so hat $z \cdot w$ die Darstellung
$$zw = r_1 e^{i\varphi_1} r_2 e^{i\varphi_2} = r_1 r_2 e^{i(\varphi_1 + \varphi_2)}.$$

---

[45] Das bedeutet: 360 Grad entsprechen 2π. So ist zum Beispiel ein Winkel von $\pi/4$ nichts anderes als ein Winkel von 45 Grad.

Das Problem bestimmt die günstigste Darstellung
Die eben zur Polardarstellung gemachte Bemerkung ist ein spezieller Fall eines oft anzutreffenden Sachverhalts: Die Frage, ob eine bestimmte Darstellung einer mathematischen Situation „günstig" ist, hängt von der Problemstellung ab. Nehmen wir als Beispiel die verschiedenen Möglichkeiten, eine natürliche Zahl darzustellen, etwa die Zahl 1001.
In der üblichen Darstellung, also im Zehnersystem, sieht man sofort, dass sie nicht durch 10 teilbar ist. Für die Frage der Teilbarkeit durch 17 dagegen müsste man anfangen zu rechnen. Diese Probleme gäbe es nicht, wenn man 1001 als Primzahlprodukt angegeben hätte, also als $1001 = 7 \cdot 11 \cdot 13$. Dann ist sofort klar: 17 ist kein Teiler.
Für andere Fragen könnte eine Dartellung im Dualsystem, im 27er-System oder noch etwas ganz anderes optimal sein.
Das gilt für so gut wie alle mathematischen Bereiche. In der Linearen Algebra versucht man, lineare Abbildungen auf Hauptachsen zu transformieren, in der Analysis sucht man ein Koordinatensystem, das die Symmetrien eines Problems so gut wie möglich widerspiegelt usw.
Kurz: Es ist wie im Leben, auch da hängt es ja vom richtigen Blickwinkel ab, ob man das Wesentliche einer Situation schnell erkennen kann.

Aus Bemerkung 2 ergibt sich insbesondere das

Korollar 4.5.22. *Für jedes $z \in \mathbb{C}$ und jedes $n \in \mathbb{N}$ gibt es ein $w \in \mathbb{C}$ mit $w^n = z$.*

Wir werden diese Tatsache im nächsten Abschnitt ausnutzen, um die Lösbarkeit beliebiger algebraischer Gleichungen in $\mathbb{C}$ zu zeigen.

Schlussbemerkung: Im Gegensatz zu den reellen Zahlen sind im Komplexen alle Wurzeln gleichberechtigt: Wir haben keine Möglichkeit, eine bestimmte n-te Wurzel als *die* n-te Wurzel auszuzeichnen[46]. Deswegen finden Sie hier auch keine Diskussion einer „Funktion" $z \mapsto \sqrt[n]{z}$, eine derartige Abbildung kann nicht so einfach definiert werden. Man hilft sich, indem man entweder *mehrdeutige Funktionen* betrachtet oder sich mit einer *lokalen Definition* begnügt, wobei die n-te Wurzel dann nur auf einer echten Teilmenge von $\mathbb{C}$ definiert wird. Beides soll hier vorläufig nicht weiter verfolgt werden (vgl. das Ende von Abschnitt 8.6 in Band 2).

Eine ähnliche Schwierigkeit gibt es mit dem *Logarithmus*. Wir betrachten zum Beispiel die Zahl i, die die Darstellung $i = e^{i\pi/2}$ hat. Dann könnte man doch in nahe liegender Übertragung des reellen Falls sagen, dass $\log i := i\pi/2$

---

[46] Zur Erinnerung: In $\mathbb{R}$ konnten wir Eindeutigkeit dadurch garantieren, dass wir die eindeutig bestimmte *positive* Wurzel betrachtet haben. In $\mathbb{C}$ steht aber keine entsprechende Definitionsmöglichkeit zur Verfügung.

sein soll. Leider geht das nicht, denn mit gleichem Recht ist doch $i = e^{i((\pi/2)+2\pi)}$, denn $e^{2\pi i} = 1$. Ist der Logarithmus von i nun $i\pi/2$ oder $i((\pi/2) + 2\pi)$? (Es ist sogar noch schlimmer, alle $i((\pi/2)+2k\pi)$ mit $k \in \mathbb{Z}$ sind im Rennen.) Auch hier kommt man an – sogar unendlich – mehrdeutigen Funktionen nicht vorbei. Als Notlösung kann man wieder Funktionen betrachten, die nur auf einer echten Teilmenge von $\mathbb{C}$ definiert sind. Es ist günstig, dass wir den Logarithmus im Komplexen nicht benötigen werden.

4.6 Fundamentalsatz der Algebra, elementar zu lösende Differentialgleichungsprobleme

Im vorigen Abschnitt haben wir bewiesen, dass in $\mathbb{C}$ beliebige n-te Wurzeln existieren. Das lässt sich so umformulieren, dass jedes Polynom der Form

$$z \mapsto z^n - w$$

eine Nullstelle in $\mathbb{C}$ besitzt[47]. Bemerkenswerterweise reicht diese Tatsache aus, um ein viel weitergehendes Ergebnis zu beweisen, den *Fundamentalsatz der Algebra*. Dieser Satz besagt, dass nichtkonstante Polynome über $\mathbb{C}$ in Linearfaktoren zerfallen, er ist das erste Hauptergebnis dieses Abschnitts. Er wird im zweiten Teil gleich ausgenutzt werden, da werden wir uns um einige *elementar zu lösende Differentialgleichungen* kümmern.

Der Fundamentalsatz der Algebra

Satz 4.6.1. *Sei*

$$P(z) = \sum_{k=0}^{n} a_k z^k = a_0 + a_1 z + \cdots + a_n z^n$$

ein nicht konstantes Polynom n-ten Grades (d.h. $n \geq 1$ und $a_n \neq 0$) mit $a_n, \ldots, a_0 \in \mathbb{C}$. Dann gibt es $z_1, \ldots, z_n \in \mathbb{C}$ mit

$$P(z) = a_n(z - z_1) \cdots (z - z_n).$$

Die $z_1, \ldots, z_n$ sind gerade die Nullstellen von P: Es ist $P(z_j) = 0$ für $j = 1, \ldots, n$, und ist eine Zahl z von allen z_j verschieden, so ist $P(z) \neq 0$.

Dieser Satz (den wir nach einigen Vorbereitungen gleich beweisen werden) spielt eine wichtige Rolle bei vielen Existenzbeweisen der (Linearen) Algebra und der höheren Analysis. Der erste Beweis stammt von GAUSS (1777-1855), die Untersuchung von Spezialfällen dieses Satzes lässt sich bis weit in die Geschichte der Mathematik zurückverfolgen. Es hat mehrere Jahrhunderte gedauert, bis

---

[47] Wir haben im Fall $w \neq 0$ sogar n verschiedene Nullstellen angegeben. Beachten Sie auch, dass ein entsprechendes Resultat in $\mathbb{R}$ *nicht* gilt. Es gibt z.B. kein reelles x mit $x^2 + 1 = 0$, denn $x^2 + 1$ ist immer ≥ 1 und damit von Null verschieden.

man eingesehen hat, dass man komplexe Zahlen betrachten muss, um zu einer befriedigenden Lösungstheorie für Polynome zu kommen. Und auch als Berufsmathematiker muss man sich zu Beginn des Studiums daran gewöhnen, dass die Zahlen in $\mathbb{C}$ genauso gut behandelt werden können wie die aus der Schule weit besser bekannten reellen Zahlen.

Nun zum *Beweis des Fundamentalsatzes*. Wie schon gesagt wurde, wird die Behandlung des Polynoms $P(z) = a_n z^n + \cdots + a_0 = 0$ auf die Behandlung von $z^n - z_0 = 0$ zurückgeführt werden. Der Beweisaufbau ist wie folgt:

1. Wir zeigen, dass es reicht nachzuweisen:

   Ist $P(z)$ wie in Satz 4.6.1 vorgelegt, so gibt es ein $z_0 \in \mathbb{C}$ mit $P(z_0) = 0$.
   (Also: Jedes nichtkonstante Polynom über $\mathbb{C}$ hat eine Nullstelle in $\mathbb{C}$.) $\qquad$ (4.8)

2. Sei $P(z)$ wie in Satz 4.6.1. Dann gibt es ein $z_0 \in \mathbb{C}$ mit

$$|P(z_0)| = \inf_{z \in \mathbb{C}} |P(z)|.$$

   Der Betrag eines Polynoms nimmt also das Minimum an.

3. Mit $P(z)$ wie in Satz 4.6.1 gilt: Ist $|P(z_0)| > 0$ für ein $z_0 \in \mathbb{C}$, so gibt es ein w_0 mit $|P(w_0)| < |P(z_0)|$ (d.h. $|P(z)|$ nimmt „immer noch kleinere Werte" an, wenn das überhaupt möglich ist).

Nach Behandlung von 1., 2. und 3. kann der **Beweis des Fundamentalsatzes** leicht geführt werden:

Man wähle – bei vorgegebenem P – ein z_0 gemäß „2.". $P(z_0)$ muss aufgrund von „3." gleich Null sein, und damit ist eine Nullstelle gefunden. Folglich ist (4.8) verifiziert, und wegen „1." reicht das für den Beweis aus.

Wir müssen also „nur" noch 1., 2. und 3. beweisen:

Beweis von 1.: Sei $P(z) = a_0 + \cdots + a_n z^n$ vorgelegt ($n \geq 1$, $a_n \neq 0$). Wir setzen die Gültigkeit von (4.8) voraus und haben P in Linearfaktoren zu zerlegen.

Zunächst wenden wir (4.8) auf P selbst an. Wir erhalten ein $z_1 \in \mathbb{C}$ mit $P(z_1) = 0$ und ersetzen in $P(z)$ den Wert von z durch $(z - z_1) + z_1$. Dann hat $P(z)$ nach Ausrechnen die Form

$$P(z) = b_0 + b_1(z - z_1) + \cdots + b_{n-1}(z - z_1)^{n-1} + a_n(z - z_1)^n$$

mit geeigneten $b_0, \ldots, b_{n-1} \in \mathbb{C}$, und es ist $b_0 = P(z_1) = 0$.

Folglich ist $P(z) = a_n(z - z_1)P_1(z)$, wobei $P_1(z)$ ein Polynom $(n-1)$-ten Grades ist:

$$P_1(z) = (z - z_1)^{n-1} + \cdots + b_1/a_1 = z^{n-1} + \cdots.$$

Man wende nun (4.8) auf $P_1(z)$ an. Wie vorstehend folgt: Es ist $P_1(z) = (z - z_2)P_2(z)$, wo $P_2(z)$ ein Polynom $(n-2)$-ten Grades ist, insgesamt also

$$P(z) = a_n(z - z_1)(z - z_2)P_2(z).$$

Durch vollständige Induktion folgt nach $n-2$ weiteren Schritten, dass P in Linearfaktoren zerfällt.

Beweis von 2.: Das ergibt sich mit einem Kompaktheitsschluss für die Funktion $z \mapsto |P(z)|$; dabei wird nur zu beachten sein, dass es reicht, zur Bestimmung von $\inf_{z \in \mathbb{C}} |P(z)|$ die z in einer genügend großen Kreisscheibe zu berücksichtigen. Genauer: Wählt man $R \in [\,1, +\infty\,[$ so groß, dass

$$R \geq 2n \cdot \left| \frac{a_i}{a_n} \right| \quad \text{für } i = 0, \ldots, n-1,$$

so ist für jedes $z \in \mathbb{C}$ mit $|z| \geq R$:

$$
\begin{aligned}
|P(z)| \quad &= \quad \left| \sum_{k=0}^{n} a_k z^k \right| \\[2mm]
&= \quad |a_n z^n| \cdot \left| 1 + \sum_{k=0}^{n-1} \frac{a_k}{a_n z^{n-k}} \right| \\[2mm]
&\overset{|a+b| \geq |a| - |b|}{\geq} \quad |a_n z^n| \cdot \left(1 - \sum_{k=0}^{n-1} \left| \frac{a_k}{a_n z^{n-k}} \right| \right) \\[2mm]
&\overset{R \geq 1,\, |z| \geq R}{\geq} \quad |a_n z^n| \cdot \left(1 - \sum_{k=0}^{n-1} \left| \frac{a_k}{a_n R} \right| \right) \\[2mm]
&\overset{\text{Wahl von } R}{\geq} \quad |a_n z^n| \cdot \left(1 - \sum_{k=0}^{n-1} \frac{1}{2n} \right) \\[2mm]
&= \quad \frac{|a_n|}{2} |z^n|.
\end{aligned}
$$

Insbesondere ist mit $R_0 := \max\{R,\, 2|a_0|/|a_n|\}$ für $|z| \geq R_0$:

$$
\begin{aligned}
|P(z)| \quad &\geq \quad \frac{|a_n|}{2} |z|^n \\[2mm]
&\overset{|z| \geq R_0 \geq R \geq 1}{\geq} \quad \frac{|a_n|}{2} |z| \\[2mm]
&\geq \quad \frac{|a_n|}{2} \frac{2|a_0|}{|a_n|} \\[2mm]
&\geq \quad |a_0| \\[2mm]
&= \quad |P(0)|,
\end{aligned}
$$

also $\inf_{z \in \mathbb{C}} |P(z)| = \inf_{|z| \leq R_0} |P(z)|$.

Da aber $z \mapsto |P(z)|$ stetig auf $\{z \mid |z| \leq R_0\}$ und diese Menge kompakt ist, gibt es ein z_0 mit $|z_0| \leq R_0$, so dass

$$|P(z_0)| = \inf_{|z| \leq R_0} |P(z)| = \inf_{z \in \mathbb{C}} |P(z)|,$$

und das wurde in „2." behauptet.

Beweis von 3.: Die Idee ist einfach, die technischen Einzelheiten sind allerdings etwas verwickelt.

Zur Motivation betrachten wir zunächst das Polynom $1 - z^2$ in der Nähe der 0. Das ist bei 0 gleich 1, und in der Nähe sind die Funktionswerte für reelle z echt kleiner. Beim Polynom $1 + z^2$ sollten wir Punkte der Form ti mit reellem t einsetzen, um zu Werten zu kommen, die kleiner als der Wert bei Null sind. Allgemeiner betrachten wir

$$P(z) = 1 + a_k z^k \text{ mit } a_k \neq 0 \text{ und } z_0 = 0.$$

Wählt man z in Richtung einer k-ten Wurzel von $-1/a_k$ (es gilt also $z^k = -t/a_k$ für ein „kleines" $t > 0$), so ist

$$|P(z)| = |1 - t| < 1 = |P(0)|.$$

Wir werden nur noch den allgemeinen Fall darauf zurückzuführen haben. Wir tun dies in vier Schritten:

(i) Es ist

$$\underset{\substack{K > 0 \\ k \in \mathbb{N}}}{\forall} \; \underset{\varepsilon > 0}{\exists} \; \underset{\substack{\lambda \\ 0 < \lambda \leq \varepsilon}}{\forall} \; 1 - \lambda^k + K\lambda^{k+1} < 1.$$

Beweis: Man wähle dazu nur ε mit $0 < \varepsilon K < 1$.

(ii) Ist $f : [0,1] \to \mathbb{C}$ eine beschränkte Funktion, so gibt es ein $\varepsilon > 0$ mit

$$\underset{\lambda \in \,]0,\varepsilon]}{\forall} \; \left|1 - \lambda^k + \lambda^{k+1} f(\lambda)\right| < 1.$$

Beweis: Sei etwa $|f(\lambda)| \leq K$ für alle λ. Wählt man ε gemäß (i), so ist

$$\left|1 - \lambda^k + \lambda^{k+1} f(\lambda)\right| \leq 1 - \lambda^k + \lambda^{k+1} K < 1$$

für $0 < \lambda \leq \varepsilon$.

(iii) Sei $P(z) = a_0 + \cdots + a_n z^n$ ein nichtkonstantes Polynom über $\mathbb{C}$. Wir schreiben

$$P(z) = a_0 + a_k z^k + \cdots + a_n z^n,$$

wobei k der erste Index nach dem Index 0 ist, für den a_k von Null verschieden ist[48]. Ist dann $a_0 \neq 0$, so gibt es ein $z_0 \in \mathbb{C}$ und ein $\varepsilon > 0$ mit

$$\underset{0 < \lambda \leq \varepsilon}{\forall} \; |P(\lambda z_0)| < |a_0| = |P(0)|.$$

---

[48] Da das Polynom nicht konstant ist, muss es so einen Index geben.

Beweis: Nach Übergang zu $(1/a_0)P$ dürfen wir $a_0 = 1$ annehmen. Wir wählen z_0 mit $z_0^k = -1/a_k$. Dann ist für alle λ:

$$P(\lambda z_0) = 1 + a_k z_0^k \lambda^k + \cdots = 1 - \lambda^k + \lambda^{k+1} f(\lambda)$$

mit einer geeigneten Funktion f, die Funktion f ist dabei ein Polynom in λ. Betrachtet man nur die $\lambda \in [\,0,1\,]$, so sind die Voraussetzungen von (ii) erfüllt, denn f ist als Polynom stetig und somit auf $[\,0,1\,]$ beschränkt. Daher existiert ein ε mit den gewünschten Eigenschaften.

(iv) (Beweis von „3."): $P(z)$ sei ein nichtkonstantes Polynom über $\mathbb{C}$, und es gelte $P(z_0) \neq 0$. Für ein geeignetes Polynom Q ist dann $Q(z - z_0) = P(z)$ für alle z. Man erhält Q, indem man $P(z) = P(z - z_0 + z_0)$ ausrechnet.

Dann ist $Q(0) = P(z_0) \neq 0$, d.h. Q hat die Form

$$Q(w) = b_0 + b_k w^k + \cdots + b_n w^n \text{ mit } b_0 \neq 0 \text{ und } b_k \neq 0.$$

Aufgrund von (iii) gibt es dann ein $\tilde{w}$ mit $|Q(\tilde{w})| < |Q(0)|$, doch dann gilt für $w_0 := \tilde{w} + z_0$:

$$|P(w_0)| = |Q(w_0 - z_0)| = |Q(\tilde{w})| < |Q(0)| = |P(z_0)|,$$

und das zeigt „3.".

Damit ist der Fundamentalsatz der Algebra vollständig bewiesen.   □

Die Hierarchie der Zahlen

Bisher kennen wir die Zahlbereiche $\mathbb{N}$, $\mathbb{Z}$, $\mathbb{Q}$, $\mathbb{R}$ und $\mathbb{C}$, und wir wissen, dass reelle Zahlen, die nicht rational sind, irrational genannt werden. Es gibt aber noch einen Zahlbereich zwischen $\mathbb{Q}$ und $\mathbb{C}$, der in der Mathematik eine wichtige Rolle spielt: *die algebraischen Zahlen*. Eine komplexe Zahl z wird dabei *algebraisch* genannt, wenn es ein Polynom P mit ganzzahligen Koeffizienten so gibt, dass $P(z) = 0$ gilt. (Hier müssen wir ausdrücklich $P \neq 0$ fordern.)

Es ist nicht allzu schwer zu sehen, dass es nur abzählbar viele Polynome mit ganzzahligen Koeffizienten geben kann, und jedes einzelne hat nur endlich viele Nullstellen. Das bedeutet, dass nur abzählbar viele algebraische Zahlen existieren, insbesondere muss es – da $\mathbb{R}$ überabzählbar ist – Zahlen geben, die *nicht* algebraisch sind. Außerdem sollte man wissen:

- Ist $z_0 = m/n$ eine rationale Zahl, so ist z_0 Nullstelle des Polynoms $P(z) := nz - m$. Rationale Zahlen sind also algebraisch. Weitere Beispiele sind leicht durch Wurzeln anzugeben: $\sqrt{2}$ ist Nullstelle von $z^2 - 2$ und damit algebraisch, für $\sqrt[5]{12}$ betrachte man $z^5 - 12$ usw.

- Zahlen, die nicht algebraisch sind, heißen *transzendent*. Wir haben gerade begründet, dass es transzendente Zahlen gibt, ein konkretes Beispiel ist aber nicht leicht anzugeben (mehr dazu findet man in Abschnitt 7.5 in Band 2).

- e und π sind transzendent, die zugehörigen Beweise stammen von HERMITE (1873) und LINDEMANN (1882), sie sind äußerst schwierig.

- Aus der Transzendenz von π folgt, dass man einen Kreis nicht mit Zirkel und Lineal in ein flächengleiches Quadrat verwandeln kann, die *Quadratur des Kreises* ist also unmöglich. Das war für über 2000 Jahre lang ein offenes Problem.

- Summen, Produkte und Inverse algebraischer Zahlen sind wieder algebraisch, und daraus folgt leicht, dass die Menge dieser Zahlen einen Körper bildet. (Der Beweis setzt Kenntnisse in Algebra voraus.)

Differentialgleichungen

Im zweiten Teil dieses Abschnitts beschäftigen wir uns mit einigen *elementar zu lösenden Differentialgleichungsproblemen*. Unter anderem soll demonstriert werden, welche wichtige Rolle der Fundamentalsatz der Algebra für die Lösungstheorie spielt. Die Verfahren, die wir gleich behandeln werden, haben viele Anwendungen auf Probleme in Naturwissenschaft, Technik und Wirtschaftswissenschaften. Eine ausführliche Darstellung und ein systematischer Aufbau der Theorie müssen den entsprechenden Spezialvorlesungen vorbehalten bleiben. Wir werden die folgenden Punkte behandeln:

- Was ist eine Differentialgleichung?

- Differentialgleichungen der Form $y' = g(x)y$.

- Differentialgleichungen der Form $y' = g(x)h(y)$.

- Differentialgleichungen der Form
$$a_n y^{(n)} + a_{n-1} y^{(n-1)} + \cdots + a_1 y' + a_0 y = 0.$$

Was ist eine Differentialgleichung?

Wir beschäftigen uns hier ausschließlich mit Funktionen in einer reellen Veränderlichen. Für derartige Funktionen haben wir bisher die Symbole f, g, usw. verwendet, in diesem Abschnitt werden wir uns der auch heute üblichen klassischen Schreibweise anschließen und sie mit „y" bezeichnen. Eine *Differentialgleichung*[49] ist dann eine Gleichung zwischen y und den Ableitungen von y. Das

---

[49] Genauer: eine *gewöhnliche Differentialgleichung*; treten Funktionen mehrerer Veränderlicher auf und sind folglich partielle Ableitungen (die behandeln wir in Kapitel 8 in Band 2) zu bilden, so spricht man von *partiellen Differentialgleichungen*.

Problem besteht darin, alle Funktionen y zu finden, die dieser Differentialgleichung genügen und eventuell zusätzlich noch gewisse vorgegebene Bedingungen erfüllen.

Warum sollte das wichtig sein? Der Grund liegt darin, dass die uns umgebende Welt oft durch vergleichsweise einfache Differentialgleichungen modelliert werden kann: Wachstumsgleichung, Schwingungsgleichung, Marktgleichgewichte, ... Wenn Einflüsse nur lokal sind, kann man das Verhalten meist gut durch Differentialgleichungen beschreiben, und deswegen trifft man sie in den Natur- und Ingenieurwissenschaften so häufig an.

> Es bleibt natürlich das Problem, *warum* das so ist. Warum ist Mechanik durch die Newtonschen Gesetze, warum Elektrodynamik durch die Maxwellgleichungen, Quantenmechanik durch die Schrödingergleichungen und Relativitätstheorie durch die Gravitationsgleichungen beschreibbar? Das ist eine philosophisch-wissenschaftstheoretische Frage, zu der wir hier nichts Substanzielles beitragen können.

Zum Einstimmen in die Problematik betrachten wir einige

Beispiele:

1. Man finde alle Funktionen y mit $y' = y$, $y(0) = 1$.

   Diese Differentialgleichung kennen wir bereits. Wegen Satz 4.5.1 gibt es genau eine Lösung, nämlich $y(x) = e^x$.

2. Auch die Gleichung $y' = 0$ ist eine Differentialgleichung. Korollar 4.2.3(i) besagt gerade, dass die Lösungen genau die Funktionen $y(x) = c$ mit $c \in \mathbb{R}$ sind.

   Nach Satz 4.3.2 wurde sogar allgemeiner bemerkt, dass die Lösungen der Differentialgleichung $y^{(n)} = 0$ genau die Polynome höchstens $(n-1)$-ten Grades sind.

3. Nun betrachten wir $y'' + y = 0$. Diese Differentialgleichung hat als Lösungen sicher $y(x) = \sin x$ und $y(x) = \cos x$. Aus den bekannten Differentiationsregeln folgt, dass dann für beliebige $a, b \in \mathbb{R}$ auch

$$y(x) = a \sin x + b \cos x$$

Lösung ist.

4. Die Differentialgleichung $y' = \cos x$ sollte eigentlich präziser als $y'(x) = \cos x$ notiert sein, wir folgen der üblichen, etwas laxeren Schreibweise. Sicher ist $y = \sin x$ Lösung, und mit dem schon in „2." zitierten Ergebnis macht es keine Schwierigkeiten zu sehen, dass die Lösungen der vorgelegten Differentialgleichung gerade die Funktionen $y = \sin x + c$ mit beliebigem $c \in \mathbb{R}$ sind.

   Es handelt sich hierbei übrigens um den Spezialfall einer besonders wichtigen Differentialgleichung, nämlich

$$y' = f \quad \text{(wobei } f \text{ eine vorgegebene Funktion ist)}.$$

Lösungen y dieser Differentialgleichung heißen *Stammfunktion zu f* und spielen in der Integrationstheorie eine ganz entscheidende Rolle.

Wir wollen hier *Lösungsverfahren für gewisse einfache Typen von Differentialgleichungen* besprechen. Dabei wird lediglich von den folgenden mathematischen Sachverhalten und Methoden Gebrauch gemacht:

- Kettenregel der Differentiation (Satz 4.1.4(iv)).

- $(e^x)' = e^x$.

- Lösen linearer Gleichungssysteme.

- Bestimmung der Nullstellen von Polynomen.

- Bestimmung von Stammfunktionen, d.h. Auffinden von y zu gegebenem f mit $y' = f$.

  (Bis zu einer gründlicheren Behandlung dieses Problems in Abschnitt 6.2 von Band 2 werden wir dieses Problem nur durch „scharfes Hinsehen" lösen können.)

- Fundamentalsatz der Algebra.

Differentialgleichungen der Form $y' = g(x)y$

Diese Differentialgleichung ist sofort lösbar, wenn man sich überlegt, wie für irgendeine Funktion G die Ableitung von $e^{G(x)}$ aussieht:

$$\left(e^{G(x)}\right)' = G'(x) \cdot e^{G(x)}.$$

Es folgt: Wenn es uns gelingt, G so zu wählen, dass $G' = g$ ist, so wird $e^{G(x)}$ und sogar $c \cdot e^{G(x)}$ für jedes $c \in \mathbb{R}$ Lösung sein.

Beispiele:

1. $y' = 2xy$.

   Hier ist $g(x) = 2x$. Wir wählen $G(x) = x^2$ (scharfes Hinsehen!), und es ergeben sich die Lösungen

$$y(x) = c \cdot e^{x^2} \quad (c \in \mathbb{R}).$$

2. $y' = 2xy$, $y(0) = 2$.

   Wir wissen schon, dass alle Funktionen der Form ce^{x^2} mit $c \in \mathbb{R}$ Lösung der Differentialgleichung $y' = 2xy$ sind. Es ist nur noch die Konstante c so zu bestimmen, dass die zweite Bedingung $y(0) = 2$ erfüllt ist. Das führt auf

$$2 = y(0) = c \cdot e^{0^2} = c.$$

Zusammen: $y(x) = 2e^{x^2}$ hat die geforderten Eigenschaften.

3. $y' = e^x y$, $y(0) = 1$.

Wegen $g(x) = e^x$ wählen wir diesmal $G(x) = e^x$, auch das war schnell zu erraten. Dann sind alle Funktionen

$$y(x) = c \cdot e^{e^x}$$

Lösung des Problems, und die Forderung $y(0) = 1$ bedeutet

$$1 = y(0) = c \cdot e^{e^0} = c \cdot e.$$

Folglich ist $c := 1/e$ die richtige Wahl, und wir erhalten

$$y(x) = \frac{1}{e} \cdot e^{e^x}$$

als Lösung.

Differentialgleichungen der Form $y' = g(x)h(y)$

Diese Differentialgleichung (die so genannte *Differentialgleichung mit getrennten Veränderlichen*) stellt offensichtlich eine Verallgemeinerung des vorstehend behandelten Typs dar.

Um sie zu lösen, verfahren wir wie folgt:

1. Man wähle $G(x)$ mit $G'(x) = g(x)$.

2. Man wähle $H(y)$ mit $H'(y) = 1/h(y)$.

3. Es ist dann $H(y) = G(x)$ nach y aufzulösen; y, nun als Funktion von x aufgefasst, ist dann eine Lösung.

Begründung: Nach Definition von y ist

$$\bigvee_x H\big(y(x)\big) = G(x).$$

Ableiten und Einsetzen der Bedeutung von H' und G' ergibt

$$H'\big(y(x)\big) \cdot y'(x) = G'(x), \text{ also } \frac{1}{h(y)} \cdot y'(x) = g(x).$$

Beispiele:

1. Wir behandeln noch einmal die Differentialgleichung $y'(x) = g(x)y$.

Hier ist $h(y) = y$, H ist also so zu wählen, dass $H'(y) = 1/y$. Wir erhalten $H(y) = \log y + c_1$ und haben folglich

$$\log y + c_1 = G(x)$$

nach y aufzulösen, wobei G eine Funktion mit $G' = g$ ist.

Das ergibt

$$y(x) = e^{-c_1} \cdot e^{G(x)} = c \cdot e^{G(x)},$$

wobei $c := e^{-c_1}$ gesetzt wurde[50].

2. $y' = x^2 y^2$.

Hier ist $g(x) = x^2$ und $h(y) = y^2$. Wir wählen Funktionen $G(x) = \dfrac{x^3}{3} + c_1$ und $H(y) = \dfrac{-1}{y} + c_2$ (wobei $c_1, c_2 \in \mathbb{R}$ beliebig sind) und haben noch

$$-\frac{1}{y} + c_2 = \frac{x^3}{3} + c_1$$

nach y aufzulösen. Mit $c := c_2 - c_1$ erhalten wir

$$y(x) = \frac{1}{c - x^3/3} \quad \text{(mit einem beliebigen } c \in \mathbb{R}\text{)}.$$

Ergänzung: Ist für y noch eine Zusatzbedingung gefordert, etwa $y(1) = 1$, so ist das durch geeignete Wahl von c leicht zu erreichen:
$y(1) = 1$ z.B. bedeutet

$$1 = y(1) = \frac{1}{c - 1/3},$$

also $c = 4/3$. Folglich ist $y(x) = 3/(4 - x^3)$ eine Funktion mit den geforderten Eigenschaften.

Differentialgleichungen der Form
$$a_0 y + a_1 y' + \cdots + a_{n-1} y^{(n-1)} + a_n y^{(n)} = 0, \quad (a_i \in \mathbb{R})$$

Diese Differentialgleichung ist uns schon einmal begegnet. In Satz 4.4.11 haben wir nachgewiesen, dass Lösungen in Potenzreihen entwickelbar sind. Die äußere Gestalt dieser so genannten *homogenen linearen Differentialgleichung mit konstanten Koeffizienten* erinnert stark an Polynome. Wir werden sehen, dass sich die Aufgabe, Lösungen zu finden, wirklich auf die Behandlung von Polynomen reduzieren lässt.

Zum Auffinden von Lösungen verfahren wir in zwei Schritten:

1. Wir versuchen, Lösungen von besonders einfacher Bauart zu finden.

2. Wir überlegen, wie sich aus schon bekannten Lösungen neue gewinnen lassen.

Zu „2." ist nicht viel zu sagen: Offensichtlich sind mit y_1 und y_2 auch cy_1 (alle $c \in \mathbb{R}$) und $y_1 + y_2$ Lösung. Allgemeiner ergibt sich, dass mit $y_1, \ldots, y_m$ auch

---

[50] Diese Herleitung galt, genau genommen, nur im Bereich $y > 0$. Analog ergeben sich bei Betrachtung von $y < 0$ Lösungen der Form $-ce^{G(x)}$ mit positivem c. Da auch $y = 0$ Lösung ist, haben wir so die Lösungsschar $ce^{G(x)}$ mit $c \in \mathbb{R}$ erhalten.

$c_1 y_1 + \cdots + c_m y_m$ eine Lösung ist, wobei $c_1, \ldots, c_m \in \mathbb{R}$ beliebige Konstanten sein dürfen.

Interessanter ist „1.". Da versucht man zunächst, Lösungen der Form

$$y(x) = e^{\lambda x} \ (\lambda \text{ geeignet})$$

zu finden. (*Exponentialansatz*).

Man erhält durch Einsetzen:

$$
\begin{aligned}
0 &= a_0(e^{\lambda x}) + a_1(e^{\lambda x})' + \cdots + a_n(e^{\lambda x})^{(n)} \\
&= e^{\lambda x} \cdot (a_0 + a_1 \lambda + \cdots + a_n \lambda^n).
\end{aligned}
$$

Da die e-Funktion nirgendwo verschwindet, bedeutet das

$$a_0 + a_1 \lambda + \cdots + a_n \lambda^n = 0.$$

Kurz: Diejenigen λ, für die $e^{\lambda x}$ Lösung ist, sind genau die Nullstellen des Polynoms $P(\lambda) = a_0 + \cdots + a_n \lambda^n$ (des so genannten *charakteristischen Polynoms* der Differentialgleichung).

Es sind noch *zwei Zusatzüberlegungen* erforderlich:

- *Erstens:* Im Falle komplexer λ ist $e^{\lambda x}$ keine Funktion von $\mathbb{R}$ nach $\mathbb{R}$.

  Dieses Problem kann mit den Ergebnissen von Abschnitt 4.5 leicht gelöst werden. Sei etwa $\lambda = \mu + i\nu$ eine komplexe Nullstelle von P (mit $\mu, \nu \in \mathbb{R}$, $\nu \neq 0$). Zunächst bemerken wir, dass dann auch $\overline{\lambda} = \mu - i\nu$ Nullstelle von P ist, denn

  $$P(\overline{\lambda}) = \sum_{k=0}^{n} a_k \overline{\lambda}^k = \overline{\sum_{k=0}^{n} a_k \lambda^k} = \overline{0} = 0$$

  (hier geht wesentlich ein, dass alle a_i reell sind und folglich $a_i = \overline{a}_i$ gilt).

  Damit sind $e^{\lambda x}$ und $e^{\overline{\lambda} x}$ Lösung der Differentialgleichung, also auch

  $$\frac{1}{2}(e^{\lambda x} + e^{\overline{\lambda} x}) \text{ und } \frac{1}{2i}(e^{\lambda x} - e^{\overline{\lambda} x}).$$

  Durch Ausrechnen ergibt sich, dass diese beiden Lösungen reell sind. Es handelt sich nämlich wegen der Eulerschen Formel (Satz 4.5.20(iii)) gerade um die Funktionen

  $$e^{\mu x} \cdot \cos \nu x \text{ und } e^{\mu x} \cdot \sin \nu x.$$

  Zusammen also: Jede komplexe Nullstelle $\lambda = \mu + i\nu$ von P gibt Anlass zu den Lösungen $e^{\mu x} \cos \nu x$ und $e^{\mu x} \sin \nu x$.

- *Zweitens:* Ist λ mehrfache Nullstelle von P (etwa k-fache Nullstelle[51]), so sind neben $e^{\lambda x}$ auch $xe^{\lambda x}$, $x^2 e^{\lambda x}$, ..., $x^{k-1}e^{\lambda x}$ Lösung der Differentialgleichung.

  Im Falle komplexer λ (wir schreiben λ als $\lambda = \mu + i\nu$ mit reellen μ, ν) sind neben $e^{\mu x}\cos \nu x$ und $e^{\mu x}\sin \nu x$ die Lösungen

  $$xe^{\mu x}\cos \nu x,\ xe^{\mu x}\sin \nu x,$$

  $$x^2 e^{\mu x}\cos \nu x,\ x^2 e^{\mu x}\sin \nu x, \dots$$

  $$x^{k-1}e^{\mu x}\cos \nu x,\ x^{k-1}e^{\mu x}\sin \nu x \text{ zu betrachten.}$$

Zusammenfassung: Um Lösungen von $a_0 y + \cdots + a_n y^{(n)} = 0$ zu ermitteln, verfährt man wie folgt:

1. Man betrachtet das charakteristische Polynom

$$P(\lambda) = a_0 + a_1 \lambda + \cdots + a_n \lambda^n.$$

Das entsteht aus der Differentialgleichung, indem man stets $y^{(k)}$ durch λ^k ersetzt.

Die Nullstellen von P seien

$$\begin{array}{lll} \lambda_1 & k_1\text{-fach} & (\lambda_1 \in \mathbb{R}) \\ \vdots & & \\ \lambda_r & k_r\text{-fach} & (\lambda_r \in \mathbb{R}) \\ \lambda_{r+1} = \mu_{r+1} + i\nu_{r+1} & k_{r+1}\text{-fach} & (\mu_{r+1}, \nu_{r+1} \in \mathbb{R}, \nu_{r+1} \neq 0) \\ \vdots & & \\ \lambda_s = \mu_s + i\nu_s & k_s\text{-fach} & (\mu_s, \nu_s \in \mathbb{R}, \nu_s \neq 0). \end{array}$$

Verzichtet man auf die Aufzählung konjugiert komplexer Nullstellen, so ist aufgrund des Fundamentalsatzes der Algebra (Satz 4.6.1)

$$k_1 + \cdots + k_r + 2(k_{r+1} + \cdots + k_s) = n.$$

2. Als Lösungen besonders einfacher Bauart erhalten wir die n Funktionen

$$e^{\lambda_1 x},\ xe^{\lambda_1 x}, \dots,\ x^{k_1 - 1}e^{\lambda_1 x}$$

$$\vdots$$

$$e^{\lambda_r x},\ xe^{\lambda_r x}, \dots,\ x^{k_r - 1}e^{\lambda_r x}$$

$$e^{\mu_{r+1} x}\cos \nu_{r+1}x,\ e^{\mu_{r+1}x}\sin \nu_{r+1}x, \dots,$$

$$x^{k_{r+1}-1}e^{\mu_{r+1}x}\cos \nu_{r+1}x,\ x^{k_{r+1}-1}e^{\mu_{r+1}x}\sin \nu_{r+1}x$$

$$\vdots$$

$$e^{\mu_s x}\cos \nu_s x,\ e^{\mu_s x}\sin \nu_s x, \dots,\ x^{k_s-1}e^{\mu_s x}\cos \nu_s x,\ x^{k_s-1}e^{\mu_s x}\sin \nu_s x.$$

---

[51] D.h. dass nicht nur $P(\lambda) = 0$ ist, sondern auch $P'(\lambda) = \cdots = P^{(k-1)}(\lambda) = 0$ gilt. Gleichwertig dazu ist, dass in der Zerlegung von P in Linearfaktoren der Faktor $(z - \lambda)$ nicht nur einmal, sondern k-fach vorkommt.

3. Bezeichnet man die vorstehend aufgeführten n Lösungen mit $y_1, \ldots, y_n$, so ist auch

$$y = c_1 y_1 + \cdots + c_n y_n$$

für beliebige $c_1, \ldots, c_n \in \mathbb{R}$ Lösung.

Man kann zeigen, dass sich *jede* Lösung der vorgelegten Differentialgleichung auf diese Weise ergibt.

Ergänzung: Sind Lösungen mit Zusatzeigenschaften gefordert, so muss das durch geeignete Wahl der $c_1, \ldots, c_n$ erreicht werden. Im Allgemeinen hat man n Wünsche frei, man erhält ein Gleichungssystem von n Gleichungen für die $c_1, \ldots, c_n$, das man mit etwas Glück auch lösen kann[52].

Beispiele:

1. Das charakteristische Polynom P habe die Nullstellen 0, 1, 2, $1 + 2i$ und $1 - 2i$. Das führt dann zu den Lösungen

$$e^{0x}(= 1), \ e^x, \ e^{2x}, \ e^x \cos 2x, \ e^x \sin 2x.$$

2. Die Nullstellen von P seien 0, 0, 1, 1, 1, $2 + i$, $2 - i$, $2 + i$ und $2 - i$. Diese 9 Nullstellen verschaffen uns 9 einfache Lösungsfunktionen, nämlich 1, x, e^x, xe^x, $x^2 e^x$, $e^{2x} \cos x$, $e^{2x} \sin x$, $xe^{2x} \cos x$ und $xe^{2x} \sin x$.

3. Gesucht ist y mit $y'' - y = 0$, $y(0) = 0$ und $y'(0) = 1$.

Die Nullstellen des charakteristischen Polynoms $\lambda^2 - 1$ sind 1 und -1, die allgemeine Lösung lautet also $y = c_1 e^x + c_2 e^{-x}$. Die Bedingungen $y(0) = 0$, $y'(0) = 1$ besagen gerade, dass

$$\begin{aligned}
0 = y(0) &= c_1 + c_2 \\
1 = y'(0) &= c_1 - c_2 \quad \text{(man beachte: } y'(x) = c_1 e^x - c_2 e^{-x}\text{).}
\end{aligned}$$

Es folgt $c_1 = -c_2 = 1/2$; die gesuchte Funktion lautet also $y(x) = (e^x - e^{-x})/2$.

4. Zu bestimmen ist y mit $y'' - 2y' + y = 0$, $y(0) = 1$ und $y(1) = 2$.

Zunächst wird die allgemeine Lösung ermittelt. Es ist $P(\lambda) = \lambda^2 - 2\lambda + 1$, und P hat eine doppelte Nullstelle bei 1. Die allgemeine Lösung lautet also

$$y(x) = c_1 e^x + c_2 x e^x.$$

c_1, c_2 sind so zu bestimmen, dass $y(0) = 1$ und $y(1) = 2$ gilt. Das führt auf

$$\begin{aligned}
1 = y(0) &= c_1 e^0 + c_2 \cdot 0 e^0 = c_1 \\
2 = y(1) &= c_1 e^1 + c_2 \cdot 1 e^1 = (c_1 + c_2) \cdot e
\end{aligned}$$

---

[52] In der Regel hat man wirklich n Wünsche frei, es gibt aber auch Fälle, für die keine Lösung existiert. Ein einfaches Gegenbeispiel ist die Differentialgleichung $y' = 0$. Die Zusatzbedingung $y'''(4) = 2$ ist da sicher nicht erfüllbar, da $y''' = 0$. Etwas genauer muss man schon hinsehen, bis einem klar wird, dass

$$y'' + y = 0, \ y(0) = 0, \ y(2\pi) = 1$$

nicht lösbar ist. Die allgemeine Lösung der Differentialgleichung lautet da nämlich $c_1 \cos x + c_2 \sin x$ mit reellen c_1, c_2, und alle diese Funktionen sind 2π-periodisch.

Notwendig ist $c_1 = 1$ und $c_2 = 2/e - 1$, d.h.

$$y(x) = e^x + \left(\frac{2}{e} - 1\right) \cdot x e^x$$

hat die geforderten Eigenschaften.

4.7 Verständnisfragen

Zu 4.1

Sachfragen

S1: Was bedeutet $\lim\limits_{\substack{x \to x_0 \\ x \neq x_0}} g(x) = \alpha$?

S2: Sei $f : M \to \mathbb{K}$, $x_0 \in M$. Wann heißt f bei x_0 (bzw. auf M) differenzierbar? Inwiefern kann Differenzierbarkeit als Approximierbarkeit durch eine Gerade interpretiert werden?

S3: Wie lauten die wichtigsten Differentiationsregeln, was ist $(f + g)'$, $(f \cdot g)'$, $(\lambda f)'$, $(f/g)'$, $(f \circ g)'$ und $(f^{-1})'$?

Methodenfragen

M1: Differentiationsregeln anwenden können.

Zum Beispiel bestimme man

1. $(3x^4 - 12x^2 + 1)'$,
2. $\left(x^{-3} + \dfrac{x - 1}{x - 2}\right)'$,
3. $\left(e^{\sin x} \cdot \cos\left(x^2\right)\right)'$,
4. $\left(\sqrt[3]{1 + \log^2 x}\right)'$,
5. $(\arctan x)'$.

M2: Einfache Beweise zum Begriff „Differenzierbarkeit" führen können.

Zum Beispiel:

1. Beweisen Sie, dass $(f + g)' = f' + g'$.
2. Man zeige $(z^2)' = 2z$.

Zu 4.2

Sachfragen

S1: Was besagen der Satz von ROLLE und der erste bzw. zweite Mittelwertsatz?

S2: Wie sind die Beweisideen zu diesen Sätzen?

S3: Was besagen die l'Hôpitalschen Regeln? Unter welchen Voraussetzungen an f und g lässt sich mit ihnen $\lim\limits_{\substack{x \to 0 \\ x \neq 0}} \dfrac{f(x)}{g(x)}$ bestimmen?

S4: Die Funktion f sei auf einem Intervall definiert. Aus $f' = 0$ folgt, dass f konstant ist.

Methodenfragen

M1: Einfache Folgerungen aus den Mittelwertsätzen ziehen können.

Zum Beispiel:

1. Es sei $f : [\,a,b\,] \to \mathbb{R}$ differenzierbar mit $|f'(x)| \leq 1$ für alle x. Dann ist
$$|f(x) - f(y)| \leq |x - y|$$
für alle $x, y \in [\,a,b\,]$.

2. $f : [\,a,b\,] \to \mathbb{R}$ sei stetig differenzierbar[53]. Dann ist f eine Lipschitzabbildung.

M2: L'Hôpitalsche Regeln anwenden können.

Man bestimme:

1. $\lim\limits_{x \to \pi} \dfrac{\sin x}{x - \pi}$

2. $\lim\limits_{x \to +\infty} \dfrac{e^{x/1000}}{x}$

3. $\lim\limits_{x \to -\infty} \dfrac{e^x}{1/x}$

4. $\lim\limits_{x \to 1} \dfrac{2x}{x - 1}$

5. $\lim\limits_{x \to 3} \dfrac{x^2 - 9}{x - 3}$.

Achtung: Prüfen Sie in jedem Fall vorher nach, ob die l'Hôpitalschen Regeln überhaupt anwendbar sind.

Zu 4.3

Sachfragen

S1: Wie ist das n-te Taylorpolynom einer vorgelegten Funktion f bei x_0 definiert?

S2: Was versteht man unter dem Restglied, was besagt die Restgliedformel?

S3: Wie kann man mit dem Newtonverfahren die Nullstelle einer Funktion bestimmen?

S4: Zur Kurvendiskussion: Wie stellen Sie fest

- wo f (streng) monoton steigt bzw. fällt,

---

[53] Eine Funktion f heißt *stetig differenzierbar*, wenn sie differenzierbar ist und die Ableitung f' stetig ist.

- wo die Extremwerte liegen,
- welche dieser Extremwerte lokale Maxima oder Minima sind,
- wie groß das Maximum bzw. Minimum ist?

Methodenfragen

M1: Taylorpolynome bestimmen können.

Zum Beispiel:

1. Wie lautet das dritte Taylorpolynom von $x^4 - 2x + 1$ bei $x_0 = 1$?

2. Wie lautet das zweite Taylorpolynom von $e^{\sin x}$ bei $x_0 = 0$?

M2: Restgliedformel anwenden können.

Zum Beispiel:

1. Man beweise: Ist $f^{(n+1)} = 0$, so ist f ein Polynom höchstens n-ten Grades.

2. Wie groß ist der Fehler für x mit $|x| \leq 0.01$, wenn $\sqrt[3]{1+x}$ durch $1 + x/3$ ersetzt wird?

M3: Newtonverfahren anwenden können.

Zum Beispiel:

1. Entwickeln Sie ein Verfahren zur Bestimmung von $\sqrt[3]{a}$ für $a > 0$.

2. Bestimmen Sie mit dem Newtonverfahren ein $x > 0$ mit $\sin x = x/2$.

Zu 4.4

Sachfragen

S1: Sei $a = (a_n)_{n \in \mathbb{N}_0}$ vorgegeben. Wie sind dann D_a, f_a und R_a definiert? Wie wird D_a durch R_a beschrieben?

S2: Was ist der Limes superior (Limes inferior) einer Folge (b_n) in $\hat{\mathbb{R}}$? Was folgt aus $\limsup b_n = \liminf b_n$?

S3: Was versteht man unter einem Häufungspunkt einer Folge?

S4: Man gebe zwei Formeln für den Konvergenzradius an.

S5: Für welche z dürfen Potenzreihen differenziert werden? Wie erhält man die Ableitung?

S6: Was besagt der Identitätssatz für Potenzreihen?

S7: Wann sagt man, dass eine Funktion f bei x_0 lokal in eine Potenzreihe entwickelbar ist?

S8: Nennen Sie hinreichende Bedingungen für die lokale Entwickelbarkeit. Reicht es, dass die Funktion beliebig oft differenzierbar ist?

Methodenfragen

M1: $\liminf$ und $\limsup$ bestimmen können.

Zum Beispiel:

1. $\limsup{(-1 + 1/n)^n}$,

2. $\liminf e^n$.

M2: Konvergenzradien bestimmen können.

Zum Beispiel für

1. $\displaystyle\sum_{n=0}^{\infty} n^2 z^n$,

2. $\displaystyle\sum_{n=0}^{\infty} c^n z^n$ für $c \in \mathbb{K}$,

3. $\displaystyle\sum_{n=0}^{\infty} \frac{z^n}{(2n)!}$.

M3: Ableitungen von Potenzreihen berechnen können.

Zum Beispiel:

1. Bestimmen Sie eine Potenzreihe f_a mit

$$f_a'(x) = \sum_{n=1}^{\infty} (-1)^{n+1} \frac{x^n}{n} = x - \frac{x^2}{2} + \frac{x^3}{3} \mp \cdots$$

2. Man finde durch zweimaliges Ableiten von

$$\frac{1}{1-x} = \sum_{n=0}^{\infty} x^n$$

eine Summenformel.

M4: Taylorreihe von Funktionen berechnen können, die lokal in eine Potenzreihe entwickelbar sind.

Zum Beispiel:

1. Wie lautet die Taylorreihe von $\sqrt[3]{1+x}$ bei 0?

2. Bestimmen Sie die Taylorreihe von $\sin(2x)$ bei 0.

Zu 4.5

Sachfragen

S1: Durch welche Potenzreihen sind exp, sin und cos definiert? Wie lauten die zugehörigen Differentialgleichungsprobleme?

S2: Wie ist log erklärt?

S3: Inwiefern lassen sich exp und log als Gruppenhomomorphismen auffassen?

S4: Wozu ist Logarithmenrechnung nützlich?

S5: Was ist a^x für $x \in \mathbb{K}$ und $a > 0$?

S6: Wie ist π definiert?

S7: Was ist $\sin^2 x + \cos^2 x$, $\sin(-x)$, $\cos(-x)$, $\sin(x+y)$ und $\cos(x+y)$?

S8: Wie sind exp, sin und cos im Komplexen erklärt?

S9: Was versteht man unter der Polardarstellung einer komplexen Zahl?

Methodenfragen

M1: Sichere Beherrschung der Ableitungsregeln und Funktionalgleichungen für exp, sin, cos und log.

Zum Beispiel:

1. Beweisen Sie, dass $(x^a)' = ax^{a-1}$.

2. Man berechne $(x^x)'$.

3. Man finde Formeln für $\sin(3x)$ und $\cos(3x)$.

4. Was ist $(\tan x)'$?

M2: Arbeiten mit der Polardarstellung komplexer Zahlen.

Zum Beispiel:

1. Man finde alle z mit $z^4 = 1$.

2. Bestimmen Sie alle z mit $z^2 - z - 2 = 0$.

Zu 4.6

Sachfragen

S1: Was besagt der Fundamentalsatz der Algebra? Beweisidee?

S2: Was ist eine Differentialgleichung?

S3: Wie löst man Differentialgleichungen der Form

- $y' = g(x) \cdot y$,
- $y' = g(x)h(y)$,
- $a_0 y + a_1 y' + \cdots + a_n y^{(n)} = 0$?

Methodenfragen

M1: Einfache Differentialgleichungen lösen können.

Zum Beispiel:

1. Finden Sie alle y mit $y'' + y = 0$.

2. Man finde alle y mit $y(1) = 1$ und $y' = xy$.

3. Sei $n \in \mathbb{N}$. Bestimmen Sie alle y mit $y^{(n)} = 0$.

4.8 Übungsaufgaben

Zu Abschnitt 4.1

4.1.1 Eine Funktion $f : \mathbb{R} \to \mathbb{R}$ sei als Nullfunktion für $x \leq 0$ und als $x \mapsto x^2$ für $x \geq 0$ definiert. Beweisen Sie, dass f einmal, aber nicht zweimal differenzierbar ist. Finden Sie allgemeiner für beliebiges vorgegebenes k eine Funktion, die k-mal, aber nicht $(k+1)$-mal differenzierbar ist.

4.1.2 $f : \mathbb{R} \to \mathbb{R}$ sei Null auf den irrationalen Zahlen, für (gekürzte) rationale Zahlen p/q (mit $p \in \mathbb{Z}$ und $q \in \mathbb{N}$) soll der Wert $1/q^2$ zugeordnet werden. Gibt es Punkte, an denen f differenzierbar ist?
Sie dürfen ausnutzen, dass es zu jeder irrationalen Zahl x eine rationale Zahl p/q so gibt, dass $|x - p/q| \leq 1/q^2$.

4.1.3 Finden Sie eine differenzierbare Funktion von $\mathbb{R}$ nach $\mathbb{R}$, für die f' nicht stetig ist.

Zu Abschnitt 4.2

4.2.1 f und g seien auf $\mathbb{R}$ definierte differenzierbare Funktionen. Wenn dann $f'' = g''$ ist, so unterscheiden sich f und g nur durch eine Funktion der Form $a + bx$.

4.2.2 Finden Sie selbst Beispiele, um die l'Hôpitalschen Regeln anzuwenden.

Zu Abschnitt 4.3

4.3.1 Berechnen Sie das dritte Taylorpolynom der Funktion f bei x_0, wenn

(a) $f(x) = \ln x$ und $x_0 = 2$,

(b) $f(x) = 1/x$ und $x_0 = 1$,

und geben Sie eine Abschätzung des Fehlers, wenn man $f(x)$ für $|x - x_0| < 0.1$ durch den Wert dieses Taylorpolynoms an der Stelle x ersetzt. Berechnen Sie weiter die Taylorpolynome 2. Grades bei x_0 von

(c) $x \mapsto \sqrt[3]{1 - x}$ für $x_0 = 0$ und

(d) $x \mapsto \exp(1/x)$ für $x_0 = 1$.

4.3.2 Entwickeln Sie das Polynom $1 + 2x - 3x^3$ an der Stelle $x_0 = -1$.

Zu Abschnitt 4.4

4.4.1 Bestimmen Sie die Konvergenzradien von

(a) $\displaystyle\sum_{n=1}^{\infty} \frac{n^3 + n}{n^2} x^n$,   (b) $\displaystyle\sum_{n=0}^{\infty} \binom{2n}{n} x^n$ (c) $\displaystyle\sum_{n=0}^{\infty} a^{n^2} x^n, a \in \mathbb{R}$.

4.4.2 Man zeige, dass die Funktion $f : \mathbb{R} \to \mathbb{R}$ mit

$$f(x) = \begin{cases} e^{-1/x^2} & \text{für } x \neq 0 \\ 0 & \text{für } x = 0 \end{cases}$$

unendlich oft differenzierbar ist und alle ihre Ableitungen im Nullpunkt verschwinden.

Tipp: Zunächst sollte man zeigen, dass für $x \neq 0$

$$f^{(n)}(x) = p_n\left(\frac{1}{x}\right) \mathrm{e}^{-1/x^2}$$

gilt, wobei p_n ein geeignetes Polynom ist.

4.4.3 Sei (a_n) eine Folge in $\hat{\mathbb{R}}$. Man beweise, dass

$$\limsup a_n = \inf_m \sup_{n \geq m} a_n.$$

Zu Abschnitt 4.5

4.5.1 Berechnen Sie die komplexen Lösungen der Gleichung $z^6 = 1$ (man nennt sie die sechsten Einheitswurzeln) und zeigen Sie, dass sie die Ecken eines regulären Sechsecks bilden.

4.5.2 Beweisen Sie das Additionstheorem für die Tangensfunktion: Wann immer $\tan\alpha$, $\tan\beta$ und $\tan(\alpha + \beta)$ definiert sind, gilt

$$\tan(\alpha + \beta) = \frac{\tan\alpha + \tan\beta}{1 - \tan\alpha\tan\beta}.$$

4.5.3 Man finde alle komplexen Zahlen z mit

(a) $z^2 - z + 1 = 0$,

(b) $z^7 = 5$,

(c) $z^{15} = -z^6$.

4.5.4 Man zeige:

(a) Für $f : \mathbb{R} \to \mathbb{C}$, $f(x) = \mathrm{e}^{ix}$ gilt die Aussage des Satzes von Rolle auf $[\,0, 2\pi\,]$ nicht.

(b) Die l'Hôpitalschen Regeln gelten für komplexwertige Funktionen nicht: Als Beispiel setze man $f : \,]\,0,1\,] \to \mathbb{C}$, $f(x) = x$, $g : \,]\,0,1\,] \to \mathbb{C}$, $g(x) = x + x^2 \exp(i/x^2)$ und berechne unter Beachtung von $\lim_{x\to 0} f(x) = \lim_{x\to 0} g(x) = 0$ die Grenzwerte

$$\lim_{\substack{x\to 0 \\ x\neq 0}} \frac{f(x)}{g(x)} \,, \qquad \lim_{\substack{x\to 0 \\ x\neq 0}} \frac{f'(x)}{g'(x)}.$$

Zu Abschnitt 4.6

4.6.1 Man zeige:

$$\sum_{k=0}^{n} \cos(kx) = \frac{\cos(nx/2)\sin\big((n+1)x/2\big)}{\sin(x/2)}.$$

Tipp: $\cos x = (\mathrm{e}^{ix} + \mathrm{e}^{-ix})/2$, $\sin x = (\mathrm{e}^{ix} - \mathrm{e}^{-ix})/2i$.

4.6.2 Sei $l > 0$ gegeben. Für welche Zahlen $k > 0$ besitzt $y'' + k^2 y = 0$ eine nicht triviale Lösung mit den *Randwerten*

$$y(0) = 0, \quad y'(l) = 0\,?$$

(Das kleinste derartige k bestimmt die so genannte *Eulersche Knicklast*. Bei dieser kann ein einseitig eingespannter Stab der Länge l ausknicken.)

4.6.3 Man zeige:

(a) Ist $x \neq 0$ eine algebraische Zahl, so auch $1/x$ und $x + q$ für alle $q \in \mathbb{Q}$.

(b) $\sqrt{2} + \sqrt{5}$ ist algebraisch.

(Allgemein kann man zeigen, dass die Menge der algebraischen Zahlen ein Körper ist.)

4.6.4 $z_0 \in \mathbb{C}$ heißt n-fache Nullstelle des Polynoms P, wenn es ein Polynom Q mit $P(z) = (z - z_0)^n Q(z)$ gibt.

(a) z_0 ist genau dann n-fache Nullstelle von P, wenn gilt:

$$P(z_0) = P'(z_0) = \ldots = P^{(n-1)}(z_0) = 0.$$

(b) P habe reelle Koeffizienten. Dann gilt für $z_0 \in \mathbb{C}$:

$$P(z_0) = 0 \Longleftrightarrow P(\overline{z_0}) = 0.$$

(c) Ein Polynom $\neq 0$ mit reellen Koeffizienten zerfällt in ein Produkt aus Polynomen (über $\mathbb{R}$) vom Grad ≤ 2:

$$P(x) = a_n(x - x_1) \cdots (x - x_r)(x^2 + A_1 x + B_1) \cdots (x^2 + A_s x + B_s)$$

(alle $x_i, A_i, B_i \in \mathbb{R}$).

4.6.5 Man betrachte das Anfangswertproblem (AWP)

$$y'' = y, \quad y(0) = y_0.$$

(a) Was kann man (ohne die Differentialgleichung zu lösen!) qualitativ über den Verlauf von y in der Nähe von $(0, y_0)$ sagen, wenn y_0 gleich 1, 0 bzw. -1 ist?

(b) Man löse das AWP für allgemeines y_0.

4.6.6 Finden Sie alle y mit $y' = x^3 y^4$.

4.9 Tipps zu den Übungsaufgaben

Tipps zu Abschnitt 4.1

4.1.1 Rechnen Sie $f'(x)$ aus, und zwar unterschieden nach den Fällen $x < 0$, $x = 0$, $x > 0$. Skizzieren Sie dann die Funktion f'; es ist dann offensichtlich, dass es eine Stelle gibt, an der f' nicht differenzierbar ist.

4.1.2 Die Aufgabe enthält bereits einen Tipp.

4.1.3 Konstruieren Sie $f : \mathbb{R} \to \mathbb{R}$ so, dass gilt:

- f ist überall differenzierbar.
- $f'(0) = 0$; das ist z.B. dann erfüllt, wenn $|f(x)| \leq x^2$ für alle x gilt.
- Es gibt eine Nullfolge (x_n), so dass $f'(x_n) \geq 1$ für alle n ist.

So ein f ist sicher ein Gegenbeispiel. Man kann es durch eine einfache geschlossene Formel angeben, wenn man die Bausteine $\sin$, x^2, $1/x$ richtig kombiniert. Es geht aber auch direkt durch eine Definition, in der viele Fallunterscheidungen vorkommen.

Tipps zu Abschnitt 4.2

4.2.1 Wir wissen schon, dass aus $g' = 0$ folgt, dass g eine Konstante ist. Folgern Sie: Ist $g' = a$, so ist g von der Form $ax + c$ für eine Konstante c. (Tipp dazu: Was weiß man denn über $g(x) - ax$?) Und dann lösen Sie die Aufgabe, indem Sie zunächst (in zwei Schritten) aus $f'' = 0$ folgern, dass f die Form $ax + b$ hat. (Vielleicht hilft es, die Funktion $g = f'$ zu untersuchen.)

4.2.2 Blättern Sie zu den Beispielen in Abschnitt 4.2 zurück.

Tipps zu Abschnitt 4.3

4.3.1 und 4.3.2 Orientieren Sie sich an den ausführlich beschriebenen Beispielen im entsprechenden Abschnitt.

Tipps zu Abschnitt 4.4

4.4.1 Sei jeweils a_n der n-te Koeffizient. In allen Aufgabenteilen existiert $\lim |a_{n+1}/a_n|$, so dass der Konvergenzradius mit Satz 4.4.6(ii) gefunden werden kann.

4.4.2 Die Aufgabenstellung enthält bereits einen Tipp.

4.4.3 Es seien l bzw. r die linke bzw. rechte Seite der Gleichung. Beweisen Sie unter Verwendung der Definitionen von sup, inf und lim sup, dass $l \le r$ und $r \le l$ gilt.

Tipps zu Abschnitt 4.5

4.5.1 Zeigen Sie, dass die Abstände zum Zentrum $z = 0$ alle gleich sind und dass die Winkel – von 0 aus gesehen – zwischen zwei benachbarten Ecken übereinstimmen.

4.5.2 Wenden Sie, nachdem Sie die Definition von tan eingesetzt haben, die Formeln für $\cos(\alpha + \beta)$ und $\sin(\alpha + \beta)$ an.

4.5.3 Alle Aufgaben werden auf das Lösen einer Gleichung des Typs $w^k = a$ mit $a \in \mathbb{C}$ zurückgeführt, und wie das geht, ist nach der Definition der Polardarstellung (Definition 4.5.21) beschrieben worden.

4.5.4 Die geeigneten Gegenbeispiele sind in der Aufgabenstellung schon angegeben.

Tipps zu Abschnitt 4.6

4.6.1 Nutzen Sie den in der Aufgabe angegebenen Tipp und wenden Sie die Formel für die geometrische Reihe an: $1 + w + \cdots + w^n = (1 - w^{n+1})/(1 - w)$

4.6.2 Berechnen Sie zunächst die allgemeine Lösung von $y'' + k^2 y = 0$. Welche dieser Lösungen erfüllen die fraglichen Bedingungen?

4.6.3 a) Nach Voraussetzung gibt es ein nichttriviales Polynom P mit rationalen Koeffizienten, so dass $P(x) = 0$ gilt. Konstruieren Sie aus P nichttriviale Polynome Q bzw. P_q, so dass $Q(1/x) = 0$ bzw. $P_q(x + q) = 0$ gilt.
b) Setze $x := \sqrt{2} + \sqrt{5}$. Durch Verwendung von Potenzen, Summen und rationalen Zahlen soll x zu Null gemacht werden. Starten Sie mit der Beobachtung, dass $x^2 = 2 + 2\sqrt{2}\sqrt{5} + 5$.

4.6.4 a) Machen Sie sich das zunächst für den Fall $z_0 = 0$ klar.

b) Hier spielen einfache Eigenschaften der Zuordnung $z \mapsto \overline{z}$ eine Rolle: Aus $P(z) = 0$ folgt $\overline{P(z)} = 0$ usw.

c) Beachten Sie, dass bei nicht reellen Nullstellen z auch $\overline{z}$ eine Nullstelle ist.

4.6.5 Denken Sie daran, dass $y''(x)$ die Krümmung der Kurve bei x beschreibt: Ist $y''(x)$ positiv bzw. negativ, so liegt bei x eine Links- bzw. eine Rechtskurve vor.

4.6.6 Schauen Sie im Text nach, wie man Differentialgleichungen des Typs $y'(x) = g(x)h(y)$ behandelt.

Anhänge

Computeralgebra

Erinnern Sie sich an Ihre Grundschulzeit: Sie mussten erst das kleine, dann das große Einmaleins lernen und dann ziemlich komplizierte Aufgaben mit Papier und Bleistift rechnen: Das Produkt $3341 \cdot 212$, den Quotienten $3526771 : 44$ usw. Später haben Sie das eigentlich kaum noch gebraucht, weil Sie für derartige Aufgaben einen Taschenrechner verwenden durften.

Trotzdem ist es nach allgemeiner Überzeugung wichtig, dass Sie irgendwann einmal das Handwerk des Multiplizierens und Dividierens gelernt haben, mindestens sind Sie dann ein bisschen davor geschützt, unsinnige Ergebnisse Ihres Rechners (die sich z.B. durch Vertippen bei der Eingabe ergeben können) kritiklos zu akzeptieren.

Sie sind nun viel weiter, auf dem jetzt erreichten höheren Niveau sieht es ganz ähnlich aus. Bei Bedarf kann man auf die Hilfe von leistungsfähigen Computeralgebra-Programmen zurückgreifen, die – anders, als der Name vermuten lässt – nicht nur für die Algebra interessant sind. Im zurzeit verfügbaren Angebot (*Maple, Mathematica, MuPad, Derive, Matlab, . . .*) findet man Hilfestellungen für so gut wie alle Bereiche. Sie werden im Verlauf Ihres Studiums sicher einige davon kennen lernen.

Nun sind wir – das müssen wir ehrlicherweise zugeben – keine Spezialisten für Computeralgebra, und auch aus Platzgründen kann es hier keine ausführliche Einführung geben. Deswegen begnügen wir uns mit dem Hinweis auf einige Situationen, in denen der Einsatz derartiger Programme für die in diesem Analysisbuch behandelten Probleme sinnvoll sein kann. Diese Anregungen motivieren Sie vielleicht dazu, es einmal selbst auszuprobieren.

Als Beispiele – die wirklich nur einen Bruchteil des Angebots darstellen – betrachten wir einige von *Maple* angebotene Lösungen:

- **Induktion:** Mal angenommen, man sucht eine Summenformel für den Ausdruck $1 + 2 + \cdots + n$. Das ist für *Maple* noch keine Herausforderung, auf die Eingabe

  ```
  sum('k','k'=0..n);
  ```

  erfolgt prompt die Antwort $\dfrac{n(n+1)}{2}$. Das hätten wir auch noch gekonnt, diese Formel war ja auch ein Beispiel für Beweise durch vollständige Induktion. Wie sieht es aber mit $1^5 + 2^5 + \cdots + n^5$ aus? Da müsste man doch etwas überlegen, *Maple* dagegen bietet nach Eingabe von

  ```
  sum('k^5','k'=0..n);
  ```

  sofort die Formel

  $$\frac{1}{12}\big(2(n+1)^6 - 6(n+1)^5 + 5(n+1)^4 - (n+1)^3\big)$$

an. Auch die Summen über viel höhere Potenzen machen keine Schwierigkeiten, und genauso leicht werden geschlossene Ausdrücke für andere Summen gefunden.

- **Konvergenz:** Auch Untersuchungen zur Konvergenz von Folgen sind vorbereitet. Was ist zum Beispiel $\lim\limits_{n\to\infty} \dfrac{n}{n^2-5}$? *Maple* muss man so fragen:

  ```
  limit(n/(n^2-5), n=infinity);
  ```

  Die korrekte Antwort „0" wird ohne Zögern gegeben.

- **Reihen:** Testen wir *Maple* mit der Reihe $1+2q+3q^2+\cdots$, die in Abschnitt 4.5 benötigt wurde. Man muss nur

  ```
  sum('n*q^(n-1)','n'=0..infinity);
  ```

  eingeben, um das richtige Ergebnis $1/(1-q)^2$ zu erhalten.

- **l'Hôpital:** Wir legen *Maple* den Grenzwert $\lim\limits_{x\to\infty} e^x/x$ vor. Gibt man

  ```
  limit(exp(x)/x, x=infinity);
  ```

  ein, so wird umgehend der richtige Wert „∞" angezeigt.

- **Ableitungen:** *Maple* kann alle Differentiationsregeln, `diff(x^4,x);` zum Beispiel berechnet die Ableitung von x^4, also $4x^3$. Auch höhere Ableitungen können ermittelt werden, z.B. führt die Eingabe

  ```
  diff(sin(x*x),x$3);
  ```

  zur dritten Ableitung von $\sin(x^2)$, also zu $-8x^3\cos(x^2) - 12x\sin(x^2)$.

- **Taylor-Entwicklung:** Hier hat man drei Wünsche frei: Die Funktion, die Entwicklungsstelle und die Ordnung des Taylorpolynoms; für die Ordnung n muss dabei $n+1$ vorgegeben werden. Gibt man z.B.

  ```
  series(sqrt(1+x),x=0, 5);
  ```

  ein, so wird das vierte Taylorpolynom von $\sqrt{1+x}$ bei $x=0$ ausgerechnet[54]:
  $$1 + \frac{1}{2}x - \frac{1}{8}x^2 + \frac{1}{16}x^3 - \frac{5}{128}x^4.$$

- usw.

Bei aller Hochachtung vor den Leistungen dieser Programme sollte man allerdings nicht vergessen, dass ihre Leistungen nur eher technische Aspekte betreffen. Computer können nicht beweisen, dass kompakte Teilmengen beschränkt sind, dass jedes Polynom eine Nullstelle hat usw. Insbesondere können sie Ihnen nicht das Verstehen abnehmen, Sie selber müssen die wesentlichen Konzepte der Analysis verinnerlichen.

---

[54] Für diejenigen, die noch wenig Erfahrung mit Programmiersprachen haben: „sqrt" ist die gängige Abkürzung für die „squareroot", die Quadratwurzel.

Mathematik und neue Medien

Jemand, der mit Feder und Tinte schreibt, ist nicht mehr zeitgemäß. Genauso ist heute jeder im besten Fall rührend altmodisch, der nicht in der Lage ist, die Möglichkeiten auszunutzen, die sich durch die rasanten Entwicklungen im Bereich der neuen Medien eröffnen.

- **Kommunikation:** Es wird von Ihnen heute erwartet, dass Sie einen e-mail-Anschluss haben. Es gibt wirklich nichts Praktischeres, um kurze Informationen auszutauschen und sich – auch fast beliebig große – Dateien zu schicken.

- **Information:** Wollen Sie wissen, was der Mathematiker XXX zum Thema YYY geschrieben hat? Brauchen Sie plötzlich ganz dringend die Definition einer quasizyklischen Hypergruppe? Nichts leichter als das, eine gute Suchmaschine im Internet wird Ihnen das Gewünschte in (Bruchteilen von) Sekunden liefern. Der Autor hat sehr gute Erfahrungen mit *Google* gemacht.

  Natürlich könnte man zu diesem Thema noch viel mehr sagen: Im Internet findet man Formelsammlungen, Manuals, mathematische Konstanten, Facharbeiten, allgemeine Informationen und und und. Vielleicht schauen Sie auch hin und wieder in `www.mathematik.de` vorbei – eine Internetseite, die vom Autor dieses Buches betreut wird –, um sich auf allgemeinverständlichem Niveau über aktuelle Entwicklungen in der Mathematik zu informieren, sich Buchtipps geben zu lassen, zu interessanten Links rund um die Mathematik weiter vermittelt zu werden usw.

- **Präsentation:** Ja, es stimmt: Es gab einmal eine Zeit, in der es ausreichte, sich mit einem Stück Kreide an eine Tafel zu stellen und dann einen Vortrag zu halten. Auch heute ist das für viele Vorlesungen noch die optimale Art der Präsentation. Für Einzelvorträge in Seminaren und auf Konferenzen wird das im Laufe der Zeit immer mehr zu den Ausnahmen zählen, schon heute gehört es zunehmend zum Standard, dass man auch in der Darstellung seiner Ergebnisse auf der Höhe der Zeit ist. Der Grund liegt darin, dass man von der Qualität des Angebots in Fernsehen, Kino und Werbung so verwöhnt ist, dass man sich bei Fachvorträgen nur schwer an ein deutlich niedrigeres Niveau gewöhnen kann.

  Und das heißt: Verwenden Sie in Seminaren und bei späteren Gelegenheiten gut geschriebene Folien, eventuell auch aufwändigere Präsentationsmöglichkeiten (z.B. Powerpoint), setzen Sie Computersimulationen ein, geben Sie Hinweise auf weiterführende Links im Internet usw.

  Ich empfehle Ihnen, sich so schnell wie möglich mit den aktuellen Möglichkeiten vertraut zu machen und sie einzusetzen. Je früher Sie $\LaTeX$ (zum Schreiben mathematischer Texte), *Maple* (oder etwas Ähnliches, als Rechenhilfe), Powerpoint (oder etwas Vergleichbares, zur Präsentation) lernen, umso besser.

Die Internetseite zum Buch

Hier wollen wir kurz vorstellen, was Sie von der speziell zu diesem Buch eingerichteten Internetseite `http://www.math.fu-berlin.de/~behrends/analysis`
erwarten können.

Die wichtigsten Unterseiten werden die folgenden sein:

- *Antworten auf die Verständnisfragen:* Für die Antworten auf die Sachfragen brauchen Sie ja nur dieses Buch aufmerksam zu lesen.

- Lösungen der *Übungsaufgaben:* Wir wollen einige Musterlösungen zu den
  verschiedenen, hier behandelten Themen vorbereiten. Das wird gerade am
  Anfang sinnvoll sein, wenn Sie noch nicht abschätzen können, ob Ihre
  eigene Lösung des Problems wirklich eine ist.

- Es soll auch eine Gelegenheit geben, mit uns *Kontakt* aufzunehmen: Haben
  Sie einen Tippfehler gefunden, ist vielleicht sogar Ihrer Meinung nach ein
  Beweis nicht korrekt? Fehlt etwas, haben Sie ein Verständnisproblem?
  Dann schicken Sie uns doch einfach eine e-Mail.

- Schließlich wollen wir uns noch kurz *vorstellen.* Damit Sie wissen, wer
  sich für die Herausgabe eines für Anfänger hoffentlich wirklich geeigneten
  Lehrbuchs zur Analysis intensiv engagiert hat.

Griechische Symbole

In der Mathematik werden fast alle griechischen Buchstaben benötigt, mit den 26 Buchstaben unseres eigenen Alphabets kommt man nicht aus. Manche haben nach einer stillschweigenden Übereinkunft eine besondere Bedeutung, das ermöglicht oft ein schnelleres Erfassen einer Aussage. In diesem Buch wurde zum Beispiel das „ε" nur in einem ganz speziellen Zusammenhang verwendet, niemand käme auf die Idee, damit etwa eine natürliche Zahl zu bezeichnen.

Nachstehend finden Sie eine vollständige Tabelle:

Alpha	A	α
Beta	B	β
Gamma	Γ	γ
Delta	Δ	δ
Epsilon	E	ε
Zeta	Z	ζ
Eta	H	η
Theta	Θ	ϑ
Iota	I	ι
Kappa	K	κ
Lambda	Λ	λ
My	M	μ
Ny	N	ν
Xi	Ξ	ξ
Omikron	O	o
Pi	Π	π
Rho	P	ρ
Sigma	Σ	σ
Tau	T	τ
Ypsilon	Y	υ
Phi	Φ	ϕ
Chi	X	χ
Psi	Ψ	ψ
Omega	Ω	ω

Lösungen zu den „?"

Zum „?" von Seite 10: Weil die Zahl 1 der links stehenden Menge nicht zur rechten gehört.

Zum „?" von Seite 12:
{Bundesligaspieler} ∩ {deutsche Staatsbürger}
{Studenten an der HU} ∪ {Studenten an der FU}
{Nachname Müller} \ {Vorname Klaus}

Zum „?" von Seite 15: Nur Bild 4 gehört zu einer Abbildungsrelation.

Zum „?" von Seite 15: Falls jede senkrechte Gerade R genau einmal schneidet, handelt es sich um eine Abbildungsrelation.

Zum „?" von Seite 17: Z.B. ist $3 \in \mathbb{N}$ und $4 \in \mathbb{N}$, aber $3-4$ gehört nicht zu $\mathbb{N}$.

Zum „?" von Seite 18: Diese Kompositionen haben die folgenden Eigenschaften

- $\circ : (x,y) \mapsto 0$ auf $\mathbb{Z}_{\text{naiv}}$:

  - Es existiert kein neutrales Element, denn z.B. für $1 \in \mathbb{Z}_{\text{naiv}}$ existiert kein $x \in \mathbb{Z}_{\text{naiv}}$ mit $1 \circ x = 1$, da $1 \circ x = 0$ für alle $x \in \mathbb{Z}_{\text{naiv}}$. Daher können auch keine inversen Elemente existieren.

  - $\circ$ ist kommutativ, da $x \circ y = 0 = y \circ x$ für alle $x, y \in \mathbb{Z}_{\text{naiv}}$ gilt.

  - $\circ$ ist assoziativ, da $(x \circ y) \circ z = 0 = x \circ (y \circ z)$ für alle $x, y, z \in \mathbb{Z}_{\text{naiv}}$ gilt.

- $(x,y) \mapsto x - y$ auf $\mathbb{Z}_{\text{naiv}}$:

  - Es existiert kein neutrales Element, denn falls eins existieren sollte, so müsste wegen $x - e = x$ folgen: $e = 0$.
    Es ist aber $e - x = 0 - x = -x \neq x$ für alle $x \in \mathbb{Z}_{\text{naiv}} \setminus \{0\}$.
    Daher existiert kein neutrales Element, und dementsprechend gibt es auch keine Inversen.

  - Die Komposition ist nicht kommutativ, denn es ist z.B.

  $$2 - 1 = 1 \neq -1 = 1 - 2.$$

  - Assoziativität liegt ebenfalls nicht vor, denn es ist z.B.

  $$(3 - 2) - 1 = 0 \neq 2 = 3 - (2 - 1).$$

- $(m,n) \mapsto m^n$ auf $\mathbb{N}_{\text{naiv}}$:

  - Wäre e neutral, so müsste gelten: $m^e = m$ für alle $m \in \mathbb{N}_{\text{naiv}}$ und somit $e = 1$. Es ist aber $e^m = 1^m \neq m$ für alle $m \neq 1$.
    Somit gibt es kein neutrales Element und auch keine Inversen.

  - Dass Kommutativ- und Assoziativgesetz ebenfalls nicht gelten, kann durch Gegenbeispiele leicht begründet werden:
    $2^1 = 2 \neq 1 = 1^2$, und $(2^1)^3 = 8 \neq 2 = 2^{(1^3)}$.

Zum „?" von Seite 18 : Seien $A, B, C \in \mathcal{P}(M)$.

- Wir rechnen so:

$$
\begin{aligned}
(A \cup B) \cup C &= \{x \in M \mid x \in A \lor x \in B\} \cup \{x \in M \mid x \in C\} \\
&= \{x \in M \mid x \in A \lor x \in B \lor x \in C\} \\
&= \{x \in M \mid x \in A\} \cup \{x \in M \mid x \in B \lor x \in C\} \\
&= A \cup (B \cup C);
\end{aligned}
$$

somit ist $\cup$ assoziativ[55], Kommutativität ist genauso leicht zu begründen.

- $A \cup \emptyset = \{x \in M \mid x \in A \lor x \in \emptyset\} = \{x \in M \mid x \in A\} = A$
  $\emptyset \cup A = \{x \in M \mid x \in \emptyset \lor x \in A\} = \{x \in M \mid x \in A\} = A.$
  Folglich ist $\emptyset$ neutrales Element.

- $\emptyset$ ist invers zu sich selbst, da $\emptyset \cup \emptyset = \emptyset$. Kein anderes Element der Potenzmenge hat aber ein Inverses, denn für eine nicht leere Menge kann die Vereinigung mit einer anderen niemals die leere Menge ergeben.

Zum „?" von Seite 19 : Seien $A, B, C \in \mathcal{P}(M)$.

- Kommutativität und Assoziativität von „$\cap$" ergeben sich wie im vorstehenden Fall der Vereinigung.

- Wegen $A \cap M = A = M \cap A$ ist M neutrales Element.

- M ist invers zu sich selbst. Gibt es echte Teilmengen N von M, so können die wegen $N \cap K \subset N \neq M$ kein inverses Element K haben.

Zum „?" von Seite 20 : Seien $f, g, h \in \text{Abb}(M, M)$:

- Zum Assoziativgesetz:

$$
\big((f \circ g) \circ h\big)(x) = (f \circ g)\big(h(x)\big) = f\big(g(h(x))\big) = f\big((g \circ h)(x)\big) = \big(f \circ (g \circ h)\big)(x).
$$

- Die so genannte *identische Abbildung* $I : M \to M, x \mapsto x$ ist Einheit, denn
  $(I \circ f)(x) = I\big(f(x)\big) = f(x) = f\big(I(x)\big) = (f \circ I)(x).$

- Enthält M mindestens zwei Elemente a und b, so ist $\circ$ nicht kommutativ. Als Gegenbeispiel betrachten wir die konstanten Abbildungen $f : x \mapsto a$, $g : x \mapsto b$. Es ist dann $f \circ g$ (bzw. $g \circ f$) die konstante Abbildung a (bzw. die konstante Abbildung b). Folglich ist $f \circ g \neq g \circ f$.

- M enthalte wieder mindestens zwei Elemente, f sei wie vorstehend definiert. Ist dann h eine beliebige Abbildung von M nach M, so ist $f \circ h = f \neq I$. Also hat f kein Inverses.

Zum „?" von Seite 27 : Aus $1 + 1 = 0$ folgt, dass 1 zu sich selbst invers ist. Also darf man in diesem Körper $1 = -1$ schreiben.
Und 5 ist die Abkürzung für $1+1+1+1+1$, wegen $1+1 = 0$ stimmt 5 mit $3 := 1+1+1$ überein.

---

[55] Wir haben dabei stillschweigend von der Tatsache Gebrauch gemacht, dass für das logische „oder" das Assoziativgesetz gilt. Streng begründen kann man das erst nach dem *logischen Exkurs*, der etwas später in diesem Abschnitt folgt. Der Nachweis ist dann aber mit Wahrheitstafeln leicht zu führen.
Für die Kommutativität von „$\cup$" wird die Kommutativität des logischen „oder" benötigt.

Zum „?" von Seite 31 : $(-x)(-y) = (-1)x(-1)y = (-1)(-1)xy = xy$.

Zum „?" von Seite 33 :

- $P = \emptyset$ im Körper $\{0,1\}$ ist kein Positivbereich, denn für $x = 1$ gilt $x \notin P$ und $-x \notin P$.

- $P = \{1\}$ in $\{0,1\}$ ist kein Positivbereich, denn 1 und $-1 = 1$ sind in P.

- $P = \{x \mid x \geq 1\}$ in $\mathbb{Q}_{\text{naiv}}$ ist kein Positivbereich, denn z.B. für $x = 1/2$ gilt: $x \notin P$ und $-x \notin P$.

- $P = \{x \mid x < 1\}$ in $\mathbb{Q}_{\text{naiv}}$ ist kein Positivbereich, denn es gilt z.B. für $x = 1/2$, dass $x \in P$ und $-x \in P$.

- $P = \mathbb{Q}_{\text{naiv}}$ in $\mathbb{Q}_{\text{naiv}}$ ist kein Positivbereich, denn z.B. für $x = 1$ gilt $x \in P$ und $-x \in P$.

Zum „?" von Seite 36 : Sei p Primzahl. Dann gilt $-1 = p-1$ im Restklassenkörper modulo p. Also ist -1 die Summe von $p-1$ Quadraten:

$$-1 = 1^2 + 1^2 + \ldots + 1^2.$$

Zum „?" von Seite 38 : $\bigcap \mathcal{M} = \{0\}$.

Zum „?" von Seite 38 : $\bigcap \mathcal{M} = \emptyset$.

Zum „?" von Seite 38 : (Beispiele zu induktiven Teilmengen)

- $\{x \mid x \geq 1\}$ enthält die 1 und zu jedem x auch $x+1$. Die Menge ist also induktiv.

- $\mathbb{Z}_{\text{naiv}}$ ist ebenfalls induktiv, da 1 eine ganze Zahl ist und die Addition von 1 aus $\mathbb{Z}_{\text{naiv}}$ nicht heraus führt.

- $\{1\} : 1 \in \{1\}$, aber $2 = 1 + 1 \notin \{1\}$. Also ist $\{1\}$ nicht induktiv.

- $\{\frac{1}{2} + n \mid n \in \mathbb{N}_{\text{naiv}}\}$ ist ebenfalls nicht induktiv. Diesmal ist die erste Bedingung nicht erfüllt.

Zum „?" von Seite 40 : Man sollte das Produkt so definieren: $\prod_{k=1}^{1} x_k := x_1$, und dann $\prod_{k=1}^{n+1} x_k := (\prod_{k=1}^{n} x_k) \cdot x_{n+1}$.

Zum „?" von Seite 94 :
Alle diese Folgen sind Teilfolgen von $(1, 1, -1, -1, 1, 1, -1, -1, \ldots)$.

Zum „?" von Seite 98 : Am einfachsten ist der erste Fall: Man muss nur beachten, dass Produkte positiver Elemente positiv sind und dass für positive Zahlen a die Gleichung $a = |a|$ gilt.

Bei den Gleichungen 2 und 3 spielt noch die Identität $(-x)y = -xy$ eine Rolle, die im vorigen Abschnitt bewiesen wurde.

Zum „?" von Seite 109 : Sei x vorgegeben. Ist $x \leq 0$, so wird x durch 1 majorisiert, es bleibt, den Fall $x > 0$ zu behandeln. Dann ist aber $1/x > 0$, wegen der vorausgesetzten Konvergenz $1/n \to 0$ gibt es also ein n mit $1/n \leq 1/x$, und das kann man als $x \leq n$ umschreiben.

Zum „?" von Seite 111 :

- $1/2n \to 0$. Zum Beweis wähle man ein n_0 mit $2/\varepsilon < n_0$.

- $1/n^2 \to 0$. Man startet mit $1/\sqrt{\varepsilon} < n_0$ und erhält so $1/n_0^2 \leq \varepsilon$.

Zum „?" von Seite 112 : Man wähle $\varepsilon = 1/1001$.

Zum „?" von Seite 112 : Die Folgen, die von einem Index an Null werden.

Zum „?" von Seite 121 : Der Fall $n = 1$ ist klar. Ist die Ungleichung schon für n gezeigt, gilt also die Ungleichung $(1+x)^n \geq 1 + nx$, so nehme man diese Ungleichung mit $(1+x)$ mal. Die Ungleichung bleibt erhalten, da $1 + x \geq 0$.

Auf der linken Seite ergibt sich $(1+x)^{n+1}$, auf der rechten $(1+nx)(1+x)$, und das ist $\geq 1 + (n+1)x$.

Zum „?" von Seite 127 : Genau dann, wenn M höchstens ein Element hat. (Wenn es zwei verschiedene Elemente x, y gibt, ist die zweite Bedingung verletzt.)

Zum „?" von Seite 128 : Man zeige : $B \cup C$ ist Supremum von $\mathcal{A}$.

1. $B \subset B \cup C$, $C \subset B \cup C \Rightarrow B \cup C$ ist obere Schranke von $\mathcal{A}$.

2. Falls D eine obere Schranke von $\mathcal{A}$ ist, gilt $B \subset D$ und $C \subset D$. Somit ist auch $B \cup C \subset D$.

Es folgt: $B \cup C$ ist Supremum von $\mathcal{A}$.
Für das Infimum kann die Begründung analog gegeben werden.

Zum „?" von Seite 130 : Wegen des Archimedesaxioms.

Zum „?" von Seite 136 : Sei $a_n = (1, -1, 1, -1, \ldots)$.
Dann gilt für die Partialsummen:

$$\sum_{k=0}^{n} a_k = \begin{cases} 1 & \text{falls } n \text{ gerade} \\ 0 & \text{falls } n \text{ ungerade.} \end{cases}$$

Diese Folge ist nicht konvergent, und deswegen existiert $\sum_{k=0}^{\infty} a_k$ nicht.

Zum „?" von Seite 144 : Mal angenommen, die Partialsummen der negativen Reihenglieder sind beschränkt und die der positiven unbeschränkt. Dann werden die Partialsummen der Ausgangsreihe beliebig groß, Konvergenz kann also nicht vorliegen.

Zum „?" von Seite 160 : Für jedes Δ ist $\sum_{m \in \Delta} a_m \leq \sum_{m \in \Delta} b_m$. Diese Ungleichung gilt dann auch, wenn das Supremum über alle Δ gebildet wird; vgl. Übungsaufgabe 2.3.1(d).

Zum „?" von Seite 162 : Nahe liegender Kandidat zum Nachweis der ersten Behauptung ist die Folge $(1/n)$. Dass das eine Nullfolge ist, setzt das Archimedesaxiom voraus.

Für die zweite Behauptung betrachte man die Folge (n). Wieder kommt das Archimedesaxiom ins Spiel, denn wie soll man sonst nachweisen, dass sie nicht beschränkt ist?

Zum „?" von Seite 163 : Für die echte Inklusion ist an die harmonische Reihe zu erinnern, die Linearität der Summation steht in Satz 2.4.2(i), (ii).

Zum „?" von Seite 177 : Die ersten beiden Bedingungen sind offensichtlich erfüllt. Für die dritte beachte man, dass es nur dann Schwierigkeiten geben kann, wenn die rechte Seite Null ist (sonst ist sie immer ≥ 1). In diesem Fall aber muss $x = y$ und $y = z$ gelten, d.h. $x = z$. Die Ungleichung ist also auch dann erfüllt.

Zum „?" von Seite 179 : Sicherlich gilt $d(P, Q) \geq 0$, und $d(P, Q) = 0$ stimmt genau dann, wenn $P = Q$. Es muss aber $d(P, Q) = d(Q, P)$ nicht unbedingt erfüllt sein, man denke an Einbahnstraßen oder Staus in nur einer Richtung.

Zum „?" von Seite 179 : Für alle Telefonnummern P, die sich nur bei einer Zahl, und da um genau eins unterscheiden, gilt $d(P_0, P) = 1$. Die Konsequenz: Es werden sich viele verwählen und P statt P_0 wählen.

Zum „?" von Seite 180 : Sei $(x_n)_{n \in \mathbb{N}}$ eine Folge mit Grenzwert x_0 und d die diskrete Metrik. Man wähle $\varepsilon = 1/2$. Da (x_n) konvergent ist, gilt:

$$\exists n_0 \in \mathbb{N} \ \forall n \geq n_0 \ \ d(x_0, x_n) \leq 1/2.$$

Für die $n \geq n_0$ ist dann $x_n = x_0$, denn in der diskreten Metrik folgt aus $d(x, y) < 1$, dass $x = y$ ist.

Zum „?" von Seite 182 : Die Lösungen:

- $K_3(0.5) = \{x \in \mathbb{R} \mid 0 < x \leq 3.5\}$.

- $K_{0.2}(x_0) = \{x_0\}$, $K_{222222222}(x_0) = M$.

- Da $i \notin \mathbb{R}$, ergibt die Kugel um i keinen Sinn.

- $K_0(x_0) = \{x_0\}$.

- In der leeren Menge gibt es keine Kugeln (da keine Mittelpunkte zu finden sind).

- Das stimmt genau dann, wenn die Menge einelementig ist.

- Der Grund: Für eine Zahl a ist genau dann $a \leq r_n$ für alle n, wenn $a \leq r$ gilt.

Zum „?" von Seite 186 : Für $r = \dfrac{b - a}{2}$ und $x_0 = \dfrac{b - a}{2}$ ist $\,]a, b[\,$ die offene Kugel um x_0 mit dem Radius r und somit offen.
$[a, b]$ ist die abgeschlossene Kugel $K_r(x_0)$.

Zum „?" von Seite 186 : $\,]a, b]$ ist nicht offen, denn es existiert kein $r > 0$ mit $K_r(b) \subset \,]a, b]$. Das Intervall $\,]a, b]$ ist auch nicht abgeschlossen, da es kein $r > 0$ mit $K_r(a) \subset \mathbb{R} \setminus \,]a, b]$ gibt.
Bei $[a, b[$ verfährt man analog.

Zum „?" von Seite 186 : Die leere Menge ist offen, denn man muss eine „für alle gilt"-Aussage beweisen, die für die leere Menge bekanntlich immer wahr ist. Damit ist auch klar, dass $M = M \setminus \emptyset$ abgeschlossen ist.
M ist offen, denn für $\varepsilon > 0$ ist $K_\varepsilon(m) \subset M$ für alle $m \in M$. Es folgt auch, dass $\emptyset = M \setminus M$ abgeschlossen ist.
Sei $A \subset M$ (versehen mit der diskreten Metrik). Dann gilt für $\varepsilon = 1/2$, dass $K_\varepsilon(a)$ (das ist die Menge $\{a\} \subset A$) für alle $a \in A$ ist.
Somit ist A offen. Für $B = M \setminus A$ gilt das Gleiche, und folglich ist A abgeschlossen.

Zum „?" von Seite 186 : $\,]0, +\infty[\setminus]0, 1] = \,]1, +\infty[$ ist offen, und daher ist $\,]0, 1]$ abgeschlossen in $\,]0, +\infty[$.
In $\,]0, 1]$ ist $\,]0, 1]$ die gesamte Menge und daher offen.

Zum „?" von Seite 186 : Da zwischen je zwei reellen Zahlen eine rationale Zahl liegt und es irrationale Zahlen gibt, kann $\mathbb{R} \setminus \mathbb{Q}$ nicht offen sein. Daher ist $\mathbb{Q}$ nicht abgeschlossen.
Und da zwischen je zwei rationalen Zahlen eine irrationale Zahl liegt, ist $\mathbb{Q}$ auch nicht offen. (Also: Keine Kugel mit positivem Radius liegt ganz in $\mathbb{R} \setminus \mathbb{Q}$ oder in $\mathbb{Q}$.)

Zum „?" von Seite 191 : Es ist $[0, 1[^{\,-} = [0, 1]$: Das Intervall $[0, 1]$ ist abgeschlossen, und 1 muss auch zum Abschluss gehören, da jede ε-Kugel in $[0, 1[$ hineinschneidet.
Es ist $\mathbb{Q}^{\circ} = \emptyset$, da zwischen je zwei rationalen Zahlen eine irrationale liegt. Dass $\mathbb{Q}^{-} = \mathbb{R}$ ist, folgt sofort aus dem Dichtheitssatz.

Zum „?" von Seite 194: Der Rand der leeren Menge ist die leere Menge, und der Rand von $\mathbb{Q}$ ist gleich $\mathbb{R}$ (wegen $\mathbb{Q}^- = \mathbb{R}$ und der Tatsache, dass $\mathbb{R}$ offen ist).

Zum „?" von Seite 195: Da bei einer Folge in einer endlichen Menge ein Element unendlich oft vorkommen muss, braucht S_2 nur diese Wiederholungen als Teilfolge zu nehmen.
Für das $\mathbb{Q}$-Beispiel kann er etwa die Folge (n) wählen.

Zum „?" von Seite 199: $\mathbb{R}, \mathbb{Q}$ und $\mathbb{N}$ sind nicht kompakt, da sie insbesondere nicht beschränkt sind.
Die Mengen $[0,1] \cup \{3\}$ und $\{1/n \mid n \in \mathbb{N}\} \cup \{0\}$ sind dagegen kompakt, da sie beschränkt und abgeschlossen sind.

Zum „?" von Seite 210: Mit $\varepsilon = 1/2$ klappt es.

Zum „?" von Seite 212: Sei $f(0)$ als a definiert. Wir geben $\varepsilon := 1$ vor und betrachten ein $\delta > 0$. Für geeignete x mit $|x| < \delta$ ist dann $|a - 1/x| > \varepsilon$: Man braucht nur $0 < x < \delta$ mit $x < 1/(|a| + 1)$ zu wählen.
Also ist f nicht stetig bei 0.

Zum „?" von Seite 222: Ein extremes Beispiel sind konstante Funktionen, da gibt es besonders viele x_0-Werte. Und Stetigkeit ist wesentlich: Ist f bei a gleich -1 und sonst überall gleich $+1$, so fehlen x-Werte für die Annahme der Zwischenwerte.

Zum „?" von Seite 226: Für die konstante Funktionen gibt es viele Maxima und Minima. Und die identische Abbildung auf $\mathbb{R}$ hat weder Maxima noch Minima.

Zum „?" von Seite 258: Man betrachte die folgenden, auf $[0,1]$ definierten Funktionen:
 a) $f(x) = x$ für $x < 1$ und $f(1) = 0$.
 b) $f(x) = x$ für alle x.
 c) $f(x) = x$ für $x \leq 1/2$ und $f(x) = 1 - x$ für $x \geq 1/2$.

Zum „?" von Seite 259: Bei zweimaliger Anwendung des ersten Mittelwertsatzes ist nicht garantiert, dass das vom Mittelwertsatz produzierte x_0 für g und f das gleiche ist.

Zum „?" von Seite 270: Da die Funktion $1/x$, egal, wie man sie bei 0 ergänzt, auf $[-1,1]$ unbeschränkt ist. Polynome haben aber aus Stetigkeitsgründen diese Eigenschaft.

Zum „?" von Seite 286: Das Supremum existiert, da $\mathbb{R}$ vollständig ist. Die zweite Bedingung folgt daraus, dass das Supremum insbesondere eine obere Schranke ist. Die dritte wird indirekt bewiesen: Wäre die Aussage falsch, wäre b eine bessere Schranke als $\sup A$.

Zum „?" von Seite 288: Da bei Folgen, in denen nur endlich viele Elemente vorkommen, auch nur diese als Häufungspunkte in Frage kommen.

Zum „?" von Seite 289: Da bei dieser Definition die Ordnung eine wesentliche Rolle spielte.

Zum „?" von Seite 297:

$$\left(\sum_{n=1}^{\infty} z^n\right)'' = \left(\sum_{n=1}^{\infty} nz^{n-1}\right)' = \sum_{n=1}^{\infty} n(n-1)z^{n-2}.$$

$$\left(\frac{1}{1-z}\right)'' = \left(\frac{1}{(1-z)^2}\right)' = \frac{2}{(1-z)^3}.$$

Man erhält so die Formel

$$\sum_{n=1}^{\infty} n(n-1)z^{n-2} = \frac{2}{(1-z)^3}.$$

Register

Printed in the United States
By Bookmasters